美 国 内 政 部 垦 务 局
U.S. Department of the Interior Bureau of Reclamation

地下水手册
Ground Water Manual

董承山　高义军　袁宏利　毛深秋　刘芙荣　刘栋臣
胡　宁　王　昊　胡相波　全永威　秦玉龙　方海艳　编译

天津大学出版社
TIANJIN UNIVERSITY PRESS

图书在版编目（CIP）数据

地下水手册：美国内政部垦务局 / 董承山等编译. --
天津：天津大学出版社，2022.2
ISBN 978-7-5618-7137-9

Ⅰ.①地… Ⅱ.①董… Ⅲ.①地下水－手册 Ⅳ.
①P641-62

中国版本图书馆CIP数据核字(2022)第030239号

DIXIASHUI SHOUCE

出版发行	天津大学出版社	
地　　址	天津市卫津路92号天津大学内（邮编：300072）	
电　　话	发行部：022-27403647	
网　　址	www.tjupress.com.cn	
印　　刷	廊坊市瑞德印刷有限公司	
经　　销	全国各地新华书店	
开　　本	185mm×260mm	
印　　张	27	
字　　数	674千	
版　　次	2022年2月第1版	
印　　次	2022年2月第1次	
定　　价	99.00元	

编译组成员

翻　译　　董承山　　高义军　　袁宏利　　毛深秋　　刘芙荣　　刘栋臣
　　　　　　　胡　宁　　王　昊　　胡相波　　全永威　　秦玉龙　　方海艳

校　译　　袁宏利　　董承山　　胡　宁　　王　昊　　毛深秋　　刘芙荣
　　　　　　　胡相波

统　稿　　董承山　　袁宏利

编译者简介

董承山 1980 年生，高级工程师，2003 年毕业于华北水利水电学院土木工程专业，获工学学士学位。2011 年获得注册土木工程师(岩土)执业资格，2019 年获得注册咨询工程师(投资)执业资格。现任中水北方勘测设计研究有限责任公司勘察院生产管理部主任。主要从事国内外水利水电工程地质勘察及岩土工程勘察与研究工作。曾获得全国优秀水利水电工程勘测设计奖金质奖 1 项，"海河杯"天津市优秀勘察设计奖一等奖 1 项、二等奖 1 项。

高义军 1966 年生，河北省晋州市人，教授级高级工程师，1988 年毕业于中国地质大学，获学士学位。现任中水北方勘测设计研究有限责任公司勘察院副院长、总工程师，长期从事水利水电工程地质勘察及岩土工程勘察工作。曾获国家级优秀工程勘察银奖、水利部优秀工程勘察金奖、省部级科技进步奖等奖项。现为中国水利学会勘测专业委员会副主任委员、天津市水力学会岩土力学专业委员会主任、中国勘察设计协会工程勘察与岩土分会常务理事、天津市地理学会理事。

袁宏利 1965 年生，教授级高级工程师，1988 年毕业于河海大学水文地质与工程地质专业。从事水利水电工程、岩土工程、水文地质勘察、研究及审查、咨询工作 30 余年，取得各类工程地质勘察研究成果数百项，发表学术论文 20 余篇，主编或参与编制、编译多部专著，获得全国优秀水利水电工程勘测设计奖金质奖、天津市科学技术进步奖等奖多项。

毛深秋 1980 年生，天津市蓟州区人，正高级工程师，2006 年毕业于兰州大学岩土工程专业，获硕士学位。主要从事水利水电工程地质勘察及岩土工程勘察研究工作，参编行业标准《水利水电工程地质测绘规程》，曾获得水利部勘察设计金奖 1 项。现任中水北方勘测设计研究有限责任公司勘察院地质所所长，勘察项目负责人。

刘芙荣 1987 年生，辽宁省大石桥市人，工程师，2010 年毕业于兰州大学土木工程与力学学院地质工程专业，获工学学士学位。2013 年毕业于中国矿业大学(徐州)资源与环境学院地质工程专业，获工学硕士学位。现就职于中水北方勘测设计研究有限责任公司，主要从事国内外水利水电工程地质勘察及岩土勘察与研究工作。

刘栋臣 1981 年生，天津市武清区人，高级工程师，2004 年毕业于长安大学地质工程与测绘学院地球物理学专业。现任中水北方勘测设计研究有限责任公司勘察院副院长，主要从事水利水电工程勘察、地球物理探测及质量检测研究工作。曾获得省部级勘察设计一等奖 2 项，发明专利(含实用新型专利)4 项，出版专著 1 部，发表学术论文 10 余篇。

　　胡　宁　1982年生,河北省邯郸市永年区人,高级工程师,2005年毕业于华北水利水电学院土木工程(岩土)专业,获工学学士学位。现就职于中水北方勘测设计研究有限责任公司勘察院,主要从事工程地质和水文地质研究相关工作。曾多次荣获省部级以上勘察设计金奖或一等奖。

　　王　昊　1980年生,山西省岢岚县人,高级工程师,2004年毕业于中国矿业大学地质工程专业,获工学学士学位。一直从事国内外水利水电工程地质勘察及岩土工程勘察研究工作,2010年获得注册土木工程师(岩土)执业资格。现任中水北方勘测设计研究有限责任公司勘察院项目负责人、副设计总工程师,参加和主持过多项大、中、小型水利水电工程项目的工程地质与水文地质勘察工作。

　　胡相波　1984年生,湖北省襄阳市人,高级工程师,2009年毕业于成都理工大学工程地质专业,获硕士学位。现任中水北方勘测设计研究有限责任公司勘察院地质所副所长,主要从事国内外水利水电工程地质勘察及岩土工程勘察工作,主持和参加过十几项大、中、小型水利水电工程不同阶段的勘察工作。曾获得全国优秀水利水电工程勘测设计奖金质奖1项。

　　全永威　1980年生,广西壮族自治区昭平县人,高级工程师,2007年毕业于新疆农业大学水利水电工程专业。主要从事水利工程建设管理工作,曾获得发明专利(含实用新型专利)5项,出版专著1部,发表学术论文10余篇。现任新疆额尔齐斯河流域开发工程建设管理局工程建设处副处长。

　　秦玉龙　1969年生,江苏省如皋市人,高级工程师,1991年毕业于河海大学工程勘测系,获学士学位。主要从事水利水电工程地质勘察及岩土工程勘察研究工作,曾获得天津市优秀勘察设计一等奖1项。现任中水北方勘测设计研究有限责任公司副设计总工程师、勘察项目负责人。

　　方海艳　1974年生,辽宁省昌图县人,高级工程师,2013年毕业于廊坊师范学院计算机科学与技术专业。主要从事水利水电工程地质勘察及岩土工程勘察研究工作,曾获得天津市优秀勘察设计一等奖3项。

译者序

地下水资源勘察与评价是水资源合理开发与可持续利用的基础工作。近二三十年来,由于气候变化和人为因素的影响,特别是各种水利工程的修建和地下水开采量的剧增,使地下水资源无论是在储量和质量上,还是在循环规律上都发生了很大变化,甚至危及一些地区社会经济可持续发展和生态环境保护,制约地下水的可持续利用。

我国水资源总量约为 $28\,000 \times 10^8\ m^3$,位居世界第 6 位,其中地下水资源量约为 $7\,600 \times 10^8\ m^3$,约占我国水资源总量的 27.1%,但水资源时空分布不均,人均水资源量低。按 2002 年人口统计,人均水资源量约为 $2\,140\ m^3$,只占世界人均水资源量的 1/4;单位面积耕地水资源量约为 $21\,600\ m^3/hm^2$,为世界平均水平的 1/2。地下水是我国特别是北方地区及许多城市的重要供水水源,在经济建设和社会发展中发挥着重要作用。在华北地区,因地表水资源不足,地下水开采量占供水总量的 70%,导致地下水超采现象严重。自 20 世纪 70 年代以来,我国开发利用地下水的规模不断扩大,地下水开采量从年均 $572 \times 10^8\ m^3$,上升到 2000 年的 $1\,069 \times 10^8\ m^3$。从全国范围来看,2000 年地下水开采量占总用水量的 20% 左右,其中北方的总开采量占全国的 76%,南方的总开采量占全国的 24%。在地下水开发利用的同时,产生了严重的地下水环境问题。截至 2000 年底,全国地下水超采区面积已扩展到 $1.8 \times 10^5\ km^2$,年超采量超过 $100 \times 10^8\ m^3$,造成区域地下水位持续下降和部分含水层疏干,并引发了地面沉降、地面塌陷、海水入侵、水质恶化等一系列生态环境问题。华北平原是我国最重要的农业生产基地,在全国农业发展中具有举足轻重的地位,2003 年,华北平原农业用地下水总量占地下水利用量的 79%。但华北平原地表水与地下水总量不到 $800 \times 10^8\ m^3$,耕地面积与人口的平均占有值不及全国平均值的 1/6 和 1/4,人均占有水资源量为全国最少,开发利用率为全国最高,水资源不足成为该地区农业生产发展的主要限制因素。一般来说,解决水资源问题的途径是开源、节流并举,但节水是水资源管理的主要任务。我国农业灌溉长期沿习旧的灌溉制度与方法,用水浪费严重,华北现灌溉用水量超过农作物合理灌溉水量的 50%~150%,灌溉水的有效利用率仅为 40% 左右,使用节水灌溉新技术的耕地面积还很小。因此,华北地区农业用水存在巨大的节水潜力。节水对于保障占世界人口 22% 的中国的粮食安全具有重要意义,尤其在未来 20 年,作为用水大户的农业更需要进行系统的、多学科综合的节水系统工程,才能保障粮食安全。同时,也应该看到,当前我国的农业节水潜力很大,灌溉水的有效利用率与水分利用效率仍具有很大的提升空间。此外,各种形式的水资源,如蓝水与绿水、再生水和非传统水资源(雨水和微咸水)都可以在农业上得到利用,这对于缓解水资源压力具有积极的意义。必须高度重视水资源的科学管理,提高水分利用效率;建立节水农业的市场机制,促进节水设施建设;深入开展水循环的基础研究,并充分重视及利用;加强节水农业措施与技术措施的结合。

受季风气候影响,我国水资源的时空分布很不均衡。水资源的空间分布不均,造成我国北方很多地区资源性缺水;水资源的时间分布不均,导致很多地区季节性缺水与地下水过量开采。1980年以来,我国北方持续出现干旱缺水,南方频繁出现洪涝灾害。南涝北旱同时出现的局面,也暴露了现有水利设施及防洪工程体系抵御自然灾害能力的不足。我国水资源供需矛盾突出,据估计,全国年缺水量约为 400×10^8 m³,其中灌区年缺水量约为 300×10^8 m³,城市、工业年缺水量约为 60×10^8 m³。在全国 669 座城市中,400 座供水不足,110 座严重缺水。水土资源地区组合不相匹配,南方水多耕地少,北方水少耕地多,华北、西北的水土平衡矛盾尤其尖锐。北方地区的粮食产量占全国总产量的 55% 以上,然而北方地区的水资源并不能可持续地满足粮食生产需要。有研究表明,到 2050 年,全国供水量需增加至约 $8\,000 \times 10^8$ m³ 才能满足社会经济持续发展的需要,2030 年以前,我国水资源供需矛盾仍将继续存在。

我国自然条件的地区性差异,也导致地下水资源的分布存在明显的地区差异。东西走向的昆仑山—秦岭—淮河一线是自然地理的重要分界线,就区域水文地质条件来说,也对区域地下水资源分布产生了深刻影响,其以南地区水资源丰富,以北地区水资源明显匮乏。80% 的水资源分布在占国土面积 39% 的南方地区,20% 的水资源分布在占国土面积 61% 的北方地区。南方地区地下水资源主要集中在长江流域和珠江流域的平原盆地,西南、东南诸河流域的山间盆地,地下水开采主要在城镇人口密集区。北方地区地下水资源主要分布在华北平原、东北平原、西北内陆盆地及河谷、山间盆地和丘陵地区,地下水开采除用于城镇和农村人畜饮水供水外,还用于灌溉和抗旱,地下水的重要性相比南方要大。大部分地区降水集中在夏季且年际变化大,连续 4 个月的汛期最大降水量占全年降水量的 60%~80%,而且约有 2/3 的降水资源量是洪水径流量,很容易造成春旱、夏涝及连续大水年和连续枯水年。从区域分布上看,降水丰枯的显著变化导致地下水补给的年际变化也很大。以 1997 年为代表的枯水年,当年的地下水天然资源量为 $6\,942 \times 10^8$ m³,以 1998 年为代表的丰水年,当年的地下水天然资源量达 $9\,400 \times 10^8$ m³,二者相差 $2\,458 \times 10^8$ m³。对于枯水年,在地下水补给减少的同时,由于地表水资源量的减少,对地下水的需求相应增加,虽然含水层有相当大的调节能力,但也给地下水开采的科学有效控制造成一定困难。

近几十年来,气候变化对地下水位、补给量与排泄量(泉流量、开采量)、水化学成分、水温、同位素组成的影响越来越明显。19 世纪以来,全球平均温度已升高 0.3~0.6 ℃,最近的研究认为 2050 年全球升温的最佳估计为 1.2 ℃,气温升高使地下水蒸发量增加,相应也会增加地下水的排泄量。气温在引起地下水蒸发量变化的同时,还能引起地下水水温的波动,并导致水的化学成分、矿化度和物理性质的变化。目前,气候变化对地下水影响的研究还处于起步阶段,一方面是由于地下水与气候、人类活动的关系以及地下水的补给方式要比地表水复杂得多,由气候模型输出驱动各种形式的地下水水量平衡模型得到的地下水补给量尚不能作为对地下水影响的预测;另一方面是由于气候变化对地下水资源的影响越来越明显,日益突出的用水矛盾也迫使我们必须更加关注气候变化对地下水影响的研究,不断完善气候变化对地下水影响的研究理论体系和研究成果,为在气候变化条件下合理利用和管理地下水资源提供科学依据与对策。气候变化对地下水影响的研究方法主要有:包气带和含水层环境示踪技术;地下水及其沉积物的物理化学指标分析;地表水-地下水耦合数值模拟技术等。目前,我国在研究气候变化对地下水影响时,主要考虑的是气温、降水和蒸发变化对地下水的影响。

生产水足迹是指支持一个国家或地区在其本地产品生产与服务供给过程中所需的淡水资源量,无论产品与服务在哪里被消费,生产水足迹都由蓝水足迹、绿水足迹和灰水足迹所组成。水资源压力是指一个国家或地区生活、生产需要消耗的地表水或地下水资源量(等于区域总生产水足迹与绿水足迹的差值)占该地区可更新水资源总量的比重。地下水资源一般水质良好且不易被污染,可为工农业生产和居民生活提供可靠的水源。储存地下水的含水层受包气带的自净作用和地下微生物的净化作用,使其具有天然的屏障,可以防止蒸发损失,不易被污染。另外,地下水在接收补给和运移过程中,由于其溶滤作用,水中含有多种矿物质及微量元素,成为优质的饮用水,我国高寿区大多与饮用水有关。据统计,目前我国工业、城市污水总排放量高达约 400×10^8 m³/a,通过集中处理达标的只占23%左右,其余未经处理的污水则直接排放到江河湖海或用于农业灌溉,水资源污染已十分严重,直接威胁着人民身体健康。评估 1985—2009 年中国生产水足迹,分析中国水资源压力及其时空分布特征的相关研究成果发现,中国生产水足迹从 1985 年的 7 815.8×10⁸ m³ 到 2009 年的 11 097.6×10⁸ m³ 逐年升高,大型城市、农业不发达地区的生产水足迹水平低,以农业经济为主的地区生产水足迹高;中国水资源高度至重度压力地区主要集中在华北、华中等黄河和长江的中下游地区,且大多地区水资源压力逐渐加重,有从北方向南方演变的趋势。总体来说,中国水资源利用现状不容乐观。

合理利用与管理地下水资源,不仅影响当前社会的发展,还会直接影响今后社会的发展。为此,研究者提出在气候变化条件下合理利用与管理地下水资源的对策与建议,包括降低温室效应引起的全球气候变暖对未来地下水资源产生的不利影响,定量化研究气候变化和地下水之间的相互关系,应用高新技术开展地下水资源脆弱性的评价研究,充分利用灌区地下含水层的调蓄作用,通过地表水与地下水的联合利用控制水盐平衡,涵养地下水源,节约农业、工业和生活用水等。实现地下水资源可持续利用,要开发利用与保护并重;促使大气降水转化为地下水;通过沟谷工程建设,拦蓄降水,涵养地下水;改造城市建设规划,使降水充分被利用;全流域水资源统一整体规划;人工调蓄地下水;修建拦洪放清水库,改变河水断流现象,恢复河水对地下水的补给;防止地下水污染,保证供水质量,杜绝地下水公害;加强地下水管理,制定相应的地下水开采计划和涵养措施;建立节水型农业、节水型工业和节水型城市,恢复地下水环境。

21 世纪以来的 20 年,我国陆续开展了一系列有关区域地下水资源及其环境地质问题的基础调查、评价和研究工作。如新一轮全国地下水资源调查项目,系统利用了之前 50 年特别是最近 20 年区域水文地质调查评价和研究的成果,按照地下水系统理论,以环境容量为约束,采用动态的、水资源数量与环境质量评价相结合的研究方法,系统地计算了全国地下水资源,评价了地下水资源分布规律、地下水环境质量、地下水开发利用状况和开发利用潜力,提出了地下水合理开发利用建议,提交了新一轮全国地下水资源评价成果,编制了《中国地下水资源与环境图集》,建立了中国地下水资源数据库系统。"全国地下水资源及其环境问题调查评价"项目,历时 5 年,查明了我国主要平原和盆地区域地下水系统的空间分布与结构,以及地下水资源量、可开采资源量和环境生态功能现状,建立了全国地下水资源空间信息系统和动态评价平台,为国家宏观综合决策提供了可靠的科学依据。"华北平原地下水可持续利用调查评价"项目,系统构建了华北平原第四纪地质结构和水文地质结构模型,精确刻画了地下水循环模式,全面阐明了大规模开采条件下华北平原地下水资源组成变化特征、机制和更新能力,揭示了华北平原区域地下水资源功能、生态功能和地质环境功能现状,提出了利用和保护区划。再如,"环渤海地区地下水资源与环境地质调查评价"项目、"松嫩平原地下水资源及其环境问题调查评价"项目等,所有这些,都是水文地质学理论及其基础工作方法在地下水资源开发利用和管理实践中的具体应用及成果。

《地下水手册》是关于地下水资源调查、开发和管理的指南,是由美国内政部垦务局(简称美国垦务局)组织有关技术领域的众多专家撰写而成的。本手册内容偏重于地下水调查、开发和管理等实际工作以及一些经常遇到的问题,是水文地质工作者必备的工具书。全书共十六章,内容涉及地下水的形成和流动、井与含水层的关系、地下水调查、含水层试验分析及出水量计算、井的设计、疏干系统、井的规格和钻探、井的消毒及水泵选择等各个方面。本手册在前一版基础中,修改或增加了一些新的内容,如将人工补给工程作为一种节水措施,用于特定地区的临时蓄水,即人工储存和回收;将地下水库作为某些条件下水资源综合管理的选择等。正如本手册所述,地下水工程涉及土壤学、水力学、水文学、疏干学、地球物理学、地质学、数学、农艺学、冶金学、细菌学以及电子、机械和化学工程等专门领域,除解决供水方面的地下水恢复问题外,对解决地表水库和渠道的渗漏、岸边蓄水的后果、斜坡的稳定性、地下水库的补给、海水入侵的控制、坑道及地下排水系统和建筑物排水、地面沉降、废物处理及污染控制等问题都是很重要的基础工作。

《地下水手册》编译组

2022 年 1 月

前　　言

本手册是为野外工作人员准备的一本指南,内容偏重于地下水调查、开发和管理等实际工作和一些常遇到的问题。

本手册所提供的资料涉及地下水的形成和流动、井与含水层的关系、地下水调查、含水层试验分析、估算含水层出水量、资料搜集、地球物理调查等方面。此外,还对渗透性试验、井的设计、疏干系统、井的规格和钻探、井的消毒、水泵选择及其他一些方面进行了讨论。

本手册的编写持续了多年,它的众多投稿者来自各个不同的技术领域,其中包括来自土壤改良工程局及其研究中心(现技术服务中心)和现场机构、其他单位和国外政府机构,以及以个人名义投稿的很多科学家和工程师。

来自美国垦务局的主要投稿者包括 W. T. Moody, R. E. Glover, R.W. Ribbens, D. Jarvis, C. N. Zangar, H. H. Ham, W. A. Pennington, T. P. Ahrens, D. Wantland, H. R. McDonald, L. A. Johnson, A. C. Barlow, W. N. Tapp, C. R. Maierhofer, R. J. Winter, Jr., W. E. Foote 和 R. D. Mohr。本手册还包括引自 C. V. Theis, M. I. Rorabaugh, W. C. Walton, C. E. Jacob, R. W. Stallman, M. S. Hantush, S. W. Lohman, F. G. Driscoll 论文中的资料和在相应处提到的其他一些科学家和工程师的资料。

《地下水手册》经过改编,目的是使内容更易于被使用者理解。其中对过时的内容进行了删减,并增加了新内容,以保持与当代科技同步。另外,增加了国际单位制单位,但由于野外数据转载、示例中公式附带单位和实际尺寸等对于用户及行业非常重要,并未对英制单位进行转换。在这种情况下,名义上的国际单位制单位可能在圆括号中列出,相应尺寸依据附件中转换关系表转换。

《地下水手册》主要投稿者包括 L. V. Block, R. P. Burnett, A. J. Cunningham, K. D. Didricksen, J. L. Hamilton, J. E. Lacey, P. J. Matuska, N. W. Prince, T. D. Pruitt, R. A. Rappmund, C. R. Reeves, G. D. Sanders, S. J. Shadix, R. Bianchi, W. R. Talbot 和 D. E. Watt。

本手册还引述了一些专利资料或产品。这些引述,无论如何也不能理解为一种保证书,因为美国垦务局不能为生产厂家的专利产品和工艺或贸易公司的广告、宣传、推销或其他目的的业务做保证。

术语表

冲积层(Alluvium):属于冲积物或由冲积物组成或由泉水及流动水堆积。

隔水层(Aquiclude):无法自由向水井或泉给水的饱和但透水性差的地层、岩组或群组。

含水层(Aquifer):含充足的可以向水井或泉产出经济开采量的饱和透水物质的地层、层组或地层的部分。

不透水层(Aquifuge):不含连通缝隙或间隙,因此不能吸收或传输液体的物质或基岩。

弱透水层(Aquitard):具有非常低透水性的地层、岩组、群组或岩组的部分,通常这些部位几乎没有水的运移,通常指一个封闭单元。

系数(Coefficient):对于给定物质的一个数值或常数,用于衡量物质给定情况下某些特性变化的一个乘数。

集水管(Collector pipe):用于拦截和改变地表或地下水流方向的一根水管或管道系统。

承压含水层(Confined aquifer):也称作自流含水层,一个上下被不透水层或透水率明显较弱的含水层所围限的含水层。

固结物质(Consolidated material):坚硬的凝聚性岩石。

钻探泥浆(Drilling mud):任何与钻探循环水混合从而增加其黏性的物质。

砾石围填(Gravel pack):也称作滤料围填,将光滑、干净、均匀、磨圆良好的硅质砂或砾放置在孔壁及过滤器间的环状间隙内,从而防止地层物质进入过滤器。

渗入导管(Infiltration gallery):放置在临近水体或者水体下部的渗透性冲积物内的一根或更多的过滤器。

管子内底(Invert):水管内水流线(水管内的最低点)的高程。

相对透水系数(Leakance):单位水头差下水流穿过单位(水平向)面积半透水层进入(或流出)含水层的流速。相对透水系数等于垂向渗透系数除以半透水层厚度。

透镜体(Lens):一个中间厚、边缘薄的物体。

自然对数(ln):以常数 e 为底数的对数。

上层滞水含水层(Perched aquifer):与下伏地下水主体被一层非饱和区分开的非承压地下水。

常流河(Perennial stream):从源头至河口终年流水的河。

渗透性物质(Permeable material):具有传输液体性质或能力的物质。

过滤器(Screen):也称作水井过滤器,一种用于水井进水段的防止沉淀物进入水井的过滤设施。通常在套管上大量开孔,或专门制作连续槽,并缠绕丝网。

沉积胶体(Sediment-colloid)：极小固体颗粒，尺寸在 0.000 1~1 μm，不能从溶液中沉淀出来，介于可溶解物质和可沉淀悬浮物质的中间状态。

洼地(Sink)：地下水蒸发或从水文系统中蒸发的区域。

上余(Stickup)：水井自量测点起高出自然地面的高度，通常为套管顶部。

地表下(Subsurface)：地下，地表下的区域，其地质性状需依靠钻孔记录和多种地球物理佐证解译。

地下排水装置(Subsurface drainage)：一种为增强地下排水而安装的排水装置，用于移除或控制地下水或土壤中的盐。

集水坑(Sump)：一个用于液体收集的孔或坑。

释水系数(Storativity)：也称作储水率，一个在单位水头变化下，单位表面积蓄水层中释出或进入的水体体积的值。

时间出水量曲线(Time yield curve)：一条表示水井出水量随时间变化的曲线。

非承压含水层(Unconfined aquifer)：也称作自由含水层，一个地下水位表面水压为大气压的含水层。

未固结物质(Unconsolidated material)：非坚硬凝聚性岩石的土质物质。

冬季条例(Winters Doctrine)：一条 1908 年做出的关于美国原住民保留水权的法院决议。

出水量(Yield)：实测或估计的水井排出或含水层释出的水量。

目　　录

第 1 章　地下水的形成、性质和管理

1.1　引言

地下水工程学是为人类利益对地下水进行调查、开发和管理的一门技术与科学。这门技术涉及的专门领域有土壤学、水力学、水文学、疏干学、地球物理学、地质学、数学、农艺学、冶金学、细菌学以及电子、机械和化学工程等。需水量的不断增长，使地下水工程学变得日益重要。

地下水工程学，除解决供水方面的地下水恢复问题以外，对解决地表水库和渠道的渗漏、岸边蓄水的后果、斜坡的稳定性、地下水库的补给、海水入侵的控制、坑道及地下排水系统和建筑物的排水、地面沉降、废物处理及控制污染等问题都是很重要的基础工作。

地下水工程学涉及确定含水层的性质和特征，并把水力学原理应用到地下水的特性上，以解决一些工程问题。在解决与地下水有关的复杂问题时，确定含水层的特征和以适当的数学以及其他方法使用这些资料都是必不可少的。确定含水层性质和特征所必须达到的精度取决于所涉及问题的复杂性。所需要的调查可以是粗略的，也可以是详细的。调查时需要研究或考虑的含水层特性和水力学原理可能是全部的，或者只有一两项。一些条件往往会很复杂，以致测定有限的数据和运用现有的理论不能解决某些问题。在这种情况下，需要对发展于 17 世纪末期的水循环理论有所了解，地质学基本原理在 18 世纪的建立为理解地下水的赋存及运动奠定了基础。法国水力工程师亨利·达西(Henry Darcy)通过研究垂直圆管中均质砂层内的水流，提出了具有很大主观性的地下水流基本原理。这些原理的可靠性取决于地下水技术专家的经验和判断能力。

1.2　利用史

古代何时第一次把地下水用作供水水源已无法考证。古人从泉水中获取水，但人工挖掘的水井在圣经时代早期已得到广泛的应用，而古代中国人被广泛认为是钻进并衬砌水井的发明者。几个世纪以来，由于开发地下水碰到的困难和对其成因以及形成缺乏了解，使地下水的使用受到限制。

地下水早期开发的标志是浅的手工掘井和原始的提水设备。钻井机械和电动泵的引进，使大量开采地下水和加大开采深度成为可能。地下水水文学和其他科学知识的发展，增强了人类了解和利用这种资源的能力。

因为技术有了改进，开发地下水的好处已经变得日益突出。最优先考虑的通常是生活用水(人畜消耗)，其次是工业用水，然后是农业用水(灌溉)。由于地表水资源的开发已接

近其全部潜力,近年来美国地下水资源的开发已在增长。

1.3 成因

1.3.1 水循环

降水、贮存、径流和蒸发,遵循一个无休无止的过程,被称为水循环。在此循环期间,大气中和地表或地下的总水量保持不变,但是它们的形式可以改变。虽然有少量的岩浆水或来自其他深层水源的水可能找到途径流到地表,但我们把所有的水都看作是水循环的一部分。

水在水循环中的运动如图 1-1 所示。大气中的水蒸气被冷凝成冰晶或水滴,它们降落到地表而成为雪或雨。其中,一部分通过蒸发返回到大气中;一部分流经地表,一直流到河川,并最终流到海洋;剩余部分直接渗入地下,并向深处渗透,这部分中的一些水可以通过植物根系蒸腾或通过毛细管作用移到地表并被蒸发,剩余的水向下渗透并与地下水体相连。

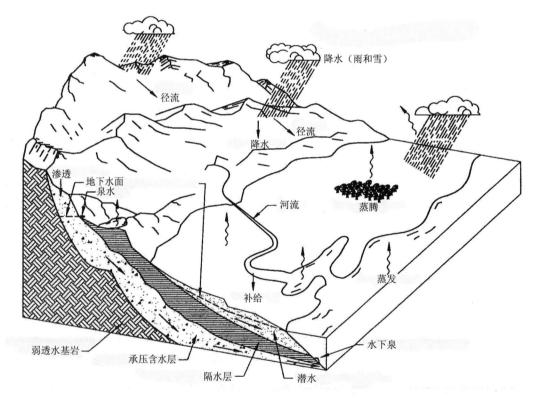

图 1-1 水循环

地下水通过泉及向河流渗透的方式回流到地表,然后水经蒸发作用,或者从地表直接被蒸发,或者通过植物蒸腾,从而结束水循环。当水蒸气进入大气中时,水循环便继续进行。

任何地区的水循环要素都可以定量地表示在一个均衡方程式中。就地下水调查而言,均衡方程式可用地下水的各分量来表示。然而,要确定地下水的各分量,必须对大的水文环境做出评价。确定地下水均衡方程式中的各分量是烦琐和费时的,而且其结果充其量也只能是近似的。因此,在进行评价之前,应当做出分析,确定这种评价是必需的,而且是合理的。

1.3.2　地下水均衡方程式

地下水均衡方程式是一个地下水基本方程式,它的建立可以计算对一个地区地下水流动和贮存有直接影响的水循环要素,以便定量地估算地下水的可采量。该方程式可表示为

$$\Delta S_{gw} = 补给 - 排泄$$

式中:ΔS_{gw}是研究期间地下水贮存量的变化值。

从理论上讲,在天然条件下,经历了很长一段时间(包含湿、干两个循环)时,ΔS_{gw}将等于零,即流入量(补给)将等于流出量(排泄)。

地下水体的天然补给量,包括降水向深处的渗透量、来自河流与湖泊的渗流量和地下潜流量。地下水体的人工补给量,包括灌溉和喷灌向深处的渗透量、来自运河和水库的渗流量以及人工补给井的补给量。地下水体的天然排泄量或流出量,包括向河流的渗流量、泉的流量、地下潜流量、蒸腾和蒸发量。地下水体的人工排泄量是由水井或排水造成的。如果一个地区中的地下水贮存量在选定期间的末期比在初期时少,则说明排泄量已经超过了补给量;相反时,则说明补给量可能超过了排泄量。

1.3.3　地下水的补给

地下水天然来源的补给包括下列诸项。

(1)降水向深处的渗透:地下水最重要的补给源之一。各个地区的补给量受植被、地形和土壤性质的影响,还受降水的类型、强度和频率的影响。

(2)来自河流和湖泊的渗流:另一种重要的地下水补给源。在地下水位高的潮湿和半潮湿地区,这种渗流量可能在重要程度上受到限制,且可能是季节性的。然而,在河流的全部流量可能流失到含水层中的干旱地区,这种渗流量可能具有重要的意义。

(3)来自其他含水层的潜流:含水层可以由有水力联系的临近含水层的潜流补给,补给量取决于水头差、水力联系的性质和含水层的水力特征。

(4)人工补给:可以通过设计的系统实现,也可能是未预见到的或无意识的。设计的对地下水的主要补给是通过地面引渗、渗透池和补给井来实现的。灌溉、引渗地表的污水及废水、化粪池的场地渗漏及其他活动具有相似的作用,通常是无意中造成的影响。来自水库、运河、排水沟渠、池塘以及类似的蓄水和输水建筑物的渗漏可能是地下水的主要局部来源。来自这类水源的补给,可以使广大地区的地下水动态完全改变。

1.3.4　地下水的排泄

地下水的排泄有以下四个途径。

（1）向河流渗流：在一些河流的某些河段和一年的某些季节，地下水可能向河流排泄，并维持其基流。这种情况，湿润地区比干旱或半干旱地区更为普遍。

（2）泉及溢出水流：在地下水位与地面相交或承压含水层与地表相通的地方，有泉及溢出水流。

（3）蒸发和蒸腾：如果地下水位接近地表，足以保持由毛细上升高度产生水流，则地下水可以通过蒸发作用而散失；同时，植物可以从毛细作用带或饱和带蒸腾地下水。

（4）人工排泄：利用水井和排水沟渠人工排出地下水。在某些地区，这是造成地下水大范围枯竭的原因。

地下水以与明渠或管道中水流相同的方式沿水力坡度运动。然而，地下水的流动明显地受其所流经的多孔介质阻力的限制，与明渠或管道水流相比，其导致地下水流速低、水头损失大。

1.4 地下水的赋存条件

1.4.1 概述

韦伯斯特（Webster）将含水层定义为"含水的土层、砾石层或多孔岩层"。某些地层是良好的含水层，而另一些地层则是贫水的。最重要的条件是地层必须含有互相沟通的、水能够通过的缝隙或孔隙。含水层的性质取决于其组成物质、成因、颗粒组分与共生孔隙之间的关系、在地表的相对位置、对补给源的暴露情况及其他一些因素。

地下水赋存于几乎所有松散的或固结的沉积物，甚至于破碎的火成岩及变质岩中。含水层的潜力不仅取决于岩性，而且取决于地层及地质结构。一般而言，粗粒沉积物，无论非固结或固结的，均为最好的含水层。

1.4.2 沉积物和岩石

通常，最好的含水层是粗颗粒、未固结粒状沉积覆盖层的饱水地段，这些覆盖层覆盖在固结岩石上，分布在地表大部分地方。普遍存在的未固结沉积物，在靠近河流的高程较低处更为多见。这些沉积物是由河流冲积物、冰水沉积物、风积沙、冲积扇及类似的水或风积粗颗粒的粒状物质组成的。此外，固结岩石因风化形成的残积物，也是良好的含水层。

粗颗粒的固结岩石，如砾岩和砂岩，通常也是良好的含水层，而且通常是在未固结的粒状沉积覆盖层的下面被发现。它们作为含水层的价值，在很大程度上取决于胶结程度和它们的破碎程度。此外，某些块状沉积岩，如石灰岩、白云岩和石膏，也可能是良好的含水层。这些岩石相对来说是可溶的，经过长时间的作用，会沿裂隙和缝隙形成几毫米至几百米（一英寸的十分之几到几百英尺）的空洞。一些最著名的、出水量最大的含水层就是含溶洞的灰岩层。（国际单位制（SI）与美国惯用单位制换算见附录，后同。）

1.4.3　火成岩和变质岩

火成岩和变质岩作为含水层的价值,在很大程度上取决于它们最初形成之后受力的情况和遭受风化的程度。通常,结晶的火成岩,如果没有遭受构造变动的话,是非常不良的含水层。然而,物理的和其他一些应力作用使这些岩石产生裂隙和断层,地下水可以在其中存在。这类孔隙,小如发丝,大到几厘米宽的空洞。通常,这些孔隙随深度的增加而逐渐消失,在大约 300 米(1 000 ft)深度以下,能提供的水量就非常有限了。而且,裂隙中最初水流量可能很大,但一般会随着时间而减弱。

当粗粒结晶火成岩在原地发生风化后,在未风化岩石与完全风化岩石的过渡带中可能存在一个薄的透水层。某些熔岩,特别是黏稠的玄武岩熔岩,在逐次喷流形成的间断带中可能含有良好至极佳的含水层。熔岩流的火山渣状表面和底面常常是多孔的,并且是透水的,而从表面和底面向熔岩流内延伸的带中,可能存在冷却裂隙。此外,粗粒沉积物质也可能出现在熔岩流之间。

1.4.4　含水层的类型

1. 非承压含水层

非承压含水层(图 1-2)是其上没有隔水层覆盖的含水层。它常被称为自由含水层或"潜水"含水层,或者称作"具有地下水面的"含水层。渗透到地下的水,通过饱和带上面物质的充气孔隙向下渗透,与地下水体相连。潜水面或饱和地下水体的上部表面,通过上面物质的开口孔隙直接与大气接触,且任何地方都在大气压力作用下处于平衡状态,地下水的运动直接受重力影响。

2. 承压含水层

承压或自流含水层(图 1-2)有一个透水性较含水层低的隔水层,且仅与大气有间接联系或在远处有联系。自流含水层中的水处在压力作用下,而当装有严密套管的井或测压管贯入这种含水层时,地下水会上升到隔水层底面以上一定高度,以与大气压力取得平衡,并反映贯入点处的含水层中的压力。如果这一高程高于水井的地面高程,水便会从井中流出来。在打到自流含水层的水井中,水将上升至一定的高度,与此高度相应的假想水面称作等压面或测压水面。隔水层可能几乎完全不透水,或透一点水。隔水层包括以下几种。

(1)弱透水层:饱和但相对不透水地层,不能向水井产出可观水量,例如黏土。

(2)不透水层:相对不透水地层,既不含水也不导水,例如坚硬的花岗岩。

(3)半透水层:饱和但渗透性较弱地层,妨碍地下水的运动且不能向水井自由泄水,但可以与相邻含水层进行可观水量的运移,如果厚度足够,可作为重要的地下水贮存区,例如砂质黏土。

3. 上层滞水含水层

在区域地下水位以上,某些地方可能有黏土或粉砂层、不含裂隙的固结岩石,或透水性比周围物质相对较弱的其他物质,向下渗透的水可能被截流,并在有限的面积内形成饱水带,从而形成有上层滞水水面的上层滞水含水层。在上层滞水含水层的底部和区域地下水面之间,存在一个非饱和带。上层滞水含水层是非承压含水层的特例。随着气候条件或上覆土地利用情况的不同,上层滞水水面可能是一个持久的现象,或者是季节性的间歇现象。含水层的类型如图 1-2 所示。

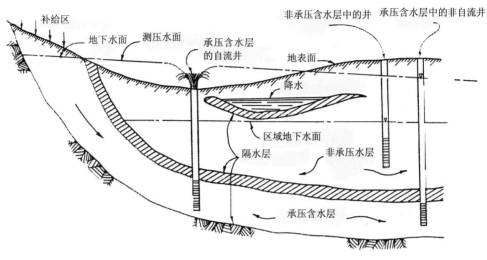

图 1-2　含水层的类型

在几种可以分辨出处于不同条件下的土壤带中有不同状态的地下水存在,见根据 Meinger 的材料改编的表 1-1。

表 1-1　不同土壤带中地下水的状态

带	层	含水条件	土壤条件
包气带(地下水面以上)	土壤水层	在表面张力作用下	非饱和的
	过渡水层	在表面张力作用下	非饱和的
	毛细上升带	在表面张力作用下	饱和的或非饱和的
饱水带(地下水面以下)	非承压地下水层	在压力作用下,但表面受大气压作用	饱和的
	承压或自流水层	在压力作用下,但表面压力超过了大气压	饱和的
岩流带		结合水 - 非自由水	干燥的

位于岩流(rock flowage)带上面的各含水带的厚度,随地区和时间而变化。在补给期间,饱水带变厚,包气带变薄。当排泄量超过补给量时,饱水带变薄,包气带变厚。在补给期,向下移动的暂时性饱水透镜体可以穿过包气带运动。

上述指的是温带和热带地区的地下水。然而,在北半球和南半球的寒带地区,冰冻层或永冻土可以延伸到相当大的深度,影响地下水的形成条件。与这样的条件有关的工程问题可能是独特的,本手册中未予考虑。

1.5　地下水的水质

1.5.1　概述

降水中通常含有少量的二氧化硅和其他矿物,并溶解有诸如二氧化碳、二氧化硫、氮和氧等气体。上述气体存在于空气中,当发生降水时溶入水中。因此,多数降水的pH值低于7(酸性条件),属于侵蚀性水。当降水到达地表时,可以从腐殖质及增强水侵蚀性的类似物质中吸收有机酸。当水渗透流经岩石时,一些矿物被酸性水侵蚀、溶解,形成水溶液中所含的盐类。其中盐类的数量和性质取决于地下水的化学成分及所遇到岩石的矿物结构和物理结构,以及温度、压力和接触的持续时间等。

几乎所有的化学元素都可以出现在地下水中。地下水的矿物含量在不同的含水层中和同一含水层中的不同地方都是变化的。地下水中常见的化学成分见表1-2。

表 1-2　地下水中常见的化学成分

阳离子	阴离子
钙离子(Ca^{2+})	碳酸氢根(HCO_3^-)
镁离子(Mg^{2+})	硫酸根(SO_4^{2-})
钠离子(Na^+)	氯离子(Cl^-)
钾离子(K^+)	硝酸根(NO_3^-)
亚铁离子(Fe^{2+})	氟离子(F^-)

一些不常遇到的,但由于它们在用水时已知的有益或有害影响而具有重要意义的成分有砷(As)、钡(Ba)、镉(Cd)、硼(B)、二氧化碳(CO_2)、铜(Cu)、硫化氢(H_2S)、铅(Pb)、锰(Mn)、汞(Hg)、甲烷(CH_4)、氧(O_2)、硒(Se)、三卤甲烷(THM)、多种放射性同位素、挥发性有机化合物(VOCs)以及多氯联苯(PCBs),其中许多污染物是近年来进入地下水中的人造物。

1.5.2　水中化学成分可接受的限度

地下水标准一般由用途或含水层分类确定。美国环境保护署近期指定含水层(450CFR149部分)为唯一含水层水源(Sole Source Aquifer,SSA),对可能影响指定含水层的联邦行为,包含特殊的工程审查标准。作为公共饮水供给而开采的地下水近期遵循《安全饮水法案》(Safe Drinking Water Act,SDWA)(公共法93-523)相关条款,该法案于1974年修订并重新审批。当前(1993年7月)的污染物最大限度(Maximum Contaminant Levels,MCLs)或国家基础饮水标准,首先基于人类健康制定,其次是感官品质,见表1-3及表1-4。需注意监管成分的量,且相应的最大限度需频繁更新,并注意对水生动植物的标准可能更加严格。获取监测需要的最新规范(40CFR141部分),或拨打安全饮水热线(1-800-426-4791)

以获取当前的 MCLs。违约行为列于 40CFR142 部分,即"国家基础饮水标准补充条款"。

市政机构、企业或其他实体排放的水称作点源及其他可能变为地下水的非点源,受控于修订后的《清洁水法案》(公共法 95-217)(美国地质调查局(USGS),1977)。该法案的 402 部分涉及美国全国污染清除系统(National Pollution Discharge Elimination System,NPDES)允许的计划;404 部分涉及疏浚及回填许可;319 部分包含非点源污染;320 部分涉及美国全国河口计划。依据该法案发布的规范,包括美国全国污染清除系统许可及溢油标准,在 40CFR 的 109、110、112、113、114、121、122、125、129、130、131 及 133 部分。1990 年发布的《滨海区法案(修订版)》(Coastal Zone Act Reauthorization Amendments,CZARA)6217 部分,在以下 5 个主要源头弥补了滨海区现存的非点源污染标准:①城市的施工、高速公路、机场/桥梁及地下渗滤系统;②农业;③林业;④游船码头及游船;⑤水处理厂及湿地。

表 1-3　《安全饮水法案》标准 1(1993 年 7 月)

参数	主要 MCL[①](mg/L),除非另外注明	次级 MCL[②](mg/L),除非另外注明
无机物/感官性		
铝		0.05~0.2
砷	0.05	
锑	0.006	
石棉	7MF/L>10 μm	
钡	2	
铍	0.004	
镉	0.005	
氯		
铬	0.1	
颜色		色单位
铜	1.3AL[③]	1.0
腐蚀性		无腐蚀性
氰化物	0.2	
氟化物	4.0	2.0
发泡剂		0.5
铁		0.3
铅	0.015AL	
锰		0.05
汞	0.002	
镍	0.1	
硝酸盐(以氮计)	10	
亚硝酸盐(以氮计)	1	
硝酸盐+亚硝酸盐(以氮计)	10	

续表

参数	主要 MCL^①（ mg/L ），除非另外注明	次级 MCL^②（ mg/L ），除非另外注明
气味		3 个气味极限值
pH 值		6.5~8.5
硒	0.05	
银		0.1
硫酸盐		250
铊	0.002	
总溶解固体（ TDS ）		
浑浊度	0.5~1.0 NTU	
锌		5

注：①参见 40CFR141G，适用于供水系统。

　　②参见 40CFR143，适用于供水系统。

　　③ *AL*= 行动阈值。

表 1-4　《安全饮水法案》标准 2（ 1993 年 7 月 ）

参数	MCL（ mg/L ），除非另外注明
有机杀虫剂，PCBs，除草剂	
己二酸（ 二乙基己酯 ）合成物	0.5
甲草胺	0.002
涕灭威	0.003
得灭克	0.002
得灭克代谢物	0.004
阿特拉津	0.003
卡巴呋喃	0.04
氯丹	0.002
二氯苯氧乙酸	0.07
茅草枯	0.2
己二酸二己酯合成物	0.4
二溴氯丙烷（ DBCP ）	0.000 2
地乐酚	0.007
敌草快	0.02
草藻灭	0.1
异狄氏剂	0.002
二溴化乙烯（ EDB ）	0.000 05
草甘膦	0.7
七氯	0.000 4

续表

参数	MCL（mg/L），除非另外注明
环氧七氯	0.000 2
林丹	0.000 2
甲氧滴滴涕	0.04
草氨酰	0.2
五氯苯酚	0.001
毒莠定	0.5
多氯化联（二）苯合成物	0.000 5
西玛津	0.004
二噁英（二氧（杂）芑）合成物	0.000 000 03
八氯莰烯	0.003
2,4,5-涕丙酸（三氯苯氧丙酸）	0.05
挥发性有机化合物（VOCs）	
苯并蒽	0.000 1
苯	0.005
苯并芘	0.000 2
苯并 [b] 荧蒽	0.000 2
苯并 [k] 荧蒽	0.000 2
酞酸丁苄酯	0.1
四氯化碳	0.005
蒀	0.000 2
二苯并 [a,h] 蒽	0.000 3
邻二氯苯	0.6
间二氯苯	0.6
对二氯苯	0.075
1,2- 二氯乙烷	0.005
1,1- 二氯乙烯	0.007
顺式 1,2- 二氯乙烯	0.07
反式 1,2- 二氯乙烯	0.1
二氯甲烷	0.005
1,2- 二氯丙烷	0.005
邻苯二甲酸二异辛酯	0.006
乙苯	0.7
六氯苯合成物	0.001
六氯环戊二烯合成物	0.05
一氯苯	0.1
苯乙烯	0.1

参数	MCL（mg/L），除非另外注明
四氯乙烯（PCE）	0.005
甲苯	1.0
1,2,4- 三氯苯	0.07
1,1,1- 三氯乙烷	0.2
1,1,2- 三氯乙烷	0.005
三氯乙烯（TCE）	0.005
氯乙烯	0.002
二甲苯	10.0
有机物 - 氯化消毒副产物（THMs）	
溴二氯甲烷	0.1
三溴甲烷	0.1
氯化氰	0.1
三氯甲烷	0.1
微生物	
肠兰伯氏鞭毛虫	TT[①]
军团杆菌	TT
菌落总数	TT
大肠杆菌总量	（[②]）
病毒	TT
放射性核素	
β 粒子和光子活性	4 mrem/y[③]
总 α 粒子活性	15 pCi/L[③]
镭 226	20 pCi/L[③]
镭 228	20 pCi/L[③]
氡	300 pCi/L[③]
铀	20 μg/L[③]

注：① TT= 处理技术，需消毒或过滤以去活或移除。
　　②对于每月采取少于 40 个样品的系统，≤ 1 个阳性样品；对于每月采取超过 40 个样品的系统，≤ 5% 呈阳性。
　　③建议值。

　　饮用水及废水中的化学成分需根据标准试验方法确定。对于饮用水试验方法详见 4CFR141C，对于废水详见 40CFR136。

　　以下所列化学物供实际使用，但并未设定基本最大污染物浓度：铝，硼，氯酸盐，亚氯酸盐，锰，钼，锶，钒，锌及氯化锌（1994 年 12 月）。

　　以下化学物及微生物虽列出，但并未设定主要最大污染物浓度：丁溴啶，溴化苯，溴代氯乙腈，氯乙烷，氯甲烷，三氯硝基甲烷，邻氯甲苯，对氯甲苯，氯化氰，敌草索，二溴乙腈，二溴甲烷,麦草畏,二氯乙醛,二氯乙腈,二氯二氟甲烷,1,1-二氯乙烷,1,3-二氯丙烷及2,2-二氯丙烷,1,1-二氯丙烷,2,4-二硝基甲苯及2,6-二硝基甲苯,乙撑硫脲,氟三氯甲烷,六氯乙烷,异佛尔酮,灭多虫,甲基叔二丁醚,异丙甲草胺,赛克津,一氯醋酸,扑灭通,2,4,5-三氯苯氧乙酸,1,1,1,2-四氯乙烷及1,1,2,2-四氯乙烷,三氯乙腈,2,2,2-三氯乙醇,2,4,6-三氯(苯)酚,1,2,3-三氯丙烷,氟乐灵及隐孢子虫(1994年12月)。

灌溉用水水质的确定是一个复杂的过程。需考虑多种因素,如土壤、排水、气候及作物。美国农业部手册60号(1954年)是确定灌溉用水及水土化学物关系的标准指南。该标准中也包含灌溉用水分析的实验室程序。更新的参考书包括美国农业部出版的《农业用水水质》及《灌溉诱发水质问题》。

水质的重要性也体现在其对设备及材料的运行效率及寿命的影响,包括水泵、井管滤网及管道。酸性水常有腐蚀性,而碱性水(pH>7)更易形成沉淀。硬水(碱性)如果含有大量硫酸盐、重碳酸盐及氯离子,将可能形成沉淀。夹带气,如硫化氢、二氧化碳、甲烷、氮气、氧气可能导致腐蚀及气蚀损伤。需根据水质认真确定合适的材料,以保证最低运营及维护成本。

1.5.3　污染

被污染的水含有有机物及/或导致水不宜使用的一些物质。地下水可能被常规来源污染,例如化粪池及其相关渗漏场、污物的堆放或填埋以及不合适的人造废物丢弃活动(均在减少)的污染或通过自然过程的污染。其他一些污染来源有封护不严的井、采矿工程(包括放射矿)、航空及军事活动、油田卤水井及未衬砌或渗漏的工业废物蒸发池。潜在地下水污染活动包括管制废物非法倾倒和向已建井及废弃井内非法倾倒废物(均在逐步增加)。

污染物源从源头向水平及垂直方向迁移的距离,取决于污染物、引入路径、地方及区域土壤和地质特征及结构、地方及区域水文地质条件。微生物及消毒副产品,例如三卤甲烷,并未显示出很强的地下活性及流动性。其他有机物及无机物在适当条件下可能非常持久并高度活跃。两种新近发现的化学物种类——重非水相液体(DNAPLs)和轻非水相液体(LNAPLs)已被证实一旦进入地下水文系统,将非常持久且难于检测及清除。因此,在没有化学分析确认前,地下水都不能被认为是适宜使用的。

1.5.4　水质资料的其他用途

研究水中化学成分含量的差异和变化对确定补给源、径流方向、存在的边界都是有用的。通过氚、碳-14测定年代和类似的分析所确定的水的年龄,在预测时代和补给条件或古水文学方面都有实用性。当前地下水水质资料被用于确定计划人工补给水的兼容性、污染物运移向量、三卤化物的归宿及运移,以及为储水目的而区分原状地下水与人工补给水。

1.6　地下水与地表水的关系

1.6.1　湿润地区

湿润地区的地下水通过向河床渗漏来维持河流的基流。然而,某些河流的上游地段可能高于地下水面,因而在降水少的季节是干涸的。在这样的地段中,来自河床的渗漏会渗入下伏的含水层中。因此,河流的某些地段可能被地下水补给,其他地段的水可能漏失到地下水库中。

1.6.2　干旱地区

在很多干旱的汇水盆地中,常年流水的干流得到地下水库渗流的补给,而其他河流可能处于地下水面以上,河道水流仅在地表径流大的期间存在。在地下水面处于河床以下的地方,事实上整个河道中的水流会通过向地下水库渗漏而流掉。在很多这类河床的下面,可观的地下径流会出现在河床堆积物中,尽管河床是干涸的。

通常,在半干旱到干旱地区,用于灌溉的渠道水的渗失和灌溉用水向深处的渗透常常会改变天然的地下水条件。这种改变包括地下水面抬升、水涝和土壤盐碱化。常常需要通过明沟或地下排水管道、水井或其他手段推进人工排水,以降低地下水面,维持盐的平衡和农作物的产量。

1.6.3　人工地下水补给

近年来,用过剩的地表水补给地下水库有了很大的发展。这类补给的目的包括:①地下水(井场)管理;②减少地面沉降;③修复废水;④改进地下水水质;⑤高水位或过量水流期间水的储存;⑥减少洪流;⑦提高水井的出水量;⑧减少供水系统区域面积;⑨减少海水入侵或矿泉水渗失;⑩增加河流径流;⑪储存来自降雨及雪融的淡水;⑫原油二次开采。另外,油田卤水、含有毒物质及具有放射性的工业废水常被贮存在深部隔离且不适于饮用的含水层中,然而其注入井常指污水渗井而非人工补给井。

人工补给可依靠地表回灌或注入井实现。其方法选择受控于当地地形、地质及土壤条件、回灌水水质、水的利用、土地价值、水质和气候。总之,回灌水必须为可饮用水,以防止对含水层造成潜在的细菌或化学污染。然而,回灌水通常使用多余的地表水,并且对污水处理厂处理后的中水的使用将逐步增加,尤其是对污水处理厂出水最终排至大海的情况。

1. 地表回灌

地表回灌设施可依靠开挖、建设低坝或低堤防而实现。其初始建设成本一般较注入井低,但维护费用较高。另外,发达地区的土地成本过高,而高土地成本有时可通过在存在影响发展的洪水风险的河床安装防洪设施来克服。充气橡胶坝可用于留存洪水及其他水流。这些坝体可通过放气让富含碎屑的初期洪水通过,之后再通过充气而留存后续水流。

如果用于回灌的水含有细颗粒,必须通过经常刮擦回灌场的底部和侧面来保持回灌场的渗透性。另外,铁及其他物质的沉积将降低入渗率。在进行回灌设施初步设计之前,必须对建议渗入水的组成及场址水文地质进行仔细分析。

2. 注入井

由于潜在的阻塞作用,注入井的设计及施工一般较生产井更为复杂。必须确保用于注入的水清澈且不含细颗粒,并且必须对注入水及环境水的兼容性进行评估,以确保不会发生可能堵塞水井过滤器或过滤填料的不利化学反应。

当注入和生产交替进行时,可能形成注入水少量混合含水层水的"水泡"。即使在咸水中,此方法也可进行淡水的临时贮存。

1.6.4 地下水库

由于适于修建地表水库的库址日益减少,因此人们对在地下贮存水的兴趣逐渐增加。而地下水库不像地表水库那样可明显而容易地勾画出轮廓,在很多修建常规水库可能昂贵或在其他方面不适宜的地区,地下水库常常有可能作为替代品。各类水库所提供的有利条件和不利条件是正确决定地下水库位置的依据。为了有助于对选择对象进行评价,表1-5列出了地表水库和地下水库的主要有利条件。

表 1-5 地表水库与地下水库的有利条件对比

地下水库	地表水库
有许多大库容库址	只有少量新的库址
几乎没有蒸发损失	蒸发损失大(即使是在潮湿气候条件下)
占用土地较少	占用土地较多
几乎没有灾难性结构破坏的风险	经常有出现灾难性事故的危险
水的温度不变	水的温度不稳定
生物净化作用大	易被污染
免受直接的放射性坠尘	易被放射性物质污染
水库可起运输系统的作用,不需要穿越土地等的渠道或管道	必须输送水
必须抽水	能通过重力流动而得到水
只用于贮水和输水	多种用途
水可被矿化	水的矿物含量一般相对较低
防洪意义小	防洪意义大
任一点上的水流有限	大量的水流
通常不能得到有效发电水头	可获得有效发电水头
调查、评价和管理困难而昂贵	评价、调查和管理相对容易
补给机会通常取决于剩余的地表水流	补给取决于每年的降水量
补给水可能需要进行昂贵的处理	不需要处理
补给区域或水井的处理连续不断且昂贵	需进行少量的处理

1.7　地下水权

1.7.1　概述

在美国,制定与水的所有权和使用有关的法律和法令原则上是一些州的法院和立法机关的职责。美国还没有能够获得水权的联邦政府法令,也就是说,没有一种法律允许的权利去使用和占有并有效利用天然资源中的水。但条约允许的印第安人水权优先于国家水法。过去,垦殖项目的地表水权和地下水权是与项目所在州的法律相适应的。此过程仍被遵照,除非在印第安人水权先于国家水法的地区。

在美国 48 个连壤州中,遵循两个完全不同的可获得水权的体制。在东部的主要 31 个州中,有公认的岸边使用权准则;在西部的 17 个州中,有公认的优先专用准则。印第安人水权一般由《冬季法令》确定。

1.7.2　岸边使用权准则

岸边使用权准则以英格兰的习惯法为依据,得之于与天然水资源(如河流或湖泊)相毗邻的土地所有权。对地下水来说,覆盖在含水层之上的土地所有权足以确立地下水权。这一准则称作"非限制使用的英国法规"。

1.7.3　优先专用准则

在优先专用准则下,水的所有权归属于州,也就是说,由人们共同所有。最先及时有效使用地下水源的专用者具有使用地下水的优先权。然而,民用水通常不作为专用需要。

1.7.4　时效权

在遵循优先专用准则的有些州中,对已连续占有若干年并在有效使用的水(对此,另一些土地所有者或优先专用者也拥有权利),可以得到因长期使用而给予的时效权利。

1.7.5　印第安人水权

为保护区建立的印第安人水权是依据潜在需要而非当前需要确立的,且在很多情况下并未量化。《冬季法令》(Winters v. United States, 207US564)在 1908 年设立,为了保证联邦政府保护区内印第安人持有的土地上具有使其上的居民"富足有价值"而需要的水源。并且,它规定印第安人的水权不能因为国家法律的实施而减少。这项决定在联邦政府确立了一项保护水源并免于在州法规定下被挪用的权利,且潜在保证了足够灌溉使用的水量在州法规定下不被挪用,相关情况下的挪用要追溯到法令设立之日。水量依据满足保护目的必需的量来确定。

多年来,《冬季法令》在数次法庭判例中被澄清及拓展。一般认为,《冬季法令》适用于地下水及地表水。

1.7.6　地下水法规

　　除了水权的这些规定外,一些州还建立了与地下水管理和支配有关的一些法令和法规,以维护公共利益,保证这种资源有秩序地开发。一些较常见的细则规定了钻井者如何领取执照和订立契约,如何取得钻新井或改建现有井的许可证,如何填写新井的地质钻进档案及遵循保证防止污染的工程施工等。此外,一些州还设有限制污染物质(如卤水)和可能污染公共地下水源的工业废液的处理的细则。

1.7.7　地表水和地下水的综合利用

　　综合利用指通过对地表水及地下水供给的一体化管理而实现灵活性及效率的方案。综合利用是为满足水源需要而涉及的对地表水及地下水的协调、计划运行,尤其适用于消耗或补给临近水流的冲积物中的地下水。具体而言,在美国西部,溪流在夏季的几个月将干涸,但水依然在冲积物中流动。在一些州,地表水权持有人同时可以使用冲积层地下水。

　　宏观上,综合利用涉及河床计划、水库蓄水和运行以及地下水补给。理论上,从供水角度考虑,地表水库运行将最大化实现地下水补给。然而,在水库运行过程中的其他因素可能制约或不利于上述作用。同时,受法律限制,很难实现全面综合利用。综合利用计划需要物理条件(地质的、地形的及水文的)评价,以及法律方面及公共的赞同。

1.8　地下水工程的应用

1.8.1　供水

　　地下水工程主要采用水井和渗水廊道,并且往往可以作为供水设施。设施的规模,由产水量小于每分钟几升的民用和牲畜用的孤立单个小型井,到单井排水量每分钟超过 20 000升的由若干灌溉井、城市供水井或工业供水井组成的井场。如果单一的小型井是按设计进行良好施工的话,则很少会出现问题。较大的设施,特别是有为数众多水井的设施,须评价含水层特征,计算水井间距、降深,了解水质和可能存在的补给 - 排泄关系。为了经济、耐用和在不超出含水层能力的条件下安全运转,水井必须要有设计,水泵要加以挑选,还要考虑到会出现的任何能造成腐蚀和结垢的问题。

　　上覆或下伏含盐含水层的限制、盐水入侵、对临近地表水系流量的影响以及土地沉陷等,都会使拟议的开采进一步复杂化。

　　某些含水层可以测到的补给或排泄量虽小,但却贮藏有长时间积蓄起来的大量的水。可以根据开采水的客观需要和在不同的开采程度下此类含水层可能存在的经济寿命进行评价。

1.8.2　地下水库和人工补给

用地下水库贮存地表水和消耗地下水库的补给是另一类日益重要和令人感兴趣的地下水工程。补给用的井、盆地、渠道和废水处理设施都存在由化学、生物和物理因素造成的含水层堵塞以及上覆或邻近适于饮用的含水层被污染等特殊问题。

在河流枯水期抽吸地下水补给地表水以维持最小的河道流量和在丰水期用地表水补给地下水库，也日益令人感兴趣。

1.8.3　排水

排水可包括：降低灌溉土地下面的地下水位，保证作物生长；降低水位或防止局部地区的蒸发，以保证在干燥条件下进行开挖和施工活动；降低压力以确保边坡稳定，降低压力和出口流速以确保水坝和附属于水库与水库类似结构的设施的安全。地下水水力学和工程学均包括所有这类问题。

1.8.4　污染问题

近年来，地下水工程在地下水污染的调查、评估及减排中变得日益重要。地下水建模通常以预测污染可能性及减排的方向和速度为主要方向。由于复杂的化学及生物作用，涉及污染的情况一般相较供水或排水更加复杂。另外，污染物的流动可能与地下水的流动方向及速率不一致。参与此类工程评估的地下水工程师必须与化学工作者、生化工作者及地质人员紧密配合。

第 2 章　地下水调查计划及成果提交

2.1　引言

在地下水调查过程中,对任一遇到的问题的研究及解决办法均是独特的。地下水专家在地下水调查过程中,虽有指导方针,但并没有一种仅按步操作即可大获成功的方法。大部分地下水调查按以下四个阶段进行:

（1）计划;

（2）数据采集及现场工作;

（3）数据分析;

（4）报告准备。

策划一个地下水调查或工程,需要对其目的、需要的工作范围、展布范围、工程区地质的复杂性、受控于可用融资和拨款时间的限制等进行深入分析。地下水水文学是一门动态且不精确的科学,获取数据的精确度及可靠性通常随着观测和解译可用时间的增加而增加,且此类调查的成功及价值大多依靠参与的地下水专家的创造性、经验及判断能力。由于时间因素及广阔的地下和对数据采集的需要,地下水调查通常是昂贵的。

一些典型的地下水调查的目的包括:

（1）确定小型民用或畜牧用水井的位置;

（2）设计大型井场,提供灌溉、工业或市政用水;

（3）降低需要排水处的地下水位;

（4）地下水补给设施选址及设计;

（5）评价水库或渠道渗漏失水的安全性和经济情况以及对临近土地的影响;

（6）评价地下水库中可恢复的年平均水量和可利用的贮水空间;

（7）建设活动降水及开挖;

（8）地表水和地下水综合使用规划;

（9）调查污染水或低质量地下水特性及范围,从而确定地下水退化源头（自然性的或人为因素的）;

（10）确定湿地水力特性;

（11）水处理设施设计。

为各种目的进行的地下水调查,都可能碰到一些特殊的问题,需要采用不同的原理、资料、手段、资金和时间去解决。确定单个小型水井位置可能仅仅需要地区性的简单踏勘及检测一些现有水井,全部工作在一至两天即可完成。而为一定规模基坑降水进行的调查可能需要一口或更多测试井,并进行抽水试验,通常需要几周甚至几个月的时间才能完成。对于其他一些条件复杂且覆盖面积大的情况,其研究、调查及建模工作需要几个月甚至几年时间才能完成。任何目的的大型井场布置可能都需要一个详细的地下水目录,以确定气候、地下水长期动态、地下水及地表水相互制约情况、含水层特征在空间上的变化、地下水补给和排泄、污染物分布以及其他类似要素之间的关系。

根据短期调查取得的地下水资料,与真实情况相比,其更多是象征性的。当需要可靠的定量数据时,必须进行连续观测和收集资料,以便提供精确数据。

在调查工作的计划阶段,对前期工作的回顾为策划补充工作奠定了基础,同时实地踏勘调查为确定场地情况、障碍、局限性及完成计划工作的可能备选方法提供了必要信息。

当现场工作暂时确定后,即可大致估算现场人员的最小数量及类型、与其他部门的合作准备工作、必要设备以及所需经费,也可做出符合整个工程需要的调整。程序和计划需要保持灵活,允许随着调查进展进行缩减或增加。

在现场调查及数据收集工作完成后,需对数据进行总体检查,并准备一份场地调查的书面总结。所提供的调查结果的最终报告,需包括数据编辑、数据分析结果以及支撑性的图件、插图及表格。

2.2　地下水建模

以下对地下水建模基本概念的主要介绍,主要集中于确定性的地下水数学模型,对 Mercer 和 Faust 理论(1986)稍加修正和完善。

自 20 世纪 60 年代中期,数学模型即被广泛用于地下水分析,然而对其应用的混乱和误解仍然存在。因此,一些水文学者变得不抱幻想且反应过度,断定数值模型一文不值。其他一些极端水文学者则乐于接受任何数学模型结果,不关心其是否有任何水文的意义。

2.2.1　建模方法

地下水系统模拟指的是特性类似于真实含水层特性的模型的建立及运行。模型可以是物理的(例如一个实验室砂槽或赫尔 - 肖氏模型)、电子分析的或数学的。其他模型划分可在 Karplus(1976 年)和 Thomas(1973 年)的研究中找到。简单地,一个数学模型即为根据某些假设,描述含水层中有效物理过程的一组方程式。尽管模型本身明显缺乏真实地下水系统中的细节,但有效数学模型的特性近似于真实含水层。数学模型可能是确定性的、统计学的或者上述两种的一些组合。本章节仅介绍确定性模型(换言之,即那些以物理系统理解为基础的因果关系)。

发展任何物理系统的确定性数学模型的步骤,如图 2-1 所示。其中,第一步为理解系统的物理表现,确定因果关系,并用公式表达系统如何运行的概念性模型。对地下水流,这些关系一般众所周知,并用例如水力梯度指示流向的公式表示。对于有害物移动,这些关系,尤其那些涉及物理 - 化学表现的,只有部分被理解。

第二步为将物理现象转化为数学术语(即进行相应简化的假定,并提出控制方程),由此形成数学模型。地下水流数学模型用一个带适当边界条件及初始条件的偏微分方程表达质量守恒及描述在相关区域的连续变量(例如水头)。另外,数学模型衍推出不同的现象学"定律"用于描述含水层有效的速率过程。其中一个例子为达西定律表达液体流过多孔介质,此定律一般用于表达动量不变定理。最终,可能采用各种假定,例如一维流或二维流及自流或地下水位条件。

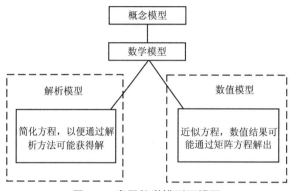

图 2-1 发展数学模型逻辑图

对于溶解物(例如有害垃圾)和热量传输,需要其他带适当边界条件及初始条件的偏微分方程,表示所考虑的化学物质质量守恒及相应的能量守恒。相应的现象学关系的例子为用于描述化学扩散的菲克定律(Fick's Law)和热量传导的傅里叶定律(Fourier's Law)。

一旦数学模型被构建出来,第三步即采用一至两种一般方法求解。地下水流量方程可进一步简化(例如假设径向流和有限含水层边界,形成一般公式的一个子集,其可对解析解进行修正)。此子集的方程式和解即为解析模型。其中,泰斯类型曲线即代表一种此解析模型的解。

对于简化解析模型不再反映现状物理现象的问题,偏微分方程可近似数值化(例如采用有限差分技术或采用有限元法)。这样,一个连续变量被定义为网格块(或节点)的离散变量所替换,从而界定含水层任意位置水头的连续微分方程,被替换为界定特定点水头代数方程的一个有限数值。这个代数方程系统一般采用矩阵技术求解。此方法组成一个数值模型,一般在电子计算机上使用程序对方程进行求解。

地下水模型最常见的应用是历史拟合并预测特定区域含水层特征。在讨论的各种类型的模型中,数值模型提供了最常规的模拟含水层特征的工具。物理模型通常具有对含水层特征最直观的反映,但局限于应用(已建成的),并且在按场地级别缩放成果时存在困难。

电子模拟模型可应用于现场问题,但通常针对具体地点,而且构建费用昂贵。确定性数学模型(含解析和数值)因是具备物理角度的良好方法,所以可用于考虑更大级别的问题。解析模型,例如类型曲线分析,使用相对简单。数值模型,尽管更难应用,但不受解析模型必需的众多简化假定所限制。纯统计模型方法在数据分类和描述理解不足的系统中有用,但一般提供很少物理观点。

每种类型的模型都具有各自优点及缺点。因此,对所有应用,没有任何一种方法应该被认定优于其他方法。具体方法的选定应取决于遇到的具体含水层问题。任何方法的选定和地下水流系统建模的最终步骤是将数学结果转化为物理意义。另外,这些结果必须按照其与实际情况的一致性及解决模型研究的水文问题的有效性来解译。

2.2.2　地下水模型类型

图 2-2 中列出了四种常规地下水模型类型。供水问题一般用一种方程描述,通常为水头。结果模型提供此方程的一种解,通常定义为地下水流模型。如果问题中涉及了水质,则必须解答在地下水流方程中额外增加的关于化学物质浓度的方程。此模型定义为溶质运移模型。如果问题中涉及了热量,则在地下水流方程中需要增加一个额外的方程式,其类似于溶质运移模型,但是有关温度的。此模型定义为热量运移模型。最终,构成一个综合了地下水流模型及一组描述含水层变形方程的变形模型。

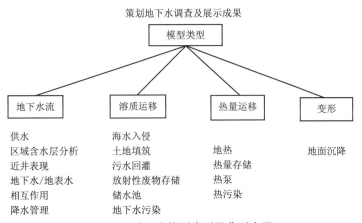

图 2-2　地下水模型类型及典型应用

地下水流模型在区域含水层研究、地下水盆地分析以及近井性能研究中已被最大限度地应用。溶质运移模型已被应用于涉及有害废物的问题的辅助理解及影响预测中,一些应用包括海水入侵,放射性废物存储,卫生填埋场垃圾渗滤液、储水池、地下水污染及深井污水回灌。热量运移模型已被应用于解决地热能、含水层热量存储及与高等级放射性废料存储相关的热量问题等。变形模型已被应用于检测因地下流体抽取导致降压及固结的场地问题,此类沉积物压实可导致地面沉降。

此类地下水模型分类并不完整。所有上述模型可进一步细分为描述多孔介质的和描述裂隙介质的。在表征模型的参数不确定时,地下水模型可与统计方法结合。这些模型也可用于估算含水层参数。另外,其他模型用来处理多流(例如油和水)及多相流(例如非饱和区流体)问题。一些资源管理模型将流体模型与线性程序结合起来,用于优化个别控制性参数,如抽水速度。其他模型将图 2-2 中列出的一些或全部模型结合起来(例如分析一个热负荷问题需要热量运移模型结合变形模型)。使用的模型类型取决于应用。如需获取关于各种模型及其实用性的进一步信息,感兴趣的读者可参考 Bachmat 等(1978 年)及 Appel 和 Brede-hoeft(1976 年)的研究。

数值模型最适合解决具有不规则边界、不均一或高变异抽水速度及补水率的含水层问题。因此,后续章节主要关注地下水数值模型,重点为地下水流模型,较少关注变形模型。

2.2.3 模型应用

因为目前可用的地下水模型众多,故开始一项研究之前,想到的第一个问题可能是:"我应该使用哪种模型?"事实上,第一个问题应该是:"我是否需要一个数值模型解决此类问题?"以上问题的答案可以在先考虑以下几方面后确定:

(1)研究的目的是什么;

(2)含水系统的已知情况有多少(例如可利用的数据有哪些);

(3)研究是否包括获取额外数据的计划。

针对某项研究目的来说,数值模型可能不是必要的。或者,如果数值模型是必需的,可能仅仅需要一个非常简单的模型。另外,数据缺乏可能无法证明一个复杂的模型;然而,如果一项现场研究仅仅处于开始阶段,理想的办法是完成数据收集,并采用一种模型进行分析。一旦确定某种模型为必需的,采用的模型部分取决于研究目的(例如如果关注点仅为靠近水井的水位下降,则不应采用一个因其范围巨大而缺失本地效果的区域性模型。取而代之,可能一个具备小型栅格间距的径向流模型就足够了)。

一个含水层中地下水模型的应用(图2-3)涉及几个方面的努力,具体包括数据采集、模型数据准备、历史拟合及预测仿真。这些工作不应按照一个时间程序分步骤考虑,而应该按一个反馈方法考虑。该模型最好不仅仅作为一个预测工具使用,还要作为概念化含水层特征的一种辅助。例如,一个应用于现场研究的初期的模型可帮助确定需要收集哪些及多少数据。

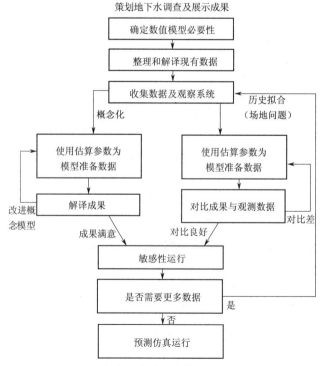

图 2-3 含水层中地下水模型使用示意图

地下水模型的数据准备首先涉及确定模拟区域的边界。边界可能是物理的（不透水或不出水，补给或特定流量，以及常水头）或仅仅为了方便而抽象的（一个大型含水层的小亚区）。一旦含水层边界确定，该区域必须离散化（例如分成栅格）。根据采用的计算方案，栅格可按矩形或不规则多边形划分。图 2-4 所示为一个假设的带有井场开发的含水层，图 2-5 及图 2-6 所示分别为典型的有限差分和有限元的二维网格图形。

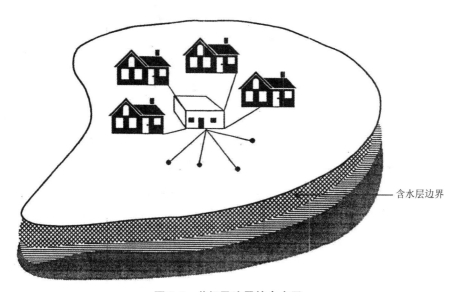

含水层边界

图 2-4　井场及边界的含水层

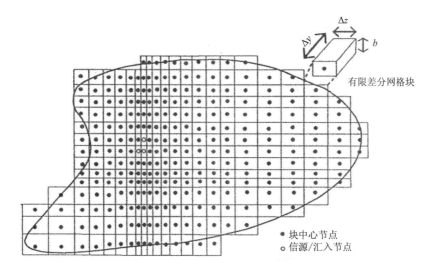

Δz　b　Δy

有限差分网格块

● 块中心节点
○ 信源/汇入节点

图 2-5　含水层模型有限差分网格块（其中 Δx 为 x 方向长度，Δy 为 y 方向长度，b 为含水层厚度）

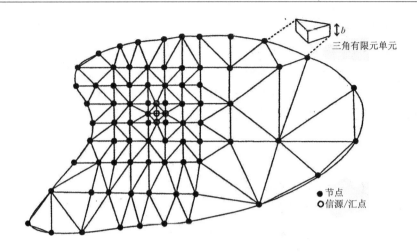

图 2-6　含水层模型有限元布局（其中 b 为含水层厚度）

一旦栅格设计好后，含水层参数及初始数据必须按栅格确定。为达到描述性的目的，以下讨论使用矩形栅格设计有限差分方法。其中，必需的程序输入数据包括每个栅格点的含水层参数，例如储水系数和渗透系数（表 2-1）。对于溶质运移（例如用于追踪有害废物的程序）和热量运移，则需要额外数据，例如水动力扩散参数和导热系数。计算结果一般由整个含水层各个栅格的水头组成。这些水头的空间分布由每一个感兴趣的时间段内的时间水平序列确定。对于运移问题，计算结果可能也包括每个栅格的浓度和温度。

表 2-1　预测模型所需数据（Moore，1979）

I. 物理结构	II. 系统应力
A. 地下水流	A. 地下水流
1. 展示所有含水层展布面积、边界及边界条件的水文地质图	1. 补给区的类型及范围（灌溉区、补给盆地、补给井等）
2. 展示地表水体的地形图	2. 地表水分布
3. 水位、基岩形态及饱和厚度图	3. 地下水涌水量（时空分布）
4. 展示含水层和边界的导水系数图	4. 河川径流（时空分布）
5. 隔水层导水系数图和单位储水量图	5. 降水
6. 展示含水层储水系数变化的图	B. 溶质运移（以上的补充）
7. 饱和厚度与导水系数关系	6. 含水层水质区域及时空分布
8. 河流与含水层关系（水力联系）	7. 河川径流质量（时空分布）
B. 溶质运移（以上的补充）	8. 污染源及污染强度
9. 组成水动力扩散的参数估计	C. 热量运移（以上的补充）
10. 有效孔隙分布	9. 含水层中热量的时空分布
11. 含水层自然浓度分布（水质）背景信息	10. 热源强度
12. 液体密度变化及密度与浓度关系的预估	III. 其他因素——地下水流和运移
13. 水头分布（用于确定地下水流速）	1. 供水经济信息
14. 浓度边界条件	2. 法律及行政规则
C. 热量运移（以上的补充）	3. 环境因素
15. 预估导热系数及岩石和水的比热	4. 水土利用的计划变革
16. 含水层自然温度分布背景信息，包括热流测量	
17. 预估流体密度变化及密度和黏度与温度的关系	
18. 温度边界条件	

含水层参数的初始估计组成试错法(又称历史拟合)的第一步。拟合流程(通常指模型校准)用于改进含水层参数的初始估计及确定边界(例如含水层的水平向和垂直向边界)以及边界的水流情况(边界条件);含水层测试一般提供储水系数和渗透系数的初始估计。对于某些地下水问题,稳定阶段(或平衡阶段)水头必须确定,并用于初始或开始情况。在含水层栅格系统中的模拟井可按观察速率进行抽水,而且计算(模拟)降深可以与观察降深进行对比。

假设模型是正确的,这两个值的对比可表明最初输入预估值的精确度。一些输入数据可能需要修正,直至观测数据与计算数据拟合足够好。以往,此过程依照试错法完成;而近来,因参数估计法的使用减少了对比工作量,此方法以一种更加客观的方式对最初输入的预估值进行修正。

通用的且能以快速明确的规则获得满意结果的方法是不存在的。要想获得一个满意匹配的运行次数,取决于分析的客观性、水流系统的复杂性、观测历史的长度以及水文学者的耐心。一旦完成,模型可用于预测含水层未来的性状。当然,对任何预测结果的信心必须建立在以下基础之上:①对模型局限性的整体了解;②与历史观测性状的拟合精度;③数据可靠性及与含水层特性相关的知识。

预测的主要目的是预估含水层在多种开发方案中的表现。尽管含水层仅可在相当大经费下开发一次,但模型可以在很短时间内以较低代价运行很多次。对在不同开发方案下模型表现的观测将有助于在开发地下水资源时选择一套最优运行方案。更具体地说,地下水建模可预估:①承压水层渗漏导致的补给(包括自然的或人为干预的);②边界影响及边界条件;③井的位置及间距的影响;④不同抽水速度(或注水率)的影响。

预测的其他目的包括垃圾填埋场和其他污染区域污染物的运动速率,模型可用于预测因淡水抽取导致的海滨区域的咸水入侵率,也可用于帮助确定在污染状况下采用哪种(如果有的话)补救措施最佳。最终,热量运移模型可用于辅助预测地热库及用于热量存储的含水层的特征。

在这些针对特定场地的应用之外,模型也用于检查一般问题。可以假设(但典型的)含水层问题来研究各种类型的流体特征,例如地下水和地表水相互作用或围绕一个深埋放射性废物储存库的流体。对于观察到的行为,某些提议的机制的可行性是可以测试的。借鉴其对整个过程的作用,参数可更改。因为这些运行的结果将揭示计算水头对哪些参数最敏感,故此过程有时被称为敏感性分析。敏感性分析针对特定场地应用也有效,可揭示哪些额外的数据需要确定以及所需要额外数据的范围。

2.2.4　模型误用

模型可能以多种方式被误用。三种常见且相关的误用为过度解读、不适合的预测以及错误解读。应用最复杂的计算工具解决一个问题的吸引力很难持久。经常会遇到的一个问题,即在何种情况下应该是三维的,而不是二维的甚至一维的。还有当含水层厚度分布范围相对巨大或垂向存在明显的不均匀性(例如按高度分层)时,包含水流方向在内通常建议沿第三方向（近垂直）模拟。另外一种类型的过度解读为考虑到含水层特性的可用信息，使用的栅格尺寸更细（更小）。此类错误会导致额外的工作及费用。

在一些应用中，过早使用复杂模型。例如，不应使用溶质运移模型开始一个有害废物问题的研究，而是首先应该确定与实际相符的水文地质特性，因此初始只需进行地下水流建模。若此建模进行得较顺利，随后才可以包括溶质运移。必须首先评估问题的复杂性、可用数据的数量、分析的目的，然后确定特定情况下的最佳方法。一个常规规则可能是开始于最简单的模型，然后是粗略的含水层描述，最后是改良模型及数据直至获得想要的预估含水层特征。

必须意识到，历史拟合占模拟的比例取决于给定的场地条件，且这些条件受制于预测比例的变化（例如在历史拟合比例中，含水层可能是承压的，但也可能濒临去饱和的边缘）。如果饱和厚度和储水系数是错误的，采用一个承压模型预测将得出错误的结果。因地下水模型涉及地下，影响结果的未知参数一直存在。总之，仅仅在相似的抽水方案下，不应该预测超过约两倍于拟合的时段。

或许最差的模型误用是对模型结果的盲目自信。计算与常规的水文现象相矛盾几乎都是由于一些参数输入错误、计算机程序漏洞或者不适用问题的模型误用。地下水模型的适用性需建立在对特定含水层的了解上。如果没有对此概念的理解，整个过程可能变成毫无意义地浪费时间和金钱。

2.2.5 建模局限性和错误来源

为避免模型误用，必须知道且明白数学建模的局限性及可能的错误来源。所有数学建模都源于一系列的简化假定，这些假定限制了模型在一些具体问题上的应用。为避免将一个有效的模型用于不合适的场地条件，不仅了解场地条件非常重要，理解构成建模基础的所有假定也十分重要。例如，一个平面（二维）模型，在应用于涉及多个含水层、与隔水层有水力联系的三维问题时应谨慎，因为该模型的结果可能并不能代表场地性状。此类错误可被认为是概念误差。

在这些局限性之外，一些潜在错误源存在于数学模型结果中：①用一组代数方程替换微分方程导致截断误差（例如代数方程的确定解有别于初始微分方程的解）；②代数方程的确定解并非由于舍入误差而获取，而是由于计算机计算的有限精度导致；③含水层描述数据（例如渗透系数、储水系数和含水层中水头分布）不够精确或完整，由此导致数据出错，这也可能是最重要的。

计算结果中截断误差级别可能采用重复运行或更小范围或更小时间增量运行预估。计算结果对于增量大小变化的敏感性可以揭示截断误差显著性水平以及对更小的空间或时间增量的相应需求。与其他错误源相比，舍入错误一般可忽略。

因为从来不知道真实的含水层描述，所以很难评估出错的含水层描述数据导致的错误。一个描述错误与这些数据相关的谚语是"垃圾入，垃圾出"。核心分析、含水层测试及地质研究的组合通常可以提供对于渗透系数、储水系数及含水层几何特征的有价值的见解。然而,大部分此类信息可能是局部范围的,所以在用于大型区域的模型中时需要认真考虑。最终用于表征含水层的参数通常依靠某一历史阶段计算和观测含水层性状的适宜度来确定。

2.2.6　汇总

地下水数值模型是地下水专家的一个非常重要的工具。其可用于模拟复杂含水层性状,包括不规则边界的影响、不均匀性及不同流程(例如地下水流、溶质运移及热量运移)。数值模型的应用涉及数据采集、数据准备、历史拟合以及预测。为含水层研究建立模型的过程促使人们对含水层如何运转形成概念性理解。因此,模型可以用于含水层研究的所有阶段,包括概念化和数据收集以及预测阶段。为了使模型有效,专家必须对所研究的含水层有一个全面的了解,必须熟悉备选的建模技术,而且必须认识到模型的局限性和错误源。为满足这些要求,一个成功的模型研究既能对特定水文系统的理解加以改进,也可以对研究问题提供适当的预测和分析。

2.3　计划

2.3.1　目的和范围

在计划阶段,必须清楚地规定及记录在开始场地调查前的活动的顺序、目的、范围以及工程需要。在计划阶段,需要建立工程所有阶段管理的组织架构。工程计划者需要确定工程现有可用数据以及完成工程所需额外数据。如果工程需要额外的现场工作,则需对工程所在区域进行现场踏勘。在计划阶段,需编写为确定所有为生产最终产品所必须完成的任务的研究计划(Plan of Study,POS)。如果一个地下水模型将被用于分析,建模者应该深度介入数据采集的计划。否则,采集的数据可能不适用于建模。

建模最低限度需要以下信息:①必需的现场工作和额外数据收集;②地下水建模需求;③研究区域的范围和位置;④工程的计划开始时间、持续时间及截止时间;⑤研究级别(初步检查、踏勘、可行性、施工);⑥任何与工程有关的专门问题或需要(许可、可达性、危险状态和设计等)。

在对现有数据检查后,应该确定需要的额外数据。在数据收集和现场工作阶段,对于调查范围,可能需要的额外工作包括:

(1)准备合适比例的、全新的或补充性的平面图、地形图和地质图;

(2)进行野外地质测绘,以获取、澄清或补充关于构造、地层及岩性的资料;

(3)提供水井及相似设施的清单;

(4)进行地下水位观测及取样工作;

(5)确定试验场地,选择现有水井或设计新井,编制技术要求和进行施工,以便进行抽水试验,同时对勘探孔、观测井及测压管进行定位、设计、施工以及取样;

(6)在河流和泉上建立水文观测站;

（7）确定水井和泉的水量观测位置及观测点的高程；

（8）编录所有新钻孔和水井；

（9）选择地球物理探测的类型和位置；

（10）选择钻孔测井类型,如电阻率测井、天然伽马射线测井或其他类型测井；

（11）提供钻孔岩芯样的力学分析；

（12）提供水样的化学分析和细菌分析；

（13）完成美国国家环境政策法案（National Environment Policy Act，NEPA）要求的文件。

一个研究计划应提供以上所列计划步骤的规划成果,并应明确取得最终成果需要完成的剩余工作。具体报告的篇幅和内容取决于调查的目的及范围。

应尽可能细化需要完成的任务的描述（所有数据收集、整理、分析及报告准备）,包括设备、人员、计划及报告要求。应准备展示工作元素、顺序及持续时间的流程图,尤其在复杂工程中,以帮助确定并避免调度问题。

应安排工程区域场地踏勘测绘,尤其是当工程需要额外现场工作时。测绘工作可以在优先于研究计划准备的任何时间进行。场地测绘可提供确定场地条件、障碍、限制和可能的为完成任何预期的附加工作备选方法的必需信息。

需要考虑工程区域人员、设备的可达性。在计划场地调查之前,需优先确定位置、范围、地形、交通设施、土地所有类型、文化建设、气候、许可以及暴露于有害材料或活动的可能性。在许多情况下,在工作开始前需要进行考古审查。

必须在计划阶段的早期建立工程所有阶段的组织架构。通常为管理工程而建立一个工程团队,团队领导要取得必需的授权和经费。工程团队的大小及组成取决于工程的规模。对于一个大型工程,团队成员可能代表联邦、州、地区以及私人机构及团体。而对于一个很小的工程,一个人可能充当一个工程团队、团队领导及团队成员。

2.3.2 场地调查

一个成功的场地调查不会凭空发生,它必须精心计划,以便达到想要的结果。计划阶段的所有组成部分包括选择最有效的方法、概述其任务、人员设备进场、获取材料、建立成果报告的标准以及准备检查。场地调查受控于数据获取、可利用的人员/设备/资金及可达性。在大多数情况下,可在理想情况及可接受情况之间做一些妥协。为寻找这个妥协,工程计划者必须非常清楚地了解哪些数据是正在调查的问题所真正需要的。

研究级别和使用的分析方法不同,所需数据也就不同。在踏勘或评价阶段,现场工作可能局限于观察当地地质和地形条件及从现有水井或泉收集数据；或者是大量的钻孔及编录、渗透系数测试、水质分析及其他能提升对手头问题理解的活动。当即将使用一个模型时,所需数据类型可能会与那些更基础的分析性程序有所区别。

必须考虑所需设备及其可利用性,往往必须在具备不同优缺点的方法中做出选择。例如,可能中空螺旋钻比螺旋钻能获取更好的样品,但无法用于大直径测试井。工程计划者必须决定哪种选择更加重要或是否两种都有必要。工作人员一般比设备更加灵活,但其能力大小也可能会影响研究方法。

经费通常会对可获取数据的数量及类型造成限制。工程计划者必须确定可用资金的最有效应用,如果可用资金不足,必须寻找更多投资或考虑终止项目。时间限制与经费限制相似且相关。

2.4　数据收集及现场工作

2.4.1　识别现有数据

在预估投资、时间及人员需要时,对该区域前期报告的回顾是必要的。美国地质调查局(USGS)对地质和水文的报告常常提供有价值的信息。其他相关数据可在美国国家气象服务记录及美国农业部的报告中获取。搜索工程地质文献可能提供额外的参考。许多州工程师、州地质调查机构、水资源中心、州学院和大学及类似机构持有水井和其他地下调查记录,其中可能包含位置、编录、产量及建设方法。需要提取、分析及汇总获得的参考资料,之后可以决定需要的额外数据、获取方法及完成工作必需的时间、人力及经费。

2.4.2　地下调查

地下物质的地层、构造及水力学特征信息,地下水位和水压面水位及变化很重要。这些资料可以从该区域以前钻的水井的编录中、水井内采取的试样、水井抽水试验及地下水位或测压面记录中获取,部分资料也可以通过当地钻探者获取,但使用时必须慎重。

地表地球物理探测及钻孔地球物理编录结合试验钻进可提供关于地下情况的重要资料,包括地下水及基岩面的近似埋深。在实施地球物理调查之前,必须向有实践经验的地球物理学家请教地球物理调查方法可能具有的意义以及用来解决特定问题时的最好程序。地球物理资料绝大多数来源于美国联邦和州级机构以及石油和矿产公司。本手册第 4 章提供了一般地球物理调查方法和它们在地下水调查中的典型应用。

2.4.3　水质数据

在地下水调查中,水的化学成分和细菌种类可能是一项必需的资料。对于计划供人类使用的水,必须了解其细菌种类和化学成分,从而确定其适用性;同时,要为使其适于饮用的处理类型和程度提出方向。对于工业和灌溉用水,也必须了解其化学成分,因为某些化学成分的出现不仅能使水不适宜人类或牲畜饮用,也不宜用于工业或灌溉。

对于具有腐蚀性和结垢性的水或疑似其存在的情况,化学分析资料在制定水井和水泵设计以及耐久性设备的规格方面也是有用的。此外,化学分析资料常可用来确定水的来源或其污染物。美国州立或地方健康机构,可能有其管辖地区地下水细菌及化学分析资料。在美国地质调查局供水手册的第 2 254 页中即有一个关于解释天然水化学特性的不错的论述。

最后,如果是用于地下含水层回灌的水或是要排放至地表的水,通常其水质必须满足美国联邦、州及地方的水质标准。

2.4.4　气候资料

在一些重要的地下水调查中,关于降水、温度、风的活动、蒸发及湿度的资料可能是必不可少的,或者是有效的补充资料。在美国,此类资料来源于美国国家气象局。在地下水研究中,气象资料主要用来评价可能对地下水产生补给的降水随季节的变化和数量。对任何地下水可利用量的精确评价来说,这一点都必须确定。然而,在很多小范围的研究中,如此精确是不必要的,也是不尽合理的。如果必须予以确定,则在任何水文学的完整教科书中都可以找到有关的详细研究方法。

2.4.5　河道流量和径流量

因为地下水或是主要来自地表水的渗透补给,或是主要排泄于地表,所以在解地下水方程时,河道流量资料或许是必不可少的。在调查区,可以获得用水记录、径流分布、水库容量、回流及流段增益或损耗。那些通过连续记录仪测得的河道流量数据是最理想的,也可以通过水位标尺及水位 - 流量关系曲线获取一些资料(前提是对标尺进行了连续记录)。如果研究要求相当高,则应安装连续记录仪。美国地质调查局水资源部门及州和地方水资源部门都有河道流量资料。

2.4.6　土壤及植被覆盖

在美国大部分区域,土壤图和报告获取相对容易,并且对于预估补给率是非常有用的。土壤图和报告提供了关于土壤特性和地表坡度的信息,这些对于径流和渗透都有一定影响。植被覆盖图用途多样,其可以展示湿地植物分布区域,这些区域的地下水靠近地表,可以展示阻挡降水、阻碍径流以及蒸发水分等的植被的密度和类型。土壤和植被覆盖图二者通常均可从美国农业部、州立学院和大学或其他联邦及州与林业、畜牧业及农业有关的部门获得。若是没有可以利用的图件,也可以通过野外观测和记录获得。

2.5　数据分析

2.5.1　图和图表

利用地图、断面图、立体透视图及其他类似的图表,易于对地下水研究中的地下资料进行分析和评价。在调查阶段,此类图表所用的尺寸、比例尺及符号,主要是考虑使用起来简单、方便。许多图件处于尚未完成或者拟补充新资料的待完善阶段,直至调查工作完成,它们才能提供有效的成果。然而,按照美国垦务局的惯例,最终报告内容中包括的成果图表所用的尺寸、比例尺和符号必须与制图标准(美国垦务局,1972 年)、工程地质手册(美国垦务局，1988 年），技术规程中的详细规定相符。在可行的情况下，此类表示相近的或有联系的资料的图表，其比例尺应该相同，以便容易用叠加或其他类似的方法进行对比和解释。

依据工作的范围、密度及工作区复杂性不同，图表的数量及类型也可能不同，建议建立一个地理信息系统（Geographic Information System，GIS）数据库，用于理解和处理记录在不同图及图表中的资料。GIS 包含自动化制图和数据库管理及使用计算机图形展示其所含信息的空间关系。GIS 对于数据处理非常有用，数据处理过程允许程序和其使用者提出逻辑性问题，以便从 GIS 数据库中提取有意义的信息。然而，GIS 数据库的建立可能需要大量的前期工作，足够的可能获得的数据使其值得付出努力，但是仅简单了解机制并不能确保其成为一个有用的工具。如同大多数解析工具，GIS 需要丰富的地下水相关经验及判断，在计算机技术之外，这些经验更有价值。以下章节展示的信息汇总了在地下水研究和解释中常用的图件。

1. 地形图

尽管对于所有地下水研究来讲，地形图不一定都是必需的，但对地形的判断和理解即使地形图不是最重要的，也是有用的。对于某些踏勘性的研究，野外调查时可用一张好的平面图或航空照片代替地形图。然而，对于较详细的研究，令人满意的地形图是必不可少的。这类图件提供了关于地面坡度和水系类型的资料，并可作为基础来编制表示地质、水位埋深、地表和潜水面的坡降、供水区和补给区，以及与之有关的特征和现象的横断面图和平面图。依据地形类型及所需要的精度，地形图的比例尺在 1/2 in 代表 1 mi（1∶126 700）至 4 in 代表 1 mi（1∶15 800）之间变化。有时用 1 in 代表 400 ft（1∶4 800）的比例尺的图件详细研究有意义的大区域中的局部现象是适宜的。理想的等高线间距，对于平缓地区或大比例尺详细图件为 1 ft，对于崎岖地区或小比例尺图件为 25~50 ft。（1 in=2.54 cm，1 ft=30.48 cm，1 mi=1.61 km）

美国地质调查局是地形图的主要来源，但其他联邦机构，包括美国农业部、美国陆军工程兵团以及各种州立机构也是适用图件的来源。如果得不到满意的图件，则可能需要测绘。

2. 航空照片

在许多地区，航空照片起到代替地形图的作用。这类照片采用的是比例尺为 1∶4 000 到 1∶20 000 的相互连接的照片或放大的照片。在已经有足够重叠部分的照片的地方，借助立体镜可以获得地势的三维视图。此外，还常常使用根据大量的覆盖面积很大的单一照片编绘的镶嵌图。

美国农业部土壤保持局和美国地质调查局是航空照片及镶嵌图的主要来源。这些机构以及美国垦务局通常还可以从其他来源获得相关照片。除了惯用的黑白及彩色照片之外，侧视雷达成像、红外成像、热扫描成像以及其他遥感技术通常也非常有用。

3. 地质图和剖面图

地质图和剖面图（图 2-7），特别是附有相应报告时，在大多数地下水调查中是有用的，而在涉及地层和构造复杂的地方更是必不可少的。对报告及图件进行分析，可获取关于补给区、可能存在的含水层、水位情况、控制水的运动的构造及地层和相关因素等信息。美国地质调查局和州立地质机构是这些材料的主要来源。

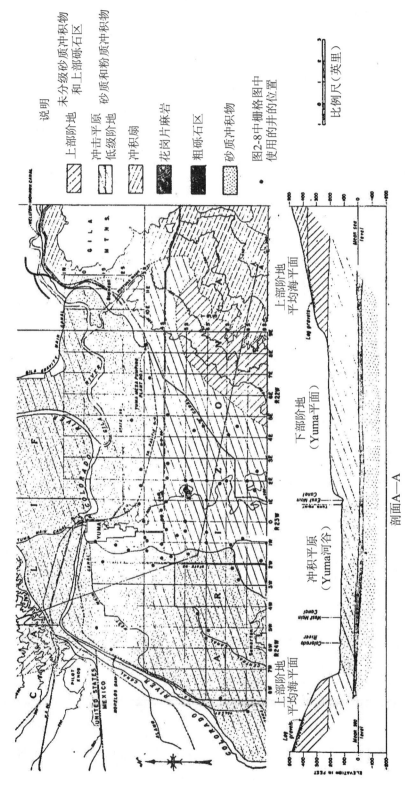

图 2-7 亚利桑那区 Yuma —部分地质图和横断面概图

美国大专院校、地质学会、石油和矿业公司以及其他类似组织也有可能提供一些资料。在没有地质报告和图件的地区,最低限度也必须代之以踏勘性地质调查。

4. 潜水面等值线图

潜水面等值线图是为研究非承压地下水最常绘制且最有用的图件。它是地下水位的地形图,等值线通常为等高线(图 2-8)。

这种图件是利用观测井、河流、湖面以及泉水排泄控制点的水位高程绘制的。

5. 测压管液面图

测压管液面图类似于潜水面等值线图,只是它以测压水头为基础,水头是在打入单一承压含水层的测压管或严格密封的水井中测得的(图 2-9)。

6. 潜水面埋深图

当考虑排水和降水问题时,潜水面埋深图具有特殊意义(图 2-10)。

最简单的准备方法是将潜水面等值线图覆盖在地表地形图上,由等值线相交的一些点得到高程相减的整英尺数,即是绘制水位埋深等值线图的控制点。计算地表至地下水位的深度,将此深度数值标注在图中观测井位置,也可以绘出这些控制点,然后连接这些点即可绘出等值线。

在绘制、使用以及分析潜水面埋深图时,必须慎重。首先,切记通常只能利用稀疏的有限数量的控制点(观测井等),而各控制点之间的地下水条件可能与预想的相差很大。此外,除非控制点设施为反映特殊情况而设置外,其可能反映的或许是诸如潜水位和测压水位的混合水位这类复合情况,这就会提供错误的和使人迷惑不解的资料。

7. 剖面或横断面图

穿过水井或钻孔剖面线绘制的垂向地质和水文地质剖面,通过地表特征和地下条件的空间关系描绘地下情况(图 2-11)。

在每一个地点上标绘出钻孔的地质编录,以便在垂直方向上显示每一个可识别的地层的顶板、底板,并与相邻的钻孔进行对比,以示地层的连续性。在每一个水井地点也可以按一个读数或在一个期间取得的一系列读数标绘出自由水面或测压面的水位。这将显示出自由水面或测压面的相对位置以及在观测期间水面的动态。为了易于定位,应将横断面图的位置标在平面图上。横断面图的水平比例尺应与平面图一致,但横断面图的垂直比例尺一般要比水平比例尺大,以便于图件明了易懂。垂直比例尺应足够大,以便易于辨识最小的重要特征。为将某一薄层表示在相对较深的地质编录中,此比例尺可能需要变比。

8. 含水层厚度图

含水层厚度图也称为等厚线图,它用等值线表示自由含水层饱水物质的厚度或上下隔水层之间承压含水层的厚度。可绘制类似的图件表示封闭层的厚度。当然,这类图件的编法取决于完全穿透目的层的钻孔编录资料。

9. 构造等值线图

构造等值线图反映了特殊地层或岩组的顶面变化情况。这类图件连同地层情况,在解释构造特征,如断层和褶皱时是很有用的。这些构造特征可以控制一个地区的地下水运动。

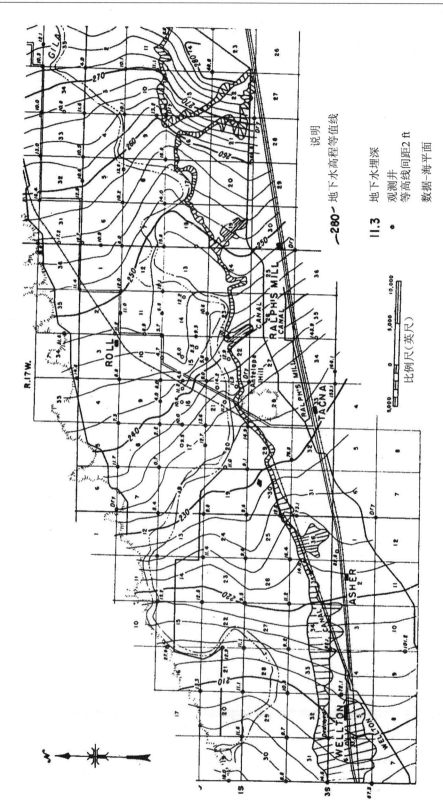

图 2-8 地下水位等值线图

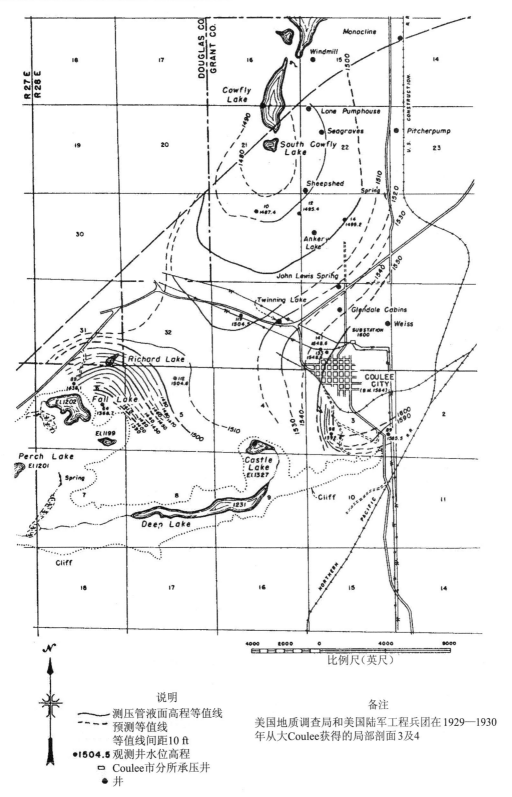

比例尺（英尺）

说明

测压管液面高程等值线
预测等值线
等值线间距 10 ft
●1504.5 观测井水位高程
□ Coulee 市分所承压井
● 井

备注
美国地质调查局和美国陆军工程兵团在 1929—1930
年从大 Coulee 获得的局部剖面 3 及 4

图 2-9　测压管液面等值线图

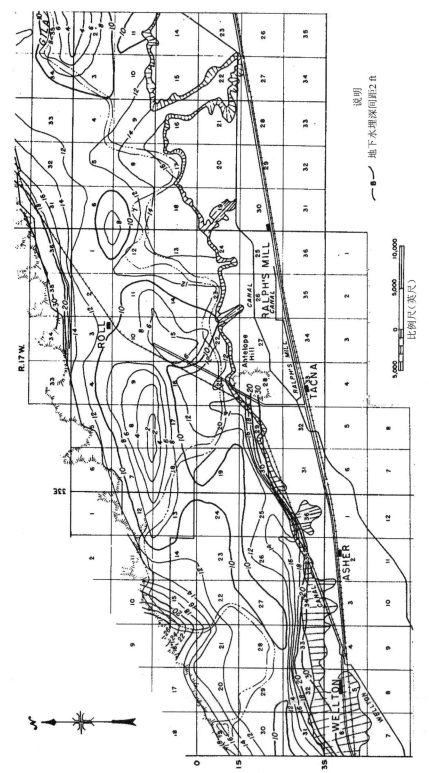

图 2-10　地下水埋深等值线图

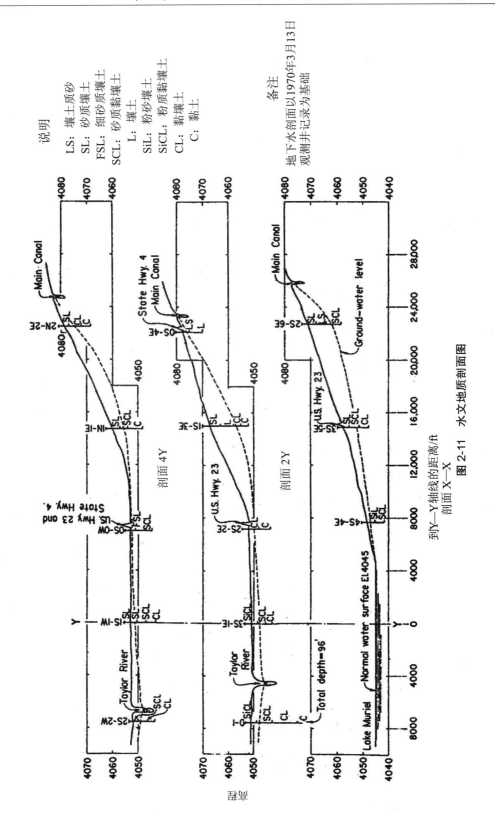

图 2-11　水文地质剖面图

10. 立体剖面图

立体剖面图是三维空间的横断面图,在表示一个地区的地质和地下水条件时是很有用的。与横断面图一样,这类图件是以钻孔编录、地下水位测量及地形图为基础的(图 2-12)。

11. 水文曲线

在描述地下水位动态、变化趋势和其他与时间相关的因素时,各个观测井和测压管的水文曲线是必不可少的。水文曲线绘制在纵坐标为水位高程、横坐标为时间的方格纸上(图 2-13)。将地质编录绘制在左侧空白处,一般会增加水文曲线的价值。

2.5.2　地下水图件解释

地下水流动基本规律为水从较高位置或较高地势流向较低处。地下水高程等值线图上的等值线是一些水头相等的等值线,其运动方向与等值线成直角。无论等值线是自由水面或测压管液面,这一点都是正确的。在非承压自由含水层中,地下水高程等值线通常有平行于地表等值线的趋势。然而,在许多情况下,地表水流与地下水流之间的关系不大明显。

地下水丘可以由地表水向下渗漏或由较深的自流含水层在局部补给区向上漏失而形成。在一个理想含水层中,坡降自补给丘中心沿半径以逐渐衰减的比率减小。一个不透水边界或透水率变化将影响这一趋势,并可在确定这些变化时提供线索。

对地下水等值线所揭示的情况进行分析,需遵循将在 5.2 节中讨论的达西定律($Q=KiA$)。因此,等值线间距(坡降)取决于流量、含水层厚度和渗透性。如果假设流量是连续的,则等值线间距仅和含水层厚度和渗透系数有关。这样,等值线围成的面积变化就可以显示含水层条件的改变。然而,鉴于大多数含水层的不均匀性,必须考虑所有可能存在的综合因素,慎重地解释坡降的变化。

从延伸很远的含水层中的相对小的地区抽水,可能导致未抽水地区静止水位的少量变化,而抽水区的水位则不断地迅速降低。这是由于水泵的抽水能力超出了含水层向抽水地区运移水的能力,这种情况可以通过含水层的水位等值线来识别。

如果已知储水率(参阅 5.5 节),将不同时间测定的两幅地下水等值线图重叠在一起,便有可能对两次测量系列之间产生的地下水贮量变化进行估算。与此方法类似,将这一期间的体积变化乘以孔隙率便可估算出总贮量的变化。后一种方法只适用于潜水面升高,使原先比较干燥的物质被饱和的情况。用这种方法可以估算使物质饱和所需要的水体积。当潜水面降低时,要求得贮量中释放出的水的体积,由于孔隙空间内的水不会全部排空,所以必须采用释水系数。

如果已知含水层的渗透系数和横断面面积(或导水率和宽度),则从等值线图上可求得坡降,应用达西定律便可以估算出流量。

由于含水层既作为储水层,又作为导水层,根据年贮水量变化的周期估算,可以估算出年度补给。由多年类似的估算,可大致估算平均年度补给。

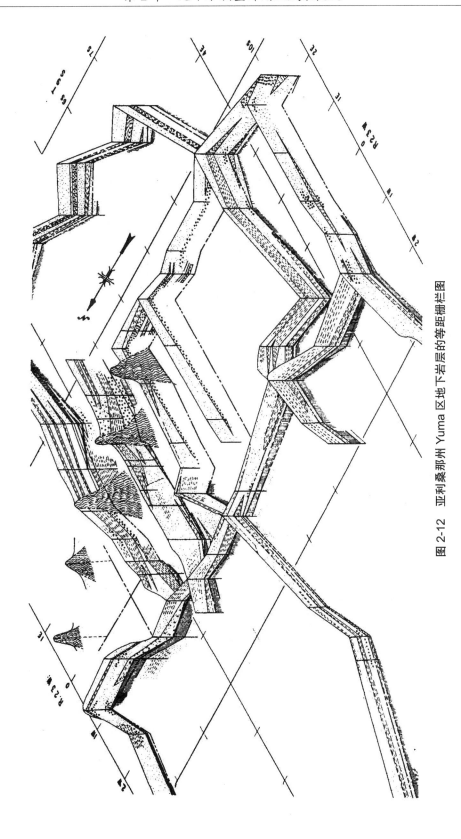

图 2-12　亚利桑那州 Yuma 区地下岩层的等距栅栏图

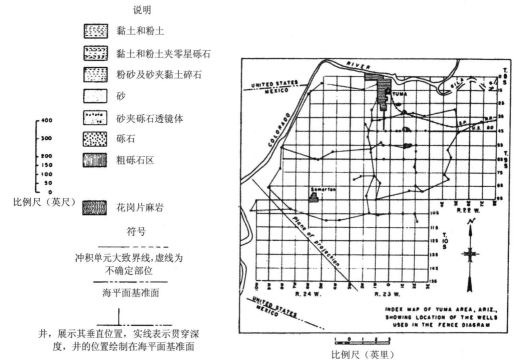

图 2-12　亚利桑那州 Yuma 区地下岩层的等距栅栏图(续)

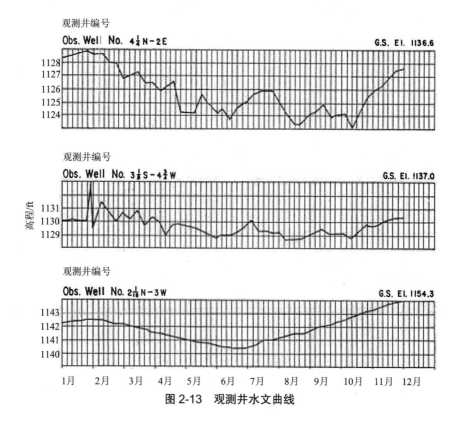

图 2-13　观测井水文曲线

　　上述估算的精度取决于含水层均匀性和含水层特征(根据抽水和其他试验确定)的总体适应情况。尽管原理简单,但由于大多数含水层的非均质性,在应用成果资料时都需要加以注意,慎重地做出判断。

　　在某种情况下,应考虑数据库,并分析是否满足调查的目标。通常数据收集和分析几乎都是一个迭代过程,早期调查的结果被用于指导正在进行的调查的方向和量级。调查者必须集中于列在研究发展计划中的工程既定目标,并致力于实现这些目标。仅有最简单的调查,可从经济上进行计划,并在一个阶段实施。这个过程必须在经济和精度上达成平衡。我们永远做不到完全了解一个地下水体,因此必须依靠经验和判断确定何时数据库足够满足调查的目标。

　　本手册对每一个离散的地下水工作及成果都进行了处理,使用者应将这些资料用作指导,而不是一项约束,并随着调查向其目标前进。

2.6　报告准备

　　地下水报告可以少到包括陈述问题、提出结论或建议(或二者都有)在内都不足一页,也可以多到成为卷帙浩繁的著作,具有正文和大量的图件、示意图、曲线图及表格。任务的重要性和复杂性以及花费的时间和经费等,通常都决定了报告的长度和内容。

　　地下水报告的著者必须发挥自己的判断能力,以确定所需资料的种类和要求的详细程度。报告的主要部分包括下列资料的一部分或全部,其详细程度要求把问题、结论和建议阐述清楚,具有代表性的报告提纲如下。

　　(1)研究问题或目的。

　　(2)研究区域的位置和范围。

　　(3)区域内人文特征。

　　①电力设施:电力利用率、现有线路位置、相位数和费率表。

　　②天然气设施:位置、生产能力及费率表。

　　③供水:民用的、市政的、工业的、灌溉的以及畜牧用水,水源、产能、原水质和处理后的水质,水源的可靠程度以及费率表。

　　④污水处理:污水净化厂的位置和能力、处理类型、废水处理方法、废水的性质,以及残废料的处置方法。

　　⑤交通运输:高速路、道路、铁路及航运点等。

　　⑥居民点:有关的历史、城镇的位置和规模、土地所有权以及目前和设想的用途。

　　⑦植被和农作物:植被覆盖、天然植被类型和密度、农作物及作物面积。

　　⑧灌溉:范围、习惯和发展趋势。

　　(4)气候概述:

　　①降水总量、强度、分布、降水季节以及类型;

　　②温度极值、月平均气温、生长季节期限;

③风向、风速和季节性;

④湿度;

⑤蒸发蒸腾总量。

(5)地表水文:

①天然地表水域、河床特征,径流量和特征,发生洪水的可能性,水文测量站的位置以及河道的渗漏段和补给段;

②地表水体,包括天然湖泊、沼泽和水库等,它们的位置、大小、容量和水位变化;

③渠道和排水系统的现状和规划,包括位置、规模、长度、容量、衬砌、渗漏段和补给段以及自然环境;

④地表水质,包括化学成分、细菌类型、季节变化和水质变化趋势。

(6)地质和地貌:

①自然地理概述;

②高程和地势;

③地表坡度;

④区域地质概述;

⑤地层和岩性;

⑥地质构造;

⑦较重要的水文地质区概述;

⑧从井的钻凿、结构和设计来看,属于不稳定的一些地层;

⑨可能发生沉降的地区;

⑩地震威胁和发生的可能性。

(7)地下水水文学:

①含水层的位置、深度、厚度、岩性、展布范围和类型或含水层现状;

②潜水面和测压水面的坡降、流向、补给区和排泄区、承压区、来水区;

③地下水位季节和年度变化、极值以及远期的发展趋势;

④目前地下水的开发情况,包括水井的数量、位置、深度、过滤器直径、安装情况、深度和类型,套管直径、型号和质量,涌水量,降深,水泵扬程以及年抽水量;

⑤井的历史、平均寿命,在处理水垢、腐蚀、取砂、塌孔和地表塌陷等方面的经验;

⑥含水层导水率和储水率;

⑦地下水的水质、化学成分、细菌种类以及水质发展趋势,水和土壤的腐蚀性;

⑧含水层对预期开发或利用的适应性。

(8)使用的分析方法:

①使用的技术;

②假定探索和实测值;

③建模,包括模型描述和结果格式。

(9)建议的地下水开发计划:

①建议的生产井的数量、位置和间距;

②建议的水井的预期生产能力、水泵扬程和功率;

③建议的水井设计;

④回灌的可能性,位置、类型及所需设施的设计,回灌水来源、方量和水质,可能出现的使用和维护问题。

(10)地下水开发因素及设施:

①研究区域内钻井承包商数量,钻机的数量、类型和功率;

②管理地下水权的国家和地方的法律和章程、钻探许可证、水井的设计和施工,钻探者的执照,实施这类法律和章程的国家或地区办事机构的名称和地点;

③水井设备商、管材商、化学物品店、测井和地球物理勘测公司以及可以进行样品机械分析、水化学分析、细菌分析和土壤试验的实验室,还有诸如砾石填料等物质的货源。

(11)研究区域及邻近区图件(通常比例尺是相同的),以下为经常出现在报告中的图件清单。

①总平面位置示意图:展示研究区域在更大区域内的位置,包含已知要素,例如国家、城市及城镇,通常用一幅插图展示位于州内的位置。

②平面图:展示郡县和土地管理局分界线以及现有水井位置,城镇,高速公路、铁路,公共设施等,可作为其他图件的底图。

● 地形图:可作为其他图件的底图。

● 地质图:通常表示地表地质,用符号表示构造特征、剖面线及地球物理测绘等(图2-7)。

● 地下水面和测压管液面图:表示水位最低时期和最高时期的水面高程等值线;观测点的位置及高程标注;地下水来水区、补给区和排泄区,如果有的话,还有自流井区,可用几张图表示随时间和季节的变化情况(图2-8)。

● 等深图或水深图:用等值线表示水深(图2-10)。

● 含水层或含水组的等厚图:用等值线表示含水层的厚度。

● 地表水分布图:表示天然地表水域、地表水体、现有和规划的大坝、渠道和排水沟以及河流水文站等。

● 土地所有权图:农场界线。

● 土地利用和植被图。

● 水质图:化学成分和细菌种类。

● 含水层性质图:用等值线或变化范围为给定值的区域表示渗透系数和储水系数值的变化情况。

● 显示气象站位置的降水等值线或泰森多边形图(Theisen polygons)。

● 井场和服务区图,地下水设备和平面图。

(12)断面图、立体透视图和水位曲线:

①地质的,包括控制勘探孔名称;

②水文的,可以为一些断面展示季节变化,包括观测井位置。

(13)插图、曲线图和表格:

①温度变化范围和生长季节;

②多年平均的月降水量;

③年降水量,最小值、平均值和最大值;

④累积降水量;

⑤河流和湖泊水文曲线——基流;

⑥地下水观测井水文曲线;

⑦区域水质和季节水质;

⑧用水规划、人口数、能源等;

⑨地下水和地表水的利用;

⑩含水层样品的机械分析;

⑪水样的化学分析和细菌分析;

⑫抽水试验测量和分析;

⑬水井编录——钻工、地质学家、电阻率等;

⑭地球物理调查;

⑮总蒸发量——测量值或计算值。

(14)附图:

①水井和渗水廊道设计;

②试验场地布置;

③特殊设备的设计。

地下水报告不一定包含以上所列的所有内容,但报告编者可利用此提纲进行检查,以便编写完整且有用的地下水报告。这个提纲也可用于策划阶段,以便预测即将进行的活动。

第3章 初期工作和含水层产量预估

3.1 引言

地下水这类资源的合理管理,需要了解其数量、分布和排泄以及补给源(如果有的话)等。没有这样的评估,不可能恰当地确定以往开采的效果和预测未来开采的影响。均衡计算和编录提供了对地下水资源进行评价的手段,包括诸如贮水量、补给量和排泄量这样一些因素。由于地表水和地下水的相互影响,综合的、定量的均衡计算和编录必须对水的两种存在形式都加以研究。

对一个地区的地下水贮量的利用价值做恰当的评价,需要确定地下水盆地的边界(垂直的和水平的)和含水层的范围及性质。如果包括的地区较大(不止有一处地名),则将与含水层的性质有关的因素用于整个地区是难以完全相符的。必须对地下地质和水文条件、水井性能和类似的一些因素进行研究和分析,计算和论述变化的区域范围。

由于地下水是一种变化的资源,受自然或人工影响,水位经常变化,因此认真分析与这类影响有关的水位变动情况,会较容易做出判断。这样的判断可能需要补充进行抽水试验。试验以已有的研究为基础,弄清楚含水层性质和边界条件的局部变化情况。

这样的资料对含水层分析是必不可少的,包括电模拟或含水层对开采反应的计算机分析。对于含水层长期开采量和效能的评价,通常是基于年平均基数和最高、最低水位条件进行的。地下水编录的基本成果是确定总贮水量和年变化量。进一步的研究包括含水层系统对于各种开采方案的反应、因开采导致补给量增加的可能性、人工回灌、开采地下水的必要性和开采年限、井的设计、地表水和地下水的综合利用以及地面沉降的可能性等。

地下水评价方法具有相对主观性,初步成果的准确和可靠程度常常是有争议的。当取得更多的开采含水层的实际反应资料时,很多评价研究都免不了要不断进行重新计算和修改计算。

如上所述,对地下水的研究不仅要考虑地下水,而且要考虑地表水。地下水储体的边界可能与上覆地表水流域相重合,也可能不重合。如果它们重合,则可能使研究工作简化。在许多调查中,可能需要确定适宜的地下水储体的边界位置。

适用于干旱和半干旱地带的大多数地下水编录方法,都是根据明显的过量开采而设计的。由于条件和要求的变化,没有完整、规范的调查程序。调查方法会根据区域开采程度,地质的复杂性,气候,现有资料的可利用程度,为取得资料可能花费的时间、经费、设备和人力以及类似的一些因素的变化而变化。下述几节将概述所涉及的因素和调查方法。

3.2 水均衡计算

水均衡计算是对特定期间内从一个盆地或盆地的部分获得的或损失的全部水量的定量评价。它考虑了所有的水量,不管是地表水还是地下水的流入量、流出量,还是研究区中的贮存量。水均衡计算可概括为下述方程式:

$$\Delta S = P - E \pm R \pm U \tag{3-1}$$

式中　ΔS——河渠、水库和地下水的贮量变化及土壤湿度变化;

　　　P——研究区的降水量(+);

　　　E——研究区的蒸发、蒸腾总量(-);

　　　R——河流流出量(-)和流入量(+)之间的差值;

　　　U——地下水流出量(-)和流入量(+)之间的差值。

其中,ΔS 的组成部分如下:

ΔS_s——以水库或湖泊容量曲线形式表示的地表贮量变化;

ΔS_c——在长期水均衡计算中不太重要的河渠贮量变化(通常在均衡分析中被忽略不计);

ΔS_m——土壤湿度变化,也不太重要,通常忽略不计;

ΔS_g——地下水贮存量的变化,可根据研究期或水循环期开始、中间和结束时的潜水面或测压面等值线图和含水层的储水系数进行计算。

降雨量是由降落在区域内的全部雨量和雪量组成的,有关资料通常可从研究区域邻区的气象站取得。在一些参考文献中讨论了各种因素的分析方法。

很多学者研究和讨论了长期的蒸发、蒸腾总量的计算问题,使用了很多方法,而所有的方法都是近似的。美国土木工程师学会(American Society of Civil Engineers, ASCE)出版的《工程实践方法与报告》的 70 号"总蒸发和灌溉需水量"(1990 年),提供并深入地讨论了这些参数。总体上,在水均衡预估量计算中,建议向熟悉总蒸发量的人寻求帮助。

河道流量(R)包括研究区内降水所产生的地表径流量(R_s),流入研究区的地表流入量(R_i),从含水层抽出及从盆地输出的水(R_p),地下水向河流的渗出量(R_g)。R_i 的值可以根据流量观测记录计算。参考文献中讨论了若干估计 R_g 的方法,尤其在一些单个盆地。

地下水径流(U)包括从邻近盆地流入的地下径流(U_t)和流入邻近盆地的地下径流(U_o)。按已知的含水层分布情况求出径流宽度,根据水位等值线图确定水位坡降,再根据抽水试验成果或其他原始资料求出渗透系数,便可以计算出径流量。可以用这些因素求解达西方程式(见第 5 章),确定总的地下水径流量。

3.3 地下水贮存量

用于计算地下水均衡的水循环中的地下水各分量的方程式可概括为

$$G - D = \Delta S_g \tag{3-2}$$

式中　　G——含水层的补给量;

　　　　D——含水层的排泄量;

　　　　ΔS_{g}——含水层贮存量的变化。

含水层的补给量(G)可能包括:降水向深部的渗漏量;地表水体的渗漏量;来自邻区的地下水径流量;人工补给,包括灌溉、污水处理设施和回灌井向深部的渗漏量;穿过隔水层的越流量等。

含水层的排泄量(D)可能包括:蒸发、蒸腾总量;向地表水体的渗漏量;流向邻区的地下水径流量;泉的排泄量;人工排泄量,包括排水系统、排水井和渗水廊道等的排泄量;穿过隔水层的排泄量等。

能精确而可靠地评价所有因素的足够资料是很难得到的。

地下水贮存量的变化是通过地下水位的升降来反映的。因为大多数评价是以长期的平均值为基础的,而且研究期的始末又处于年度的大致相同的季节里,所以土壤水分的变化通常可以忽略不计。

关于可能进入含水层的那部分降水的计算,一般是通过分析某次具体的暴雨引起的地下水位变化,或者是以水位水文曲线与降水资料之间的长期相关性为基础。由某一次暴雨造成的向深部的渗透,受降水的强度和持续时间以及暴雨开始时土壤的水分缺失情况等的影响。因此,长期相关通常会给出更接近实际的平均值。在运用这种方法分析时,必须考虑到补给期内含水层通常仍持续存在排泄,水位的净变化所代表的是补给与排泄之差。在进行人工补给的地方(更明确地说,是对含水层的补给),通常有足够的流入体积和流量资料可以利用。根据用水的消耗量与输水量之差减去表面损失量便能计算出灌溉水的补给量。

在地表水盆地与地下水盆地不相吻合的地方,地下径流可能是计算地下水盘存的主要因素。这样的径流计算,如以前讨论过的那样,必须以含水层的分布范围、水力坡降和渗透系数为基础。

在一定期间内,用于灌溉的地下水,可以采用以下几种方法进行粗略估算:

(1)水井所有者的调查,确定研究区所有达到一定水量的水井的抽水持续时间和水量;

(2)土地所有者和农业机构的调查,确定常见农作物的总面积和此类农作物的正常需水量;

(3)公用设施公司的调查,确定所有达到一定水量的水泵的额定功率和这些水泵的消耗功率。

可以将这些资料连同其他资料,如大面积地下水埋深和水泵效率等一起使用,以求得合理而可靠的抽水量的粗略计算值。为市政和工业用水服务的水井,其类似资料可以从水井所有者和公用设施公司以及地方或州的管理机构获取。

如果能取得关于作物类型和种植面积以及植物覆盖图等资料,则可使用 Blaney-Criddle 公式、Lowry-Johnson 公式或类似方程式计算蒸发、蒸腾总量。

河流的渗漏量或向河流的渗漏量,可根据地表流入的径流量与地表流出的径流量之差加上蒸发、蒸腾总量进行计算。以地下水等值线图为基础,可以将渗漏明显的河段区分出来,并测量每一个断面流入和流出的径流量。对湖泊或水库中的地下水渗漏量的类似计算,有时可以把流入量、流出量的资料作为基础,经过蒸发校正,加上或减去库容量的变化值而求得。

通常可以测得泉的地表涌水量,然而其很少是一成不变的。因此,建议在测量水位高程时进行定期测量,以取得涌水量的平均值或建立涌水量与水位高程的相关关系。

如以前讨论过的那样,地下水盘存的研究往往带有主观性,而且受局部条件、资料的可用性、时间和经费以及气候变化的影响。

3.4 含水层多年出水量计算

含水层多年可能出水量的计算常常是人们所希望的。Todd 总结了许多在干旱地区进行这类计算的一些方法。

O. E. Meinzer 曾写到:"当前在地下水水文学中最急迫的问题是那些与在特定区域岩层向井供水速率相关的问题——不是在一天内、一个月内或一年内,而是长期的。"

当前使用的概念是"安全产量",其定义为基于可持续的基础,在不影响天然地下水质或不造成不利影响(例如环境损害)的前提下,可以经济且合法地从一个含水层中抽取的天然地下水总量。在这种情况下,补给必须等于产出。

由于安全产量是基于长期的平均补给量,因此在某些特定年中,抽水量和补给量可能失衡。在丰水年水位通常将上涨,而在干旱年将下降,也反映了这种不平衡。

3.5 初期工作

在野外工作正式开始之前,现场人员必须熟悉本手册第 2 章及第 8 章中所列的要求及方法,并且应翻阅与工作区有关的基本资料。然后,必须对工作区进行初步的踏勘性调查。在此期间,对已出版的报告中缺乏资料的地区或报告中存在问题(如地下水过量开采、水涝或排水不畅、土壤盐碱化等)的次一级地区,必须特别注意。另外,还应观察以下特征:

(1)可能影响地下水赋存状态的地貌特征;

(2)地面高程和坡度;

(3)土壤和岩石结构;

(4)河流类型、坡降,河床特征以及泉、渗出点和沼泽区;

(5)植被类型和密度,水井分布、密度和类型;

(6)土地利用模式、农场规模以及土地所有权;

(7)用水现状和这些特征与一般地质条件的关系。

在调查期间,必须取得有关实验室设备、钻探承包商、水井维修公司和可能提供所需服务的类似机构的所在地点和能力的资料;如果可能,应建立初步联系。调查工作应对那些需要补做地质、地形或其他测绘工作的地区做出描述,并对要做的工作提出初步方案的纲要。

　　对于大型工程,所需的政治的、社会的和经济因素的资料(如公用设施、土地利用和所有权等),大部分在有关的局或其他机构中早有档案。同样,这些机构可能有气候和地表水水文学等方面的资料。当有关资料不易得到和地下水水文学家不熟悉地表水水文学时,必须慎重地确定所需要的资料类型,并向有这方面知识的人征求意见,以获得这些资料。

3.6　水井、泉、渗水点及沼泽记录

　　在地下水调查中,通常所进行的早期工作之一是对现有地下水设施进行编录和收集钻井记录。许多州、州立工程局、水资源委员会或一些类似的机构通常都有水井记录档案,从中可以得到其位置、深度、地层、岩芯记录、使用的套管和过滤器、静水位、抽水水位、涌水量、钻井日期、钻井者和一些类似的资料。必须取得水井记录档案的复制件,并将每个水井资料填写在类似图 3-1 的表格中,对每个水井进行编号,并编制展示水井的位置的图件。

　　州立机构中的记录常常是不完整或不可靠的,因此在野外必须对每个水井进行检验。如果未列入州记录中,则必须通过水准测量确定水井处的地面高程,如果有适合的地形图,则可通过观察和采用内插法确定其地面高程。对于特别有用的水井,应与其所有者联系,以便获取补充性资料以及测量水井内水深的许可,如果需要的话,则做抽水试验。此外,钻井者(如能找到的话)经常能提供一些资料。

　　在野外常常能发现州记录中并未记载的一些水井,应对这些水井进行编录。此外,还必须从钻井者或水井所有者那里取得研究期间一些新打的水井的资料。

　　为了定位和制图的目的,水井通常要受到美国地质调查局使用的国家平面坐标系或测区独立坐标系统的约束,如图 3-2 所示。

　　在地下水调查期间,通常最初进行的步骤之一是测量水井中的水位。由于地下水位是不断变化的,所以要在尽可能短的时段内对所有水井进行测量。图 3-3 是用于这类调查的典型表格。在第一次地下水高程全面测量程序结束后,应立即绘制地下水高程等值线图,最好以地形图为底图。对此图进行研究,有可能识别出控制不良或不足的一些地点,为必须打的观测井的定位工作指出方向。另外,此图还可以用来表明地下水和地表水之间可能有的相互联系。同时,此图还指明,在河流、渠道、湖泊、水库和其他水体附近布设观测井的位置以及水位测量标尺的位置。水位测量标尺的位置也标在此图上,并可配以与图 3-3 中的表格相似的表格。

　　泉、渗水点以及沼泽的出现,常常是地下水面与地面相交或从承压含水层渗漏的结果。因此,它们的位置、流量和水位高程等这类特征可能是有特殊意义的。在初期水井调查期间,必须对所有的泉、渗水点和沼泽进行观察,用醒目的符号和编号标注在图上,并按类似图 3-4 中的表格进行记录。应确定近似的水位高程,建立水位测量标尺或测流堰,并尽可能地确定造成这些特征的地质和水文地质条件。水流可能按每天、季节性的或其他规律或不规律的类型变化。如果这些变化显著,则必须进行测量及记录,以便用于分析地下水系统。

水井记录

地区 _____ 日期 _____ 记录者 _____

工程或单位 _____ 水井编号或名称 _____

资料来源 _____

_____

1. 位置：州 _____ 县 _____

图 _____

_____ 1/4 _____ 1/4 片　　　　　　T _____ N/S R _____ E/W

2. 所有者：_____ 地址 _____

使用者：_____ 地址 _____

钻井者：_____ 地址 _____

3. 地形：_____

4. 高程：_____ m(ft)

5. 类型：挖掘、钻探、打管、凿岩、射流

日期：_____

6. 深度：采录 _____ m(ft)

实测 _____ m(ft)

7. 套管：直径 _____ mm(in)至

_____ mm (in)，类型 _____

深度 _____ m(ft)，终止 _____

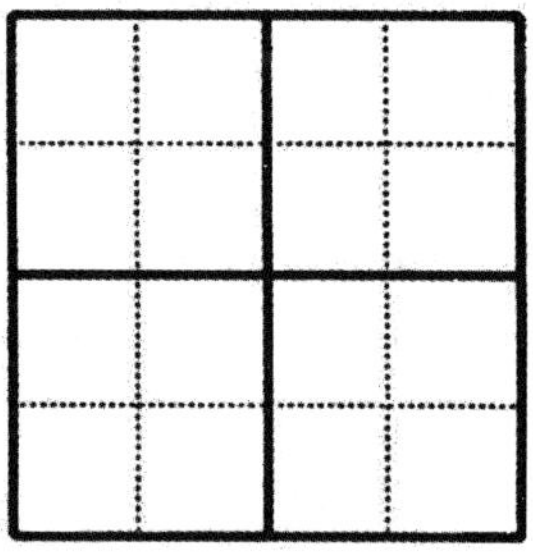

8. 主要含水层 _____ 从 _____ m(ft)至 _____ m(ft)

其他 _____

9. 水位 _____ m(ft) 报告 /量测 _____ 低于 _____

_____ 低于地表 _____ m(ft)

10. 水泵：类型 _____ 流量 _____ L/min(gal/min)

功率：类型 _____ 马力

11. 开采量：流量 _____ L/min(gal/min)，水泵 _____ L/min(gal/min)

降深 _____ m(ft) 在 _____ 小时以后泵量 _____ L/min

12. 用途：民用、畜用、航运、铁路、工业、灌溉、观测 _____

满足程度：稳定性 _____

13. 水质 _____ 温度 _____ °F

味道、气味、颜色 _____ 样品 是 /否

不适用于 _____

14. 备注 _____

图 3-1　典型水井记录表格

由于潮湿的区域在干旱时比其邻近区域呈现出更多的植被生长,遥感通常可以发现漏水点及泉的排泄。在夏夜,潮湿区域比周围地面要更凉爽,但在冬夜,潮湿区域比周围地面要更温暖。这些对比可以被机载热感应及感应波长范围为 0.9~1.0 μm 的红外胶片侦测到,并且可以侦测到地表温度的微小差异。

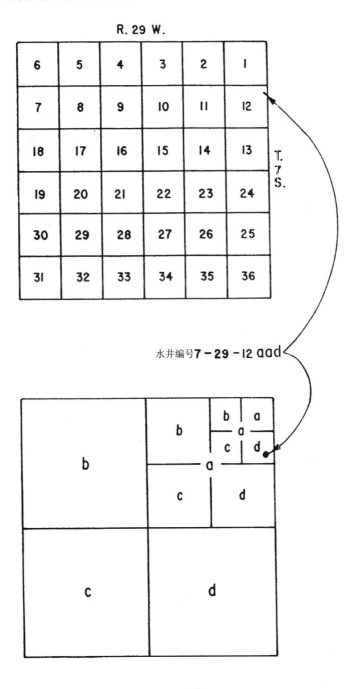

图 3-2　USGS 测区级编号系统

水位测量（野外）

测量者：						
工程位置：						
日期	小时	水井	卷尺读数		水位埋深	备注
			测量点	水位		

图 3-3　典型水位记录表

水位测量标尺或测流堰记录（野外）

　　　　　　　　　　　　　　　　　　日期：

地区：　　　　　　　　　　　　　　　记录者：

工程或单位：　　　　　　　　　　　　水位标尺或测流堰编号：

1. 位　置　　州：_____县 _____

　　图 _____

　　_____1/4 _____1/4 片 _____ T _____ N/S R _____ E/W

2. 地产的所有者：_____

　　　通信处：_____

　　　地产的使用者：_____

　　　通信处：_____

　　　设置者：_____

3. 标尺名称和类型：_____

　　（水位标尺、梯形堰等）

4. 测量特征、名称和类型：_____

　　（河流、湖泊、沼泽、泉等）

5. 标尺零刻度或堰顶的高程：_____

6. 测量水面：_____ m（ft）

7. 测量水面高程：_____ m（ft）

8. 流量（如果测定的话）：_____ m^3/s（ft^3/s）

9. 测量日期：_____

10. 测量者：_____

11. 附注：_____

　　_____

　　_____

图 3-4　水位测量标尺或测流堰的记录格式

3.7　地下水位测量的开始和次数

在很多情况下,都要对潜水面或测压面进行水位测量。可以要求连续的测量(如由连续测量的自记水位计提供)或按 1 分钟(抽水试验)到半年的时间间隔进行的定期测量提供测量记录。测量的频率必须与实际情况相适应。在某些情况下,可能只进行几次测量或临时进行测量;而在另一些情况下,则可能要求进行长期、频繁的测量。随着测量次数和记录时间增加,产生误差的可能性将会减小。在编制地下水清单和排水区调查中,水位观测工作可能要连续进行很多年。最初,在确定出年动态以前,测量进行得较频繁;而后,除少量仔细选择的观测井外,要求测量的次数则减少到约一年 4 次。这些少量的观测井,每年可取得 6~24 次读数,或安装连续记录装置。

在预测有贮水构造或新灌区的地方,合理的做法是在工程施工前 2 年建立一定数量的观测井,每月或每 2 个月进行一次测量,以确定原来的地下水条件。在施工之后和整个运营期间,这种测量应继续进行,以便能比较原来的和安装设备后的条件。这类资料在发生索赔事件或出现事故时可能是非常宝贵的。

3.8　水位测量装置

测量工作可以用若干不同的装置和方法进行(图 3-5)。测量静止水位最常用的设备可能是涂了白垩的钢卷尺,它有一个重锤连在底端。重锤使卷尺拉紧,并有助于将卷尺放入井内。使用木工用白垩、普通黑板粉笔或变湿后颜色变深的干土涂抹在卷尺上,颜色变化的范围就代表浸入水的钢卷尺长度。从测量点的读数中减去这一长度便得出水位的埋深。水井中的水跃可能掩盖卷尺上的真实水位标记,然而这种情况仅发生在正在抽水的水井中。当遇到这种情况时,只能采用其他测量方法。在直径小的水井中,重锤的体积可能导致套管中水位的抬升,测量结果可能稍有误差。

也可以用电子探测器测量水井中的水位埋深。现有的电子探测器商业型号很多,哪一种都不是完全可靠的。许多电子探测器使用黄铜丝或其他金属指示器以 1.5 m(5 ft)间距绕卡在导线上,当仪表表示接触水面时便指出水位埋深。这些标记的间距必须定期用测量卷尺进行校正,以保证读数的准确、可靠。

有些电子探测器使用一条导线和探头,依靠与套管连接形成回路;另一些电子探测器使用两条导线和两个接触电极。大多数电子探测器都是用电池带动的,通过浸水接通电路,并显示在毫安表上。经验说明,用电池带动的两条导线的回路是非常令人满意的。电子探测器用于正在抽水的水井中测量水位埋深,通常比其他手段更为合适,因为它们不要求每次读数时在水井中移动。然而,当水上有油、井中有水跃时,或井中水面为紊流时,用电子探测器测量可能是困难的。其中,油不仅能使探头与水绝缘,而且如果油的厚度相当大,将会得出错误的读数。在某些情况下,必须在抽水管与套管之间,从地表开始到泵缸顶部以上约0.6 m(2 ft),将一细管插入水井中。此细管的下端须用软木塞或类似的密封装置塞好,并在细管下完后能够吹掉。然后可用电子探测器在消除或减弱干扰的细管中进行测量,以测出真实水位,此时绝缘油的问题也不存在了。图 3-6 所示为抽水试验期间直接测量降深的简易装置。在卷尺上查出电子探测器导线标记的数值,同一标记可作为与水接触时的基准点,按照卷尺上的数值变化确定降深。水位降落每增加 1.5 m(5 ft),可以采用一个新的标记。

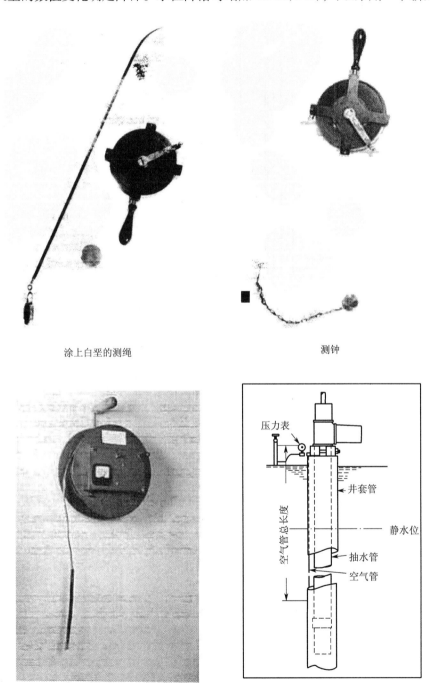

涂上白垩的测绳　　　　　　　　　　　测钟

电子探测器　　　　　　　　　　　空气管

图 3-5　水井中测量水位埋深的装置

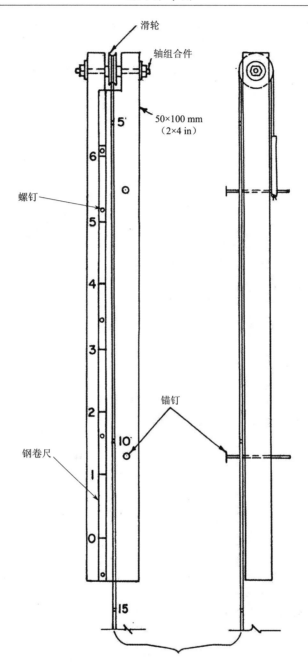

图 3-6　抽水试验期间降深的直接测量板

在直径 40~150 mm(1.5~6 in)的观测孔中,测量水位埋深的一种简单可靠的方法是使用带测钟的钢卷尺(图 3-5)。测钟是具有凹形底面的直径为 25~40 mm(1~1.5 in)、长度为 50~75 mm(2~3 in)的金属圆柱体,它与钢卷尺的一端相连接。将测钟提升一小段距离后,抛出以撞击水面,此时它会发出特有的"砰砰"声。通过调节钢卷尺的长度,迅速地测出测钟刚好撞击水面的点。由于操作噪声的影响和井中缺乏间隙,测钟不适用于抽水井的测量。

电子数据记录器具有比大部分水位测量设备较明显的优势,并且十分适合含水层测试及长期监测。在试验开始时,可将电子数据记录器的记录间隔设定为 0.1 s,并根据当前模式按对数增加。数据自动存储在电子存储器中,并且可以直接传输至打印机或个人计算机。试验过程中,水位依靠安装在低于预期最低水位处的压力传感器测量。因此,读数不会被噪声、泻流或最初安装时进入水柱顶部的油影响。其缺点是设备投资以及操作设备所需技术知识均较高。而且,由于在每一个测量点的安装时间不同,电子数据记录器一般不适合踏勘、井场或广泛散布的水井中地下水位的调查。

永久性的抽水设施,应设有一个进孔,用于下入探头或风管和水尺(最好二者均能下入),测量抽水期间的降深。风管的精度,除非用卷尺对不同降深进行校正,否则只能达到约 0.15 m(0.5 ft);但对检验水井的运转情况,其精度是足够的。

测压水头高于地表的自流井,可用一个盖子将水井盖住,进行简便测量,此盖子已被钻好孔,安有分接头,并用塞子塞好;为了插入 Bourdan 水尺或水银压力计的套筒,可将塞子移走。在压力稳定后,根据水尺或水银压力计读数确定静水位。图 3-7 所绘的水银压力计,由美国地质调查局的 S.W. Lohman 设计,特别适合现场使用,尤其是在完成承压含水层定水头试验后,进行恢复试验时更为适用(见第 9 章)。为了连续记录,可以采用自记压力计。

水井连续记录可依靠机械设备、电子设备或连接电子数据记录器的压力传感器来获得。数据记录器可编程,以达到将数据直接传输给计算机进行处理的目的。

3.9　水位测量记录

对全部水位测量,必须保持精确而持久的记录,具体应包括:

(1)以数字和位置标识水井;

(2)基准点的位置和高程;

(3)地面高程;

(4)测量日期;

(5)测量的水位埋深或者孔底的深度(如为干孔时);

(6)水面或测压水面的计算高程;

(7)关于测压孔读数所代表的含水层或其他含水带;

(8)记录测量时水井是否在抽水,近期是否抽过水,或测量期间附近的水井是否在抽水等。

典型的地下水位记录以水井水位曲线图展示,其可以很简单地转化为地下水位等值线图、水位变化图、水位剖面至水面深度图以及测压管液面图。当准备测压管液面图时,非常重要的是仅使用那些代表主含水层的数据,并且避免采用接触多于一层含水层的水井。

①一个 6 mm(1/4 in)的不锈钢旋塞
②一个 1.2 m(4 ft)长、直径为 16 mm(5/8 in)的橡皮软管
③一个直径为 50 mm(2 in)的墨水瓶
④一个 3 孔 8 号橡胶塞
⑤一个 19 mm(3/4 in)的软管接头
⑥一个 1 200 mm(48 in)长、直径为 2 mm 的玻璃管
⑦一个 1 125 mm(45 in)长、带刻度的不锈钢带,可获取以米(ft)为单位的水的读数
⑧一个 100 mm(4 in)长、直径为 6 mm 的不锈钢管及配件
⑨一个 8 mm(5/16 in)的不锈钢旋塞
⑩一个 100 mm(4 in)长、直径为 8 mm(5/16 in)的不锈钢或塑料管及配件
各种木材(船用胶合板)
各种 3 mm(1/8 in)带螺母的螺栓

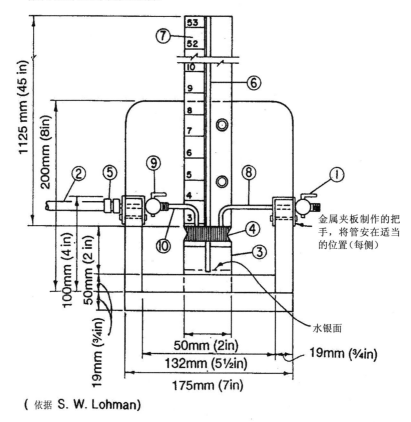

(依据 S. W. Lohman)

图 3-7　测量承压水头的水银测压计

大部分地下水位波动由如下原因导致:①地下水贮存量变化;②与水井中水面接触的大气压力改变;③含水层变形;④水井中的扰动;⑤井中或井附近的化学或热量变化。微小变化可由地震、火车、运土机械、爆炸及其他施加在含水层上的临时压力源导致。

3.10　勘探孔、观测井、测压管及检测井的安设

可能遇到包括没有编录资料的水井、水井结构特点导致无法测量水位或水井并未完成钻进的区域。在这些区域,勘探性钻孔是必要的。钻孔需根据调查需要及现有数据的缺欠

进行调整。在许多情况下,用于地层或其他数据的钻孔可用于观测井或测压井。

（1）地层孔的主要目的是确定地质层组的性状、深度及厚度。

（2）超前孔通常为获得水井设计的基础数据而施钻。

（3）观测井通常为测量地下情况相对简单的部位的水位而施工。

（4）检测井通常为获取含水层水样而施工。

（5）测压管是特殊类型的观测井,为了测量特定地层或层位水位而完成。

在勘探孔或类似孔完成后,应逐个建立永久记录。该记录应包括所有设施完工图,展示将被用于测量孔内至水面深度的点的高程;井周围平均地表高程;孔的深度;套管长度、尺寸及类型;密封及栓塞的位置;滤网或穿孔的位置。

该记录也应该显示地下地质条件、水位数据、孔相当于陆线或区内使用的任何陆地细分系统的位置以及孔的标识号。

一个检测井应采用满足开发、放置取样设备的,可用的最简单、最小直径的管,并且最小化需要净化的潜在污染水方量(美国环境保护署, 1987 年)。为开发检测井,通常需要三个水井的容积。

3.11　勘探孔、观测井、测压管及检测井的钻进

有很多钻探勘探孔和井的方法,其中包括很多综合方法。根据成井的方法分类,最常见的孔有挖掘的、钻进的、螺旋钻的、打管的、振动的或射流的。现简要地将这些方法描述如下。

（1）挖掘孔通常只用于深度不大的地方,不需要了解水位以下 1 或 2 m（3 或 6 ft）的情况。这种类型的孔在美国很少使用。

（2）钻孔可以采用任何常用钻进方法钻进,但使用的钻机和工具类型以及钻孔直径取决于钻进的地层岩性和要取得的资料。通常,在未固结物质中,令人满意的孔,直径为 100 mm（4 in）一般是最小的;而在固结岩石中,则为 75 mm（3 in）。如果在所要求的使用期限内被钻进的地层不稳定,则要给钻孔下套管。钻孔可钻进很大的深度（几百米）,穿透任何物质。获样质量,在很大程度上取决于使用钻机的类型。施钻任何类型的水井时,无论使用何种钻进方法,钻孔者应保留精确编录或水井记录,当在井附近施钻补充井或此井需要维修及修复时,这些信息是无价的。钻探人员最重要的职责是保留编录及正确地标注岩芯。但是,由于在尽力获得岩芯的同时又要赶进度,此操作过程偶尔会被钻探人员漏掉,导致他们大部分工作被浪费掉。在某些情况下（有害物质）,钻机及工具应使用蒸汽清洗,以使层间或连续钻进的交叉污染最小化。

（3）回转超声波钻进或回转振动钻进可用于替代直接回转钻进或反式回转钻进。在回转超声波钻进中,钻头在回转运动之外,以每秒 50~120 次的频率振动。振动频率适用于在钻杆中产生共振。共振是钻杆的一项功能,这个过程可在大部分地层中增加钻进速度,但可不使用钻井液。

（4）回转或螺旋钻可手动钻进或依靠机械传动钻进。这种类型的钻孔只能用于未固结的细粒至中粒物质。手动螺旋钻的深度限制大约为 12 m（40 ft），而机械传动钻进可穿透超过 100 m（330 ft）的地层。当在水下未固结物质中钻进时，坍塌可能阻碍进一步钻进。用螺旋钻取样，饱水的粗粒物质会落空，但可能取出受到扰动而有代表性的细粒物质的样品。中空螺旋钻通常可获取相对原状的样品。

（5）通过打入或振动孔把一根通常配备过滤器的管打入物质。此方法既不能取得样品，也不能进行编录，仅适合测量水位。这种装置仅用于较浅深度的细粒至中粒未固结物质。

（6）射流孔，除利用水力喷射下管和通常可以安装到较大深度外，与打管相似。在射流成孔时，可以取得严重混杂的冲刷样和粗略的钻井记录。

对于条件均一的场地，在孔距相等的方格网上安设观测孔是适宜的。对于条件不均一的场地，所定的井位必须与条件的局部变化相适应。

研究的精度等级和类型也会影响钻孔的间距和位置。为取得研究区一般资料而进行的踏勘性研究，以大的间距为宜；详细研究，则必须减小间距，以提供必需的细节。

从地下水存量或开发的角度来说，钻孔深度应达到有案可查的最低水位以下 3 m（10 ft）或承压含水层顶部。如果需要某含水层的厚度资料，则至少应有一个钻孔穿透含水层。拟实施钻孔的预计深度，通常可从现有水井的编录中取得。当涉及两个或更多含水层时，可能需要设分层止水的井或测压井。

为防止破坏，如果可能的话，完工的观测孔或测压孔必须安设围栏或邻近永久性建筑物。从技术和经济这两个角度出发，建议逐步或分阶段安设观测井。

在观测井中安装套管，必须针对设置的目的和获取资料的手段确定其尺寸。当遇到第一层隔水层时，所有套管必须密封以防止交叉污染。一般来讲，如果要使用湿卷尺或电子探头测量水位，则可使用一根直径为 19~30 mm（3/4~5/4 in）的钢管或塑料管。然而，如果采用的是标准的水位记录器或从装置中采取水样，则至少要用直径为 100 mm（4 in）的套管，且必须将套管适当地穿透饱和带，以确保读数可靠。

在地下水条件复杂的地方，要清楚地了解地下水的情况，更为重要的是安装测压管（图 3-8），而不是安装简单的观测井。如果有一个承压水带或几个具有不同水位的承压水带，则用测压井封闭和隔离各个水位。观测抽水试验的影响时，即使含水层明显是均质的，也可能因特别需要而采用测压孔。测压孔的安设，特别是在渗透缓慢的地层中，可能要求有精确的设计依据，以便将时间滞后及使其他类似问题的影响降到最小。

每个观测孔应该由以下三个基本部分组成：

（1）一个直径尽可能小的（与读数方法协调一致）不透水的立管，与尾端相连，并延伸全地表；

（2）由水井过滤器、花管或其他类似部件组成的尾端，在细粒物质中应围以砂滤层；

（3）由水泥浆、膨润土泥浆或其他类似的渗透性小的物质构成的密封部分，放置在立管与钻孔之间，以便将此带隔离。

　　在一个给定地点,需要安设几个测压管的位置,为节约起见,将它们安设在一个孔中是可以办到的,如图3-8所示。

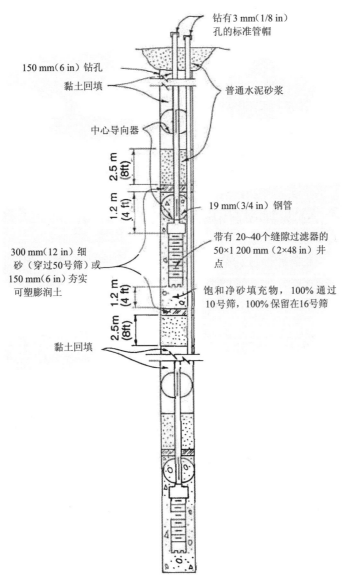

图3-8　典型双测压管安装

　　除了已描述的立管式测压管以外,还有几种市场上可买到的仪器,它们用水压或气压控制,或用电信号控制。这类仪器对于独特的地下或监测条件,例如在渗透非常缓慢的物质中,是格外有用的。

　　观测井中或测压管中的套管或水管,除非要求挖坑安装,通常至少要高出地面0.3 m（1 ft）。套管或每根水管的顶部应配备有带一个小孔的螺丝帽或锁帽,以便能随着水位的波动或气压的变化调节管中的气压。在有自流条件的地方,必须使用已钻眼并安有 Bourdon 水尺或水银压力计的密封帽。如果气候条件要求防止冻结,则必须安设保温装置进行适当保护或用防冻液体代替测压孔上部的水。

应该保持适当的土地坡度,并用水泥砂浆或黏土密封地表,以防止地表积水和套管周围的渗漏,从而保护好设备。

当必须把观测井或测压孔放在室外时,可能发生由牲畜或农业机械造成的破坏,必须有适当的标志,并加以保护。

当钻进检测井时,应根据场地地质条件、预计深度以及适合所关心的污染物的钻探设备来选择钻探技术。由于可以提供早期侦测污染的能力,故在包气带进行监测很有吸引力。土壤气体采样技术已经过商业开发,并且用于监测地下储罐。

应对检测井进行洗井,以采取无悬浮固体的试样,洗井消耗的额外时间和经费有助于试样过滤,同时所取得的水样更能代表地层中的水化学特征。

3.12　勘探孔及观测孔的取样及编录

美国垦务局的《土壤手册》(1985年)描述了适用于地下水调查的钻井和取样的方法及设备。美国垦务局的《工程地质场地手册》提供了岩石和土物理特性的命名和描述。对于地下水调查,一般不需要采取原状样品。然而,通常需要采取保持颗粒物质粒径及级配关系的代表性样品,特别是在为了取得设计指标时更是如此。钻进方法和设备必须尽可能提取必需的样品。用于钻井的取样方法在本手册的第12章中将有描述。

每个孔在取得样品时,都必须仔细记录有关的深度并描述岩性。对于未固结物质的野外记录,必须采用《土壤手册》中所介绍的"统一土壤分类法"的符号和名称。以砂质或粗粒物质为主的物质,每种应保留大约1 L的标准样品。除非发现独特条件或需要资料,否则对于黏土质或以粉土为主的物质不需要取样,但要对这类物质进行描述,并记录其准确位置。如果样品中有直径大于25 mm(1 in)的砾石,可将它们取出,并应记录其尺寸等级和它们在岩样中所占的近似百分比。

3.12.1　未固结物质原状样

用压入取样法或岩芯取样法采取的原状土样必须按均质的、成层的、有层理的等进行描述。当不同的物质,如黏土和细砂成层时,必须记录各层的性质、厚度和颜色;如果有可能的话,可将粗粒部分分开,并进行机械分析。

对于性质较均一的粗粒状物质,必须根据《土壤手册》中的"统一土壤分类法",在肉眼鉴定的基础上进行描述,并进行机械分析。

3.12.2　未固结物质扰动样

扰动样,即用钢丝绳冲击钻、回转钻或反循环钻机采取的样品,通常代表取样范围内物质的混合。对样品中可能反映原位物质天然性质的、紧密粘在一起的较大碎块,必须仔细地研究；必须把黏附在钻头、螺旋钻或吊环上的所有物质刮下来(除非它显然是提钻时从孔壁上刮下来的)，并将其归入样品中。除用正循环冲洗回转钻机所采取的样品外，在送往实验室之前不需要冲洗样品。当使用正循环回转钻机时，要从水槽中取样。应将以黏土为主的钻井液放入 20 L(5 gal)的盛水容器中，用力搅动，使其静止至少 20 min，然后将上面的含泥的水轻轻倒掉，再从容器底部的物质中取样。必须将代表每次钻井段的岩屑总量混合并加以四等分，直至所剩下的有代表性的物质体积为 2 L(2 夸脱)为止。

通常在地表采取地质样品(地层样品)，但由于钻屑返至地表存在滞后时间以及在孔内上升时可能发生的混合，因此真正了解地下物质状态的办法是停钻并采取一个试样。

3.12.3　样品机械分析

将样品放在 200 号筛上冲洗，同时确定小于 200 号筛物质的百分比。通常不需要对小于 200 号筛的物质进行比重计分析。200 号筛上的物质，应使用 3/8 及 4、8、16、30、50 及 100 号筛进行筛分，并应为每个样品准备如图 3-9 和图 3-10 所示的表格。冲洗及筛过的小于 200 号筛的样品，须重新组合，以供肉眼研究。

3.12.4　样品的肉眼鉴定

应使用双目显微镜或放大镜对冲洗的样品进行鉴定，并进行适当的描述，包括粒径和磨圆、矿物成分及其他特性。

3.12.5　固结岩石的岩芯样品

必须鉴定岩芯的岩石类型、颜色、胶结程度、裂隙和其他类似的特征。砂岩和砾岩的岩芯，如果是易碎的，则应破碎后再进行机械分析。在很多情况下，在对样品进行机械分析和目测鉴定之后，可以修正野外记录。

3.13　钻孔、水井和地表水源水样

地下水调查的类型和研究目的在很大程度上决定了所需要的水样、取样位置及取样频次。在同一含水层中，各孔的地下水水质可能有所变化；有时，在较为均一的含水层中，水质也会随深度而变化。

当使用螺旋钻和钢绳冲击钻钻探裸孔时，通常可在最初遇到的水中取有代表性的水样。具体方法是将钻孔提水抽干，让水位上升，然后从孔中取样。然而，除非钻孔安装了套管，否则不能从水位较深的地层中或从较深的含水层中取得有代表性的水样。

在回转钻进的钻孔中，除非用钻杆(接地层试验器)试井或用其他类似方法取样，否则不能从单一含水层或特定深度轻易地取得水样。在钻孔完工时，返出钻井液，用足够长的时间进行钻孔抽水或提水，将能取得颇具代表性的混合水样。此外，对无套管钻孔的电测井记录进行解释，有时能得到不同含水层和不同深度的水质的相对概念。

实验室样品编号 ____1____

特征 ____水井____ 地区 ____高阶地____ 开挖编号 ____ 深度 _150 ft_至_155 ft_

试样制备							
制备者 _____ %含水量				+ NO.4 ____ 湿土样总质量 _____			
日期 _2019年9月16日_ %含水量				− NO.4 ____ 干土样总质量 _111.9_			
筛孔尺寸	5″	3″	1~1/2″	3/4″	3/8″	NO.4	通过NO.4号筛的总质量
土盘+留筛物质量					422.9		
土盘质量					311.0		
留筛湿土质量							
留筛干土质量					1.1	4.0	湿 106.8
过筛干土质量					110.8	106.8	干
总过筛土的百分比					99.0	95.4=W%	

筛分分析和比重计分析

盘号 NO. _1_ 干土重 _106.8_ g 系数 $(F)=\dfrac{W\%}{W}=\dfrac{95.4}{106.8}=\underline{0.893}$

干土样质量（过筛土质量） _106.8_
过筛时间 _15_ min 日期 _2019年9月16日_

筛号	留筛土质量/g	过筛土质量/g	$F\times$过筛土总质量=总过筛土质量百分比	总过筛土质量百分比/%	颗粒直径/mm	备注
8	3.3	103.5		92.4	2.380	
16	13.9	69.6		80.0	1.190	
30	47.0	42.6		38.0	0.590	
50	55.4	7.2		6.4	0.297	
100	4.8	2.4		2.1	0.149	
200	0.6	1.8		1.6	0.074	
盘	1.8		试验和计算：R.E.Smith；校正：L.R.Jones			
总计	106.8		日期：2019年9月16日			

比重计分析

比重计号 _____ 分散剂 _____

开始时间 _____ 日期 _____ 剂量 _____ mL

时间	温度	读数	校正值	校正读数	$F\times$校正读数$\times100\%$=总过筛土质量百分比	总过筛土质量百分比/%	颗粒直径/mm	备注
0.5 min*							0.050	
1 min							0.037	
4 min							0.019	
19 min							0.009	
60 min							0.005	
HR.15 min*							0.002	
25 HR.45 min*							0.001	

试验和计算：_____ 校核 _____ 日期 _____

注：*表示不要求做标准试验。

图 3-9 典型机械分析表格

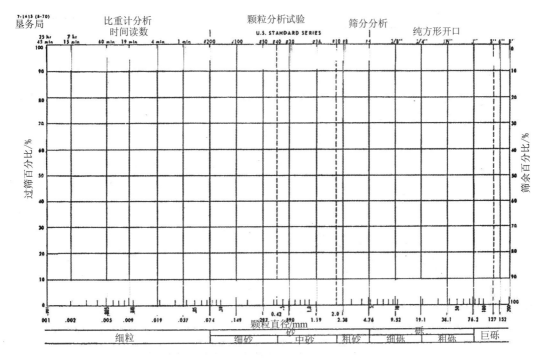

图 3-10　典型粒度分级试验表格

在固结岩石中,在通常不下套管的情况下,能取到混合水样。当要求从特定深度或含水层中取样时,在进水过滤器的上方和下方安装能膨胀的止水器,进行抽水,有时能有效地解决问题(图 3-11)。

在取水样之前,必须从钻孔中抽出足够多的水,以保证取得具有代表性的水样。取样的数量相当于钻孔中贮水量的 2 倍通常就足够了。

在清洗水井或在水井取样前,测量并记录水井水位是很重要的。在采取水样前,需要根据这些测量结果预估需从水井中抽出的水量。

从现有水井中取样,通常是在放水时进行。必须对水井进行足够长时间的抽水,以保证取得具有代表性的水样。把温度计插入从水管中放出的水流内,便可测得温度值。

对大多数化学分析来讲,1 L(1 夸脱)水样就足够了;但如果必须确定杀虫剂和类似污染物质,则可能需要几升的水样。

就美国垦务局的目的而言,聚乙烯水样瓶是最为令人满意的。新水样瓶,必须用水彻底冲洗、填满,并静放约一周,然后倒空,再用自来水冲洗一两次,最后用蒸馏水冲洗,待干后应将瓶盖盖上,不要打开,一直到使用时为止。再次使用水样瓶时,建议用类似的方法处理。被污染或含有不易冲洗掉的可见沉淀物的水样瓶不应该再使用。聚乙烯水样瓶应有比较长的螺旋盖,并有可靠的密封圈垫在瓶上。必须将水样瓶装至密封圈的边缘,使水样瓶内不含空气或含少量空气。这类水样瓶受到振动或冻结时不会破碎,也不至于由于大气压力的变化而流失液体。然而,必须采取防冻措施,因为由于冻结和融化,可能使水的性质变化,故应该尽快将水样运到实验室并进行分析。

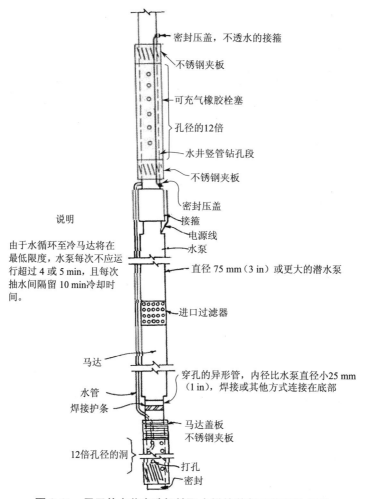

说明

由于水循环至冷马达将在最低限度,水泵每次不应运行超过 4 或 5 min,且每次抽水间隔留 10 min 冷却时间。

图 3-11　用于从水井中选择性取水样的装备了栓塞的水泵

应将每一个水样瓶加上标签或标上其他标记,并记录下列相应的水样资料:

(1)水井或钻孔编号及位置;

(2)水井深度;

(3)水的来源(含水层或地层);

(4)取样方法和抽水或提水开始的时间;

(5)取样深度或取样间距;

(6)水温;

(7)取样日期和时间;

(8)取样时水样的表观状态(如清澈的、乳状的、无色的等);

(9)取样者姓名首字母或名字;

(10)需要分析的类型(如全面分析或仅分析主要成分);

(11)是否做过野外分析。

进行细菌分析的水样,通常使用 0.1~0.2 L(4~6 盎司)无菌玻璃瓶取样,取样瓶由卫生机构或其他实验室提供。不到取样时不要移去瓶盖。在取样时，必须当心不要使手指碰到瓶盖或瓶子的内部，也不允许水流经手指进入瓶中或瓶盖内。

如果可能的话，在运往实验室过程中，水样应冷藏或冷冻。从样品采取至运送至实验室，中间消耗的时间不应超过 48 h。

如果水样需要进行溶解性无机化学成分分析（如金属、碱度及阴离子），水样应在现场过滤。在适当保护后，大部分水样可保存至 EPA 建议的最大保存时间。

地表水样的采取，须用与上述采取地下水样相同的步骤进行，并应以同样的方法处理。

对于更专门的研究、特殊的目的和条件，可能要求在野外对水样进行附加的处置。美国地质调查局的资料列出了很多有关这方面的内容。

取水样的次数和进行分析的类型，常常是不能预先决定的，但应基于经验和需要拟定。任何一个钻孔或水井完工时，必须采取供化学分析用的水样，并进行全分析。图 3-12 所示的是标准的化学分析记录格式。取自现有水井的第一个水样总是要进行全分析，随后的水样可在高、低水位季节性地或一年一次地采取，分析可能是全分析或只分析主要成分，根据条件和要求确定。

水质分析报告
设计和建设部
工程实验室分部——化学实验室

送样日期_____ 由_____ 表____of____

接收日期_____ 分析人_____ 日期_____

野外鉴定	$K \times 10^6$ (25℃)	pH	% Na	质量分数（1×10^{-6}）										
				TOS	B	Ca	Mg	Na	K	CO₃	HCO₃	SO₄	Cl	NO₃
					每升毫克当量（毫克当量/升）									
将毫克当量/升换算成质量分数（1×10^{-6}），须乘上系数				20.0	12.2	23.0	39.1	30.0		61.0	48.0	35.5	62.0	

图 3-12 典型化学分析表格

这一步骤，也常用于细菌分析。通常要对水样进行致病生物、污水或类似污染的指标检验。然而，在某些情况下，可能要求测定是否有硫酸盐还原细菌或类似的非致病但助长腐蚀或其他经济上有害的生物。

由于已证明有效的现场操作程序并未详细记录，加上时间、人力和大多数水质监测设备的费用，导致在地下水系统中经济有效地采取水样是困难的。

第4章 地球物理调查

4.1 引言

地球物理调查是依靠分析在地面或地面以上或钻孔内所做的测量,从而确定地下物质的物理特性。地球物理测量可以探测地下物理特性变化,例如弹性(体积模量和剪切模量)、电阻率、密度、磁化率及放射性。地球物理方法可获取地下水研究中感兴趣的资料,例如基岩形态、水位深度、含水层及隔水层的几何结构、地下水相对盐度、地质层特性以及破碎带和断层的位置。地球物理调查可能在实际上减少了需要钻探的工作量和地下水调查的总投资。

地球物理方法可概括性地分为两组:表面方法和钻孔方法。表面方法是通过放置在地表上,或在地面以上携带,或在少数情况下拖在飞机后面的仪器进行测量。钻孔方法是将仪器放入钻孔内进行测量。依据钻孔调查类型,测量要么依靠静止的工具获取,要么依靠连续放入钻孔的工具获取。

根据需要测量的物理特性以及使用的测量技术的不同,存在许多类型的地表及钻孔地球物理方法。对于一个专门问题,最合适的技术取决于一系列因素,包括调查的目的或目标、调查区域的范围、所需调查深度以及所需详细程度。调查目标的示例及可能用于每个目标的地球物理方法见表 4-1。

表 4-1 地质 / 水文目标及可应用于每个目标的地球物理方法举例

测绘目标	地球物理方法	
	表面方法	钻孔方法
基岩形状	地震折射或反射,电阻率测量法,电磁法,磁法,重力法	
地层	地震折射或反射,电阻率测量法,电磁法	声波测量法,电法,或放射性测井;地震层析成像
区域断层模式	重力法,磁法	
地方性断层破碎带 / 断层	地震反射,电阻率测量法,电磁法,自然电位	声波测井,钻孔录像,地震层析成像
渗漏 / 地下水径流	自然电位测量法	温度测井,流量计测量法
地下水位顶部	地震折射或反射,电阻率测量法,电磁法	
地质物质孔隙率		声波测量法,电法或放射性测井
地质物质密度	重力法	放射性测井
黏土含量 / 含水层及隔水层制图	电阻率测量法,电磁法	电法或放射性测井
地下水相对盐度	电阻率测量法,电磁法	电测井

地下水调查中最常用的地球物理技术在本章余下章节中介绍。本章不对所有可用方法进行详细描述,而仅提供常用地球物理方法的概述以及其在地下水调查中的代表性应用。对于地球物理调查更详细的信息有许多参考。美国垦务局出版的《工程地质现场手册》(1988 年)包含用于工程应用的地球物理技术描述,许多可用于地下水研究。Griffiths 和 King(1981 年)以及 Labo(1986 年)提供了地球物理方法的基本描述,而 Telford 等(1976 年),Hallenburg(1984 年)和 Paillet 等(1990 年)提供了全部的技术描述。

侧重于地下水问题的地球物理技术描述可在 Keys 和 MacCary(1971 年),Ward(1990 年),Haeni(1986a 和 1986b),Fetter(1988 年),Driscoll(1986 年),Freeze 和 Cherry(1979 年),Todd(1980 年)以及 Wright State University(1989 年)中找到。地球物理技术在地下水问题中的应用也可在环境和工程地球物理学会主办的工程和环境问题地球物理应用研讨会(Symposium on the Application of Geophysics to Engineering and Environmental Problems,SAGEEP)资料中找到。

4.2　表面地球物理方法

4.2.1　地震法

地震测量的基础是测量人工产生的地震波(机械波)在地壳中的传播速度。其中,能量的施加方法不同,通常依靠重锤、机械振动器或炸药爆炸产生能量。地震波从点源辐射时,沿具有不同物理性质的物质之间的界面被折射,同时被界面反射。这些地震界面可能与地质接触面相关(如岩土界面),或者与其他物理性质变化处相关(如水位顶部)。地震波依靠放置在地面上通常沿直线等间距布设的地震检波器接收,地震反射法利用交界面反射的能量进行测量。

1. 地震折射法

当地震波传播速度穿过一种物质和下伏物质之间的界面增大时,将产生沿界面传播的折射波。地震波传播速度取决于地下物质的密度和弹性(体积模量和剪切模量)。通常,未固结物质的地震波传播速度最低,并随着固结程度或胶结程度的增大而增大。对于一类地震波,即压缩波或 P 波,传播速度也随饱和度的增大而增大。在地震折射法中,对沿交界面折射的地震波进行分析,可确定交界面深度及地下物质中地震波传播速度。地震折射法测试最终成果通常为一幅展示地震界面构造以及在每一层物质中地震波传播速度的剖面。如果沿一系列间距较近的测线采集折射数据,则可生成交界面深度等值线图。

地震折射法通常用于绘制基岩深度图和地下水位深度图,也可用于确定具有足够厚度,并且与其上覆 / 下伏物质具备足够地震波传播速度对比的任意地质单元的构造。为了正确计算交界面深度,地震波传播速度必须随深度的增加而增大,这导致了地震折射法的局限性。因此,不建议对于可能存在相当厚度低速层的区域使用此方法。

2. 地震反射法

地震波穿过交界面,当两层中存在速度差异或者物质密度差异时,将产生地震反射波。在地震反射法中,这些反射波将被采集并处理,从而绘制出一幅"时间剖面",以展示所有遇到的地震分界面。时间剖面与横剖面类似,但绘制的是记录时间的函数而非深度的函数。时间剖面可直接用于确定地下水位和基岩顶部的构造,也可确定地层的构造和延续性以及断层的存在。当通过地震波反射数据或其他地球物理数据获取足够的地震波速度信息时,时间剖面可能转变为深度剖面。地震反射法不存在地震折射法中地震波速度随深度增加而增大的局限性,因此可应用于存在低速层的区域。同时,地震反射法可能提供比地震折射法更佳的地层分辨率,尤其对于水平向不连续体(如尖灭或断层)。地震反射法相较地震折射法的不便之处是数据采集及处理程序较为复杂。

4.2.2 电法

1. 电阻率测量法

电阻率测量法是通过一对电极向大地发射已知强度的电流,并在任意一对电极间测定电势(电压),地下物质的视电阻率即可计算出来。物质的电阻率即其对电流流动的阻力的量度。几乎所有的电流都依靠孔隙液体内的离子在基岩或无黏性土中传导。因此,此类物质的电阻率在很大程度上依靠其孔隙率、渗透性、饱和度以及孔隙液体的盐度来确定。以上任意一种性质的增加都将降低岩土的电阻率。压实度及颗粒分布依靠改变孔隙率及渗透性,从而间接影响电阻率。温度的增加将降低孔隙液体的黏度,并增加离子的活动性,从而最终降低电阻率。因为黏粒表面的高电导性,黏性矿物的出现将极大地降低物质的电阻率。调查区域内电阻率的变化可能是由上述因素的任意组合而导致的,因此确定特定区域内影响电阻率的因素,需要其他地质或地球物理资料。

给定测绘区内电阻率的水平向或垂直向变化可预测地下土、岩石或地下水特性的相对变化。电阻率测量法可用于含水层及隔水层圈定、盐度研究、基岩绘图以及断层或断裂带的确定。通常使用两种电阻率测量方法:垂直电测深(Vertical Electrical Sounding,VES)和电剖面测试。

(1)垂直电测深法可测量单一位置的视电阻率,随着电极移开距离越来越远,电流将穿透至地下越来越深的位置,从而则可绘制出视电阻率与电极的关系图。这些数据随后将用于建模,获得一个一维的分层电阻率-深度模型。此方法可用于研究固定位置的电阻率随深度的变化,并可帮助限定下面将要讨论的电剖面测试法的结果。

(2)电剖面测试法可测定沿测线长度的视电阻率值,使用不同的电极间距,可获得代表不同深度范围的视电阻率剖面。电阻率一般以视剖面格式展示,在视剖面中,以逐渐绘制更深的电阻率剖面代表更大的深度范围。视剖面中电阻率值以等值线形式显示,因此可以很容易地观察其趋势及异常。视剖面仅仅是多条视电阻率剖面的代表,而并不是横剖面。物质电阻率横剖面依靠视剖面中的视电阻率值进行建模。通常至少一个VES结果被用于限定建模过程。电剖面测试法用于调查电阻率水平变化,其垂直向精度较VES法差。

2. 自然电位(Self-Potential, SP)法

自然电位法是测定地下物质中自然存在的电位。地下水调查中感兴趣的电势是通过流过岩石和土中的液体流而形成的。自然电位法的应用包括：绘制与大坝、堤防及其他挡水结构相关的渗流通道；研究区域地下水运动；绘制与水井、断层、排水结构以及落水洞相关的流型。

自然电位法读数通常依靠测量一个静止的基电极与手持的测量电极之间的电位(电压)获得。其中，手持电极沿测线移动，并按预先确定的间隔测量电压。有时，组装一套永久电极阵列用于重复测量。在这种情况下，电极被埋设在地下几米深，同时用电线接至地表，其中任一电极可选为基电极，再测量该电极与阵列中任一其他电极之间的电压。通过沿水面拖拽一对电极，自然电位法也可以用于河流或湖泊中。对于近海测试，可获得第一个自然电位剖面的衍生剖面。通过近海测试系统采集的自然电位梯度信号通过数字积分可以给出等同于地面测试的"总场"自然电位剖面。

依靠检查现场数据绘制剖面的异常以及对比不同时间采集的剖面，大部分自然电位法数据可得到高质量的解译。几何建模技术也用于预估自然电位信号源的深度及水平向延伸。分析建模技术可能也用于估测流量，但是这些方法复杂，并且需要物质的电阻率、渗透系数以及交叉耦合系数。

4.2.3　电磁(Electromagnetic, EM)法

电磁法提供了一种无须直接发射电流至大地就可测量地下物质电阻率的方法。主动感应或被动存在的初始磁场存在于地下，其将导致电流运动，可在地表或地面以上测量该地下电流导致的次级磁场。分析次级磁场变化，可确定地下电阻率的变化。电磁法应用于与电阻率测量法相同类型的目标。电磁法相对于电阻率测量法的优势将在下面进行探讨。

现存的应用于地下水调查的最常见的电磁法可归纳为 3 大类：水平环路法、时域电磁法以及被动电磁法。使用电磁法进行地球物理探测是复杂的，这里所使用的规则及所给出的总结并不是对所有电磁法的综合概述。对于电磁法更加详细的探讨可在相关参考书目中找到。

1. 水平环路法

传统的水平环路法，也被称为水平回路电磁(Horizontal Loop Electromagnetic， HLEM)法，由两组探测电环路组成。其中，电流流过一组环路(发射环路)，并在地下形成初始感应磁场，可依靠第二组环路(接收环路)测定及采集总电磁场(初始场及由地下电流引发的次级场)的垂直向或水平向组成部分(取决于回路方位)。两组环路通常以固定分隔及方位在地表进行移动，从而建立数据剖面。如果获取多个间距较近的剖面，则可绘出等值线图。已设计出专门的水平环路系统，即大地电导率仪，用于记录整体大地电导率(与电阻率相反)。这些更新的仪器相比传统水平环路系统，灵敏性高出一个数量级，但探测深度更浅。对水平环路探测获取的磁场、导电性剖面或等值线图进行分析，其中的异常可能与地下关注点有关。这些方法对于定位陡倾断层或破碎带，测量大地整体电导率(绘制导电污染物范围或

盐度研究），以及定位埋藏的金属（如污染桶），可提供较电阻率剖而法更佳的水平向精度。

2. 时域（瞬变）电磁法（Time-domain（Transient）Electromagnetic，TDEM）

时域电磁法大多应用于探测大地电阻率随深度的变化，且用于这些探测的布局被称为中央环路探测模式。其中，地表放置一组方形的发射环路，同时在发射环路的中心放置一组小一些的接收线圈。发射器随后被关闭，在靠近发射环路的地下立即产生试图维持在发射器关闭前的总应力场值的电涡流。电涡流引发的次级磁场将被接收线圈采集。电涡流随时间传播至更深范围，导致次级磁场衰减。次级磁场衰减的方式与物质电阻率随深度变化相关。对次级磁场随时间变化进行建模，可以获取一维的电阻率 - 深度分层模型。其结果类似于垂直电测深法获得的结果。然而，瞬变电磁法的水平精度优于垂直电测深法。瞬变电磁法的数据采集速度较垂直电测深法更快，但其现场设备比垂直电测深法更加复杂且昂贵。瞬变电磁法的应用包括：描绘含水层及隔水层；绘制盐水入侵淡水层图；确定地下水位及基岩深度。

3. 被动电磁法

在被动电磁法中，地下的初始磁场并非主动感应，而是持续存在的。被动电磁法包括音频磁场（Audio Frequency Magnetic Field，AFMAG）及超低频（Very Low Frequency，VLF）法。在音频磁场法中，初始磁场主要来源于世界范围内的雷暴中的雷击。而超低频法利用远处的无线电发射器的电磁能量。这些方法不像其他电磁法在地下水研究中应用广泛，但可用于绘制覆盖层厚度、定位陡倾破碎带以及绘制具有不同电阻率的地质单元之间的隐藏边界。

4.2.4　磁法测量

在磁法探测中，依靠陆地或者空中探测测量大地磁场强度。可以沿少量的测线采集数据以绘制剖面，或者沿大量间距紧密的测线采集数据以绘制等值线图。对剖面及等值线图进行分析，可定性确定基岩相对深度以及如岩脉、岩床或断层等结构特征的存在。磁法测量的优势在于可以很快并且相对便宜地实施，适用于大体地框定地下水盆地。同时，由于对电法探测结果有影响的埋藏金属可被磁法探测识别，故磁法探测也经常用于帮助解译电法探测成果。

4.2.5　重力测量

重力测量测定地球重力场的强度。可以沿少量测线采集重力数据以绘制剖面，或者沿大量间距紧密的测线采集重力数据以绘制等值线图。由于重力读数受纬度及高程影响，在重力测量工作中需要精确的探测资料。因此，观测的重力读数必须针对纬度及高程变化进行修正。重力读数也必须对由于地球潮汐和仪器漂移导致的时间变化进行修正。有时，也要进行地形影响和区域重力变化的修正。在对重力测量值进行上述修正后，对简化重力剖面或等值线图进行分析。其余的重力值异常由地下物质密度变化导致。

对简化重力数据的检查可能给出关于基岩产状及其他特征（如断层或侵入体）的定性信息，可能建立与简化重力数据一致的地下密度模型。由于不同的密度模型可能提供相似的重力剖面,因此可能需要其他地质的或地球物理的信息,以便建立一个精确的密度模型。

4.3　钻孔物探测量

现有多种类型的钻孔物探测量方法,然而最广泛应用于地下水调查的钻孔测试方法为测井。钻孔物探测量是对钻孔周围地层各种物理性质的测量。通过将仪器(与安装在地表的读数装置相连接)下到钻孔并记录数据,从而获得测井记录。对钻孔物探测井记录进行解译可获得关于地下物质特性的定性成果,有时是定量成果。

4.3.1　地震测井法

在地下水研究中,通常使用两种地震测井法:声波测井法和钻孔成像法。两种方法均涉及通过安装在测井设备上的发射器发射声能,并通过相同设备上安装的一个或多个接收器收集折射或反射能量。在声波测井法中,对沿钻孔中地层界面折射的地震波进行分析,可计算地震波通过地层的传播次数。在钻孔成像法中,从钻孔中地层界面反射的地震能量用于孔壁成像。还有一种钻孔地震测井法较前两种方法使用频率较低,即井间地震层析成像法。在该方法中,地震能量从一个钻孔发射至另一个钻孔,通过发射的能量可获得介于两钻孔间地层的图像。

1. 声波测井法

当前的声波测井设备具备至少一个发射器以及两个或更多个接收器。发射器发射的地震能量部分被孔内地层界面折射,折射地震波在接收器之间的传播(传输)时间差异将被测量并采集。通常,地震波形也将被采集并进一步分析。随着声波测试设备在钻孔内的提升,发射器被重复激发,从而采集传输时间(以及波形)。以此方式,可获得孔内地震波传输时间与深度变化的函数曲线。依靠地震波传输时间及波形,可识别出地质接触带以及破碎带,推测岩性并预估地层特性。

2. 钻孔成像法

钻孔成像设备(流行商品通常被称为"井下电视")由一个既充当发射器又充当接收器的传感器、一个方向感应器以及一个电动机构成。电动机驱动传感器和方向感应器绕垂直轴线快速旋转,同时传感器发射超声波声能,且能量被孔壁反射,同时反射能量由传感器转化为电脉冲并被发射至地表的记录装置,依靠反射能量可构建钻孔壁的360°影像。图像强度与反射能量振幅成正比,继而与钻孔壁物理状态相关。钻孔成像法对于探测低振幅反射的张开断裂及孔洞尤其有效。依靠此方法可确定上述构造的位置、走向、孔径以及充填物。

3. 井间地震层析成像法

井间地震层析成像法依靠由一个钻孔发射地震波能量至另外一个钻孔,从而创建两孔之间地层的影像。其中,发射器放入一个钻孔并发射地震波能量,通过布置在第二个钻孔内的几个接收器进行采集。通过发射器及接收器的位置变化,可使地震波能量在两孔间较大深度范围及以不同角度进行发射。地震波能量的到达时间被用于绘制两钻孔间地层内地震波传播速度的图像。另外,发射信号的振幅可能被用于绘制在地层中的明显衰减图像。衰减是对地震波信号能量损失量的测量,与诸如物质类型、固结程度或胶结程度、孔隙率、饱和度以及断裂等因素相关。

4.3.2 电测井法

电测井法是测量地下物质的自然电位或者地下物质对于测井系统发射或感应电流的阻抗。钻孔电测井提供关于地下物质的岩性、黏土含量、孔隙率、饱和度以及孔隙液体盐度相关资料。另外,利用不同钻孔电测井成果的相互关联,可获得地层连续性资料。场地调查通常结合使用几种类型的电测井方法,在极少情况下仅使用一种类型的电测井方法。最常用的电测井法可归纳为下述三种类型。

1. 自然电位测井

自然电位测井可测量地表电极与钻孔内电极之间的自然电位(电压)。连续移动孔内电极并重复进行自然电位测量,可获得自然电位测井成果。测井记录的变化可揭示钻孔内液体与地下地层中液体之间电位的改变。页岩中读数相对恒定并构成基线。渗透层的自然电位曲线偏向左侧或者右侧取决于钻孔泥浆以及周围地层内液体的相对盐度。自然电位与地层类型及孔隙液体之间的关系在后续内容讨论。

2. 电阻率测井

传统的电阻率测井,通过迫使电流流过两个电极,测定另外两个电极之间的电势(电压),通过电压测量可以计算出地下物质的电阻率。常规使用的电阻率测井有几种变化,即在电流和测量电极的布设及间距上有所区别。此外,在少数情况下使用的常规测井工具有时含有多于 4 组电极。电极数量和布设不同的影响包括穿透钻孔周围物质的深度以及垂直精度的差异。理想的电阻率编录如图 4-1 所示。

图 4-1 显示了电测井成果对应于交替出现的砂层和黏土层,砂层为淡水、微咸水和盐水饱和。注意自然电位曲线对应含淡水砂层和盐水砂层的偏转。总体上,如果钻井液较地层中的水盐度低或更淡,电阻率和自然电位曲线向相反方向移动。但在上部砂层中情况并非如此,地层中的水总溶解固体含量较少,因此较钻井液具备更低的化学活性。

3. 感应测井

钻孔感应测井利用电磁线圈产生磁场,并在钻孔周围物质中产生感应电流。这些感应的地面电流形成磁场,并在接收线圈中形成感应电压。地面电流的强度及其在接收线圈中形成的感应电压与地层的电导率(电阻率的倒数)成正比。因此,该设备测量地下物质的电阻率时与电阻率测井设备相似。然而,感应测井设备可在干孔中、孔内有非导电液体以及使用聚氯乙烯套管的钻孔内使用,但是电阻率测井设备不能使用。

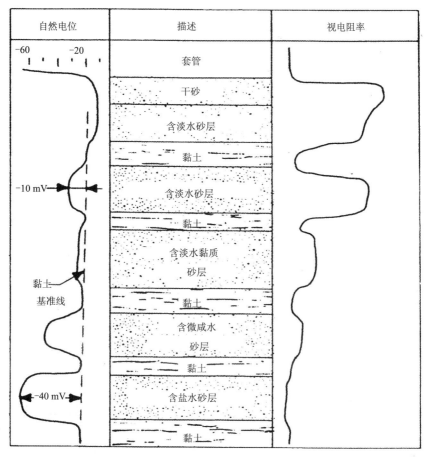

图 4-1　理想自然电位及视电阻率曲线

4.3.3　核辐射测井法

核辐射测井法对钻孔附近地层释放的辐射进行测量。根据测井的具体类型,辐射或者是自然产生的,或者是由测井设备中放射源引发的。辐射测井法可用于确定地下物质的容重、黏土含量、孔隙率及含水率,可辅助确定孔间地层的岩性及连续性。最常用的核辐射测井法可归纳为下述三种类型。

1. 自然伽马测井

自然伽马测井法可测量钻孔周围地层中放射性元素释放出的自然伽马辐射。因为放射性元素倾向于在黏土矿物中富集,自然伽马测井通常可证实页岩及岩土岩的存在。

2. 伽马 - 伽马强度测井

伽马 - 伽马强度测井包含一个放射源,使用伽马射线轰击钻孔周围物质,周围地层中原子的电子分散伽马射线,以至于其中部分无法到达测井设备的探测器中。其散射量与电子密度成正比,所以与周围地层的容重成正比。因此,地层容重越大,探测器中伽马射线数值越低。伽马 - 伽马强度测井主要用于确定地下物质的容重,如果颗粒密度和孔隙液体密度已知,可计算出孔隙率。

3. 中子测井

中子测井包含一个释放高能量中子射线的放射源。当中子与氢原子碰撞时,中子损失能量。这些低能量的中子被某些元素的原子核捕获,当此现象发生时,将释放伽马射线。中子测井上的探测器可测量低能量中子或者伽马射线。在任何一种情况下,测量值与地层中氢元素含量相关。在蓄水岩层中,氢元素数量是对含水率的直接反映。如果岩层饱和,则可计算出孔隙率。

4.3.4　其他测井方法

1. 温度测井

温度测井通过热敏电阻探头在钻孔内提升或降低进行测量。其测量的是钻孔内液体温度,可能或可能不代表钻孔周围物质的温度。然而,温度测井有助于辨别水流入或流出含水层、定位补给水或废物排放以及辨别破碎带。

2. 流量计

流量计可用于测量钻孔内液体流速,可在自然(稳定)情况下或诱导流(抽水或注水)期间进行测量。此方法可用于确定流入或流出不同含水层的相对流体流量。流量计也可能提供关于破碎带位置的一些信息。

3. 井径测量

井径测量可测定裸孔的直径变化,测井依靠在孔内运行一个自行测径仪实施。地表放置的记录仪显示孔径及孔深之间的关系。测井记录有助于解译视电阻率受孔径变化影响的电测井记录,以及估算套管内灌浆的水泥需用方量或者需要的砾石量。当钻孔穿透固结较差或无黏性地层时,孔径通常被冲洗得更大,故孔径测量也可能显示地下物质的特性。井径测量成果可显示裸孔中的磨损或坍塌以及套管井中套管损坏或遭受的其他破坏情况,因此井径测量有时有助于水井修复工作。

第5章　饱和地下水流定义及理论和其影响因素

5.1　构造地质学和地层学

地质因素,如地层、构造和岩性构成了控制地下水埋藏条件和运动的骨架或结构,在分析和解决地下水问题时必须予以考虑。对沉积环境及后续地质活动的正确理解也可提升对地下水环境特征的认识。对形成沉积地貌的清晰理解可在任何调查实施之前获得预备知识,并节省大量时间及经费。

流过不同地层中的液体在非饱和状态下与饱和状态下可能差异巨大,本章仅针对饱和状态下的液体进行介绍。

5.2　达西定律

地下水水力学的基础是达西定律,此定律表明穿过多孔介质的流量与水头损失成正比,与水流途经的长度成反比(图5-1)。当水流是层流且无紊流时,达西定律是适用的。达西定律的表达式有若干形式,最常见的形式如下,它们是$Q=AV$的导出式:

$$V=Ki \tag{5-1}$$

$$Q=KiA \tag{5-2}$$

$$Q=KA\frac{h_1-h_2}{L} \tag{5-3}$$

$$K=\frac{Q}{iA}=\frac{\dfrac{L^3}{t}}{L^2}=\frac{L}{t} \tag{5-4}$$

式中　V——流速,量纲为L/t;

　　　K——多孔介质的渗透率或水力传导系数,量纲为L/t;

　　　i——水力梯度,等于$(h_1-h_2)/L$,无量纲;

　　　A——垂直水流方向的面积,量纲为L^2;

　　　Q——水流流量,量纲为L^3/t;

　　　h_1,h_2——位于与水流方向平行线上两点的水位或势头;

　　　L——h_1与h_2间水流路线的长度;

　　　t——时间。

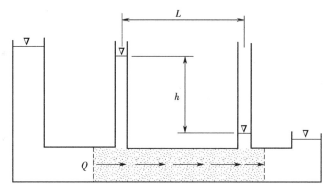

图 5-1　达西定律图解

达西测定的水流通过多孔介质的流量：

$$Q = KA\frac{h}{L}$$

式中　Q——单位时间水流体积，量纲为 L^3/t；

　　　K——多孔介质的渗透系数或水力传导系数，量纲为 L/t；

　　　h——在距离 L 上的水头损失，量纲为 L；

　　　L——水流路线的长度，量纲为 L；

　　　A——水流垂直的多孔介质横断面的面积，量纲为 L^2。

5.3　水力传导系数

将达西方程式重新排列成为

$$K=V/i=Q/iA$$

式中　K——比例常数，研究地下水时，常称为渗透系数或水力传导系数，量纲为 $L^3/t/L^2$，简化为 L/t 或流速。

K 的表达式为数众多，有些以 Q/t 为基础，另一些则以 L/t 为基础，且含很多相同和不相同的单位和 i 值。在美国垦务局的工作应用中，通常将水的 K 值表示为在单位比降条件下的 L/t。在实验室工作中，L 通常使用单位为 cm，t 为 s；然而，在野外抽水试验确定时，L/t 通常表示为 m/d、ft³/ft²/d 或 gal/ft²/d。其中最常用的单位之间的转换系数见表 5-1。

举例（表 5-1）：

（1）已确定土壤的渗透系数为 15 加仑 / 英尺 ² / 日，用英寸 ³/ 英寸 ² 时表示是多少？ 在第⑧栏中找到数值 1，并沿水平方向移至第⑦栏中的英寸 ³/ 英寸 ² 时对应值，用 15 乘以第⑦栏中的数值（0.066 8）等于 1.002 英寸 ³/ 英寸 ² 时。

（2）已确定土壤的渗透系数为 4 000 加仑 / 英尺 ² / 年，用加仑 / 英尺 ² 日表示是多少？在第①栏中找到数值 1，并沿水平方向移至第⑧栏中的加仑 / 英尺 ² 日对应值，用 4 000 乘以第⑧栏中的数值（0.020 49）等于 82.0 加仑 / 英尺 ² / 日。

表 5-1　水力传导系数不同单位的换算系数——例(1)

①	②	③	④	⑤	⑥	⑦	⑧	⑨	⑩	⑪
英尺³/英尺²/年	英尺³/英尺²/日	英尺³/英尺²/时	英尺³/英尺²/分	英尺³/英尺²/秒	英寸³/英寸²/日	英寸³/英寸²/时	加仑³/英尺²/日	米³/米²/日	厘米³/厘米²/时	达西 厘米³/秒-厘米²/(大气压/厘米)
1	2.74×10^{-3}	1.141×10^{-4}	1.903×10^{-6}	3.171×10^{-8}	3.287×10^{-2}	1.37×10^{-3}	2.049×10^{-2}	8.35×10^{-4}	3.479×10^{-3}	1.138×10^{-3}
365	1	4.167×10^{-2}	6.945×10^{-4}	1.157×10^{-5}	12	5.0×10^{-1}	7.480 5	3.05×10^{-1}	1.270	4.115×10^{-1}
8 760	24	1	1.667×10^{-2}	2.778×10^{-4}	288	12	179.5	7.32	30.48	9.872
525 600	1 440	60	1	1.667×10^{-2}	17 280	720.0	10 772	438.9	1 829	591.7
31 536 000	86 400	3 600	60	1	1 036 800	43 200	646 315	26 335	109 723	35 549
30.42	8.333×10^{-2}	3.472×10^{-3}	5.787×10^{-5}	9.645×10^{-7}	1	4.166×10^{-2}	6.234×10^{-1}	2.54×10^{-2}	1.058×10^{-1}	3.435×10^{-2}
730	2.0	8.334×10^{-2}	1.389×10^{-3}	2.315×10^{-5}	24	1	14.96	6.1×10^{-1}	2.540	8.217×10^{-1}
48.78	1.337×10^{-1}	5.569×10^{-3}	9.282×10^{-5}	1.547×10^{-6}	1.604	6.682×10^{-2}	1	4.07×10^{-2}	1.697×10^{-1}	5.494×10^{-2}
1 198	3.28	1.368×10^{-1}	2.27×10^{-3}	3.78×10^{-5}	39.38	1.64	24.54	1	4.167	1.35
287.4	7.874×10^{-1}	3.281×10^{-2}	5.469×10^{-4}	9.114×10^{-6}	9.449	3.939×10^{-4}	5.890	0.24	1	3.246×10^{-1}
886.96	2.43	10.13×10^{-2}	16.88×10^{-4}	28.13×10^{-6}	29.20	1.217	18.2	7.41×10^{-1}	3.08	1

注:所有系数均是在温度为 68 ℉,黏滞度为 1.005 0 厘泊的情况下求出的。

与密度和黏滞度有关的不同液体的 K 值,可按下式变化:

$$K = \frac{k\gamma}{\mu} \tag{5-5}$$

式中　γ——比重;

　　　μ——液体的黏滞度;

　　　k——介质的内在渗透率。

$$V = Ki = \frac{ki\gamma}{\mu} \tag{5-6}$$

渗透系数或渗透性有时用作水力传导系数的同义词。然而,为避免与内在渗透率混淆,一般使用水力传导系数。

在地下水工程中,很少要求这么精确。在实验室利用水测定的 K 值通常是在水温为 16 ℃或 20 ℃(华氏 60 ℉或 68 ℉)情况下测定的。忽略质量随温度的微小变化,实验室结果可以用下述表达式与野外测定结果相比较:

$$K_L = \frac{V_F}{V_L} = K_F \tag{5-7}$$

式中　K_L——标准的或实验室测得的水力传导系数;

　　　K_F——野外测定的水力传导系数;

　　　V_F——野外温度下测定的水的动黏滞度;

　　　V_L——实验室温度下测定的水的动黏滞度。

从地表至 60 m（200 ft）深，地下水温度的变化值与其所在地区的年平均温度相比，不会超出 1 ℃（2 ℉）。因此，温度对 K 的影响可以忽略。表 5-2 列出了纯水的性质随温度的变化情况。

表 5-2　纯水的性质随温度的变化情况

温度 /℃	温度 / ℉	一个大气压下的密度[①]/（gm/cm³）	动力黏滞系数，厘泊[②]（10^{-2}达因·s/cm²）	运动黏滞系数，厘沲[③]/（10^{-2}·cm²/s）	相对于空气的表面张力[④]（达因/cm）	蒸气压[⑤]（毫米汞柱）
5	41.0	0.999 965	1.518 8	1.518 9	74.92	6.543
6	42.8	0.999 941	1.472 6	1.472 7	74.78	7.013
7	44.6	0.999 902	1.428 8	1.428 9	74.64	7.513
8	46.4	0.999 849	1.387 2	1.387 4	74.50	8.045
9	48.2	0.999 781	1.347 6	1.347 9	74.36	8.609
10	50.0	0.999 700	1.309 7	1.310 1	74.22	9.209
11	51.8	0.999 605	1.273 5	1.274 0	74.07	9.844
12	53.6	0.999 498	1.239 0	1.239 6	73.93	10.518
13	55.4	0.999 377	1.206 1	1.206 9	73.78	11.231
14	57.2	0.999 244	1.174 8	1.175 7	73.64	11.987
15	59.0	0.999 099	1.144 7	1.145 7	73.49	12.788
16	60.8	0.998 943	1.115 6	1.116 8	73.34	13.634
17	62.6	0.998 774	1.087 5	1.088 9	73.19	14.530
18	64.4	0.998 595	1.060 3	1.061 8	73.05	15.477
19	66.2	0.998 405	1.034 0	1.035 7	72.90	16.477
20	68.0	0.998 203	1.008 7	1.010 5	72.75	17.535
21	69.8	0.997 992	0.984 3	0.986 3	72.59	18.650
22	71.6	0.997 770	0.960 8	0.962 9	72.44	19.827
23	73.4	0.997 538	0.938 0	0.940 3	72.28	21.068
24	75.2	0.997 296	0.916 1	0.918 6	72.13	22.377
25	77.0	0.997 044	0.894 9	0.897 6	71.97	23.756
26	78.8	0.996 783	0.847 6	0.877 4	71.82	25.209
27	80.6	0.996 512	0.855 1	0.858 1	71.66	26.739
28	82.4	0.996 232	0.836 3	0.839 5	71.50	28.349
29	84.2	0.995 944	0.818 1	0.821 4	71.35	30.043
30	86.0	0.995 646	0.800 4	0.803 9	71.18	31.824
31	87.8	0.995 340	0.783 4	0.787 1	[⑥]71.02	33.695
32	89.6	0.995 025	0.767 0	0.770 8	[⑥]70.86	35.563
33	91.4	0.994 702	0.751 1	0.755 1	[⑥]70.70	37.729
34	93.2	0.994 371	0.735 7	0.739 9	[⑥]70.53	39.898

续表

温度 /℃	温度 /℉	一个大气压下的密度①/(gm/cm³)	动力黏滞系数，厘泊②(10^{-2} 达因·s/cm²)	运动黏滞系数，厘泊③/(10^{-2}·cm²/s)	相对于空气的表面张力④(达因 /cm)	蒸气压⑤(毫米汞柱)
35	95.0	0.994 03	0.720 8	0.725 1	⑥70.38	42.175
36	96.8	0.993 68	0.706 4	0.710 9	⑥70.21	44.563
37	98.6	0.993 33	0.692 5	0.697 1	⑥70.05	47.067
38	100.4	0.992 96	0.679 1	0.683 9	⑥69.88	49.692

注：①克利夫兰，《物理与化学手册》，第 46 版，化学橡胶出版公司，1965-66，表 F-4，由相对值算得。
②国际性数据判定表，物理、化学和技术，全国科学院，第 5 卷，第 10 页。
③动力黏滞系数除以比重。
④国际性数据判定表，物理、化学和技术，全国科学院，第 4 卷，第 447 页。
⑤克利夫兰，《物理与化学手册》，第 46 版，化学橡胶出版公司，1965-66，表 D-94。
⑥内插值。

　　实验室确定的水力传导系数只能代表含水层物质中的具体试样；而通过抽水试验在野外确定的水力传导系数，通常是代表含水层中各处和所有方向上综合全部渗透率变化值的平均值。因此，即使实验室采用原状样进行测定，也不如野外现场对含水层试验所测得的数值具有代表性，而且可能造成误导。

5.4　导水系数

　　因为水力传导系数无法充分描述含水层中的水流特征，泰斯（1935 年）为澄清此缺点（图 5-2），引入导水系数，即 $T=KM$，其等于平均渗透系数乘以含水层的饱和厚度。因为导水系数代表水流穿过单位宽度含水层垂直条带，故量纲为 $L^3/t/L$ 或 L^2/t。其中，K 可认为是含水层单位横截面的水力传导系数，T 可视为整个含水层单位宽度的水力传导系数。

5.5　储水率

　　用来表示含水层储水能力的给水度、有效孔隙度、储水系数和储水率等，往往是相互通用的。然而，有些作者对自由含水层只限定使用给水度，对承压含水层则用储水系数。由于在任何一种情况下它们的作用实质上是相同的，而且不管含水层的性质如何，一般都用符号 S 表示其数值，故在本手册中用"储水率"这一术语表示以上两个概念。

　　储水率的定义是垂直于含水层表面的水头分量每变化一个单位由含水层每一单位面积上所释放或储存的水体积。在含水层中取一垂直柱体，其水平横断面为一平方单位（图 5-3），当测压水面或地下水面下降或抬升一个单位时，由含水层释放或得到的水体积即等于储水率。储水率可表示为

$$S = \frac{V'}{V} \tag{5-8}$$

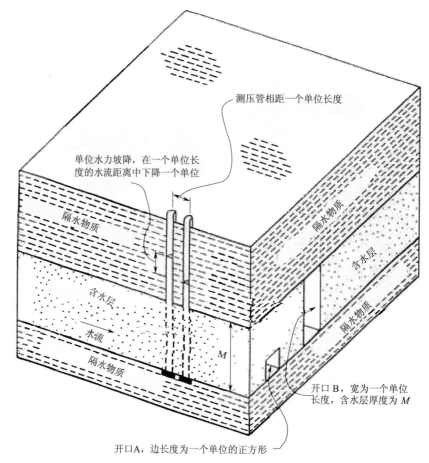

图 5-2　渗透系数和导水系数图示（据美国地质调查局）

L—1 个单位长度；t—单位时间；h—水位差，等于 L；$A=L^2$；$Q=\dfrac{L^3}{t}$；$i=\dfrac{h}{L}=1$，无量纲；V—流速，$\dfrac{L}{t}$；$Q=KiA=\dfrac{L^3}{t}=KiL^2$；

$$K=\dfrac{\dfrac{L^3}{t}}{L^2 i}=\dfrac{\dfrac{L}{t}}{i}=\dfrac{L}{t}；M—含水层厚度，等于 L 的倍数；T=KM=\dfrac{\dfrac{L^3}{t}}{L}=\dfrac{L^2}{t}$$

式中　V'——释放的水体积；

　　　V——自由含水层中被疏干物质的体积或根据承压含水层测压水头变化确定的体积。

因为 $\dfrac{V'}{V}=\dfrac{L^3}{L^3}$，故 S 是无量纲的。

在非稳定流（瞬变流）公式中，必须考虑 S。随水头变化由含水层释放的水一般假定是即时发生的。在很多情况下，虽然开始的释放是比较迅速的，但流量随时间而减少。此外，由于含水层的细颗粒性质，排水很慢，以致反映出的水头变化与持续很长时期的越流含水层的释水相似（见 5.17 节）。

在自由含水层中，S 是连通孔隙的大小和数量的函数，表示通过降低地下水面从含水层中排出水的实际体积。S 值的变化范围，低至 1%，高达 40% 以上，但通常为 10%~30%。组成含水层的物质越不均匀、越致密，S 值越小。

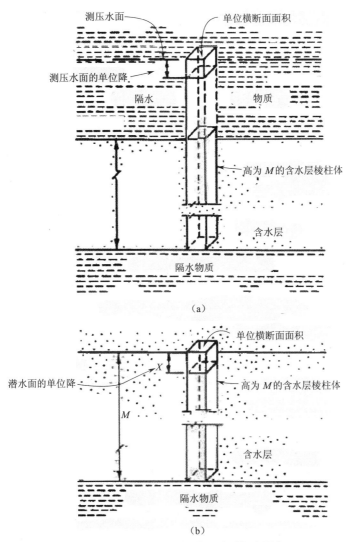

图 5-3　储水率图解(据美国地质调查局)

(a)承压含水层　(b)非承压含水层

$$S = \frac{V'}{V}$$ ——储水率,无量纲;L—单位长度;

V—在横截面为一个平方单位的柱体中,测压面或潜水面降低或增高一个单位所包含的水体积(L^3);

V'—由于测压水面变化而释出,或因柱体中潜水面高程变化产生排泄或补给的水体积(L^3)

　　在承压含水层中,当下降漏斗没有被抽吸到上覆隔水层的底板以下时,不存在含水层的实际排泄。排出的水是由压力减小而造成水的微小膨胀,或由于压力的减小,通过含水层骨架的压缩迫使水脱离含水层。

　　承压含水层的 S 值可能不取决于含水层物质的孔隙度,变化范围为 0.001%~1%。(0.000 01~0.001)。

5.6 持水度

如果使单位体积的干燥多孔物质饱水,然后通过重力疏干,则释放的水体积比饱和所需要的水体积要小。保留在物质中的水体积是由抗衡重力吸引的毛细管作用力和分子间力维持的。所保留水的体积与该物质体积的比率就是持水度,以百分率表示这一无量纲值。持水度的数值变化范围为1%~100%,它随物质的颗粒和孔隙大小的减小而增大。

可将持水度表示成如下的形式:

$$R_s = \frac{V_{wr}}{V} \times 100\% \tag{5-9}$$

式中　　R_s——持水度;

V_{wr}——所保留的水体积,量纲为L^3;

V——物质的体积,量纲为L^3。

5.7 孔隙率

孔隙率是无量纲的数值,表示孔隙体积与多孔物质的全部体积之比,并通常表示成百分率的形式:

$$P = \frac{V_p}{V} \times 100\% \tag{5-10}$$

式中　　P——孔隙率;

V_p——孔隙空间的体积,量纲为L^3;

V——物体的体积,量纲为L^3。

在一些现代沉积的黏土层中,孔隙率的变化范围为1%~80%;而在大多数粒状物质中,孔隙率则降至5%~40%。在自由含水层中,孔隙率等于持水度加上给水度。在补给量和贮存量分析中,必须考虑孔隙率,因为补给含水层的水体积会比回收的水体积大。某些岩石可能具有由晶洞或孔穴造成的相当大的孔隙率,这些洞穴不是互相连通的。从地下水流动的角度来看,这种岩层没有有效孔隙率。

原生孔隙率可归因于土体或岩体基质,次生孔隙率可归因于次级溶解或结构控制的区域断裂。

5.8 流速

多孔介质的流速V定义为垂直于水流方向的单位横断面上每单位时间所流过的水体积。然而,在理想的多孔介质中,只有孔隙空间(等于孔隙率)对水流来说才可利用。因此,实际平均孔隙或渗透速度V_s等于孔隙率除以流速,即V/P,且以流速的简单形式表示为L/t。与此类似,在单位坡降条件下的流速等于水力传导系数除以孔隙率,即K/P。另一种概念考

虑到小的裂隙和裂纹（即存在持水度）中的水可能是不流动的,水流仅穿过由给水度表示的面积,即

$$V_s = \frac{V}{S} \qquad (5\text{-}11)$$

在这种情况下, V_s 会稍微大些。然而,这种概念不能用来预测某一给定的水分子从一处向另一处运动的准确速度、距离和所需的时间。

确定一条重要渗流通道地下水整体流速的直接方法是在流场中的一点释放示踪剂,并在另一点观察其到达情况。

5.9　水力扩散系数

在非稳定流条件下,导水系数或储水率的比值可用下式表示:

$$\alpha = \frac{T}{S} \qquad (5\text{-}12)$$

式中　α——水力扩散系数,量纲为 L^2/t。

在一个理想的含水层中,在远离作用点（如排泄井）的位置上,反应时间与扩散系数成反比。

从涌水量与降深或单位涌水量的关系来看,导水系数（或渗透系数乘以含水层厚度）是井涌水量的主导因素。在瞬变的条件下,储水率也是一个控制因素。

图 5-4 和图 5-5 给出了概括导水系数和渗透系数的换算比例,并说明了井的涌水量、水井潜力和常见含水层物质的渗透系数之间的一般关系。

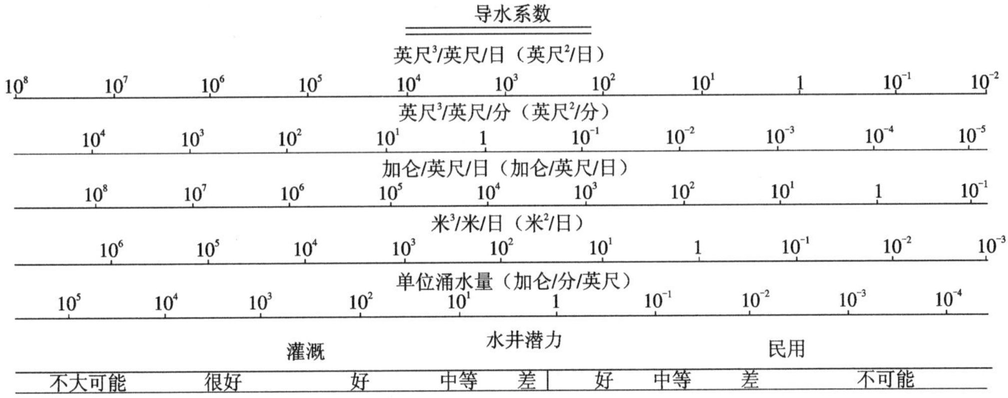

图 5-4　导水系数、单位涌水量和水井潜力的对比

说明:导水系数 $T=KM$,其中 K—渗透系数;M—含水层的饱水厚度;单位涌水量是基于抽水约 8 小时求得的,但其他方面为常规。

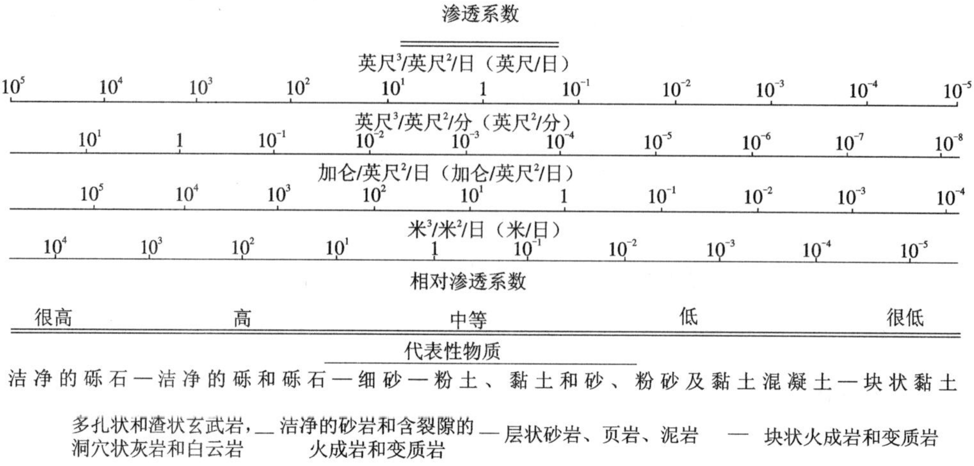

渗透系数

英尺³/英尺²/日（英尺/日）

| 10^5 | 10^4 | 10^3 | 10^2 | 10^1 | 1 | | 10^{-1} | | 10^{-2} | 10^{-3} | 10^{-4} | 10^{-5} |

英尺³/英尺²/分（英尺²/分）

| 10^1 | 1 | 10^{-1} | 10^{-2} | 10^{-3} | 10^{-4} | | 10^{-5} | 10^{-6} | 10^{-7} | 10^{-8} |

加仑/英尺²/日（加仑/英尺²/日）

| 10^5 | 10^4 | 10^3 | 10^2 | 1 | | 10^{-1} | | 10^{-2} | 10^{-3} | 10^{-4} |

米³/米²/日（米/日）

| 10^4 | 10^3 | 10^2 | 10^1 | 1 | 10^{-1} | | 10^{-2} | 10^{-3} | 10^{-4} | 10^{-5} |

相对渗透系数

| 很高 | 高 | 中等 | 低 | 很低 |

代表性物质

洁净的砾石—洁净的砾和砾石—细砂—粉土、黏土和砂、粉砂及黏土混凝土—块状黏土

多孔状和渣状玄武岩，—洁净的砂岩和含裂隙的—层状砂岩、页岩、泥岩—块状火成岩和变质岩
洞穴状灰岩和白云岩　火成岩和变质岩

图 5-5　有代表性含水层物质的渗透系数

5.10　稳定的单向流

在等厚的承压含水层中，地下水的稳定流服从达西定律（也就是沿水流方向水头呈线性减小）。在稳定流态下，流速的大小及方向在流场的任一点相对时间为常数。然而，在自由含水层中，地下水面也是一条流线。水面的形状决定了水流的分布，反过来，水流的分布又决定了水面的形状。因此，水流的一般解析解是不可能实现的。

然而，裴布衣（Dupuit）试图对非定向流进行简单的分析，使其遵循如下的假设：

（1）水流的速度与水力坡降的正切成正比，而不是像达西确定的那样，与正弦成正比；

（2）水流是水平的，而且在垂直断面上的各处都是均匀的。

裴布衣推导出如下方程式：

$$Q = \frac{K(h_2^2 - h_1^2)}{2L} \qquad (5\text{-}13)$$

式中　Q——与水流方向垂直的每单位宽度上单位时间内水的流量，量纲为 L^3/t；

h_1——在流线某一点上的含水层饱水厚度；

h_2——自 h_1 算起在流线另一点上的含水层饱水厚度；

L——平行于水流方向的以上两点之间的距离，量纲为 L。

然而，由于假设水流平行（没有垂直分量），使计算出的水面沿水流方向越来越偏离真实水面。尽管如此，对简化假设的结果忽略不计，在地下水面坡降的正弦或正切近似相等的地方，式（5-13）十分接近地下水面的位置。在这样的条件下，此方程适于确定 Q 和 K，但在排泄点和排泄带附近，应强调抽水降深曲线，采用此方程时要慎重。

5.11　稳定的径向流

20 世纪初，Theim 和 Forchheimer（1930 年）都曾使用达西定律和裴布衣假设单独推导穿透率为 100% 的完整裸井的稳定径向流公式,这个公式现今被称为稳定状态的 Theim, Dupuit-Forchheimer 公式或 Theim-Forchheimer 公式,可用它根据穿透率为 100% 的裸孔和两个或更多个观测孔的完整井在抽水试验期间进行的观测,确定含水层的渗透系数。

对承压含水层,这个公式为

$$K = \frac{Q \ln \frac{r_2}{r_1}}{2\pi M (s_1 - s_2)} \tag{5-14}$$

对自由含水层,这个公式为

$$K = \frac{Q \ln \frac{r_2}{r_1}}{\pi (h_2^2 - h_1^2)} \tag{5-15}$$

式中 K——渗透系数,量纲为 L/t;

     Q——井的排水量,量纲为 L^3/t;

     r_2, r_1——由抽水井中心至观测井 2 和 1 中心的距离,这些观测井位于通过抽水井中心的线上,其距离随脚注数值的增加而增加,量纲为 L;

     M——含水层的厚度,量纲为 L;

     s_1, s_2——观测井 1 和 2 的抽水降深,量纲为 L;

     h_1, h_2——观测井 1 和 2 处的含水层饱水厚度,量纲为 L;

     $\ln$——自然对数。

自由含水层稳定状态的公式忽略了水流的垂直分量和等水位线的曲度,但考虑了水井方向含水层厚度的减小。一个补充的假定,即与不变的影响半径相比,水井的直径是极微小的。基于这些简化的假设,在承压含水层和自由含水层完整井中进行持续时间足够长的抽水试验,观测井中的降深不超过含水层厚度的 1/4,根据这些观测资料采用式(5-14)和式(5-15)仍可较为可靠地确定 Q 和 K 或 T。在承压含水层中,可用测压管代替观测井,以测得可靠的抽水降深资料。稳定状态的公式未考虑时间条件和由贮存量中释放的水量,假设所有的水都来自影响半径以外。

5.12 非稳定的单向流

Moody 和 Ribbens(1965 年)采用并修正了 Glover(1960 年)推导的非稳定单向流公式,所用的基本原理与非稳定径向流公式大致相同(见 5.13 节)。此公式所依据的假设如下:

(1)含水层是均质的和各向同性的;

(2)水力传导系数 K 和储水系数 S 不随时间变化;

(3)含水层在水平方向无限延伸;

(4)含水层是承压的,如果是自由含水层,其饱水厚度比降深大得多;

(5)排水量恒定,汇水处为一贯穿整个含水层的垂直面,其方向平行于水源,汇水处各个点上的降深在给定时间内是相等的。

瞬态单向流动方程为

$$s = \frac{Q}{2K}\left[\sqrt{\frac{4Kt}{\pi Ms}}\exp\left(-\frac{r^2 S}{4Tt}\right) - \frac{r}{M}\left(1 - \operatorname{erf}\sqrt{\frac{r^2 S}{4Tt}}\right)\right] \tag{5-16}$$

式中　s——在垂直于汇水面的直线上,距汇水面为 r 的点上的降深,量纲为 L;

　　　Q——汇水处每单位直线长度上排出的水量,量纲为 L^3/t;

　　　K——含水层的水力传导系数,量纲为 L/t;

　　　t——汇水处每单位直线长度上从开始排水或抽水以来的时间,量纲为 t;

　　　M——含水层饱水厚度,量纲为 L;

　　　S——储水率(无量纲);

　　　r——在汇水面法线上距汇水面的距离,量纲为 L;

　　　T——含水层的导水率,量纲为 L^2/t;

　　　$\exp$——指数函数,$\exp x = e^x$;

　　　erf——误差函数或概率函数。

在美国国家标准局的《实用数学丛书 14》中有指数函数 e^x 表格,在《实用数学丛书 41》中有误差函数或概率函数表。

Moody 和 Ribbens(1965 年)也给出一个函数,即式(5-17),用此式计算由于平行的水流向一水平汇线(也就是用排水管或排水沟代替完整贯穿的汇水面)收敛而产生的附加降深。

$$s = \frac{Q}{2K}\left\{\frac{r}{M} - \frac{2}{\pi}\ln\left[\exp\left(\frac{\pi r}{2M}\right) - \exp\left(-\frac{\pi r}{2M}\right)\right]\right\} \tag{5-17}$$

在式(5-17)中,M 为含水层的厚度,其他符号含义同式(5-16)。如果有两条汇线互相邻近,则降深是叠加的。

5.13　非稳定的径向流

由于推导公式时的简化假设所造成的稳定状态水井公式中的局限性和误差,已被早期研究者认识到。1935 年,Theis 意识到热流与水流之间的相似性,并对导热固体的热流方程式进行了修改,使其适用于承压含水层中流向水井的水流。1940 年,Jacob 根据纯水力学的条件,推导出了同样的方程式。Theis 公式或非稳定方程式,考虑了时间和储水率这两个因素,形式如下:

$$s = \frac{Q}{4\pi T}\int_u^\infty \frac{e^{-u}}{u}\mathrm{d}u \tag{5-18}$$

式中　s——下降漏斗上任一点 r 处的降深,量纲为 L;

　　　Q——保持不变的每单位时间由水井排出的水量,量纲为 L^3/t;

　　　T——导水率,根据定义,等于渗透系数乘以含水层的厚度(KM),量纲为 L^2/t;

  r——从排水井中心至 s 的测量点的距离,量纲为 L;

  S——储水率或储水系数(无量纲);

  t——自水井开始排水以来的时间,量纲为 t;

  u——单位井函数(无量纲),$u = \dfrac{r^2 S}{4Tt}$。

此非稳定方程式所依据的假设如下:

(1)含水层是均质的、各向异性的、等厚的,且在平面上是无限延伸的;

(2)排水井具有极微小的直径,完全贯穿含水层,并与其相通;

(3)从贮存量中排出的水量是由于降深使压力减小而瞬时产生的;

(4)流向井的水流是径向的,且是水平的。

u 的指数积分常表示为 $W(u)$,即 u 的井函数。此时,式(5-18)可改写为

$$s = \frac{Q W(u)}{4\pi T} \qquad\qquad (5\text{-}19)$$

  上述假设,在实际情况下是很少全都存在的。同时,式(5-19)在理论上只适用于承压含水层。然而,只要观测点上的降深不超过含水层厚度的 25%,其求解自由含水层的误差是很小的。利用此非稳定方程式可以分析含水层的条件,对含水层随时间的动态变化和所含的贮存量进行预测。这就有可能使很多新的模拟试验及计算机技术用于地下水的研究中。

5.14　各向异性

  大多数含水层都是各向异性的,也就是说,水流的状况随方向变化。在粒状物质中,颗粒的形状、排列方向以及沉积的过程和层序常常导致垂直方向上的渗透性比水平方向的渗透性弱。沉积岩石和非固结沉积物中黏土矿物的排列方向是小范围各向异性的最主要原因。在非粒状岩石中,裂隙和其他孔隙的大小、形状、排列方向和间距都可能导致各向异性。不考虑各向异性,则水流分布的变形对出水量和降深的影响是类似的。由于垂直方向与水平方向的渗透系数有差异而造成各向异性的地方,其影响就是使自由含水层中的降深分布发生畸变。这种畸变与观测井的距离、含水层的厚度、水平方向与垂直方向渗透系数的比率及抽水井穿透含水层的程度等有关。Hantush(1966 年)和 Weeks(1964 年)根据对抽水试验资料所进行的分析,得出了确定水平方向与垂直方向渗透系数数值和二者比率的理论方法。

  由于垂直方向上的渗透系数比水平方向上的低而造成各向异性的地方,在承压含水层或自由含水层的完整井中,水流畸变效应相对较小。然而,在水平方向与垂直方向渗透系数的比率和水流垂直分量大的地方,例如在大降深的承压含水层或自由含水层的不完整井中,水流出量的减少或抽水降深的增大,与理想含水层相比,可以是显著的(图 5-6),可将这种井的井底看作是含水层的底板。

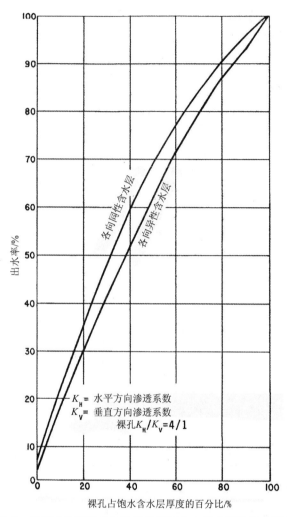

图 5-6 各向同性的和各向异性的承压含水层中裸孔出水率曲线

5.15 边界条件

建立非稳定（瞬变）方程式的基础是水流通过在平面上无限延伸的各向同性的含水层。然而,所有含水层都有使此种水流状况改变的边界条件。

承压含水层的封闭层和自由含水层的水面、隔水底板都是限制导水性的边界条件。然而,最常见的一些边界是那些限制含水层水平延伸的边界。这些条件可能是负的（不透水的）或是正的（补给）,或者这两类边界都存在。

不透水的边界是能有效地减小导水性的边界。河谷中透水的冲积充填物与不透水的花岗岩构成的埋藏谷侧缘相接触,或透水的砂岩经错动与不透水的页岩相接触,都可作为实例。不透水边界对抽水井的影响是妨碍或阻止降落漏斗的扩展,从而增大了水井与边界之间的抽水降深;在加大抽水降深的区域内,随之而来的是从贮存量中排出的水量增加了。在抽水井中,抽水降深的速度加大了,单位涌水量减小了;下降漏斗的坡度,在边界方向上减小了,而在抽水井的另一边增加了(见 9.11 节)。

补给边界是能有效地增强导水性的边界,例如透水物质与地表水体有直接联系或透水物质被错开与透水性更大的物质相接触的地方。补给边界对抽水井的影响也是延滞或阻止降落漏斗的扩展。然而,由于这一边界提供了一个补给源代替来自边界外边的常规水流,因此抽水降深在水井与边界之间是稳定的,从贮存量中排出的水量也是有限的。在抽水井中,抽水降深的速度减小了,单位涌水量增大了;下降漏斗的坡度,在边界方向增大了,而在抽水井的另一边减小了(见 9.11 节)。

当预测水井的影响和水井的可能出水量及降深时,边界条件是很重要的。如果含水层试验时间太短,影响区达不到边界,在估算水井生产能力时就会产生相当大的误差。此外,水井抽水量的 90% 可能来自与含水层有水力联系的河流(见 9.16 节)。

根据已知的地质条件,或者根据可能是单凭抽水试验的分析而揭示的隐伏条件,有时可以预测边界效应。在某些情况下,两个或更多的边界可能影响水井特性曲线,以至于不能准确地确定含水层的特征和边界的位置。根据抽水试验分析边界效应的方法将在 9.11 节和9.12 节中进行讨论。

5.16　漏含水层

尽管现实中隔水层也是渗漏的,但从邻近地层接收重要内流的含水层被称为漏含水层,漏含水层的封闭层也可以看作边界的一种类型。当一个水井从这类含水层中抽水时,水头的降低可能促使封闭层向含水层的越流增加,或者使从含水层流出的水流减少。如果在含水层系统中的一层漏承压含水层具有足够的贮存量,则部分最初阶段的水流将来自承压含水层。当影响区已经充分扩展,使进入含水层的渗漏增加量或流出含水层的渗漏减少量等于抽出的水量时,抽水降深关系曲线和水井附近的水流状态便稳定了(见 9.8 节)。当从覆盖于承压含水层上面的自由含水层中抽水时,所反映的特性曲线是相似的。下降漏斗中水位的降低减小了压力,增大了来自承压含水层向上的水流。边界和漏含水层条件对含水层试验的影响似乎是相似的,但通常是可以区别的(见 9.5 节)。

5.17　延滞排水

自由含水层可能全部或部分是由排水相对较缓慢的细颗粒物质组成的。在自由含水层中,当测压管或靠近抽水井的观测井中水位下降时,可观测到延滞水位反应,即水位将以慢于 Theis 公式预测的速度下降。

延滞反应与在流程系统引发的垂直分量相关,并且通常是一个半径 r 和时间 t 的方程式。在这样的条件下进行抽水试验,可能出现由漏含水层影响造成的独特的 S 形 lg t-lg s 曲线。而且,在极个别情况下,可能需要采用耗时很长的试验来区分。总之,在了解地下和其他条件的基础上进行判断是做出正确解释的重要基础。

5.18 补给区和排泄区

补给区即那些水从其内进入含水层的区域。含水层补给区的位置、大小和特征与很多地下水问题有关。有些自由含水层的补给在整个含水层分布区均可发生;另一些含水层则因部分地区有天然或人工的不透水物质覆盖,补给可能受到限制,或者局限于与地表水体有水力联系的含水层中。在承压含水层中,补给区在很大程度上受含水层在地表暴露情况的限制或受它与其他含水层或地表水体地下联系的限制。

水源区可能比补给区大不少。水可能从邻近和周围地带进入补给区。支流汇入补给区的整个区域即是水源区。

排泄区同样是复杂多变的。天然排泄的主要途径包括蒸发蒸腾、以泉的形式流出、向河流渗透和向其他含水层渗漏等。

补给区和排泄区的确定和描述,有时是一个复杂的问题。

5.19 影响半径和降落漏斗

稳定流方程式假设水井已形成固定的影响半径,并进一步假设所有通过水井抽出的水都是从影响半径以外进入降落漏斗的。这可以看成,水井是从圆形岛的下伏含水层中抽水的,而含水层与周围的水是具有水力联系的。然而,非稳定流方程式假设所有的水都来自影响半径范围内的储存,而且这个影响半径随时间而增大。当从分布面积无限延伸的理想含水层中抽水时,影响半径和抽水降深在理论上是以稳定递减的速度增大。但是,在野外条件下,在抽水达到足够长的时间后,这一速度变化变得很小,以至于很难进行测量(图 5-7)。在很多含水层中,影响区截取了天然含水层的排泄或遇到足够数量的补给,以平衡水井的抽水,随之真正的稳定便产生了。

5.20 水井的干扰

如果在同一含水层中抽水的两个或更多的水井相距太近,以至于它们各自的影响区相互重叠,则水井就彼此干扰了,连接影响区边界两个交点的弦,则为一条没有水流通过的分水岭。这种现象称为水井的干扰。其结果是每个水井的抽水降深速度都增大了。

补给井对抽水井产生类似而相反的影响。连接影响区边界两个交点的弦,此时成为没有抽水降深的直线。通过它的水流只有一个方向,且水流量等于补给井中产生的水流。因此,抽水降深的速度减小了(见 9.11 节)。

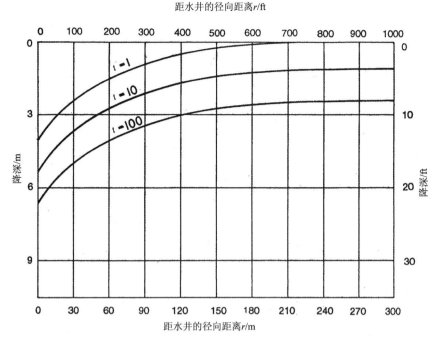

图 5-7　除时间 t 外,所有因素都不变条件下的径向距离 - 降深关系

5.21　叠加原理

如果一个理想含水层的导水率和储水率以及两个或更多个井的补给量或排泄量和持续时间是已知的,则可用每一个井降深分量的代数和计算其干扰影响区中任一点的混合降深或抬升值。在 9.11 节中的图 9-19 和图 9-20 上对此做了图解,表示真实井与映像井所施加的水头和合成的实际降深,两个真实井的影响应该是相同的。叠加原理被用来确定井场中井的合理间距、补给井的影响及边界条件的评价等(见 9.12 节)。

第6章 井和含水层的关系

6.1 含水层和井的水力学

含水层的特征基本决定了以出水量和降深关系表示的水井的性能。因此,确定水井的几何形状对含水层中水流和水头的分布以及对水井出水量和降深的影响,已经成为大多数水井水力学研究的目标。在稳定流和非稳定流状态的分析中均采用了数学分析法。其中,稳定流服从达西定律和裘布衣假设——具有水平径向流和固定的影响半径。所有数学模型均假定水体为各向同性、均质、等厚和分布面积无限延伸的理想的承压含水层和自由含水层。如果降深占含水层厚度的比率小,抽水井又是完整井,其成果足以评估承压含水层和自由含水层中水井的性能。对非完整的抽水井、自由含水层中的大降深和各向异性也有相应的校正方法,但校正所需的足够资料常常是不易得到的。此外,还需借助模拟和其他各种类型的模型进行大量的研究,但是试验装置的几何形状与野外条件不符的情况很常见。

然而,水井的特性也是水井性能中的一个重要因素。经验表明,水井的设计特点和施工技术对水井性能、使用寿命和含水层的经济效益都有一定的影响。尽管存在这一关系,但抽水所需的水量已成为水井是否成功的主要标准,因此水井水力学工程和科学影响方面很少受到人们的重视,对这些关系所做的少量试验模拟分析亦很难与野外条件相符。由于这个原因及其他因素,通常是根据设计施工人员的经验、观测和判断来设计水井。

在讨论中,"Yield"被定义为水井的潜在出水量,其主要受含水层特性、水井设计和施工的影响;"Discharge"被定义为水井的实际出水量,其主要与抽水和排水管的特征以及前述因素相关。

6.2 入井水流

从理论上来说,水井一开始抽水,与水井以外未受干扰的测压水面或潜水面相比,水井中水位或水头即降低了。水井周围含水层中的水相应地沿径向往水位较低的井中流动。

在承压含水层中,除了由于惯性造成的微小延迟外,流向水井水流的实际分布情况,在抽水开始后不久就基本上与理论相符。然而,在自由含水层中,降落漏斗中的物质必须排水,并且逐渐形成漏斗的表面形状,因此水流的实际分布可能与理论不符。图 6-1 用图解法借助水井周围的等水位线和流线解释了在这种条件下水流分布的连续发展阶段。

在理想承压含水层中,假设有一个半径为 r_w 的完整裸孔,被两个半径分别为 r_1 和 r_2,高度等于含水层厚度 M 的同心圆柱体所包围。水井的表面面积为 $2\pi r_w M$,圆柱的表面面积分别为 $2\pi r_1 M$ 和 $2\pi r_2 M$(图 6-2)。在稳定条件下,每单位时间内必须有同等数量的水流过每一个圆柱体,最终流到水井。根据达西定律,$Q=KiA$ 或 $V=Ki$,如果 Q 和 K 不变,则水力坡度 i 和流速 V 会因 A 的减小而必然增大。因此,如果 h_0 为影响半径 r_0 内的有效水头(测压管水面),h_1 和 h_2 分别是水井周围半径 r_1 和 r_2 处的水头,则流速和水力坡度朝水井方向必须增大。其结果是形成以水井为中心的漏斗状测压面下降区。

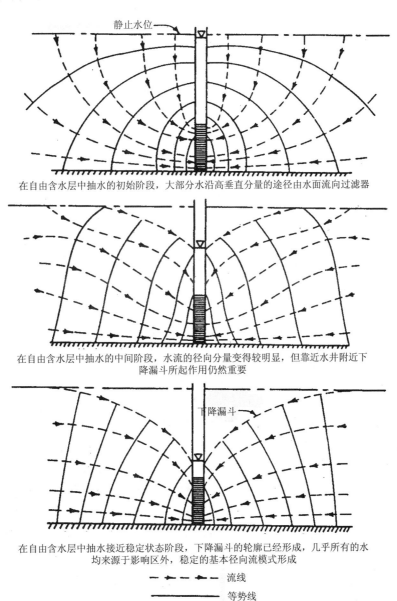

在自由含水层中抽水的初始阶段,大部分水沿高垂直分量的途径由水面流向过滤器

在自由含水层中抽水的中间阶段,水流的径向分量变得较明显,但靠近水井附近下降漏斗所起作用仍然重要

在自由含水层中抽水接近稳定状态阶段,下降漏斗的轮廓已经形成,几乎所有的水均来源于影响区外,稳定的基本径向流模式形成

- - - ▶ - - ▶ - - -　　流线

————————　　等势线

图 6-1　自由含水层中抽水井周围水流分布的发育阶段(完整井,33% 为过水孔)

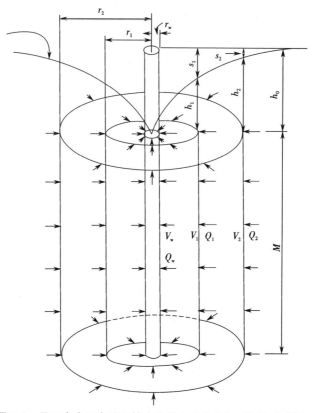

图 6-2　承压含水层中流向抽水井的水流分布 (完整井, 全裸孔)

M—含水层的厚度; h_0—无干扰承压水头; h_1, h_2—当水井排水时, 半径 r_1 和 r_2 处的承压水头;

s_1, s_2—当水井排水时, 半径 r_1 和 r_2 处的水头降深;

$$Q_w = Q_1 = Q_2; \quad A_w = 2\pi r_w M; \quad A_1 = 2\pi r_1 M; \quad A_2 = 2\pi r_2 M; \quad V_w = \frac{Q_w}{A_w}; \quad V_1 = \frac{Q_1}{A_1}; \quad V_2 = \frac{Q_2}{A_2}$$

　　图 6-3 利用图解法在贯穿全裸孔的完整井轴线的垂直剖面上, 借助于流线和等势线构成的流线网解释了承压含水层中水流的分布情况。如果测压面没被抽降至封闭层底板以下, 则流向水井的流线仍然是平行且水平的, 等势线也是平行而直立的。如果测压面被抽降至封闭层底板以下, 则会造成承压含水层和自由含水层水流的混合, 评价这种情况是很困难的。

　　图 6-4 图解了穿透封闭层底板, 但没进入承压含水层的水井, 流线和等势线在水井半径范围内发展成半球形, 水流产生强大垂直分量的范围往外可达含水层厚度。在约为 1.5 倍理想含水层厚度的距离上, 流线和等势线呈现的关系与全裸的完整井相似。

　　图 6-5 图解了穿入承压含水层厚度约 50% 的裸孔, 水流的垂直分量比未贯穿含水层的井小, 但等势线仍是强烈弯曲的, 尽管变化不像图 6-4 那么大。在距水井 1.5 倍含水层厚度的距离上, 明显地过渡到绝对的水平流。如果裸孔位于承压含水层的下半部, 而不是上半部, 则水流的模式和等势线会和图 6-5 倒过来的情况类似。

　　在不完整裸井中, 随着裸孔百分比的降低, 垂直收敛流导致降深增加。

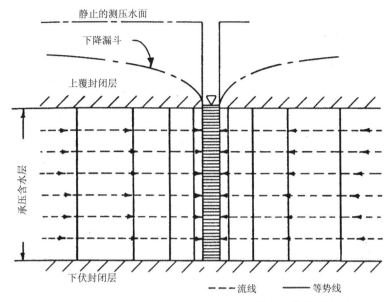

图 6-3　承压含水层中流向抽水井的水流分布(完整井,全裸孔)

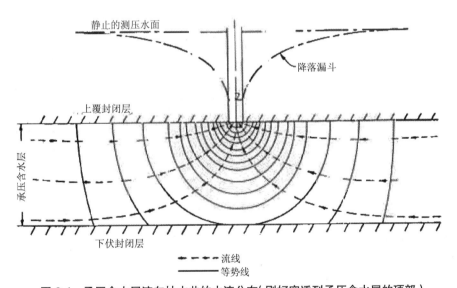

图 6-4　承压含水层流向抽水井的水流分布(刚好穿透到承压含水层的顶部)

　　图 6-6 用图解法解释了自由含水层中裸孔部分占 50% 的完整井周围的流线和等势线分布情况,水井中的降深约为含水层厚度的 1/2。降落漏斗中物质的排水导致含水层厚度减小,导水率也减小。同时,自由含水层中的降深加强了水流的垂直分量。这样,含水层厚度的减小、导水率的减小以及水流垂直分量的加强依次使降深增大。

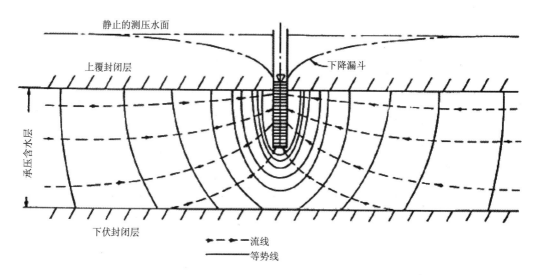

图 6-5　承压含水层中流向抽水井的水流分布（穿过含水层 50% 的裸孔）

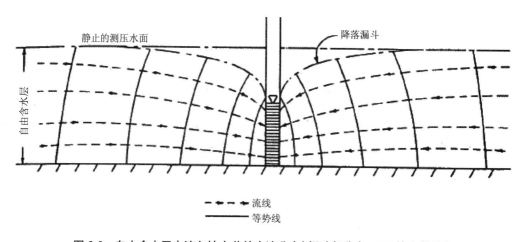

图 6-6　自由含水层中流向抽水井的水流分布（裸孔部分占 50% 的完整井）

　　自由含水层中裸孔百分率的下降对降落漏斗和流线的影响与承压含水层中相似。然而，由于含水层朝水井方向排水而使这一影响进一步增强。

　　通常需要将水井钻入厚度大而未知的含水层内，完全穿透含水层的投资会非常高。在这种情况下，通常的做法是在理论方面进行折衷，只钻进到在扬程允许的情况下能保证预期供水的深度。

　　Kozeny 推导出理想承压含水层中部分为裸孔的出水量的计算公式。图 6-7 是常见的或用于水井设计的这一公式参数的曲线图。如果含水层相当均质、单一，且已知其厚度和特性，为了估算可以采用此关系曲线所示的近似值。Jacob 也导出了在含水层厚度已知的条件下用来确定含水层特性的方法，把非完整井中的观测降深校正成理想条件下的降深。然而，这两种方法通常都会受到未知的其他因素（如含水层的各向异性和边界条件）的影响。

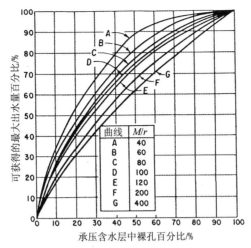

图 6-7　Kozeny 的关系曲线图(表示理想承压含水层中裸孔百分率与相对出水量的关系)

$$\frac{Q_{\mathrm{p}}}{Q} = L\left[1 + 7\left(\frac{r}{2ML}\right)^{1/2}\cos\frac{\pi L}{2}\right], Q_{\mathrm{p}}\text{——部分为裸孔时的出水量};Q\text{——全部为裸孔时的出水量};$$

$$L\text{——以含水层厚度百分率表示的裸孔长度};r\text{——水井半径};M\text{——含水层厚度}$$

6.3　排水量和降深的关系

可以将下述两个稳定状态的方程式近似地表示成与非稳定状态相同的形式。

非稳定状态方程式：

$$
\left\{
\begin{array}{l}
s_1 - s_2 = \dfrac{Q\ln\dfrac{r_2}{r_1}}{2\pi KM} \\[4mm]
h_2{}^2 - h_1{}^2 = \dfrac{Q\ln\dfrac{r_2}{r_1}}{\pi K}
\end{array}
\right.
\tag{6-1}
$$

稳定状态方程式：

$$s = \frac{QW(u)}{4T\pi} \tag{6-2}$$

这种关系便于对下列各点进行判别：

(1)降落漏斗中任一点的降深与 Q 成正比(图 6-8)；

(2)在抽水量一定的条件下,所有方程式中降落漏斗中任一点的降深均与 r 的对数成反比；在非稳定状态方程式中,降深还与储水率成反比,与 $\ln t$ (时间)成正比(图 6-9)；在 Q 值一定的情况下,随着导水率的增加,降深相应减小(图 6-10)。

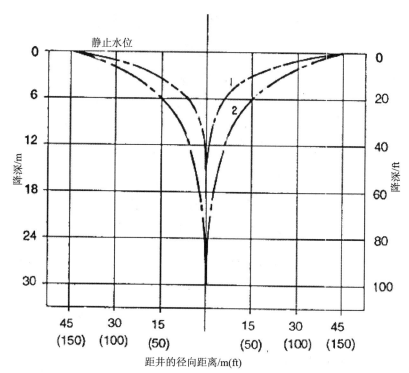

图 6-8 流量对水井降深的影响

Q—流量;$Q_2=2Q_1$;其他因素均不变

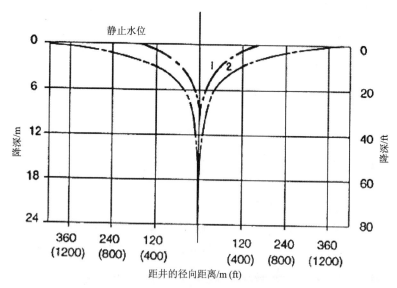

图 6-9 储水率对水井降深的影响

S—储水率;$S_1=50S_2$;其他因素均不变

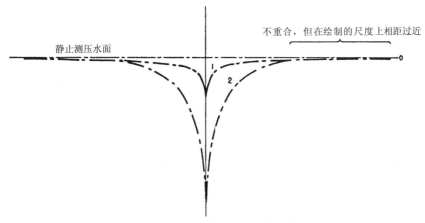

图 6-10　导水系数对水井降深的影响

$T_1 = 3T_2$；其他因素均不变

不论抽水井的全部或部分为裸孔,上述关系对降落漏斗中任一点都是适用的,尽管降落漏斗的实际形状与理想相比会被部分裸孔、各向异性或边界条件所歪曲。

当时间无限长时,非稳定状态方程式则变为稳定状态方程式。在抽水井和一个观测孔中同时测量降深,运用稳定状态方程式可计算导水系数或渗透系数。在理论上,这是可能的,但实际上却不可取,因为水井中的水位由于井损而低于外侧。其结果通常是计算出的导水系数或渗透系数小于实际值。

前面的论述已经基本涉及含水层被部分和全部穿透对流向水井的水流分布的影响。这些都是重要的理论概念,而同样重要的是对水井性能的影响。含水层中不完整裸孔所造成的流线变陡,在出水量相同的情况下,会导致降深的增大。换句话说,水井的单位出水量会变小。承压含水层中水井应该贯穿整个含水层。自由含水层中水井应该在含水层下部的1/3~1/2 处进水。然而,在埋藏很深的厚层含水层中,这是不具备经济可行性的。在这样的含水层中,通常的做法是在扬程允许的条件下穿透含水层的足够厚度,以保证所需的抽水量。

在承压含水层中正确设计的紊流小的水井里,降深不低于上覆封闭层的底板时,出水量与降深之间实际上具有线性关系。因此,不管出水量多大,单位涌水量仍然是比较稳定的。在全裸孔的承压水井中,只要降深不把静水头降低到上覆封闭层底板以下,出水量便近似与降深成正比。然而,在饱水厚度随降深增加而减小,且水流垂直分量占优势的自由含水层中,条件有所不同。有许多与自由含水层中的出水量和降深有关的公式可以应用,但这些公式都是大体近似的。图 6-11 和图 6-12 是不精确的综合曲线图,对出水量—降深关系只有实用性的指导。根据现有公式和实际观测,发现在降深为饱水厚度的 50% 和降深最多为饱水厚度 65% 的自由含水层中,出水量和降深具有近似线性的关系。然而,超过这个值,尽管出水量继续增加,单位涌水量却开始迅速下降。因此,大多数带过滤器的井都在含水层下部1/3 或 1/2 处设过滤器。图 6-11、图 6-12 和有些公式反映出,降深为饱水厚度 100% 时出水量最大。这种现象是扩展稳态方程的结果,其超越了稳态条件的基本假设。明显地,随着进水面积下降,出水量逐渐减小,最后趋近于零。同时,在实际应用中,由于泵效率的下降以及水头损失的增加,自由含水层中水井排水量会随着降深增加而减小。

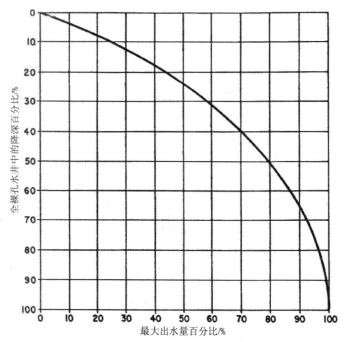

图 6-11　理想含水层中全裸孔的出水量与降深对比

数值为近似平均值,是按稳定状态的 Konzeny 和其他公式求得,均不严格精确

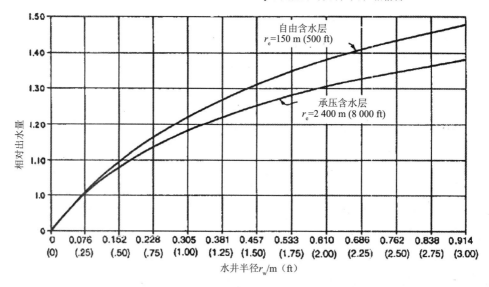

图 6-12　水井直径和水井相对出水量的比较

$Q - \dfrac{c}{\ln \dfrac{r_e}{r_w}}$,Q—相对出水量;c—常数;r_e—影响半径;r_w—水井半径

基于半径为 75 mm(3 in)水井的相对出水量

6.4 水井直径和出水量

通常错误地认为,水井的出水量和水井的直径成正比,其他条件不变,成倍地加大半径,出水量也相应地增大。在这种情况下,水井直径指的是穿透含水层的钻孔的直径。

可以通过假设稳定流方程式中其他因素(除水井直径以外)不变,并将公式加以整理来证明这一论证中的错误。

加以整理得出的方程式为

$$Q = \frac{c}{\ln \dfrac{r_e}{r_w}} \tag{6-3}$$

对承压含水层:

$$c = 2\pi KM(s_2 - s_1)$$

对自由含水层:

$$c = K\left(h_2^2 - h_1^2\right)$$

式中 Q——相对出水量;

c——常数;

r_e——影响半径;

r_w——水井半径;

K、M、s_1、s_2、h_1 和 h_2 的含义如前所述。

经过分析可以证明,出水量与 $\ln r_e / r_w$ 的倒数成正比。

图 6-12 描绘了因水井半径增大导致出水量增大,假设承压含水层中的水井影响半径为 2 400 m(8 000 ft),自由含水层中的水井影响半径为 150 m(500 ft)。取决于初始半径,当水井的直径增加一倍时,在承压含水层中的出水量增加 8%~13%,在自由含水层中的则增加 10%~17%。在理论上,按上述参数,出水量增加一倍,则承压含水层中的水井直径必须增大约 90 倍,自由含水层中的水井直径必须增大约 45 倍。这种分析的假设条件是层流和稳定状态。然而,经验表明,在某些实例中,水井直径增加一倍所导致增加的出水量可多达 25%。这种差别可能是由含水层和水井中紊流的减少、进水面积的增加和井损的减少等其他因素造成的。

在补给井模拟研究的基础上,Zanger 和 Jarvis 确认了钻孔部分过水时过滤器直径的一项效应,使水井的有效直径转换为用等长度钻孔表示的直径,而这个钻孔的表面积应等于过滤器的开孔面积。即在水井与含水层的关系中,具有 25% 开孔面积的 300 mm(12 in)的过滤器将具有 75 mm(3 in)的有效水井直径。这种关系是否适用于所有开孔百分率的抽水井还不得而知,因为目前还没有相关性能研究的试验。

关于过滤器直径的选择问题以往是很不统一的。为了合理选择过滤器的直径,对流量、直径和效率各不相同的水井,在许多方面,诸如各种直径水管中的水头损失,水井和含水层的关系,过滤器长度、开缝尺寸和样式的可能影响等进行了评定。其结果是不精确的,纯粹是经验的。它们不是作为硬性规定提出来的,而是作为一种建议性的试行标准,以便斟酌运转及维修费用等,做出效益高的水井设计。

6.5　水井穿透深度和出水量

除了含水层深度,水井的整个深度对出水量影响不大。如前所述,重要的因素是被水井穿透和通向水井的含水层饱水厚度百分率,也就是裸孔的百分率。在承压含水层中,水井的单位涌水量会随裸孔的百分率而变化,且当过滤器或裸孔穿透整个含水层厚度时,单位涌水量最大(图6-3)。在自由含水层中,存在有些相似的关系(图6-13和图6-14),但由于向水井方向含水层变薄,使单位涌水量的增加受到了限制,这在一定程度上取决于经验降深值。根据客观需要,将降深限定在含水层厚度的60%~65%范围内。但不论哪种情况,如果含水层还有足够的厚度可以利用,则增加单位涌水量和出水量花费最少的方法是增加水井的深度或裸孔百分率,或有可能的话将二者同时增大。

6.6　入口流速

通常,水井设计要把握的原则是平均进水速度(根据过滤器开孔面积百分率和所需出水量 Q/A 而定),必须是 0.03 m(0.1 ft)/s 或更小。这一标准所依据的水力学理论认为,在如此低的流速下,水流完全是层流,因此不存在造成井损的紊流。然而,平均进水速度的概念会给人以错误的印象。Soliman(1965 年)和 Li(1954 年)研究了流向水井的水流。他们指出,在理想含水层中,过滤器上部 10% 的进水速度约为下部 10% 流速的 70 倍。在每一个装有过滤器的水井中,一部分过滤器开孔面积被含水层物质或砾石充填物所堵塞。由于开缝尺寸以及含水层中颗粒大小和级配的不同,损失的开孔面积可以高达 78%,不过通常大多认为损失的开孔面积约为 50% 是允许的。此外,含水层中的个别地带可能具有不同的渗透系数;而当其他因素不变时,提供给过滤器表面的水量是附近含水层渗透系数的函数。但是,平均进水速度忽略了这些未知的而且变化的因素。在理论和实践上均已证明,降低进水速度对维持水井的效率和寿命是可行的。在条件和经济允许的情况下,降低进水速度至小于 0.03 m(0.1 ft)/s(其他标准不变)是有益的。

6.7　过滤器开孔面积百分率

控制通过过滤器水头损失的主要因素之一是过滤器开孔面积百分率。控制过滤器开孔面积百分率的因素包括基本设计、材料、制造工艺和强度要求。在给定长度和直径的过滤器中,开孔面积百分率约在 15% 以内时,水头损失随开孔面积百分率的增加而迅速减少;开孔面积百分率为 15%~25% 时,水头损失减少得不太迅速;开孔面积百分率为 25%~60% 时,水头损失的减少相对缓慢;大约在开孔面积百分率超过 60% 时,所获得的效率实际上就不再增加。为实用目的,开孔面积百分率约为 15% 是令人满意的。虽然没有现成的已穿孔的套管,但很多商品过滤器是容易得到的。如果无论如何也达不到 15% 的开孔面积百分率,则可能要修改其他标准,以保证进水速度为 0.03 m(0.1 ft)/s 的极限。这可以通过加大过滤器或穿孔的旧套管的直径或长度来实现。这样,对于任何穿孔形式的井,孔总面积增加了。

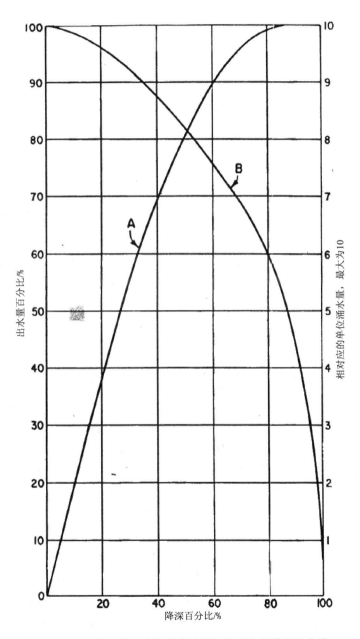

图 6-13　自由含水层中完整井出水量和降深之间的关系曲线

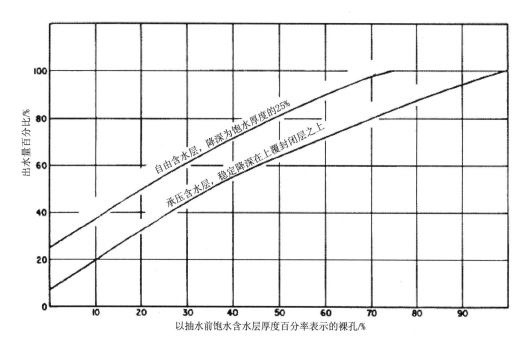

图 6-14　自由含水层和承压含水层中出水量与裸孔百分率之间的对应曲线

　　Peterson 等人(1953 年)和 Vaadia、Scott(1958 年)用试验方法确定了过滤器的长度、水头损失和直径、开孔面积百分率以及过滤器开缝类型之间的关系。但是,在野外条件下,他们的研究成果用途有限。

　　在不会严重降低管材强度的开缝形式中,开缝水管开孔面积百分率的变化范围:0.50 mm(0.020 in)的开缝约为 1.0%;6.25 mm(0.250 in)的开缝约为 12%。穿孔或开缝过滤器的开孔面积百分率为 4%~18%,这取决于开缝的形式和尺寸。百叶窗(Louvered)式过滤器开孔面积百分率的变化范围: 0.50 mm(0.020 in)的开缝约为 3%; 5 mm(0.200 in)的开缝约为 33%。骨架型缠丝过滤器开孔面积百分率的变化范围: 0.15 mm(0.006 in)的开缝约为 2%;3.75 mm(0.150 in)的开缝可高达 62%。

6.8　过滤器开缝尺寸和形式

　　水管中均匀轴流式水流的特征是管壁上有滞流带,流速和紊流向水管中心加大。然而,过滤器中的情况则不同,因为过滤器工作时就像一个集水管,其中每一个穿孔都能起到径向射流器的作用。由于这种入射流的原因,使滞流带不存在或仅部分存在。轴流式水流的流速是不均匀的,是从过滤器底部到顶部逐渐增加的。对这种水流的分布还没有进行充分的研究,但可以设想,在过滤器直径相同、开孔面积百分率相等的情况下,开缝较小但数量较多的过滤器,穿过缝隙的水流流速较低,且水头损失较小。缝边相互平行的开缝(如很多用锯或机器穿凿套管而得到的开缝),似乎是开孔效率最低的类型,而且它们易被砂粒堵塞。边缘越薄,开缝的效率越高;如大多数缠丝过滤器和某些穿孔管上的 V 形开缝,除它们的自净性能外,水力效益较低。此外,锋利的、规整的、抛光的开缝边缘,不仅有助于提高水力效益,而且可以减小腐蚀和结垢的速度。

在流向水井的径向流中,水流流线的收敛和不断加速已经在前面讨论过了(见 6.2 节)。过滤器的开缝间距可在一定程度上增加收敛。在两个过滤器开孔面积百分率相等的情况下,开缝间距较大的过滤器的水流流线要有较大的收敛,通过含水层流向水井的流束有较大的加速;经验证明,开缝间距较大的过滤器,其水头损失必然比开缝间距小而密的过滤器要大(图 6-15)。

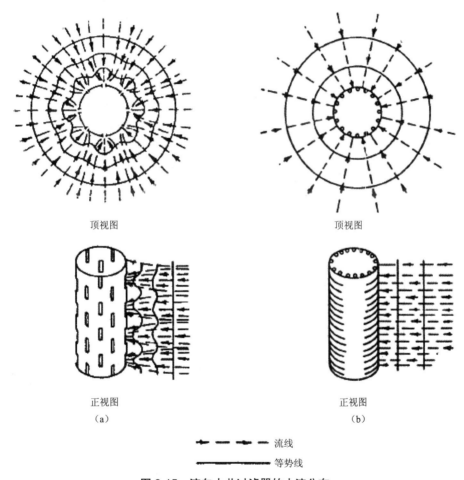

　　　　　顶视图　　　　　　　　　　　　　　　　顶视图

　　　　　正视图　　　　　　　　　　　　　　　　正视图
　　　　　（a）　　　　　　　　　　　　　　　　　（b）

———————————————— 流线
———————————————— 等势线

图 6-15　流向水井过滤器的水流分布

（a）流向开缝套管的水流(表示流线收敛和等势线扭曲)（b）流向连续开缝过滤器的水流(表示流线收敛和等势线扭曲)

使用很细的开缝,即使在缠丝过滤器中也会造成小的开孔面积百分率。而且,开缝的横截面面积小会产生大的摩擦损失,并可能助长结垢。在规模小、生产能力低的水井中,一般限于使用 0.15~0.50 mm(0.006~0.020 in)的开缝。如果开缝的尺寸小于 0.75 mm(0.030 in),则要求井周基础材料要稳固,而在生产能力大的水井中使用砾石填料是可行的。

6.9 砾石填料

理论上认为,在过滤器周围围上一层较含水层透水性强的物质可增加水井的有效直径,这种物质即为砾石填料。因为填料的理论渗透系数可能是含水层渗透系数的 10~1 000 倍,所以这种结论是正确的。较高的渗透系数在一定程度上有效增加了水井过滤器的开孔面积百分率。在自流管排水时,从理论上来说,合理设计的砾石填料可以将有限开孔面积百分率的水管转变为全渗透管。由于自流管排水中进口流速较低,因此这个理论可能并不适用于水井,但从逻辑上讲,它会带来一些好处。水井直径增加一倍,加上砾石填料的其他优点,可以将出水量增加 25%(美国垦务局,1986 年)。如果含水层足够厚,通过增加井深,可以以更低的成本获得同样的增益。砾石或砂填料有助于减少存在细砂或细粒土的未固结或半固结材料中的抽砂量。

在需要填充砾石的情况下,砾石的大小必须是均匀的,与含水层的稳定相适应,并且便于装填。过滤器的开缝尺寸只能允许少量的填料物质通过,填料应由坚硬的磨圆的砾石组成。所有这些因素和低的进水速度提供了较好的水力效率(见 11.11 节)。细砾石或砂石填料也可用于井筒的侧壁有可能脱落的固结材料中。粒径应足够粗,从而使不超过 5% 的填料通过筛槽。在安装永久抽水泵之前,水井的合理开发可以除去大部分的细小颗粒。

在 11.11 节将对砾石填料设计进行更详细的描述。砾石填料的厚度受实用尺寸的限制,采用射流井方法,既能合理布置,又能有效去除刚性块体(井壁的不透水特性)。砾石填料厚度可从最小 75 mm(3 in)变化到 150 mm(6 in)(美国垦务局,1986 年)。

6.10 水井效率

水井效率是水头损失的函数,水头损失是因为水流穿过过滤器和填料,沿水井轴向流到水泵而造成的。因此,在效率为 100% 的水井中,整个降深是由含水层中的水头损失形成的,不应与水井的情况或设计有关。如果已知含水层的 r_w、T 和 S 值,可以用一种相当精确的方法计算全裸孔完整自流井的效率。在这样的水井中,可以根据抽水试验来确定测量的降深值 s_m 和 t 值。将 T、S、r_w 和 t 值代入非稳定状态方程式中,则可以计算理论降深 s_c。于是,水井效率就等于计算理论降深 s_c 除以测量降深 s_m,即 $E = \dfrac{s_c}{s_m} \times 100\%$。

然而,如果水井不是全裸孔,则部分贯穿和各向异性的效应是难以确定的,甚至是不能确定的,对计算出的水井效率可能有较大的影响。

对自由含水层中的水井来说,这个问题更大。这不仅是受 r_w 值影响造成的,而且即或使用的是全裸孔,降深也不服从其效应。此外,不管裸孔的百分率如何,各向异性都可能有不利的影响;如果水井并未全部贯穿含水层,则这种影响可能是综合的。

　　因此,除非条件理想,任何精确确定水井效率的努力都是无效的。最实用的方法是将能满足要求的水井开采情况和比较好的设计实践所采取的理论和经验系数作为依据,而不考虑把理论水井效率作为重要因素。

　　分段抽水试验分析及用 Jacob(1947 年)和 Rorabaugh(1953 年)的方法确定表观效率,可能有助于比较单个水井的表观效率随时间的变化情况,以帮助识别水井的损耗和是否需要修复(见 5.14 节)。

第7章 人工补给、人工储存、恢复及沉降

7.1 人工补给

人工补给可以定义为人工促进地表水进入地下水系统的任何过程。通常,为了促进这种地表水向地下自然移动的过程需要通过某种施工措施实现。人工补给的目的包括:

(1)地下水(井场)管理;

(2)减少地面沉降;

(3)污水回用;

(4)改善地下水水质;

(5)当地表流较高或超高时,储存水量;

(6)减少洪水径流;

(7)增加水井出水量;

(8)减少供水系统所需面积;

(9)减少盐水的侵入或矿化水的泄漏;

(10)增加流速或流水量;

(11)降水存储;

(12)二次采油。

人工补给工程也可作为一种节水措施。

一个成功的人工补给项目包括两个关键因素:

(1)具有可靠供应量且水质良好的水;

(2)全面了解地质和地下水文条件。

当将人工补给纳入流域管理计划时,可大大提高水的可用性。地下水的人工补给可以通过地面扩散(渗透)盆地、注入井或浅井等方法实现。在土壤可渗透和含水层不受限制的情况下,可以视为渗透盆地。补给井既可用于自由含水层,也可用于承压含水层,当竖井在地下水位以上终止时,竖井可作为自由含水层的补给井。在任何情况下,补给水质量的好坏都会对项目的成功与否产生很大的影响。然而,在许多情况下,再生废水已成功地用于补给地下水。

人工补给可用于一般含水层补给,也可用于特定地区的临时蓄水。其中,后者一般称为人工储存和回收(Artificial Storage and Recovery)。研究表明,注入淡水的"球状体"可以储存在咸水含水层中。

在新建水库地区,由于水库的水逐渐渗入以前不饱和的地层,有时会造成土地破坏或结构不稳定,地下水可以通过库岸补给。在过去,这种补给被认为是有害的,因为它会导致库

区水的流失；然而，近年来，从综合水资源管理方面来看，这种补给在某些条件下被认为是难得的机会。

7.2　地表扩散

7.2.1　概述

地表扩散一般通过在冲积层或其他高渗透性沉积物中建造的临时（季节性）或永久性蓄水池实现。蓄水池可以在河内或河外建造。河流中的水池通常只储存洪水。临时护堤包括土坝、在水位过高或过低时可以放气的橡胶坝以及闸板坝等，在洪水期间可能存在被冲刷掉的风险。

补给盆地应位于水深足够大的地方，以防止地下水丘与盆地底板相交。此外，盆地下方的材料应该相当均匀，因为在低渗透系数的地层之上可以形成上层滞水丘。

7.2.2　土堤

用河床材料建造的土堤，建造成本相对较低。正常的运行流量可以通过安装在堤坝一端下方的门控旁路管道进行调节。带有旁路阀的堤坝需要至少每天检查水位和流量，并进行必要的闸门调整。因此，应评估人工成本，以确定该建设的成本效益。

7.2.3　橡胶坝

混凝土地基上的橡胶坝在放气后应与泄洪渠道一致，以便可以全年运行。橡胶坝可以被水、水夹气或空气填充。充填介质的选择与坝体高度、放气率和特性的差异有关。在充水坝的整个长度上，其以几乎相同的速率下降，从而使整个河道的流量相当均匀。气水混合或充气坝通常在大坝中心附近有一个"V"形缺口，导致在这个位置高速流水的集中。这种高流量可能需要安装一些控制冲蚀或水跃的装置。

7.2.4　闸板坝

闸板坝需要混凝土地基和垂直导轨来固定闸板。闸板坝的优点是比橡胶坝更难受到破坏，但是必须在汛期之前拆除这些闸板和导轨。在突发性洪水不可预测的地方，闸板坝可能不适合。

7.2.5　入渗速率评估

渗入地下水位以下的水必须置换几乎等量的空气。入渗速率受前缘气流和前缘湿润锋后截留的影响，因而随时间而变化。空气的流动也影响湿润锋的形状，土壤初始含水量对湿润锋渗透也有显著影响，即使在相对较深的层状土壤剖面中也是如此。大多数补给区将大量的渗透水集中在一个小的区域，因此在该地区下方会形成一个地下水丘。当补给开始时，水丘开始生长;当补给停止时,随着水在含水层中扩散,水丘就会解体。这种水丘的生长和解体可以用数学或数字计算机模型来描述;它也可以用来评价补给对地下水位的影响。

其他补给设施下方的地下水丘不影响入渗速率,前提是地下水丘和相关的毛细边缘仍然位于补给盆地底部。

在地下水位 5~10 m(15~30 ft)的情况下,人工补给造成的湿润锋是尖锐的,并随时间向下移动。湿润锋后的含水量可能达不到最高值,但在大部分剖面中,含水量在湿润锋后基本上是恒定的。当湿润锋面向下移动时,也向侧面移动,并且当它接近地下水位时,其宽度(2B′)大于盆地的宽度(2B)。在此条件下,入渗速率 I 可由 Green 和 Ampt 公式计算:

$$I = K\frac{H_c + H + z_f}{z_f} \tag{7-1}$$

式中　K——给定含水量的非饱和渗透系数;

　　　H_c——有效毛细高度(用等效水深表示的土壤毛细力);

　　　H——盆地水深;

　　　z_f——尖锐的湿润锋深度。

当 $H \geqslant 0.3$ m(1 ft)时,H_c 不显著,即使是较浅的盆地,与 z_f 相比,H_c 也很快变得微不足道。当入渗继续进行时,直到湿润锋到达地下水位,补给才会发生。在实际应用中,可以假设土壤是饱和的,从而使用饱和的渗透系数。当盆地地面的水补给停止时,渗透即停止,但包气带中储存的水会继续下降,尽管通常入渗速率较慢,湿润锋剖面也将重新分布。通过在补给盆地中使用标记网格来直观地绘制水随时间推移的变化图,可以确定由于毛细水堵塞而导致的不断变化的入渗速率。

研究表明,有机垫层能够有效提高浑浊水的入渗速率,提高土壤的非饱和渗透系数。当使用有机地垫时,细颗粒可能会更深地渗入土壤,这可能需要在后期对盆地进行更深和更昂贵的修复。

7.2.6　水深效应

入渗速率不一定一直与水深有关。必须对现场条件和水质进行评估,以确定最佳水深。如果地下水位高于盆地底部,由于盆地向外梯度的增大,水深的提高会增加入渗速率。然而,当地下水位低于盆地底部时,应用达西定律可知入渗速率变化不大。

由式(7-1)可知,随着 z_f 的增大,水深的影响逐渐减小,并且最终可以忽略不计。但是,当土壤中有低渗透性材料覆盖在高渗透性土壤上时,z_f 会受低渗透性材料的深度的限制。

当一个发育良好的堵塞层覆盖在整个湿周上时,由于水量增加引起的整个水头会在整个堵塞层上消散,并且在其他因素相同的情况下,通过该层的流量或水头相应增加。然而,随着深度的增加,可能会出现问题。由于水头的增加导致堵塞层的压实,可以降低堵塞层的入渗速率。此外,水深的增加可能会降低流域水的周转率,从而促进藻类生长。藻类浓度的增加将因进行光合作用而提高水中二氧化碳的吸收,并增加水的 pH 值。pH 值为 9 或 10 时,碳酸钙析出并堆积在盆地底部,会进一步降低入渗速率。

7.2.7　盆地管理技术

优化补给和减少更换费用的盆地管理技术包括：

（1）降水、收缩 - 膨胀、冻融等自然方法；

（2）清理或清除土壤；

（3）盆底耕种；

（4）过滤；

（5）沉积物絮凝；

（6）水池深度的管理。

干湿循环常被用作一种减少堵塞和保持入渗速率的管理措施。在表层物质干透后，刮擦、耙耕或两者并用，除去表面细粒、藻类等其他有机材料或矿物沉积。

7.3　注水井

与地表水相比，人工注水井的建造和维护成本通常更高，但可以注水至深层含水层，且不需要太大的空间。

由于施工过程中容易发生堵塞，故注水井通常需要非常小心的施工。其中，过滤器的精心设计和安装尤为重要，因为过滤器或井壁的堵塞会大大降低渗入潜力，导致井内水头的增加。井筛管开口面积和筛管长度应该是最佳的，大约是抽同等体积水的抽水井的两倍（Driscoll，1986 年）。在许多 ASR 项目中，单井可交替用于注水和抽水，有助于冲洗任何可能注入过滤器或含水层的细小颗粒。在这种两用井中，流动方向的逆转可能导致孔隙空间的减少，从而降低井附近含水层的渗透率。但这种情况很少发生，对注水水头上升的影响也较小。

在只涉及注水的工程中，可能需要定期抽水来去除细颗粒。这种井可以用双向旁路管来建造，以便进行补给、取样和再开发。Huisman 和 Olsthoorn（1983 年）曾报告，以大约与注入速度相同的速度回抽 5~15 min，可以消除大约 80% 的注入水头增量，而以注入速度的 3~5 倍回抽则可以消除另外 10% 的注入水头增量。

注水井的设计应与典型的大容量井一样高效。在计算注水井随时间的压力积累时，许多用于推导描述注水井方程的相同假设也是适用的。注水井的压力累积锥与抽水井的下降漏斗则是相反的。

注水井也可能因下述原因发生堵塞：

（1）补给水中夹带空气；

（2）井中微生物的生长；

（3）补给水与原生地下水之间的化学反应；

（4）补给水与含水层物质之间的化学反应；

（5）黏土颗粒分散导致的离子反应；

（6）砂砾含水层中胶体的膨胀；

（7）铁的沉淀；

（8）涉及铁或硫酸盐还原细菌的补给水和地下水中的生物化学变化；

（9）补给水与含水层水温度的差异。

通常可以通过改变注入程序来控制补给水中夹带的空气。去除化学沉积物和微生物可能需要冲刷或喷洗过滤器或进行化学清洗（见第16章）。

当计划向承压含水层回灌时，必须对向含水层注入大量水的效果进行评价。除非含水层的渗透率非常高，否则在井或井场附近可能会发生压力积聚。如果压力足够高，则可能无意中导致上覆层或下伏层发生水力劈裂，从而引发从其他含水层或向其他含水层渗漏。

7.4　连接井

连接井既存在于浅层自由含水层中，也存在于深层含水层中。当从深层含水层抽水时，等势面降低，水可以从浅层排到深层含水层。

使用这种方法需要仔细分析潜在的污染。同时，美国州或地方法律可能禁止两个含水层的混合。

7.5　竖井

竖井具有井状开口，通常由干开挖而成，终止于地下水位以上。竖井可用于近地表层渗透率低而使补给盆地不可行的地方，或补给盆地的土地成本过高的地方。竖井需使用干净的水，因为清洁补给表面的唯一方法是从孔隙中清除更多的沙子。底部有洞的竖井是向干荒盆地补给净化径流水的有效方法。

7.6　水平井

当薄含水层位于低渗透近地表层之下时，水平井可能比竖井更好。水平补给井的施工与水平排水井类似（见13.5节）。水平井或排水沟也被用于分散浅层含水层的补给水，将补给水分配到更大的区域可有效增加含水层的储量（美国垦务局，1992年）。

7.7　含水层储存和恢复

含水层的储存和恢复包括在现有供水和处理能力超过系统需求时，将经过处理的饮用水注入合适的储存区；当需求超过常规供应或处理能力时，储存的水被泵出、氯化，并泵入分配系统。这种方法可以大大减少额外的地面储存或水处理设施的投资，这些设施可用于满足在高需求时期的用水需要。

含水层储存和恢复（Aquifer Storage and Recovery，ASR）的特定场地可行性主要有以下

三个标准:

（1）供水量、需水量或两者的季节性变化,通常最高日需水量与平均日需水量之比超过1.3;

（2）水设施容量规模合理,一般平均需求量为 11 000 m³（300 万加仑）或更多;

（3）适宜的储水区,一般为导水系数大于 185 m²/d（2 000 ft²/d）,渗漏率小于 2×10^{-3}/d,总溶解固体含量小于 4 000 mg/L。

虽然大多数含水层储存和恢复项目位于淡水含水层,但也向深层咸水含水层注水。泵入深层咸水含水层的水不会立即与原生地下水混合,而是在井周围形成一个球形或圆柱形的注入水体。试验表明,注入水的回收率为 35% ~ 75%,随着注入次数的增加和回收循环次数的增加,回收率不断提高（O'Hare 等,1986 年）。

由于 ASR 项目注入的水一般都经过氯化处理,氯化消毒副产物（DBP's）,特别是三卤甲烷（THM's）受到了关注。此外,人们对含水层的成品水中存在的 DBP 前体以及回收水再氯化后对 DBP 后续形成的影响表示关注。在几个 ASR 站点的观测表明,THM 和卤乙酸（HAA's）在含水层储存期间从氯化水中被去除。含水层储水过程中残余氯的消除导致可生物降解有机材料（BOM）的生物降解,降低了储水 DBP 的形成潜力。

7.8　再生废水的补给利用

在利用废水补给含水层方面,需要处理许多工程问题,例如:

（1）废水来源的质量;

（2）处理前的储存;

（3）处理工艺规程和设计标准;

（4）处理余量需求;

（5）影响设备过程控制和操作的参数;

（6）经处理（再造）的水使用前的储存;

（7）操作和维护标准。

利用再生废水进行地下水补给的主要障碍似乎既不是技术上的,也不是经济上的,而是制度上的。人工补给水源包括降水、洪水等弃水和引入水及再生水。逐渐增加的关注聚焦在城市污水再生利用上。然而,由于越来越多的人担心低浓度的稳定有机物和重金属会对健康造成长期的影响,而且在再生废水中存在潜在的致病微生物,因此使用再生废水进行地下水补给作业通常需要在常规的二次处理之后进行进一步的处理。对于健康的考虑是使用再生废水进行回灌的控制性因素。其中关注的主要成分包括微量有机物、无机物（特别是重金属）、微生物和放射性核素。废水来源可能影响回灌的可行性,由于重金属和有机化合物的浓度可能相对较高,废水中以工业废水为主的地区可能是不适宜的。

土壤含水层处理（Soil-aquifer Treatment, SAT）可作为一种把再生废水用于补给的最终处理的有效手段。Idelovitch 和 Michail（1985）的研究表明,如果土壤条件良好,SAT 通常在去除有机化合物、洗涤剂、磷和一些金属方面非常有效;然而,氮和硼可能无法有效去除。钠的吸收比(Sodium Absorption Ratio, SAR)可能会因为水的补给而增加。

利用废水补给通常比使用淡水复杂得多。美国州和地方机构可能有城市污水回收利用的规章制度,可能会出现有关废水所有权的法律问题,特别是在为几个社区提供服务的中央处理设施或以前向溪流排放过水的地方。此外,地下水流可能与地面水流方向不同,补给水可能流出预想的盆地。在获得有关机构批准使用再生废水的回灌项目之前,可能需要进行深入调查。调查范围包括自然地下水稀释程度、再生水地下存留时间、非饱和带水流以及地下水质量。当发生混合水不适合生活使用时,应制订应急计划,以明确备用供水措施。还需要对预注水和原地下水进行全面的化学监测。为确保公众不会受到拟议活动的危害,可能需要进行大量的公共关系工作。

再生废水在注入或渗滤前应彻底消毒。其中,臭氧化是非常有效的方法,且不产生氯化副产物。然而,在最后的工厂废水中加入氯后不久进行脱氯可能会使氯化烃的生成降到最低程度(加利福尼亚州,1987 年)。由于堵塞会对井产生不利影响,使用注入井进行回灌可能比在盆地中进行回灌需要更多的处理。补给池应选在远离饮用水供应井的位置。

7.9　水化学效应

人工补给的有效性高度依赖于水的化学性质,包括浊度、微生物活性、离子交换反应、沉淀成分(如碳酸钙)、pH 值和温度。

7.9.1　浊度

即使是很小的浊度也会导致盆底和侧壁、过滤器或注入井周围的含水层物质堵塞。尽管在修复工作中,沉淀在补给盆地的细颗粒通常会被刮去,但补给井中细颗粒的堵塞通常会造成永久性的破坏甚至是毁灭性的破坏。

7.9.2　微生物活性

生物堵塞的主要原因是生物量的形成、固态微生物副产物和光合作用及呼吸过程中形成的气体。由于可能会出现耐药种群,故对流入水进行消毒可能不会有效地降低微生物活性。由于厌氧呼吸或在硫还原过程中形成硫化氢,因此矿物沉淀物,特别是铁和锰,可能在表面氧化带下形成。间歇休息期可使固体微生物分解和排放气体,因此可以减少或消除微生物堵塞。尽管在某些情况下,氧气可能有助于盆地的更新和增加补给,但是藻类产生的氧气可能导致渗透系数变化,由厌氧呼吸形成的气体也可能阻碍流动,反硝化也会导致堵塞。

对补给盆地的适当管理和运行,可以显著降低堵塞造成的渗透系数下降。在细菌更难检测的注水井中,细菌堵塞更容易成为主要问题,含水层或过滤材料和筛网也可能发生细菌堵塞。虽然氯化可能是有效的,但在某些情况下,氯化实际上可能使问题复杂化,因此需要其他方法,例如氨基磺酸处理,甚至是专门的处理。具体处理方法在第 16 章有更全面的描述。

7.9.3　沉淀

一般来说,在补给盆地中,矿物沉淀不是问题。然而,在一些地区碳酸钙可能会导致注水井堵塞。为了恢复过滤器的开口区,可能需要进行酸处理或机械处理(见第 16 章)。

7.10　簿记

在人工补给工程中,准确的记录是必不可少的,它有助于评价工程的有效性、提供储存水的信息、防止地下水污染,并在发生诉讼时保护所有者。用于水位和水质监测的井应同时在场内和邻近区域(如果可能的话)使用。监测井应延伸至正在被补给的含水层,除非含水层过深。如果存在下伏或上覆封闭层的含水层,监测该含水层也可能是有利的,特别是正在用处理过的废水补给的地方。监测井的总数取决于现场条件、补给水的质量和使用情况。

7.11　政府规程

美国一些州已经制定或正在制定关于注入或抽取人工储存水的规则和条例。其要求可能涉及水质、井距、注入井相对于生活供水井的位置以及监测井的安装和分析。利用再生废水对水质和水权问题都有一定的影响。

7.12　建模技术

由于所涉及的方程式相当简单,且含水饱和度不同所引起的渗透系数变化使得数值模型非常复杂,结果也存在一定的问题,因此数值模型一般不用于补给盆地。然而,数值模拟可以作为评价水井补给的一个有价值的工具。现已经建立一系列的计算机模型,可以用来估算井场补给的效果。MODFLOW 在这类研究中得到了广泛的应用,然而许多专有的模型也是现成的。此外,还为补给问题建立了三维模型(如 MODFLOW)。

7.13　沉降

沉降通常是由于水头下降引起的含水层系统中细粒沉积物的压实而导致的地壳大面积下沉,由于其发生的过程是渐进的且范围较广,因此大多数居民难以察觉。压实和沉降与有效应力的改变直接相关,而有效应力的变化是由水位下降引起的。承压水压力的永久性降低将导致含水层上下的细粒沉积物的压实。

由于细粒沉积物的排水速度缓慢,某一特定时间的沉降量与过去水位变化的关系比与当前水位变化的关系更为密切,例如在加利福尼亚州,直到通过各种渠道大量补给地表水前,地下水的抽取量一直在大大增加,即使该地区的水位已经开始上升,但直到 3 年后其沉降速度才开始下降。

不同沉降区域的沉积环境各不相同,但都有一个共同的特征,即一套厚层松散的或弱固结的沉积物形成了层间含水—弱透水的二元结构。不难发现,正如含水层排水会导致含水层压实一样,弱透水层排水也会导致弱透水层压实。由于黏土的压缩性比砂的压缩性大1~2个数量级,所以弱透水层的压实作用远大于含水层,但由于黏土的渗透系数可能比砂的渗透系数小几个数量级,所以弱透水层的压实过程要比含水层慢得多。一旦弱透水层脱水,有效的回弹量只有被压缩量的 1/10 左右。

沉降可引起很多问题:

(1)由于孔隙塌陷,地下水储存能力将被永久破坏,从而导致单位出水量下降;

(2)依靠昂贵的测绘确定的高程系统必须定期重建,并重新绘制地形图;

(3)由于沉降导致的梯度降低,渠道和河流中的水流可能会变得缓慢;

(4)如果一口井延伸到主要沉降区以下,当上覆物质下沉时,套管底部仍处于稳定状态,由此产生的应力通常会使套管塌陷;

(5)在地面下沉时,建筑物和其他结构(运河、桥梁、管道、高速公路等)的桩通常保持稳定。

加利福尼亚州有几种沉降类型,美国大部分的沉降都发生在那里,记录中包括水位下降、石油和天然气的开采、泥炭沉积物的氧化和湿陷作用引起的沉降。对于该州的联邦中央谷运河项目,由于沉降而进行的设计修改和修复费用在 1983 年约为 4 100 万美元。

20 世纪 20 年代中期,圣华金河谷开始因地下水开采引起地面沉降,到 1970 年,当地地面沉降超过 8.4 m(28 ft)。至 1977 年,西弗雷斯诺县的最大沉降量达到 8.9 m(29.6 ft)。直至 20 世纪 50 年代和 60 年代后期,地表水通过主要的运河和渡槽补给之前,沉降率一直在显著增加。

灌溉渠经常受到地面沉降的影响,因此监测沉降对运河的运行、维护和可能的修复至关重要。Prokopovich 和 Hall(1983 年)描述了一种沿运河测量沉降的经济适用的技术。运河可以通过止回阀结构划分成水池,止回阀结构的设计目的是通过操纵止回阀来控制或阻止水流。运河的水深是在止回阀完全关闭的情况下,在所有水池的上游端和下游端测量的。每个池的上下游深度差对应于水池的逆梯度,在稳定区域内为常数。其变化量反映了连续测量组之间在一定时间间隔内的沉降量。

得克萨斯州休斯顿 - 加尔维斯顿地区的地下水超抽也导致了地面严重下沉。在 1906—1978 年,地面下沉了 3 m(10 ft),而仅在 1943—1978 年,地面就下沉了 2.7 m(9 ft)。其他沉降问题发生于亚利桑那州、怀俄明州、蒙大拿州、爱达荷州、内华达州和华盛顿特区。在亚利桑那州,开采地下水形成了断层,在爱达荷州、内华达州、得克萨斯州和加利福尼亚州也发现了沉降断层。美国并不是唯一一个因地下水开采导致地面下沉的国家,墨西哥城、威尼斯以及英国和日本的一些城市也遇到了这个问题。

可以开发出将含水层—弱含水层系统中可能的抽水模式与由此产生的沉降速率联系起来的预测模拟模型。分析流动模型可用于分析时变有效压力或其极限值以及时变沉降或回弹。

第 8 章　确定含水层特征的抽水试验

8.1　估算含水层特征近似值的方法

几乎在所有的地下水调查中,都需要有关含水层的特征、导水系数、储水率和边界条件等资料。有好几种方法可用于进行不同精度的这类试验。

对现有水井进行编录时,所搜集的资料常常包括涌水量和降深,据其可以确定单位涌水量值。在 9.17 节中将讨论根据单位涌水量资料计算含水层导水系数的方法。这一方法虽然较基础,但使用时必须加以权衡,因为单位涌水量取决于好几个因素,其中某些因素是不容易确定的。当使用这种方法时,如果可能,须将结构类似的一些水井划分在一起,实地进行涌水量和降深试验。

当水井装有测量仪表或堰时,可以很容易地测量涌水量。甚至在没有仪表测量的情况下,利用标有刻度的提桶或圆筒和秒表就可以较容易地测出每分钟涌水量小于 400 L(100 gal)的水井出水量,且具有足够的精度。大多数水井没有仪表测量,而具有较大涌水量的水井是极为重要的。用最少的设备测量水井近似涌水量的一些方法,在美国垦务局的《水体测量手册》(1981 年)中均有介绍。

进行试验的附近地区,其水井的静水位必须在这些水井停用一段时间(最好是 12 h 或更长时间)后测量。如果这一条件不能满足,则须将这类水井的情况记录下来。

计算渗透系数、导水系数以及储水率近似值的其他一些方法,包括提水试验(bail tests)、定容积瞬时提水(或注水)试验(slug tests)和周期性抽水或天然地下水位动态分析等。在一些参考文献中对它们进行了介绍。然而,这些方法不是适用范围有限,就是成果的精度不可靠,列举这些方法仅供在其他方法不适用时作为备选方法。

8.2　确定含水层特征的控制性抽水试验

确定含水层特征所采用的最精确、可靠而又常用的方法是含水层的控制性抽水试验。在做该抽水试验之前,全体工作人员必须熟悉本手册第 9 章的内容。抽水试验的数量,在很大程度上是根据工作区的大小、含水层或所涉及的一些含水组的均匀性和均质性、已知或推测的边界条件确定的。工作区的面积小,通常一个试验就足够了;但在范围大的地区,可能必须做多个试验。一个相当完善的试验(不包括水井的费用)可能要耗资 2 000~10 000 美元(1995 年),因此每一个项目都必须以取得最多的精确而可靠的数据为目标。

8.3   含水层的类型

在第 2、9 章中讨论的调查,将能确定含水层或含水组的类型和在某个试验场地可能涉及的它们之间的相互关系。进行抽水试验设计时必须考虑这些因素。

8.3.1   非承压含水层

在埋藏深度浅且较薄的含水层中容易进行试验,因为在满足经济性的前提下,钻探水井和观测井能贯穿整个含水层。观测井的位置距抽水井的距离近,这样野外测量容易、进度快。一般不要求长时间抽水,即可取得有效降深的测量数据。对埋藏较深的薄含水层进行试验时,除增加深孔和水泵装置的投资外,其他情况相似。

当含水层极厚(30 m(100 ft)以上),且水位深时,问题就产生了。此时,现有水井可能未全部贯穿含水层,而打完整观测井和完整试验井所花的费用在经济上是不合算的。

当抽水井并未全部贯穿非承压含水层时,流向水井的水流畸变图形被加强,相应地抽水井与观测井之间的距离也要调整(见 8.4 节)。

8.3.2   承压含水层

承压含水层常常上覆有非承压含水层,两者被隔水层所分隔。在抽水井和观测井中往往要下套管将非承压含水层隔开。如果承压含水层不太厚,必须对整个含水层厚度安设过滤器。最近的观测井距抽水井的距离至少应为 7.5 m(25 ft),最少应贯穿含水层上部的 10%,而且要安设过滤器。在含水层试验过程中,抽水井中的水位不能低于承压含水层的顶板。

在钻完整井可能不经济的厚承压含水层中,有关观测井的位置和深度问题,与上面讨论的非承压含水层有相似的关系。然而,承压含水层的影响区扩展得比非承压含水层快得多,为获得可测降深,从泵送时间的角度来看,最近的观测井的距离并不那么重要。

在承压含水层中,一个出水井的不完整性可以用距抽水井距离足够大的观测井来做校核。但是, 2 倍含水层厚度乘以渗透系数比值的平方根的同一关系仍适用(见 8.4 节)。另一种方法是在各个距离上都用两个测压管,而距抽水井最近的一对测压管,其距离为含水层厚度的 1.5 倍。其中, 每对测压管中的一个下到含水层上部的 10%,另一个下到含水层下部的 10%。利用每对测压管中的平均降深作为每一个距离上的有效降深。如果抽水井的过滤器下到含水层的中部,则可以采用前已述及的非承压含水层在类似情况下所用的同样布置方法,或将测压管放在过滤中点的同样高度上。

8.3.3   复合含水层组和越流含水层组

很多地区分布有一个非承压含水层和一个或更多个承压含水层。与含水层相比,隔水层可能从实际上不透水变为在一定程度上透水。在后一种情况下,含水层之间可能产生联系,这要取决于它们之间存在的压力差。在这种条件下,必须对每一个含水层分别做抽水试验。抽水井的非试验段,必须安装套管;在进行试验的含水层的整个厚度上,应安装过滤器。观测井和测压管的安装,必须与抽水井的设计相吻合。在这样的含水层试验中,可以不用时间(或距离)与降深的半对数直线图确定试验时间;如果试验持续时间足够长,则曲线可能变成零降深线。野外资料分析与 9.8 节中的描述类似。

8.3.4　延迟排水

还必须考虑含水层的性质和有关抽水试验延迟排水的可能影响(见 9.10 节)。必须慎重地研究钻井记录和岩屑样,以便对含水层物质成分的性质做出判断。据此,应根据表 8-1 估算试验的最短设计时间。

表 8-1　建议采用的含水层试验的最短抽水时间

含水层的主要物质成分	最短抽水时间 /h
粉土和黏土	170
细砂	30
中砂和颗粒较粗的物质	4

在很多情况下,由于经济和其他因素,不考虑 170 h 这样长的抽水时间,比理想时间短的试验时间就足够了。

8.4　抽水井和观测井的位置和选择

如果利用现有的水井进行试验,则此水井在理论上必须严格符合含水层试验的要求。同时,还应研究工作区其他水井的钻井记录、结构类型和性能特征资料。附近其他的水井可能适宜于做观测井;但在大多数情况下,还需增打观测井。

必须选定抽水井和观测井的位置;如果可能的话,应与已知或推测的边界条件相适应,包括灌溉水的深部渗透。井的位置必须距边界足够远,以便在边界影响水位降深读数之前能够识别降深的发展趋势(见 9.5 节和 9.11 节)。如果有一个以上的边界,则在第二个边界产生影响之前,第一个边界应是相对稳定的。反之,研究工作可能包括计算河流或地表水体因附近的井抽水而产生的诱发渗漏量。在这样的研究中,水井的位置可以比较靠近补给边界,一个或更多个的观测井应打入地表水体的底板。

在选择或确定观测井的位置时,必须尽可能地满足理想的条件。如果采用非完整井,最近的观测井的距离应为含水层厚度的 1.5~2 倍。这种结构将产生相当于一口完整井的水流形式。任何有 85% 或以上饱和厚度的开孔或过滤孔都可以被认为是完整井。如果含水层是垂直各向异性的,在理论上 r 应为

$$r > 1.5M \left(\frac{K_r}{K_z} \right)^{1/2} \tag{8-1}$$

式中　　r——抽水井和观测井之间的距离；

　　　　M——含水层的厚度；

　　　　K_r——水平渗透系数；

　　　　K_z——垂直渗透系数。

事实上,由于没有一种可靠且经济可行的用于确定垂直和水平渗透系数的方法,且含水层厚度未知,上述关系可能有限值,此时可能需要延长抽水。必须考虑在第9章中推荐的可供选择的方法。在布设观测井的位置时,必须考虑试验打算持续的时间和大概的导水系数及储水率。如果对 S 和 T 能够做出估算,则不同距离和不同时刻降深、u(定义见第9章)小于 0.01 时的时间和可能要求试验持续的时间均可以求得(见9.3节和9.5节)。影响区内任一点上的降深随时间和出水量的增加而增加。反之,扩散系数 $\alpha = S / T$ 越大,影响区的扩展速度则越慢。

尽管可以采用任意数量的观测井,但所推荐的最低数量为四个,其中三个位于通过抽水井中心的直线上,另一个位于与此直线垂直并通过抽水井的直线上,抽水井到最近观测井的距离和观测井之间的间距均涉及对理想条件的研究,怎样使试验条件符合理想条件,为弥补与理想条件的差距而进行的合乎要求的校正,以及切实可行地在野外确定井位等。

如果必须专门为试验而钻井,其设计应反映出它是在试验完毕后就要废弃的纯试验井,还是要纳入最终计划的生产井。在前一种情况下,应采用与目的相称的,耗资最少的结构。在后一种情况下,可能需要有超前孔,应该从效率、水井寿命和预期涌水量等方面考虑,采用良好的水井设计。

8.5　排水的处理

设计试验时,必须确定从水井中抽出的水的排放地段和方法。在试验期间,必须将抽水井中抽出的水方便而妥善地输送到距水井一定距离处。然而,还有其他更为重要的一些考虑。

如果含水层是无压的,覆盖含水层的非饱水物质相对来说是透水的,必须用输水管将排出的水输送到试验期间会扩展的影响区以外的现有的排水系统中。否则,排出水向深部的渗漏可能又重新参与循环,从而对试验产生不利的影响。

如果含水层是无压的,水位埋深达 30 m(100 ft)以上,且上覆物质具有很低的渗透性,则利用现有的能将水流从工作区迅速排掉的明沟或排水系统是安全可靠的。无论排放点在哪,确定水的最终排放点都是重要的,以保证公共或私人财产不会受到损害。从承压含水层中排出的水,其处理方法与此类似。

8.6　抽水试验准备工作

如果可能,最好是在发生大雨可能性很小的情况下进行试验,否则降水的渗入和向深部的渗漏可能对试验产生不利的影响。

　　试验刚开始进行的几天,必须基本在每天的同一时间测量抽水井和观测井中的水位,确定地下水位是否存在可测量的变化趋势。如果这样的变化趋势是明显的,则须绘制水位埋深随时间的变化曲线,并用来校正试验期间的水位读数。

　　在具有严冬气候的地区,冰冻线可能延伸到地下几米处。在潜水位距地表小于 3~4 m 的地方,应避免在冬季进行抽水试验。在某些情况下,冻结的土壤可起到隔水层的作用,与越流含水层和贮存量延迟特性等一起,均会使试验结果不可靠。此外,在霜冻线上升或下降期间,受冻结或融化影响,地下水位可能会有显著的波动。

　　如果含水层承压,气压的变化可能影响井中的水位(见 9.13 节)。大气压的升高可能导致水位的降低,大气压的降低可能引起水位的升高。在进行试验之前,每天测量几次水位和大气压,最少持续四天,并以米(英尺)水柱表示测量结果(25 mm 水银柱 =0.346 m 水柱, 1 in 水银柱 =1.134 ft 水柱),根据这两种测量结果的关系可以绘制曲线。每个井的与每组测量值拟合最好的直线的斜率将给出每个井的大气效应值。如果判明了关系曲线,在试验期间,进行水位测量的同时,必须记下大气压的读数,并对测量的水位做出必要的校正。

　　在试验前的一两天,应对水井的涌水量和降深、排水量测量设备的操作、一般的操作条件和试验的近似最佳流量等进行几个小时的试验。同时,必须在观测井中测量水位,以确保能有反应。

　　在抽水井和所有观测井上都必须选定测量点,用油漆做出明显的标记,如果需要的话,应采用水准测量确定高程。

　　从抽水井中心到所有观测井中心的距离和方位,必须测量到最近的米或英尺。还应测量抽水井距附近某一边界(如湖泊、河流或其他抽水井)的最近点的距离和方向。

8.7　试验所需的仪器和设备

　　必须具备下述各项供试验用的仪器和设备。

　　(1)在预期出水量的变化范围内可以进行精确测量的孔板、堰、流量表或其他类型的测量水量的装置(见 8.9 节)。

　　(2)3.4 节所描述的测量水位埋深的装置,不包括在抽水试验时测量不够精确的风管。与自动化数据记录仪相连的传感器目前已越来越多地用于抽水试验,其不仅提高了测量的准确度和频率,而且降低了对人员的要求。如果采用电子测深仪,为了保证其正常工作,备用的蓄电池组、防水的电测卷尺及其他一些物质都是必备的。还应有与观测井和抽水井总数一样的试验测量装置,外加一套作为备用。如果记录的速度和降深的速度相适应,则连续的水位高度记录是非常有用的。

　　如果使用电子测深仪来确定水位,记录水位变化的类似方法如下:安装约 1 m(3 ft)长的锯齿状隔板,隔板的一端与套管顶部轻微重叠,另一端保持水平;用纸盖住这块隔板;在抽水试验开始前,将探头放在水面上,并沿隔板敷设电缆;在隔板远端附近的电缆上做一个抽水标志,在水井端做一个回收标志,并在纸上做好记录;通过插入或退出探头,记录水位降深;在纸上标记电缆的位置,并注明水泵开始或停止的时间。

测试结束后,测量从初始点开始的距离,并制作一张降深与时间的关系表。除了在测试的初始阶段非常频繁地进行测量,这种方法使一个人记录几个井的数据成为可能。

（3）如果采用内燃机为动力源,则要有转速计或转数表。

（4）钢卷尺,刻度为 3 mm（0.01 ft）。

（5）如果水温为重要因素,则要有刻度范围为 0~50 ℃（32~120 ℉）的温度计。

（6）经过校准的钟表,供观测者使用。

（7）3×5 周期的双对数和 3 周期的半对数曲线纸、直尺、铅笔和测量记录表格。

（8）必须在水泵出水管上安装阀门,控制出水量。

（9）如果是在承压含水层中试验,则要有气压表或自记气压计。

（10）秒表。

（11）如果采用孔板流量计,则要有木工用的水准尺。

（12）两个以上的 1 L（1 夸脱）水样瓶。

如果水面上有油,应将水管的下端用软木塞子塞住。利用空气压力或向管中注水能将此塞子去掉。在保证探头不与水面油层接触的管中测量降深,管子还能缓冲水泵振动造成的干扰,使测量更精确。

8.8　抽水试验的进行

在抽水试验开始以前,必须测量全部观测井和抽水井中的水位,以确定静止水位,并以它们作为所有降深的基准,且记录这些数据和测量时间。

必须记录抽水开始的瞬间时间,作为试验的时间零点。在通常情况下,随着抽水量的增加,降深增加,排水量会随着时间的推移而缓慢下降。这种下降可以通过在测试开始时部分关闭阀门,并在流量测量显示可识别的下降时稍微打开阀门来弥补。其目的是在整个测试过程中保持泵的恒定流量。我们的目标应该是排放量的最大变化约为 5%。

在最初超出的出水量稳定之后,应控制水井的出水量,使它尽可能地保持为常数。可通过调整阀门（效果较好）做到这一点;如果采用内燃机为动力源,也可以通过改变其转速来实现。内燃机的声调和节奏提供了运转性能的听觉检验参照。如果声调有了突然的变化,必须马上检查出水量,如果必要的话,应适当地调节阀门或内燃机转速。

在确定含水层特性的抽水试验期间,必须测量抽水井和观测井中的水位,每一个时间对数周期中至少要进行 10 次降深观测。所遵循的时间表,应以不损害降深测量的精度为原则。建议的测量时间点如下。

（1）0~10 min:1、1.5、2、2.5、3.25、4、5、6.5、8 和 10 min。

（2）10~100 min:10、15、20、25、30、40、50、65、80 和 100 min。

（3）100 min 到结束:每间隔 1~2 h 测一次。

在抽水试验的初期阶段，必须有足够的人力，至少在每个观测井和抽水井有一个人。在最初的 2 个小时以后，继续进行试验，通常两个人就足够了。

其中最重要的是精确地记录取得读数的时间，特别是在试验的初始阶段，必须尽可能地遵循上述时间表；但是，由于某些原因而错过时间时，必须记下取得读数的实测时间。在计算降深时，为了与时间表吻合而估算的降深读数可能导致错误的结果。不必同时在抽水井和观测井中取得读数，只要一般地遵循时间表，按精确的时间取得读数记录即可。在抽水井内从泵座上方向泵缸的顶部应安装一个内径为 20 mm（ 0.75 in ）或较大的管子。

8.9　出水量测定

当出水管中充满水时，为测量压力管中水流流量而设计的任何类型的装置，事实上均能用来测定水泵的抽水量。有时候，可能需要在管路上接一个"L"形管，在水泵出水高程以上有所升高或抬高出水端，以保持水管在任何时间都充满水。通常使用在市场上能买到的带有加法计数器的流量计，特别是在流量约小于 760 L（ 200 gal ）/min 的情况下。这样的流量计必须是校准过的，并必须对其出水量和压力范围的精度进行校核，使其相符，并按产品说明安装。采用这类流量计确定排水流量，通常是用秒表测量排出给定体积水量所需要的时间，然而瞬时流量计更为可取。《水力测量手册》（ 美国垦务局，1981 年 ）中提供了有关文丘里（ Venturi ）流量计、测流喷管和孔板流量计的资料。一些额定容量的流量计在一些野外单位或局部实验室均有配备。如排出水是自由地从排水管流进沟渠，可以安装《水力测量手册》中所叙述的测流堰。

在抽水试验期间用来测量出水量的最常见的装置多半是自由出水管孔板流量计。当与管道系统连接使用时，孔板可以接在此系统的端部，也可以把水排入向管道系统输水的水箱或贮水池中。后一种布置通常是较方便的，因为这样做可以在靠近水井的地方测量和调节出水量。图 8-1 和图 8-2 说明了出水管孔板流量计的布置和详细情况。

出水管和孔板尺寸有多种组合和应用表格可用，推荐把普渡（ Purdue ）大学工程学院研究的孔板和表格作为标准。表 8-2 列出了不同尺寸的钢管的规格。如果按照下面描述的方法进行施工和操作，表 8-3 和图 8-3 中所示的出水管孔板组合的精确度为 ±2 %，可以直接从表或图中读取流速。

应该强调的是，这里所给出的表格和图形只适用于自由排放孔口，其中水流从孔板中流出自由下落。许多参考文献提供了内联孔表格，这些装置包括一段管道和孔板下游的第二个压力计接口。为内联孔板开发的数据不应与图 8-2 所示的自由排放孔一起使用。

孔板可由车有螺纹的管帽或用厚 5~6 mm（ 3/16~1/4 in ）的钢板料经机械加工而成，并用螺纹护圈或类似的装置与水管连接。必须将钢板仔细地加工成真正的圆形，连接时自然与水管的中心对准。必须将孔板孔口精确地加工成规定的直径，并位于钢板的中心。

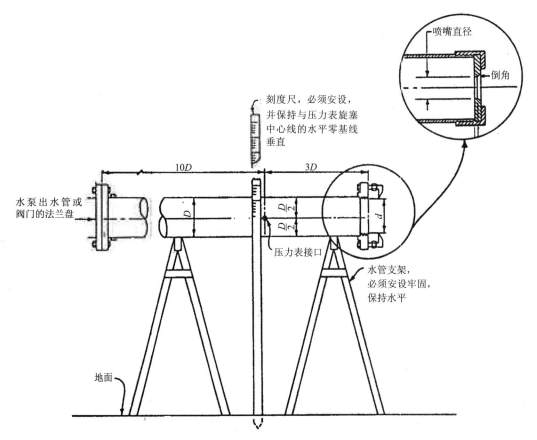

图 8-1　自由出水管孔板流量计

表 8-2　推荐供自由出水管孔板流量计用的水管

标准水管尺寸 /in	外径 /in	内径 /in	管壁厚度 /in	分类	系列号码	每英尺质量(平口) / 磅
4	4.500	4.026	0.237	标准	40	10.79
6	6.625	6.065	0.280	标准	40	18.97
8	8.625	8.071	0.277	—	30	24.70
10	10.750	10.192	0.279	—	—	31.20
12	12.750	12.090	0.330	—	30	73.77

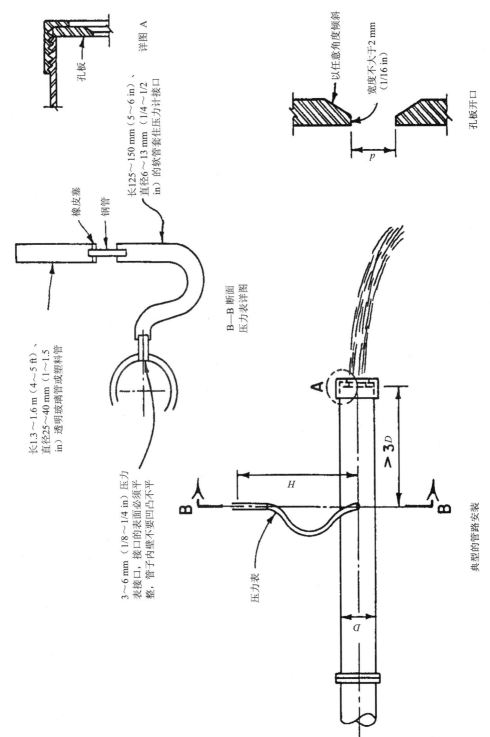

图 8-2　出水管孔板流量计详图

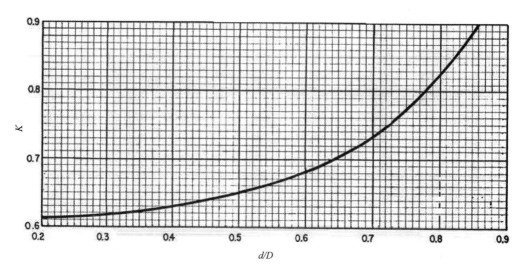

图 8-3 孔板流量计出水量公式

d—孔板孔口直径；D—水管内径

表 8-3 孔板流量表（公制）

（用于测量通过自由出水孔板的水量，以 L/min 表示。此表根据 Purdue 大学校准数据编制而成）

水头 / mm	4 in 水管	6 in 水管			8 in 水管			10 in 水管			12 in 水管	
	8 in 孔板	3 in 孔板	4 in 孔板	5 in 孔板	4 in 孔板	5 in 孔板	6 in 孔板	6 in 孔板	7 in 孔板	8 in 孔板	9 in 孔板	10 in 孔板
25										1 467	1 617	2 545
50										2 074	2 286	3 599
75										2 540	2 800	4 408
100										2 933	3 233	5 090
125	402									3 280	3 615	5 691
150	440	315	664	1 558			1 760			3 593	3 960	6 234
175	475	340	717	1 683			1 901			3 881	4 277	6 733
200	508	364	767	1 800		1 133	2 032		2 481	4 148	4 573	7 198
225	539	386	813	1 909	686	1 202	2 156	1 679	2 632	4 400	4 850	7 635
250	568	407	857	2 012	723	1 267	2 272	1 769	2 774	4 638	5 112	8 048
275	596	427	899	2 110	759	1 329	2 383	1 856	2 910	4 864	5 362	8 440
300	622	446	939	2 204	792	1 388	2 489	1 938	3 039	5 081	5 600	8 816
325	648	464	978	2 294	825	1 445	2 591	2 017	3 163	5 288	5 829	9 176
350	672	481	1 015	2 381	856	1 499	2 688	2 094	3 283	5 488	6 049	9 522
375	696	498	1 050	2 464	886	1 552	2 783	2 167	3 398	5 681	6 261	9 856
400	719	515	1 085	2 545	915	1 603	2 874	2 238	3 509	5 867	6 467	10 493
425	741	530	1 118	2 623	943	1 652	2 962	2 307	3 617	6 047	6 666	10 797

水头 / mm	4 in 水管	6 in 水管			8 in 水管			10 in 水管			12 in 水管	
	8 in 孔板	3 in 孔板	4 in 孔板	5 in 孔板	4 in 孔板	5 in 孔板	6 in 孔板	6 in 孔板	7 in 孔板	8 in 孔板	9 in 孔板	10 in 孔板
450	762	546	1 150	2 699	970	1 700	3 048	2 374	3 722	6 223	6 859	11 093
475	783	561	1 182	2 773	997	1 747	3 132	2 439	3 824	6 393	7 047	11 381
500	803	575	1 213	2 845	1 023	1 792	3 213	2 502	3 923	6 559	7 230	11 662
525	823	590	1 243	2 916	1 048	1 836	3 293	2 564	4 020	6 721	7 408	11 937
550	843	603	1 272	2 984	1 073	1 880	3 370	2 624	4 115	6 879	7 583	12 467
600	880	630	1 328	3 117	1 120	1 963	3 520	2 741	4 298	7 185	7 920	12 976
650	916	656	1 383	3 244	1 166	2 043	3 664	2 853	4 473	7 479	8 243	13 466
700	951	681	1 435	3 367	1 210	2 120	3 802	2 961	4 642	7 761	8 555	13 939
750	984	705	1 485	3 485	1 253	2 195	3 935	3 065	4 805	8 033	9 145	14 396
800	1 016	728	1 534	3 599	1 294	2 267	4 065	3 165	4 963	8 297	9 427	14 839
850	1 047	750	1 581	3 710	1 334	2 337	4 190	3 263	5 116	8 552	9 700	15 269
900	1 078	772	1 627	3 817	1 372	2 404	4 311	3 357	5 264	8 800	9 966	15 688
950	1 107	793	1 672	3 922	1 410	2 470	4 429	3 449	5 408	9 041	10 225	16 095
1 000	1 136	814	1 715	4 024	1 446	2 534	4 544	3 539	5 549	9 276	10 477	16 493
1 050	1 164	834	1 757	4 123	1 482	2 597	4 656	3 626	5 686	9 505	11 200	17 631
1 200	1 244	891	1 879	4 408	1 585	2 776	4 978	3 876	6 078	10 162	11 880	18 701
1 350										10 778	11 880	18 701
1 500										11 361	12 523	19 713
1 650										11 916	13 134	20 675

孔板孔口的下游刃口应切削成大约 45° 的角度,但在孔口的上游一侧要保留 2 mm(1/16 in)或更小的宽度一致的根部。孔口的上游刃口必须是锐利的、清洁的,没有锈斑、凹痕或其他缺陷。由两条相互垂直并通过孔口中心的直线组成的标记一般可在孔板的下游面上,以使它们对准水管端部的中部。Fairbanks Morse 公司(1977 年)出版的《水力手册》中包括类似孔板的表格和描述,但在孔板开口处有 1/8 in 的根部。如果孔板属于上述类型,可采用此《水力手册》。

为了保证精确地测量,必须将水管孔板的组合按下述要求安装:

(1)压力表接管的位置距孔板至少应为水管直径的 3 倍,并精确地固定在水管的水平对径上;

(2)压力表接口必须在弯头、阀门、异径接头或类似配件的前面,距离最少为水管直径的 10 倍;

(3)压力表接口的内径应为 3~6 mm(1/8~1/4 in),水管的内部表面必须是平滑且经过冲洗的;

（4）水管必须真正水平；

（5）水管必须在任何时间都充满水，水必须从孔板口自由地流出，没有任何障碍；

（6）在每次测量前，必须清除紧靠孔板后面的水管底部的泥砂或碎屑；

（7）水管的内部必须洁净光滑、无油脂；

（8）压力表软管和刻度盘应无气泡，任何时候都能读数；

（9）压力表的读数至少比水管内半径大 25 mm（1 in），而且不超过 1 500 mm（60 in），如果读数比这些值小或大，则应改变孔口尺寸；

（10）在水泵接头和孔板之间不应漏水。

通常的习惯做法是在压力表接口中心线上准确地确定出零点，在此点完全垂直的位置，可靠地固定一个 2 m（6 ft）长的按毫米（in）进行读数的刻度尺。

必须用一个 1.5 m 或 2 m（5 或 6 ft）长的塑料软管或内径为 6~12 mm（1/4~1/2 in）的管子与压力表接口连接（图 8-2）。必须使用透明的软管，并对着刻度尺固定，以便读数。建议采用的方法是用一个长 0.3~0.6 m（1~2 in）、直径为 25 mm（1 in）的带有穿孔橡皮塞的透明玻璃管或塑料管，橡皮塞底部插有一个玻璃管或钢管，与直径较小的软管连接。这样安装可以减缓通常与很多水泵伴生的振动，能容易且更精确地读数。如果管中有规律的振动明显的话，则须记录这类振动的变化范围，取其读数的平均值。

一个切实可行的做法是将软管和管子降低到压力表接口以下，使水能流一小段时间，以便在读数之前排出所有气泡和泥砂。往往在光线条件不好时，在读数之前向透明管中加几滴植物染料或烹调染料，有助于对压力表的读数。

当要测量的出水量很大或要测量的出水量变化范围超过了单一孔口的流量时，建议如图 8-4 所示采用两个孔口的配置。这种结构由于把水流分流入一个水管，有时不停泵就可以迅速变换孔板，可以用两个孔口读数之和来确定较大的出水量。

有时，列于表 8-3 或图 8-3 中的孔口尺寸可能不适用，就必须采用通过承包者或其他来源所提供的孔口尺寸。这类孔板流量计的使用条件和安装必须与前面所说的要求一致。此外，d/D（管径比）必须介于 0.4~0.85。这里的 d 是孔板孔口直径，D 是水管的内径。图 8-4 给出了一般的孔板流量方程，并给出了流量系数 C 随管径比的变化情况。表 8-3 所述的管径和流量范围，管径比是对 C 唯一有显著影响的因素。然而，对于较小的流量，流量系数也随雷诺数（与黏性和惯性流力有关的参数）的变化而变化。使用图 8-4 时，应该进行下列校核：

$$10\ 000\left(\frac{Q_{\mathrm{gpm}}}{D_{\mathrm{inches}}}\right)\geqslant 1.0 \tag{8-2}$$

式中　Q_{gpm}——流量，gal/min（如果还不知道，可能需要评估）；

　　　D_{inches}——管直径，in。

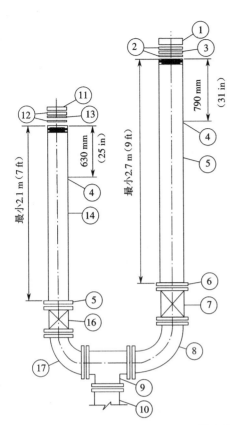

①标定的 250 mm(10 in)螺纹保护罩；

②垫圈,外径 265 mm(10.45 in),内径 250 mm(10 in);

③ 10 mm 厚孔板,外径 265 mm(10.45 in)和内径 200 mm(8 in),以及外径 265 mm(10.45 in)和内径 150 mm(6 in);

④ 3~6 mm(1/8~1/4 in)内径的接口；

⑤最小长 2.7 m(9 ft)、外径 270 mm 的水管,壁厚 7 mm,每英尺(平口)质量 14 kg,两端带螺纹；

⑥车有螺纹的 250 mm(10 in)法兰盘；

⑦ 250 mm(10 in)阀门；

⑧ 250 mm(10 in)带法兰盘的 90° 弯管；

⑨ 250 mm(10 in)带法兰盘的三通管；

⑩ 与水泵连接的 250 mm(10 in)带法兰盘的出水管；

⑪ 标定的 200 mm(8 in)螺纹保护罩；

⑫ 垫圈,外径 209 mm(8.35 in),内径 200 mm(8 in);

⑬10 mm 厚孔板,外径 209 mm(8.35 in)和内径 100 mm(4 in),以及外径 209 mm(8.35 in)和内径 150 mm(6 in);

⑭ 最小长 2.1 m(7 ft)、外径 215 mm 的水管,壁厚 7 mm,每英尺(平口)质量 11.12 kg,两端车有螺纹；

⑮ 车有螺纹的 200 mm(8 in)法兰盘；

⑯200 mm(8 in)阀门；

⑰ 带有法兰盘的,由 250 mm(10 in)变细到 200 mm(8 in)的异径弯管。

* 为了方便起见,可以在三通管和弯管之间使用两个阀门,而不是在弯管的出水端。

图 8-4　双孔口流量计

如果没有通过这种校核,可以使用更小的水管和孔板增大 Q_{gpm}/D_{ihches} 的数值。对于每分钟少于 100 gal 的流量,使用孔板流量计通常是不切实际的。在这种情况下,流量可以通过灌满一个 55 gal 的去盖油桶或类似的容器来确定。对于较小的出水量,可以使用 5 gal 的容器。

除上述介绍的比较精确地测量出水量的一些方法外,还有很多射流轨线方法,如加利福尼亚管、坐标法等,当条件合适时均能很好地提供相当近似的出水量。在要求精确度高的情况下,建议不要采用这些方法；然而,它们在踏勘和类似的调查中,对了解水井出水能力的大概变化范围是有用的。它们需要很少的仪器,且比较容易进行。

8.10　试验持续时间的确定

试验的持续时间是根据足够的资料确定的,这些资料是根据时间与降深、距离与降深、或二者的关系绘制而成的曲线,还要考虑与抽水和进行试验的花费有关的经济因素。

时间 - 降深曲线(见 9.5 节)是一条自抽水开始的降深与时间对数的关系曲线,其最简单的做法是在半对数纸上按算术坐标绘制降深,按半对数坐标绘出时间。试验所包括的抽水井和每个观测井都应有一条时间 - 降深曲线。

距离 - 降深曲线（见 9.5 节）是一条在每个观测井中同时产生的降深与观测井到抽水井距离对数的关系曲线。选择的时间，除非已先碰到了边界，通常可以取得最长时间，或者取最后的读数。只有在试验设有三个或更多个观测井的情况下，这种曲线才能用来确定试验的持续时间，因为形成并鉴定一条直线至少需要 3 个点。

在比较简单的试验中，对每个观测井绘出的一些时间 - 降深点最初落在一条曲线上，随着时间的推移，在标绘范围内，这条曲线接近一条直线。当具备直线条件时，继续抽水的结果是测量点将落在该直线的延长线上。最早达到直线的是抽水井，然后是最近的观测井，最后是距离较远的观测井。当最远的观测井每小时一次测得的 3 个以上的降深落在直线上时，则时间 - 降深的直线条件已经具备。在承压含水层中，达到直线条件相当迅速；而在非承压含水层中，这种条件形成得较缓慢。在具备 3 个以上观测井的情况下，在停止抽水之前绘制距离 - 降深曲线，可以作为一种校验，因为有时这种曲线说明试验必须继续进行。如果抽水已经持续了足够长的时间，绘出的一些点也会落在标绘范围内的直线上；当达到这种条件时，可停止试验。标绘点要达到近似的直线条件，所需时间的变化范围可能由 2 h 到长达 3 周之多；但在通常情况下，在 48 h 以内就能完成一个令人满意的试验。

当采用非完整的抽水井和观测井时，必须在试验期间根据降深与时间对数的关系直线预先计算导水系数和储水率。从理论上来讲，必须将试验一直持续到对每个孔计算出的 u 值满足下式：

$$u = \frac{r^2 S}{4Tt} < 0.1 \frac{r^2}{M} \qquad (8\text{-}3)$$

式中　r——由抽水井到观测孔的距离，ft；

　　　S——储水率（无量纲）；

　　　T——导水系数，m²/t（ft²/t）；

　　　t——时间；

　　　M——含水层厚度，ft。

关系式的详细讨论见 9.10 节。

一些试验的测量结果显示出一种不规则的曲线或分散的点，甚至在抽水几小时以后也无趋近直线条件的迹象。如果这种条件持续的时间超过了估算的最短抽水时间 24 h 以上（见 8.3 节），则可以停止抽水，并进行水位恢复测量。对试验条件和成果的研究说明，不能得到理想的试验成果，可能需要进行时间更长的试验。

如果边界条件是推测的，则试验可能要进行较长的时间，以确定边界的影响是否会变得明显。

8.11　求导水系数的水位恢复试验

当抽水试验结束后停泵时，记录停泵时的降深和时间。在抽水井和所有观测井中（如果有的话）立刻开始测量水位，其所遵循的步骤和时间规定与抽水试验开始时相同（见 8.8

节）。与抽水试验一样,每次测量都要记录时间和水位埋深。水位恢复试验,通常只适当进行一段时间,不必恢复到原始的静止水位。因此,当间隔 1 h 的几次测量结果显示出恢复的水位差值小于 30 mm(0.1 ft)时,就可以停止测量。根据抽水井中的水位恢复和由观测井中的水位恢复测量结果求出的导水系数及储水率能很好地校正导水系数值(见 9.7 节)。

只采用一个抽水井,利用下述步骤可以近似地求得导水系数,但不能求得储水率。在开动水泵以定流量抽水以前,测量静止水位,并记录时间。连续地测量水井中的降深,一直到降深与 lg t 曲线落在一条直线上达 3 h 以上。这个水井必须完全穿透含水层,以便求得相当精确的 T 值,其精度比采用观测井的抽水试验低。这种方法对均质各向同性的条件效果最好;当这些条件变坏和边界条件的影响增加时,效果则不理想。随后停泵,停泵后的其余步骤与上述介绍的抽水停止后的水位恢复试验相同。9.9 节将对恢复试验进行更深入的讨论。

第9章　抽水井和其他试验资料的分析

9.1　背景资料

导水系数、储水率等含水层水力特征的定量资料和边界条件,对了解和解决含水层问题,正确评价、利用地下水资源是必不可少的。野外试验提供了取得这些资料的最可靠的方法。这类试验包括从井中抽水或向井中注水,随后观察含水层对这种变化的反应。水位的正常变化是在井的周围形成类似漏斗或锥形的下降或上升带。这种漏斗或锥的形状是很完整的,并向侧向延伸。其主要与试验开始时间、抽水或注水的体积或流量以及含水层的水力特征有关。

对水位变化的系统观测成果和其他试验资料进行分析,可提供含水层水力特征的数值。这些分析的深度和可靠性取决于试验的特点,包括试验的持续时间、观测井的数量和分析方法等。用来确定含水层水力特征的两种通用的分析方法:①可得出导水系数和相对渗透系数值的稳定状态法或稳定流法;②可得出储水率和边界条件的非稳定状态法或非稳定流法。这两种方法之间的主要差别是非稳定方法能分析随时间变化的地下水条件,并涉及贮存量;而稳定方法则不是这样。

尽管可以从抽水井中获得导水系数,但在测定储水率时需要使用观测井。观测井还提供了非均质含水层导水系数变化的信息。此外,在一定的含水层条件下(渗漏含水层),利用观测井从含水层试验中获得可接受的结果可能是必要的。

试验的分析还要求了解和评价含水层的水文背景和地质背景。必须知道的条件包括:附近地表水体的位置、特征和距离;含水层的深度、厚度和地层条件;试验井和观测井(如果采用的话)的详细结构。然而,尽管已掌握看起来对试验可能有影响的所有条件,但由于含水层条件与作为分析基础的理想条件的差距和试验程序的不完善,常常得不到精确的成果。

9.2　稳定流方程式

Theim-Forchheimer 或稳定流方程式以下列假设条件为基础:

(1)含水层是均质的、各向同性的,且是等厚的;

(2)抽水井贯穿整个含水层厚度,并接收整个含水层厚度的来水;

(3)导水系数或渗透系数(水力传导系数)在全部时间和所有地点上都是常数;

(4)抽水对水力体系来说已经持续足够长的时间,且达到稳定状态;

(5)流向井的水流是水平的、径向的层流,其来源是水井周围一个半径和高程固定的圆形开口源;

（6）抽水井的流量为常数。

渗透系数和导水系数值的稳定流方程式（图 9-1），作为抽水试验分析的唯一方程式已沿用多年。一般的试验步骤是在试验井中按已知的恒定流量抽水,同时定时地观测附近两个或更多个观测井中的降深。试验一般延续到每个观测井的时间（自抽水开始算起,用对数坐标表示）与降深（用普通坐标表示）关系曲线落在一条直线上为止。试验时间是否足够的另一种检测方法是,同一时间在三个或更多个观测井中测得降深,画出的距离与降深关系曲线近似为一条直线。但由于缺少一个或更多个作为分析基础的理想含水层的条件,在抽水的合理限定时间内不能形成直线关系。尽管如此,试验结果仍能满足预期的目的。

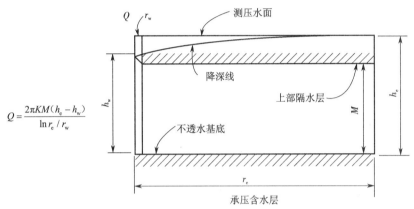

Q—水井流量;K—渗透系数;M—承压含水层厚度;T—导水系数,$T=KM$;h_e—影响区边缘的测压水头;h_w—水井处的测压水头;r_e—影响区半径;r_w—水井半径

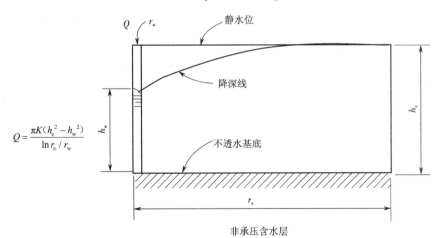

Q—水井流量;K—渗透系数;h_e—影响区边缘的含水层饱水厚度;h_w—水井处含水层饱水厚度;r_e—影响区半径;r_w—水井半径

图 9-1　稳定流方程式的应用

经过整理,可确定渗透系数 K 的稳定流方程式,对承压（自流）含水层为

$$K = \frac{Q \ln r_2 / r_1}{2\pi M (s_1 - s_2)} \qquad (9-1)$$

和

$$T = \frac{Q \ln r_2 / r_1}{2\pi(s_1 - s_2)} \qquad (9\text{-}2)$$

对非承压（自由）含水层为

$$K = \frac{Q \ln r_2 / r_1}{\pi(h_2^2 - h_1^2)} \qquad (9\text{-}3)$$

和

$$T = \frac{QM \ln r_2 / r_1}{\pi(h_2^2 - h_1^2)} \qquad (9\text{-}4)$$

式中　K——渗透系数或水力传导系数，量纲为 L/t；

　　　Q——试验井的流量，量纲为 L^3/t；

　　　M——含水层饱水厚度，量纲为 L；

　　　T——含水层的导水系数，量纲为 L^2/t，$T = KM$；

　　　L——单位长度；

　　　t——单位时间；

　　　$r_1, r_2, \cdots, r_n$——自试验井中心线至 $1, 2, \cdots, n$ 观测井中心线的距离，量纲为 L；

　　　$h_1, h_2, \cdots, h_n$——距试验井的距离为 $r_1, r_2, \cdots, r_n$ 处的含水层饱水厚度或测压水头，量纲为 L；

　　　$s_1, s_2, \cdots, s_n$——距试验井的距离为 $r_1, r_2, \cdots, r_n$ 处的观测井中的降深，量纲为 L。

以上述公式为基础，利用距试验井不同距离的两个或更多个观测井同一时间的降深值 s 可以计算 K 和 T 值。例如，绘于图 9-2 上的曲线表示表 9-1 至表 9-4 中三个观测井的抽水试验资料，且表 9-1 至表 9-4 中所列的仅仅是试验资料的部分记录。

图 9-2 上的三条同类曲线表示表 9-1 至表 9-4 中所列的三个观测井的时间与降深资料的关系曲线，表中 Q=2.7~2.75 ft³/s，M=50 ft；当 t=960 min 时，观测井 1、2 和 3 中的降深分别为 s_1=1.89 ft（在 r_1=100 ft 处），s_2=1.36 ft（在 r_2=200 ft 处），s_3=0.80 ft（在 r_3=400 ft 处），且 $h_1 = M - s_1 = 48.11$ ft，$h_2 = M - s_2 = 48.64$ ft，$h_3 = M - s_3 = 49.20$ ft。

采用式（9-3），并假设为非承压含水层，则有

$$K = \frac{161.8 \ln \dfrac{200}{100}}{\pi \, (48.64^2 - 48.11^2)} = 0.70 \text{ ft/min}$$

$$T = KM = 0.70 \times 50 = 35 \text{ ft}^2/\text{min}$$

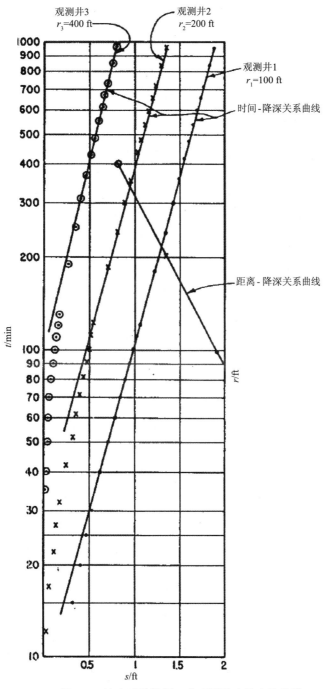

图 9-2　抽水试验期间 3 个观测井中的水位曲线

表 9-1 解稳定流及非稳定流方程式的抽水试验资料表

工程：Sioux Flats　　　　　　　　　　　　　　　流量用 1 英尺 Parshall 水槽测量
特征：宽峡谷坝址　　　　　　　　　　　　　　　降深用电子测深仪测量
位置：NW 1/4 sec.4，T.59 N.，R. 13E　　　　　　基准点在套管接箍北缘

抽水试验，1 号试验井

日期	时间	埋深 /ft	降深 /ft	标尺读数 /ft	流量 /(ft³/s)	备注
5-16	08:40	60.99				
5-17	08:30	61.01				
5-18	08:45	61.00				
	08:20	60.98				
	08:40	60.99①	0.0			开始抽水
	09:00	72.30	11.3	0.79	2.70	
	10:00	72.60	11.6	0.79	2.70	
	11:00	72.80	11.8	0.79	2.70	5月21日7时30分停抽
	11:55	72.80	11.8	0.80	2.75	
	12:55	72.80	11.8	0.80	2.75	平均 Q=2.7 ft³/s
	13:55	73.00	12.0	0.80	2.75	
5-19	14:55	73.20	12.2	0.80	2.75	
	15:55	73.20	12.2	0.80	2.75	M=50 ft
	16:55	73.20	12.2	0.80	2.75	
	18:00	73.20	12.2	0.80	2.75	
	18:56	73.30	12.3	0.80	2.75	
	19:48	73.40	12.4	0.80	2.75	
	20:57	73.40	12.4	0.80	2.75	
	22:03	73.40	12.4	0.80	2.75	
	23:00	73.60	12.6	0.80	2.75	
	23:58	73.50	12.5	0.80	2.75	
	01:04	73.60	12.6	0.80	2.75	
	02:04	73.60	12.6	0.80	2.75	
	02:59	73.60	12.6	0.80	2.75	
5-20	04:00	73.80	12.8	0.80	2.75	
	05:01	74.00	13.0	0.80	2.75	

续表

日期	时间	埋深 /ft	降深 /ft	标尺读数 /ft	流量 /(ft³/s)	备注
5-20	06:02	73.90	12.9	0.80	2.75	
	07:02	73.90	12.9	0.80	2.75	
	07:59	73.80	12.8	0.80	2.75	
	08:55	73.80	12.8	0.80	2.75	
	09:55	73.80	12.8	0.80	2.75	
	10:55	73.80	12.8	0.80	2.75	

注:①静止水位。

表 9-2　解稳定流及非稳定流方程式的抽水试验资料表

抽水试验,1 号试验井,1 号观测井,$r=100$ ft

日期	时间	埋深 /ft	降深 /ft	t/min	流量 /(ft³/min)	备注
5-16	08:45	60.43				
5-17	08:25	60.45				
5-18	08:40	60.43				
5-19	08:15	60.42				
	08:41	60.42	0.00			8 时 40 分开始抽水
	08:45	60.50	0.08	5	2 000	
	08:50	60.64	0.22	10	1 000	5 月 21 日 7 时 30 分停抽
	08:55	60.74	0.32	15	670	
	09:00	60.83	0.41	20	500	
	09:05	60.90	0.48	25	400	
	09:10	60.96	0.54	30	333	$M=50$ ft
	09:20	61.06	0.64	40	250	
	09:30	61.14	0.72	50	200	
	09:40	61.20	0.78	60	170	
	09:50	61.27	0.85	70	140	
	10:00	61.32	0.90	80	125	
	10:10	61.36	0.94	90	110	
	10:20	61.40	0.98	100	100	
	10:30	61.44	1.02	110	91	
	10:40	61.47	1.05	120	83	

日期	时间	埋深/ft	降深/ft	t/min	流量/ (ft³/min)	备注
	11:40	61.62	1.20	180	56	
	12:40	61.73	1.31	240	42	
	13:40	61.83	1.41	300	33	
	14:40	61.90	1.48	360	28	
	15:40	61.96	1.54	420	24	
5-19						
	16:40	62.01	1.59	480	21	
	17:40	62.05	1.63	540	19	
	18:40	62.09	1.67	600	17	
	19:40	62.14	1.72	660	15	
	20:40	62.17	1.75	720		
	22:40	62.26	1.84	840		
5-20	00:40	62.31	1.89	960		
	18:45	62.59	2.17	2 045	4.9	

表 9-3 解稳定流及非稳定流方程式的抽水试验资料表

工程:Sioux Flats

特征:宽峡谷坝址

位置:NW 1/4 sec.4, T.59 N., R. 13E

降深用电子测深仪测量

基准点在套管接箍东缘

抽水试验,1 号试验井,2 号观测井,r=200 ft

日期	时间	埋深/ft	降深/ft	t/min	流量/ (ft³/min)	备注
5-16	08:35	58.41				
5-17	08:20	58.39				
5-18	08:20	58.40				
	08:10	58.41				
	08:38	58.41[①]				8 时 40 分开始抽水
	08:47	58.41	0.00	7	5 720	
5-19	08:52	58.44	0.03	12	3 332	5 月 21 日 7 时 30 分停抽
	08:57	58.48	0.07	17	2 352	
	09:02	58.52	0.11	22	1 820	
	09:07	58.56	0.15	27	1 480	*M*=50 ft

日期	时间	埋深 /ft	降深 /ft	t/min	流量 / （ft³/min）	备注
	09:12	58.59	0.18	32	1 252	
	09:22	58.66	0.25	42	952	
	09:32	58.72	0.31	52	768	
	09:42	58.77	0.36	62	644	
	09:52	58.81	0.40	72	556	
	10:02	58.85	0.44	82	488	
	10:12	58.89	0.48	92	436	
	10:22	58.92	0.51	102	392	
	10:32	58.95	0.54	112	357	
	10:42	58.98	0.57	122	328	
5-19						
	11:42	59.12	0.71	182	220	
	12:42	59.22	0.81	242	165	
	13:42	59.30	0.89	302	132	
	14:42	59.38	0.97	362	110	
	15:42	59.44	1.03	422	94	
	16:42	59.49	1.08	482	83	
	17:42	59.53	1.12	542	72	
	18:42	59.57	1.16	602	66	
	19:42	59.61	1.20	662	60	
	20:42	59.64	1.23	722	55	
	22:42	59.73	1.32	842	44	
5-20	00:42	59.77	1.36	962	40	
	18:45	60.01	1.65	2 045	20	

注：①静止水位。

表 9-4　解稳定流及非稳定流方程式的抽水试验资料表

工程：Sioux Flats   降深用测钟测量

特征：宽峡谷坝址   基准点在套管接箍东缘

位置：NW 1/4 sec.4, T.59 N., R. 13E

抽水试验，1 号试验井，3 号观测井，r=400 ft

日期	时间	埋深 /ft	降深 /ft	t/min	流量 / （ft³/min）	备注
5-16	08：50	58.47				
5-17	08：30	58.48				
5-18	08：35	58.48				
	08：20	58.47				
	08：38	58.47[①]				8 时 40 分开始抽水
	08：55	58.47	0.00	15	10 720	
	09：00	58.47	0.00	20	8 000	5 月 21 日 7 时 30 分停抽
	09：05	58.47	0.00	25	6 400	
	09：10	58.57	0.00	30	5 280	
	09：15	58.48	0.01	35	4 640	M=50 ft
	09：20	58.49	0.02	40	4 000	
	09：30	58.50	0.03	50	3 200	
	09：40	58.52	0.05	60	2 720	
	09：50	58.54	0.07	70	2 240	
	10：00	58.55	0.08	80	2 080	
5-19						
	10：10	58.57	0.10	90	1 760	
	10：20	58.59	0.12	100	1 600	
	10：30	58.61	0.14	110	1 456	
	10：40	58.62	0.15	120	1 328	
	10：50	58.64	0.17	130	1 232	
	11：50	59.73	0.26	190	848	
	12：50	59.81	0.34	250	640	
	13：50	59.87	0.40	310	512	
	14：50	59.93	0.46	370	432	
	15：50	59.98	0.51	430	368	
	16：50	59.02	0.55	490	320	
	17：50	59.06	0.59	550	288	

续表

日期	时间	埋深 /ft	降深 /ft	t/min	流量 /(ft³/min)	备注
5-19	18:50	59.10	0.63	610	256	
	19:50	59.12	0.65	670	240	
	20:50	59.15	0.68	730	224	
	22:50	59.22	0.75	850	192	
5-20	00:50	59.27	0.80	970	160	
	18:45	59.54	1.07	2 045	78	

注:①静止水位。

当使用稳定流方程式时,有以下两点值得注意:

(1)在自由含水层中,超过含水层厚度 10% 的降深不能用于计算;

(2)在下降漏斗的坡度超过 15° 的点上的水位观测结果不能应用。

稳定流方程式的基本假设条件中规定,试验井是完整的,具有全裸孔(或过滤器),而且流向井的水流是水平的。但很多试验都满足不了这些条件。正如 6.2 节中所讨论的,在距抽水井的距离约为 1.5 倍含水层厚度的地方,流向井的水流分布情况与水平条件的假设近似。因此,为使收敛水流对试验结果的影响减至最小,最近的观测井距试验井的距离至少要为含水层厚度的 1.5 倍,除非含水层的厚度很大,才会造成大得不合理的距离。在这种情况下,可以用井距合理的测压孔组来代替观测井,且必须在含水层的上部和下部 15% 处各设一个测压孔,这些测压孔中的降深用于计算时要予以平均。当做不到这一点时,可以用与试验井的过滤器或裸孔带完全相同的观测井来代替。虽然这些措施都是经验性的,但却足以使由非完整井造成的垂向水流收敛而引起的误差减至最小。校正水流收敛的数学方法虽有发展,但在野外条件下,它们的实用性是不可靠的。

9.3　非稳定流方程式

非稳定流方程式能分析随时间变化的含水层条件,并且涉及贮存量。建立非稳定流方程式的假设条件包括:

(1)含水层是承压的、水平的、均质的、各向同性的,具有统一的厚度,且延伸区域无限远;

(2)抽水井的直径极小,为完整井,流向井的水流是径向的、水平的,且为层流;

(3)所有的水都来自影响区中含水层的贮存量,而且是压力(水头)降低时由贮存量中瞬时释放的;

(4)含水层的导水系数和储水率在时间和空间上均有常数。

非稳定流方程式直接适用于承压含水层;有限定条件时,也适用于非承压含水层。这些限定条件与观测井中降深占含水层整个厚度的百分率有关。如果降深超过含水层厚度的25%,则非稳定流方程式就不能用了。然而,如果降深小于含水层厚度的10%,则会造成小的误差。对于降深值在含水层厚度10%~20%的情况,必须用 C.E. Jacob 推导的下述校正系数校正:

$$s' = s - \frac{s^2}{2M} \qquad\qquad (9\text{-}5)$$

式中　s——在观测井中测得的降深;

　　　M——抽水前含水层的饱水厚度;

　　　s'——校正降深。

图 9-3 和图 9-4 利用表 9-5 至表 9-7 的资料给出了这种校正方法及其对降深 - 时间和降深 - 距离半对数关系曲线的运用情况,且表 9-5 至表 9-7 所列仅仅是试验资料的部分记录。

大多数含水层与等厚、水平和均质等假设条件的差别是较小的,或者被平衡了,因此其差别不会对含水层试验结果的精度产生严重影响。另外,大多数含水层是各向异性的,但如果试验井和观测井均为完整井,则对降深的影响是很小的。然而,如果含水层是极不均匀的,试验井又是非完整井,则观测井中的降深就会使人得到错误的印象,因为只有被水井实际贯穿那部分含水层才有水流入井内。在这种情况下,用整个过滤器或裸孔长度代替整个含水层的厚度会得出比较可靠的结果。但是,根据这种资料计算出的储水率通常太低。

含水层无限延伸的假设条件从未实现过,因为所有的含水层都是有边界的。尽管如此,从抽水试验正常进行的时间段来看,可以把大多数含水层看作是无限的。然而,如果试验井的边界是封闭的,直接应用非稳定流方程式就可能得到不可靠的结果。这些测试通常位于河谷地区,该地区的基岩边界、层状沉积物和河流补给可以极大地影响水位降深。在这种情况下,必须采用 9.11 节所描述的方法。

非完整井的这种实际情况,可以采用 6.2 节中所述观测井的结构和布置来进行部分弥补。井的直径,除非它很大并且涌水量很小,在含水层试验解释中,很少起到不利的作用。

从井中抽出的水全部来自含水层贮存量这一假设条件很少能实现,因为很少有含水层是完全封闭的。除了含水层中的贮存量外,水还可能来自上覆或下伏含水层的渗漏或来自回灌、降水,或与地表水体有水力联系。把含水层渗漏和回灌作为边界条件处理的方法分别在 9.8 节和 9.11 节介绍。

此外,水是在水头下降的一瞬间从贮存量中排出的假设也难以实现,特别是在自由含水层中,一般都存在由缓慢地排水而引起的滞后现象,使储水率随时间而增加,并趋近一稳定值。

对于大多数降深足以达到长时间明显稳定的试验来讲,由此确定的贮存量值对于大多数用途来说都是足够精确和可靠的。如果排水特别缓慢,则必须用 Boulton 的分析(见 9.10节)。尽管导水系数和储水率在大多数含水层中的各个地方不是常数,但抽水试验往往使这些数值得以平均。

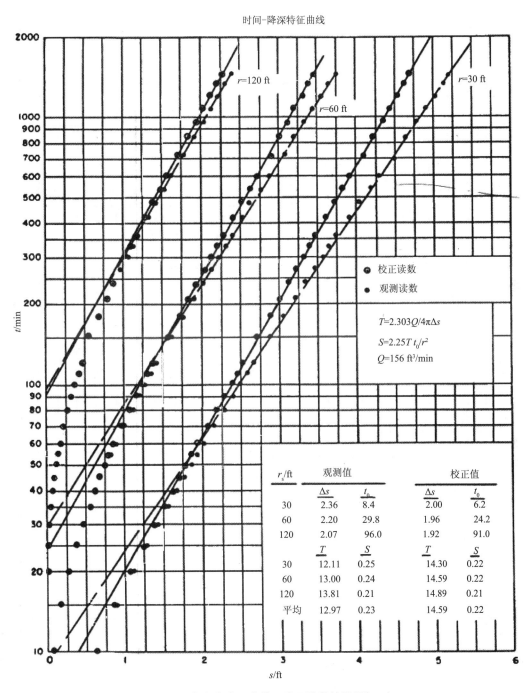

图 9-3　自由含水层中校正降深读数的结果（一）

时间-降深特征曲线

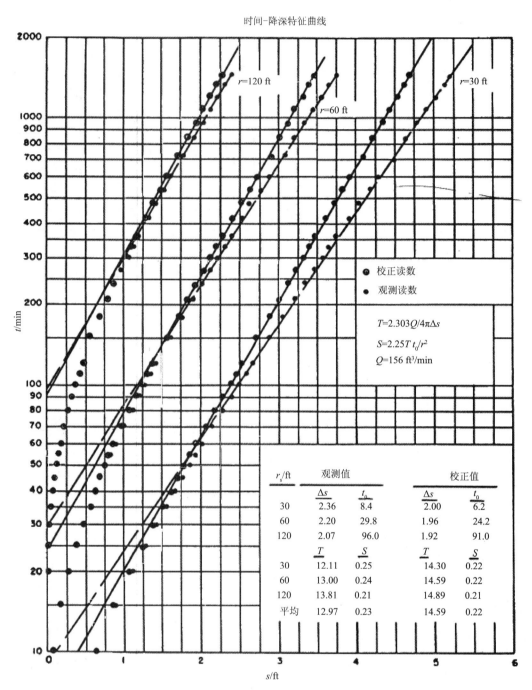

图 9-4 自由含水层中校正降深读数的结果(二)

(取对数比例尺上 r=30~300 ft 这段截距中的 Δs)

表 9-5　有降深校正的抽水试验资料表

工程：Mesa　　　　　　　　　　　　　　　　　　降深用测钟测量

特征：流域调查　　　　　　　　　　　　　　　　基准点在套管接箍北缘

位置：抽水井以北 30 ft

抽水试验，1 号试验井，1 号观测井，r=30 ft

日期	时间	历时 /min	埋深 /ft	降深 s/ft	s^2/ft^2	$s^2/2M$/ft	s' /ft	备注
	08:00	0	15.45	0	0	0	0	开始抽水
	08:02	2	15.49	0.04	0.001 6	0	0.04	
	08:04	4	15.64	0.19	0.036 1	0	0.19	
	08:06	6	15.80	0.35	0.122 5	0	0.35	
	08:08	8	15.96	0.51	0.260 1	0.01	0.50	
	08:10	10	16.08	0.63	0.396 9	0.01	0.62	12 月 7 日 8 时停抽
	08:15	15	16.35	0.90	0.810 0	0.02	0.88	
	08:20	20	16.56	1.11	1.232	0.02	1.09	
	08:25	25	16.73	1.28	1.638	0.03	1.25	
	08:30	30	16.88	1.43	2.045	0.04	1.39	
	08:35	35	17.01	1.56	2.434	0.05	1.51	Q=156 ft^3/min
	08:40	40	17.12	1.67	2.789	0.05	1.62	
	08:45	45	17.22	1.77	2.133	0.06	1.71	平均 M=26 ft
12-6	08:50	50	17.31	1.86	3.460	0.07	1.79	
	08:55	55	17.39	1.94	3.764	0.07	1.87	$2M$=52 ft
	09:00	60	17.47	2.02	4.080	0.08	1.94	$s'=s-s^2/2M$
	09:10	70	17.61	2.16	4.666	0.09	2.07	
	09:20	80	17.73	2.28	5.198	0.10	2.18	
	09:30	90	17.85	2.40	5.760	0.11	2.29	
	09:40	100	17.95	2.50	6.250	0.12	2.38	
	09:50	110	18.04	2.59	6.708	0.13	2.46	
	10:00	120	18.12	2.67	7.129	0.14	2.53	
	10:30	150	18.33	2.88	8.294	0.16	2.72	
	11:00	180	18.51	3.06	9.364	0.18	2.88	
	11:30	210	18.66	3.21	10.304	0.20	3.01	
	12:00	240	18.80	3.35	11.223	0.22	3.13	

表 9-6 有降深校正的抽水试验资料表

工程:Mesa   降深用测钟测量

特征:流域调查   基准点在套管接箍北缘

位置:抽水井以北 60 ft

抽水试验,1 号试验井,2 号观测井,r=60 ft

日期	时间	历时 /min	埋深 /ft	降深 s/ft	s^2/ft^2	$s^2/2M$/ft	s' /ft	备注
	08:00	0	18.10	0	0	0	0	开始抽水
	08:02	2	0	0	0	0	0	
	08:04	4	0	0	0	0	0	
	08:06	6	18.12	0.02	0	0	0.02	
	08:08	8	18.14	0.04	0	0	0.04	
	08:10	10	18.18	0.08	0.01	0	0.08	12 月 7 日 8 时停抽
	08:15	15	18.27	0.17	0.03	0	0.17	
	08:20	20	18.27	0.27	0.07	0	0.27	
	08:25	25	18.47	0.38	0.14	0	0.38	
	08:30	30	18.57	0.47	0.22	0	0.47	
	08:35	35	18.65	0.55	0.30	0.01	0.54	Q=156 ft³/min
	08:40	40	18.73	0.63	0.40	0.01	0.62	
	08:45	45	18.78	0.68	0.46	0.01	0.67	平均 M=26 ft
12-6	08:50	50	18.86	0.76	0.58	0.01	0.75	
	08:55	55	18.94	0.84	0.71	0.01	0.83	2M=52 ft
	09:00	60	19.00	0.90	0.81	0.02	0.88	$s' =s-s^2/2M$
	09:10	70	19.10	1.00	1.99	0.02	0.98	
	09:20	80	19.22	1.11	1.23	0.02	1.09	
	09:30	90	19.30	1.20	1.44	0.03	1.17	
	09:40	100	19.38	1.28	1.64	0.03	1.25	
	09:50	110	19.46	1.36	1.85	0.04	1.32	
	10:00	120	19.52	1.42	2.02	0.04	1.38	
	10:30	150	19.81	1.61	2.59	0.05	1.56	
	11:00	180	19.87	1.77	3.13	0.06	1.71	
	11:30	210	20.01	1.91	3.65	0.07	1.84	
	12:00	240	20.12	2.02	4.08	0.08	1.94	

表 9-7　有降深校正的抽水试验资料表

工程：Mesa　　　　　　　　　　　　　　　　　　降深用测钟测量
特征：流域调查　　　　　　　　　　　　　　　　基准点在套管接箍北缘
位置：抽水井以北 120 ft

抽水试验，1 号试验井，3 号观测井，r=120 ft

日期	时间	历时 /min	埋深 /ft	降深 s/ft	s^2/ft^2	$s^2/2M$/ft	s' /ft	备注
	08：00	0	17.95	0	0	0	0	开始抽水
	08：02	2	17.95	0	0	0	0	
	08：04	4	17.95	0	0	0	0	
	08：06	6	17.95	0	0	0	0	
	08：08	8	17.95	0	0	0	0	
	08：10	10	17.95	0	0	0	0	12 月 7 日 8 时停抽
	08：15	15	17.95	0	0	0	0	
	08：20	20	17.96	0.01	0	0	0.01	
	08：25	25	17.97	0.02	0	0	0.02	
	08：30	30	17.99	0.04	0	0	0.04	
	08：35	35	18.00	0.05	0	0	0.05	Q=156 ft^3/min
	08：40	40	18.02	0.07	0	0	0.07	平均 M=26 ft
	08：45	45	18.05	0.10	0.01	0	0.10	
12-6	08：50	50	18.07	0.12	0.01	0	0.12	
	08：55	55	18.10	0.15	0.02	0	0.15	2M=52 ft
	09：00	60	18.13	0.18	0.03	0	0.18	s' =$s-s^2/2M$
	09：10	70	18.16	0.21	0.04	0	0.21	
	09：20	80	18.22	0.27	0.07	0	0.27	
	09：30	90	18.27	0.32	0.10	0	0.32	
	09：40	100	18.32	0.37	0.14	0	0.37	
	09：50	110	18.38	0.43	0.18	0	0.43	
	10：00	120	18.42	0.47	0.22	0	0.47	
	10：30	150	18.55	0.60	0.36	0.01	0.59	
	11：00	180	18.65	0.70	0.49	0.01	0.69	
	11：30	210	18.76	0.81	0.66	0.01	0.80	
	12：00	240	18.85	0.90	0.81	0.02	0.88	

应用最广泛的非稳定流方程式是泰斯公式：

$$s = \frac{Q}{4\pi T} \int_{\frac{r^2 S}{4Tt}}^{\infty} \frac{\mathrm{e}^{-u} \mathrm{d}u}{u} \qquad (9\text{-}6)$$

式中　s——某一时间距试验井为已知距离处的观测井中的降深,量纲为 L;

　　　　Q——从井中抽出的不变水流量,量纲为 L^3/t;

　　　　T——含水层的导水系数,量纲为 L^2/t;

　　　　r——观测井的距离,量纲为 L;

　　　　S——含水层的储水率(无量纲);

　　　　t——自抽水开始算起的时间,量纲为 t。

$$u = \frac{r^2 S}{4Tt} (\text{无量纲}) \qquad (9\text{-}7)$$

9.4　非稳定流方程式的标准曲线解

因为 T 在式(9-6)中出现两次,所以对每一个具体问题的数学解就变得冗长。当含水层与理想条件近于一致时,泰斯提供了一种能给出满意结果的图解方法。

用级数得出泰斯公式的积分表达式:

$$\int_u^{\infty} \frac{\mathrm{e}^{-u}}{u} \mathrm{d}u = W(u) = -0.577\ 2 - \ln u + u - \frac{u^2}{2\times 2!} + \frac{u^3}{3\times 3!} - \frac{u^4}{4\times 4!} \cdots\cdots \qquad (9\text{-}8)$$

式中:$W(u)$ 是井函数或 u 的指数积分。

式(9-6)可被改写为

$$s = \frac{QW(u)}{4\pi T} \qquad (9\text{-}9)$$

当 u 值为 $10^{-15} \sim 9.9$ 时,u 的函数 $W(u)$ 值列于表 9-8 中。表中 u 值的表示方法为用某个介于 $1 \sim 9.9$ 的数(N)乘以一系列 10 的相应指数。例如,如果 u 值为 0.002 7,则为 2.7×10^{-3}。沿 $N=2.7$ 这一行查表,在表头为 $N \times 10^{-3}$ 这一栏下就可找到 $W(u)$ 值,即 $W(u)$ 值为 5.340 0。美国地质调查局(Kazmann,1941 年)和美国国家标准局(1940 年)相关文献中有更完整的 $W(u)$ 函数表。

式(9-9)和式(9-7)分别为

$$s = \frac{Q}{4\pi T} W(u)$$

和

$$u = \frac{r^2 S}{4Tt}$$

可以将其表示为常用对数的形式:

$$\lg s = \left[\lg \frac{Q}{4\pi T} \right] + \lg W(u) \qquad (9\text{-}10)$$

$$\lg \frac{r^2}{t} = \left[\lg \frac{4T}{S} \right] + \lg u \qquad (9\text{-}11)$$

表 9-8　u 值为 $10^{-15} \sim 9.9$ 对应的函数 $W(u)$ 值

$_N\backslash^u$	$N \times 10^{-15}$	$N \times 10^{-14}$	$N \times 10^{-13}$	$N \times 10^{-12}$	$N \times 10^{-11}$	$N \times 10^{-10}$	$N \times 10^{-9}$	$N \times 10^{-8}$	$N \times 10^{-7}$	$N \times 10^{-6}$	$N \times 10^{-5}$	$N \times 10^{-4}$	$N \times 10^{-3}$	$N \times 10^{-2}$	$N \times 10^{-1}$	N
1.0	33.961 6	31.659 0	29.356 4	27.053 8	24.751 2	22.448 6	20.146 0	17.843 5	15.540 9	13.238 3	10.935 7	8.633 2	6.331 5	4.037 9	1.822 9	0.219 4
1.1	33.866 2	31.563 7	29.261 1	26.958 5	24.655 9	22.353 3	20.050 7	17.748 2	15.445 6	13.143 0	10.840 4	8.537 9	6.236 3	3.943 6	1.737 1	0.186 0
1.2	33.779 2	31.476 7	29.174 1	26.871 5	24.568 9	22.266 3	19.963 7	17.661 1	15.358 6	13.056 0	10.753 6	8.450 9	6.149 4	3.857 6	1.659 5	0.158 4
1.3	33.699 2	31.396 6	29.094 0	26.791 4	24.488 9	22.186 3	19.883 7	17.581 1	15.278 5	12.975 9	10.673 4	8.370 9	6.069 5	3.778 5	1.588 9	0.135 5
1.4	33.625 1	31.322 5	29.019 9	26.717 3	24.414 7	22.112 2	19.809 6	17.507 0	15.204 4	12.901 8	10.599 3	8.296 8	5.995 5	3.705 4	1.524 1	0.116 2
1.5	33.556 1	31.253 5	28.950 9	26.648 3	24.345 8	22.043 2	19.740 6	17.438 0	15.135 4	12.832 8	10.530 3	8.227 8	5.926 6	3.637 4	1.464 5	0.100 0
1.6	33.491 6	31.189 0	28.886 4	26.583 8	24.281 2	21.978 6	19.676 0	17.373 5	15.070 9	12.768 3	10.465 7	8.163 4	5.862 1	3.573 9	1.409 2	0.086 31
1.7	33.430 9	31.128 3	28.825 8	26.523 2	24.220 6	21.918 0	19.615 4	17.312 8	15.010 3	12.707 7	10.405 1	8.102 7	5.801 6	3.514 3	1.357 8	0.074 65
1.8	33.373 8	31.071 2	28.768 6	26.466 0	24.163 4	21.860 6	19.558 3	17.255 7	14.953 1	12.650 5	10.347 9	8.045 5	5.744 6	3.458 1	1.308 9	0.064 71
1.9	33.319 7	31.017 1	28.714 5	26.411 9	24.109 4	21.806 8	19.504 2	17.201 6	14.899 0	12.596 4	10.293 9	7.991 5	5.690 6	3.405 0	1.264 9	0.056 20
2.0	33.268 4	30.965 8	28.663 2	26.360 7	24.058 1	21.755 5	19.452 9	17.150 3	14.847 7	12.545 1	10.242 6	7.940 2	5.639 4	3.354 7	1.222 7	0.048 90
2.1	33.219 6	30.917 0	28.614 5	26.311 9	24.009 3	21.706 7	19.404 1	17.101 5	14.798 9	12.496 4	10.193 8	7.891 4	5.590 7	3.306 9	1.182 9	0.042 61
2.2	33.173 1	30.870 5	28.567 9	26.265 3	23.962 8	21.660 2	19.357 6	17.055 0	14.752 4	12.449 8	10.147 3	7.844 9	5.544 3	3.261 4	1.145 4	0.037 19
2.3	33.128 6	30.826 1	28.523 5	26.220 9	23.918 3	21.615 7	19.313 1	17.010 6	14.708 0	12.405 4	10.102 8	7.800 4	5.499 9	3.217 9	1.109 9	0.032 50
2.4	33.086 1	30.783 5	28.480 9	26.178 3	23.875 8	21.573 2	19.270 6	16.968 0	14.665 4	12.362 8	10.060 3	7.757 9	5.457 5	3.176 3	1.076 2	0.028 44
2.5	33.045 5	30.742 7	28.440 1	26.137 5	23.834 9	21.532 3	19.229 8	16.927 2	14.624 6	12.322 0	10.019 4	7.717 2	5.416 7	3.136 5	1.044 3	0.024 91
2.6	33.006 0	30.703 5	28.400 9	26.098 3	23.795 7	21.493 1	19.190 5	16.888 0	14.585 4	12.282 8	9.980 2	7.677 9	5.377 6	3.098 3	1.013 9	0.021 85
2.7	32.968 3	30.665 7	28.363 1	26.060 6	23.758 0	21.455 4	19.152 8	16.850 2	14.547 6	12.245 0	9.942 5	7.640 1	5.340 0	3.061 5	0.984 9	0.019 18
2.8	32.931 9	30.629 4	28.326 8	26.024 2	23.721 6	21.419 0	19.116 4	16.813 8	14.511 3	12.208 7	9.906 1	7.603 8	5.303 7	3.026 1	0.957 3	0.016 86
2.9	32.896 8	30.594 3	28.291 7	26.989 1	23.686 5	21.383 9	19.081 3	16.778 8	14.476 2	12.173 6	9.871 0	7.568 7	5.268 7	2.992 0	0.930 9	0.014 82
3.0	32.862 9	30.560 4	28.257 8	25.955 2	23.652 6	21.350 0	19.047 4	16.744 9	14.442 3	12.139 7	9.837 1	7.568 7	5.234 9	2.959 1	0.905 7	0.013 05
3.1	32.830 2	30.527 6	28.225 0	25.922 4	23.619 8	21.317 2	19.014 6	16.712 1	14.409 5	12.106 9	9.804 3	7.502 0	5.202 2	2.927 3	0.881 5	0.011 49
3.2	32.798 4	30.495 8	28.193 2	25.897 0	23.588 0	21.285 5	18.982 9	16.680 3	14.377 7	12.075 1	9.772 6	7.470 3	5.170 6	2.896 5	0.858 3	0.010 13
3.3	32.767 6	30.465 1	28.102 5	25.859 9	23.557 3	21.254 7	18.952 1	16.649 5	14.347 0	12.044 4	9.741 8	7.439 5	5.139 9	2.866 8	0.836 1	0.008 939
3.4	32.737 8	30.435 2	28.132 6	25.830 0	23.527 4	21.224 9	18.922 3	16.619 7	14.317 1	12.014 5	9.712 0	7.409 7	5.110 2	2.937 9	0.814 7	0.007 891
3.5	32.708 8	30.406 2	28.103 6	25.801 0	23.498 5	21.195 9	18.893 3	16.590 7	14.288 1	11.985 5	9.683 0	7.380 7	5.081 3	2.809 9	0.794 2	0.006 970
3.6	32.680 8	30.378 0	28.075 5	25.772 9	23.470 3	21.167 7	18.865 1	16.562 5	14.259 9	11.957 4	9.654 8	7.352 6	5.053 2	2.782 7	0.774 5	0.006 160
3.7	32.653 2	30.350 6	28.048 1	25.745 5	23.442 9	21.140 3	18.837 7	16.535 1	14.232 5	11.930 0	9.627 4	7.325 2	5.025 9	2.756 3	0.755 4	0.005 448
3.8	32.626 6	30.324 0	28.021 4	25.718 8	23.416 2	21.113 6	18.811 0	16.508 5	14.205 9	11.903 3	9.600 7	7.298 5	4.999 3	2.730 6	0.737 1	0.004 820
3.9	32.600 6	30.298 0	27.995 4	25.692 8	23.390 2	21.087 7	18.785 1	16.482 5	14.179 9	11.877 3	9.574 8	7.272 5	4.973 5	2.705 6	0.719 4	0.004 267
4.0	32.575 7	40.272 7	27.970 1	25.667 5	23.364 9	21.062 3	18.759 8	16.457 2	14.154 6	11.852 0	9.549 5	7.247 2	4.948 2	2.681 3	0.702 4	0.003 779
4.1	32.550 6	30.248 0	27.945 4	25.642 8	23.340 2	21.037 6	18.735 1	16.432 5	14.129 9	11.827 3	9.524 8	7.222 5	4.923 6	2.657 6	0.685 9	0.003 349
4.2	32.526 5	30.223 9	27.921 3	25.618 7	23.316 1	21.013 6	18.711 0	16.408 4	14.105 8	11.803 2	9.500 7	7.198 5	4.899 7	2.634 4	0.670 0	0.002 969
4.3	32.502 9	30.200 4	27.897 8	25.595 2	23.292 6	20.990 0	18.687 4	16.388 4	14.082 3	11.779 7	9.477 1	7.174 9	4.876 2	2.611 9	0.654 6	0.002 633
4.4	32.480 0	30.177 4	27.874 8	25.572 2	26.269 6	20.967 0	18.664 4	16.361 9	14.059 3	11.756 7	9.454 1	7.152 0	4.853 3	2.589 9	0.639 7	0.002 336

续表

u / N	$N\times10^{-15}$	$N\times10^{-14}$	$N\times10^{-13}$	$N\times10^{-12}$	$N\times10^{-11}$	$N\times10^{-10}$	$N\times10^{-9}$	$N\times10^{-8}$	$N\times10^{-7}$	$N\times10^{-6}$	$N\times10^{-5}$	$N\times10^{-4}$	$N\times10^{-3}$	$N\times10^{-2}$	$N\times10^{-1}$	N
4.5	32.457 5	30.154 9	27.852 3	25.549 7	23.247 1	20.944 6	18.642 0	16.339 4	14.036 8	11.734 2	9.431 7	7.129 5	4.831 0	2.568 4	0.625 3	0.002 073
4.6	32.435 5	30.132 9	27.830 3	25.527 7	23.225 2	20.922 6	18.620 0	16.317 4	16.014 8	11.712 2	9.409 7	7.107 5	4.809 1	2.547 4	0.611 4	0.001 841
4.7	32.414 0	30.111 4	27.808 8	25.506 2	23.203 7	20.901 1	18.598 5	16.295 9	13.993 3	11.690 7	9.388 2	7.086 0	4.787 7	2.526 8	0.597 9	0.001 635
4.8	32.392 9	30.090 4	27.787 8	25.485 2	23.182 6	20.880 0	18.577 4	16.274 8	13.972 3	11.669 7	9.367 1	7.065 0	4.766 7	2.506 5	0.584 8	0.001 453
4.9	32.372 3	30.069 7	27.767 2	25.464 6	23.162 0	20.859 4	18.556 8	16.254 2	13.951 6	11.649 1	9.346 5	7.044 4	4.746 2	2.487 1	0.572 1	0.001 291
5.0	32.352 1	30.049 5	27.747 0	25.444 4	23.141 8	20.839 2	18.536 6	16.234 0	13.931 4	11.628 9	9.326 3	7.024 2	4.726 1	2.467 9	0.559 8	0.001 148
5.1	32.332 3	30.029 7	27.727 1	25.424 6	23.122 0	20.819 4	18.516 8	16.214 2	13.911 6	11.609 1	9.306 5	7.004 4	4.706 4	2.449 1	0.547 8	0.001 021
5.2	32.322 9	30.010 3	27.707 7	25.405 1	23.102 6	20.800 0	18.497 4	16.194 8	13.892 2	11.589 6	9.287 1	6.985 0	4.687 1	2.430 6	0.536 2	0.000 908 6
5.3	32.293 9	29.991 3	27.688 7	25.386 1	23.083 5	20.780 9	18.478 3	16.175 8	13.873 2	11.570 6	9.268 1	6.965 9	4.668 1	2.412 6	0.525 0	0.000 808 6
5.4	32.275 2	29.972 6	27.670 0	25.367 4	23.064 8	20.762 2	18.459 6	16.157 1	13.854 6	11.551 9	9.249 4	6.947 3	4.649 5	2.394 8	0.514 0	0.000 719 8
5.5	32.256 8	29.954 2	27.651 6	25.349 1	23.046 5	20.743 9	18.441 3	16.138 7	13.836 1	11.533 6	9.231 0	6.928 9	4.631 3	2.377 5	0.503 4	0.000 640 9
5.6	32.238 8	29.936 2	27.633 6	25.331 0	23.028 5	20.725 9	18.423 3	16.120 7	13.818 1	11.515 5	9.213 0	6.910 9	4.613 4	2.360 4	0.493 0	0.000 570 8
5.7	32.221 1	29.918 5	27.615 9	25.313 3	23.010 8	20.708 2	18.405 6	16.103 0	13.800 4	11.497 8	9.195 3	6.893 2	4.595 8	2.343 7	0.483 0	0.000 508 5
5.8	32.203 7	29.901 1	27.598 5	25.295 9	22.993 4	20.690 8	18.388 2	16.085 6	13.783 0	11.480 4	9.177 9	6.875 8	4.578 5	2.327 3	0.473 2	0.000 453 2
5.9	32.186 6	29.884 0	27.581 4	25.278 9	22.976 3	20.673 7	18.371 1	16.068 5	13.765 9	11.463 3	9.160 8	6.858 8	4.561 5	2.311 1	0.463 7	0.000 403 9
6.0	32.169 8	29.867 2	27.564 6	25.262 0	22.959 5	20.656 9	18.354 3	16.051 7	13.749 1	11.446 5	9.144 0	6.842 0	4.544 8	2.295 3	0.454 4	0.000 360 1
6.1	32.153 3	29.850 7	27.548 1	25.245 5	22.942 9	20.640 3	18.337 8	16.035 2	13.732 6	11.430 0	9.127 5	6.825 4	4.528 3	2.279 7	0.445 4	0.000 321 1
6.2	32.137 0	29.834 4	27.531 8	25.229 3	22.926 7	20.624 1	18.321 5	16.018 9	13.716 3	11.413 8	9.111 2	6.809 2	4.512 2	2.264 5	0.436 6	0.000 286 4
6.3	32.121 0	29.818 4	27.515 8	25.213 3	22.910 7	20.608 1	18.305 5	16.002 9	13.700 3	11.397 8	9.095 2	6.793 2	4.496 3	2.249 4	0.428 0	0.000 255 5
6.4	32.105 3	29.802 7	27.500 1	25.197 5	22.894 9	20.592 3	18.289 8	15.987 2	13.684 6	11.382 0	9.079 5	6.777 5	4.480 6	2.234 6	0.419 7	0.000 227 9
6.5	32.089 8	29.787 2	27.469 3	25.182 0	22.879 4	20.576 8	18.274 2	15.971 7	13.669 1	11.366 5	9.064 0	6.762 0	4.465 2	2.220 1	0.411 5	0.000 203 4
6.6	32.074 5	29.771 9	27.459 3	25.166 7	22.864 1	20.561 6	18.259 0	15.956 4	13.653 8	11.351 2	9.048 7	6.746 7	4.450 1	2.205 8	0.403 6	0.000 181 6
6.7	32.059 5	29.756 9	27.454 3	25.151 7	22.849 1	20.546 5	18.243 9	15.941 4	13.638 8	11.336 2	9.033 7	6.731 7	4.435 1	2.191 7	0.395 9	0.000 162 1
6.8	32.044 6	29.742 1	27.439 5	25.136 9	22.834 3	20.531 7	18.229 1	15.926 5	13.624 0	11.321 4	9.018 9	6.716 9	4.420 4	2.177 9	0.388 3	0.000 144 8
6.9	32.030 0	29.727 5	27.424 9	25.122 3	22.819 7	20.517 1	18.214 5	15.911 9	13.609 4	11.360 8	9.004 3	6.702 3	4.405 9	2.164 3	0.381 0	0.000 129 3
7.0	32.015 6	29.713 1	27.410 5	25.107 9	22.805 3	20.502 7	18.200 1	15.897 5	13.595 0	11.292 4	8.989 9	6.687 9	4.391 6	2.150 8	0.373 8	0.000 115 5
7.1	32.001 5	29.698 9	27.396 3	25.093 7	22.791 1	20.488 5	18.186 0	15.883 4	13.580 8	11.278 2	8.975 7	6.673 7	4.377 5	2.137 6	0.366 8	0.000 103 2
7.2	31.987 5	29.671 1	27.382 3	25.079 7	22.777 1	20.474 6	18.172 0	15.869 4	13.566 8	11.264 2	8.961 7	6.659 8	4.363 6	2.124 6	0.359 9	0.000 092 19
7.3	31.973 7	29.657 5	27.368 5	25.065 9	22.763 3	20.460 8	18.158 2	15.855 6	13.553 0	11.250 4	8.947 9	6.646 0	4.350 0	2.111 8	0.353 2	0.000 082 39
7.4	31.960 1	29.657 5	27.354 9	25.052 3	22.749 7	20.447 2	18.144 6	15.842 0	13.539 4	11.236 8	8.934 3	6.632 4	4.336 4	2.099 1	0.346 7	0.000 073 64
7.5	31.946 7	23.644 1	27.341 5	25.038 9	22.736 3	20.433 7	18.131 1	15.828 6	13.526 0	11.223 4	8.920 9	6.619 0	4.323 1	2.086 7	0.340 3	0.000 065 83
7.6	31.933 4	29.630 8	27.328 2	25.025 7	22.723 1	20.420 5	18.117 9	15.815 3	13.512 7	11.210 2	8.907 6	6.605 7	4.310 0	2.074 4	0.334 1	0.000 058 86
7.7	31.920 3	29.617 8	27.315 2	25.012 6	22.710 0	20.407 4	18.104 8	15.802 2	13.499 7	11.197 1	8.894 6	6.592 7	4.297 0	2.062 3	0.328 0	0.000 052 63
7.8	31.907 4	29.604 8	27.302 3	24.999 7	22.697 1	20.394 5	18.091 9	15.789 3	13.486 8	11.184 2	8.881 7	6.579 8	4.284 2	2.050 3	0.322 1	0.000 047 07
7.9	31.894 7	29.592 1	27.289 5	24.986 9	22.684 4	20.381 8	18.079 2	15.776 6	13.474 0	11.171 4	8.868 9	6.567 1	4.271 6	2.038 6	0.316 3	0.000 042 10

$\dfrac{u}{N}$	$N\times10^{-15}$	$N\times10^{-14}$	$N\times10^{-13}$	$N\times10^{-12}$	$N\times10^{-11}$	$N\times10^{-10}$	$N\times10^{-9}$	$N\times10^{-8}$	$N\times10^{-7}$	$N\times10^{-6}$	$N\times10^{-5}$	$N\times10^{-4}$	$N\times10^{-3}$	$N\times10^{-2}$	$N\times10^{-1}$	N
8.0	31.882 1	29.579 5	27.276 9	24.974 4	22.671 8	20.369 2	18.066 6	15.764 0	13.461 4	11.158 9	8.856 3	6.554 5	4.259 1	2.026 9	0.310 6	0.000 037 67
8.1	31.869 7	29.567 1	27.264 5	24.961 9	22.659 4	20.356 8	18.054 2	15.751 6	13.449 0	11.146 4	8.843 9	6.542 1	4.246 8	2.015 5	0.305 0	0.000 033 70
8.2	31.857 4	29.554 8	27.252 2	24.949 7	22.647 1	20.344 5	18.041 9	15.739 3	13.436 7	11.134 2	8.831 7	6.529 8	4.234 6	2.004 2	0.299 6	0.000 030 15
8.3	31.845 3	29.542 7	27.240 1	24.937 5	22.635 0	20.332 4	18.029 8	15.727 2	13.424 8	11.122 0	8.819 5	6.517 7	4.222 6	1.993 0	0.294 3	0.000 026 99
8.4	31.833 3	29.530 7	27.228 2	24.925 6	22.623 0	20.320 4	18.017 8	15.715 2	13.412 6	11.110 1	8.807 6	6.505 7	4.210 7	1.982 0	0.289 1	0.000 024 15
8.5	31.821 5	29.518 9	27.216 5	24.913 7	22.611 2	20.308 6	18.006 0	15.703 4	13.400 8	11.098 2	8.795 7	6.493 9	4.199 0	1.971 1	0.284 0	0.000 021 62
8.6	31.809 8	29.507 2	27.204 6	24.902 0	22.599 5	20.296 9	17.994 3	15.691 7	13.389 1	11.086 5	8.784 0	6.482 2	4.187 4	1.960 4	0.279 0	0.000 019 36
8.7	31.798 2	29.495 7	27.193 1	24.890 5	22.587 9	20.285 3	17.982 7	15.680 1	13.377 6	11.075 0	8.772 5	6.470 7	4.175 9	1.949 8	0.274 2	0.000 017 33
8.8	31.786 8	29.484 2	27.181 6	24.879 0	22.576 5	20.273 9	17.971 3	15.668 7	13.366 1	11.063 5	8.761 0	6.459 2	4.164 6	1.939 3	0.269 4	0.000 015 52
8.9	31.775 5	29.472 9	27.170 3	24.867 8	22.565 2	20.262 6	17.960 0	15.657 4	13.354 8	11.052 3	8.749 7	6.448 0	4.153 4	1.929 0	0.264 7	0.000 013 90
9.0	31.764 3	29.461 8	27.159 2	24.856 6	22.554 0	20.251 4	17.948 8	15.646 2	13.343 7	11.041 1	8.738 6	6.436 8	4.142 3	1.918 7	0.260 2	0.000 012 45
9.1	31.753 3	29.450 7	27.148 1	24.845 5	22.542 9	20.240 4	17.937 8	15.635 2	13.332 6	11.030 0	8.727 5	6.425 8	4.131 3	1.908 7	0.255 7	0.000 011 15
9.2	31.742 4	29.439 8	27.137 2	24.834 6	22.532 0	20.229 4	17.926 8	15.624 3	13.321 7	11.019 1	8.716 6	6.414 8	4.120 5	1.898 7	0.251 3	0.000 009 988
9.3	31.731 5	29.429 0	27.126 4	24.823 8	22.521 2	20.218 6	17.916 0	15.613 5	13.310 9	11.008 3	8.705 8	6.404 0	4.109 8	1.888 8	0.247 0	0.000 008 948
9.4	31.720 8	29.418 3	27.115 7	24.813 1	22.510 5	20.207 9	17.905 3	15.602 8	13.300 2	10.997 6	8.695 1	6.393 4	4.099 2	1.879 1	0.242 9	0.000 008 018
9.5	31.710 3	29.407 7	27.105 1	24.802 5	22.499 9	20.197 3	17.894 8	15.592 2	13.289 6	10.987 0	8.684 5	6.382 8	4.088 7	1.869 5	0.238 7	0.000 007 185
9.6	31.699 8	29.397 2	27.094 6	24.792 0	22.489 5	20.186 9	17.884 4	15.581 7	13.279 1	10.976 5	8.674 0	6.372 3	4.078 4	1.859 9	0.234 7	0.000 006 439
9.7	31.689 4	29.386 8	27.084 3	24.781 7	22.479 1	20.176 5	17.873 9	15.571 3	13.268 8	10.966 2	8.663 7	6.362 0	4.068 1	1.850 5	0.230 8	0.000 005 771
9.8	31.679 2	29.376 6	27.074 0	24.771 4	22.468 8	20.166 3	17.863 7	15.561 1	13.258 5	10.955 9	8.653 4	6.351 7	4.057 9	1.841 2	0.226 9	0.000 005 173
9.9	31.669 0	29.366 4	27.063 9	24.761 3	22.458 7	20.156 1	17.853 5	15.550 9	13.248 3	10.945 8	8.643 3	6.341 6	4.047 9	1.832 0	0.223 1	0.000 004 637

式（9-10）和式（9-11）中方括号内的数值对任何给定的试验来讲都是一个常数。试验资料的 s 与 $\dfrac{r^2}{t}$ 对数关系曲线将类似于 $W(u)$ 与 u 的对数关系曲线。后者称为标准曲线。如果把试验数据曲线重叠在标准曲线上，并保持图纸的坐标轴重合，将试验数据曲线移至标准曲线上最吻合的点上，则试验数据曲线和标准曲线上的共同点的位移，将等于方括号中的常数，如图 9-5 所示。将这一位移值分别用于式（9-7）和式（9-9）中，以求解 S 和 T：

$$S = \frac{4Tut}{r^2}$$

$$T = \frac{Q}{4\pi s}W(u)$$

u 与 $W(u)$ 的标准关系曲线已绘在 3×5 周的透明双对数纸上（图 9-6）。图 9-6 的原尺寸图见本手册后面。可以把绘在 3×5 周双对数纸上的野外数据曲线覆盖在这张图上，确定其与标准曲线的最佳吻合。表 9-1 至表 9-4 给出了抽水试验的部分记录数据，图 9-7 至图 9-10 表示了这些数据的关系曲线。

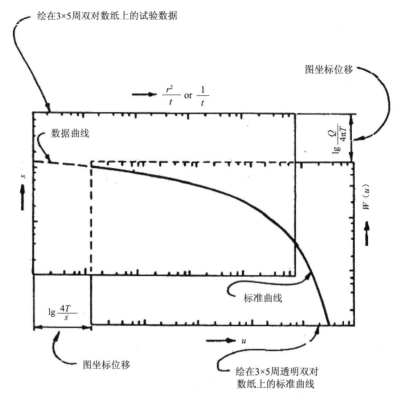

图 9-5　为图解非稳定流方程式将标准曲线重叠在数据曲线

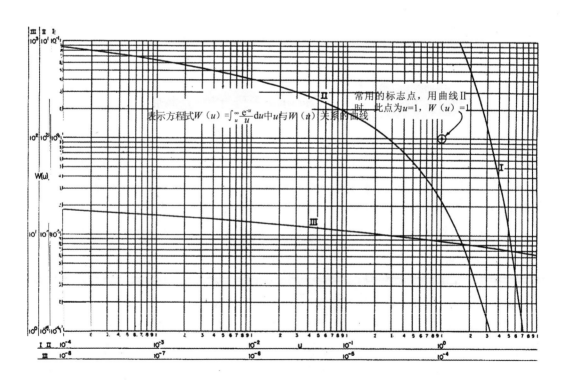

图 9-6　根据 u 和 $W(u)$ 关系绘出的标准曲线

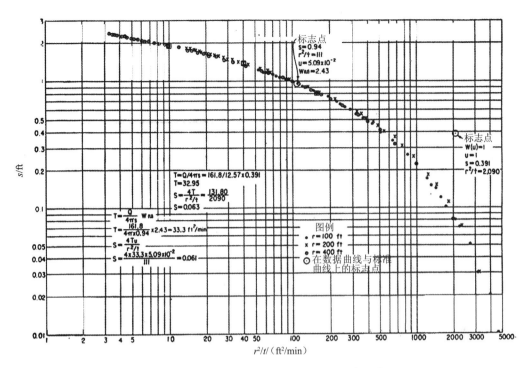

图 9-7　用 s 与 r^2/t 的标准曲线求解非稳定流方程式

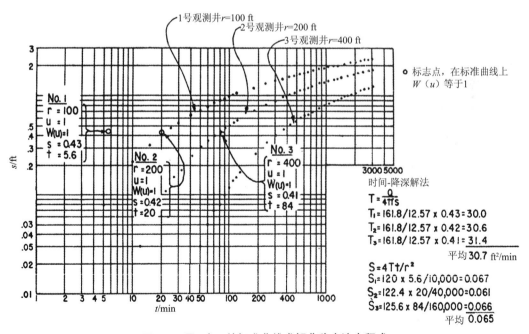

图 9-8　用 s 与 t 的标准曲线求解非稳定流方程式

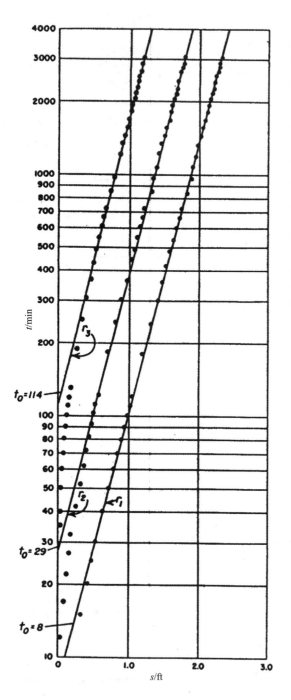

时间-降深解法
Jacob近似解法

$Q = 1210$ gal/min $= 161.8$ ft³/min

	Δs		t_0
$r_1 = 100'$	$1.90 - 1.0 = 0.90$		8
$r_2 = 200'$	$1.38 - 0.49 = 0.89$		29
$r_3 = 400'$	$1.68 - 0.80 = 0.88$		114

$T = 2.303Q/4\pi\Delta s$

$S = 2.25T\,t_0/r^2$

$\dfrac{2.303Q}{4\pi} = \dfrac{372.6}{12.5664} = 29.65$

$T_1 = \dfrac{29.65}{0.90} = 33.0$ ft²/min

$T_2 = \dfrac{29.65}{0.89} = 33.3$ ft²/min

$T_3 = \dfrac{29.65}{0.88} = 33.7$ ft²/min

平均 $T = 33.3$ ft²/min

$S_1 = 2.25 \times 33.0 \times 8/10,000 = 0.060$

$S_2 = 2.25 \times 33.3 \times 29/40,000 = 0.055$

$S_3 = 2.25 \times 33.7 \times 114/160,000 = 0.054$

　　　　　　　　　　　　平均 $= 0.056$

图 9-9　非稳定流方程式的直线解法(一)

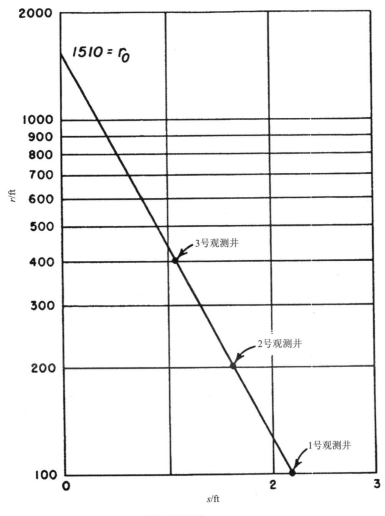

距离-降深解法
Jacob近似解法

Q=1210 gal/min=161.8 ft³/min
t=2045 min
Δs=2.17−0.33=1.84 ft
r_0=1510 ft
T=2.303Q/2πΔs
T=372.6/2π×1.84=32.2 ft²/min
S=2.25Tt/r_0^2=0.065

图 9-10　非稳定流方程式的直线解法（二）

图 9-6 的标准曲线解非稳定方程式，有以下两种方法。

9.4.1　时间－降深解法

在全对数坐标纸上绘制观测井中 s 与时间 t 的倒数或与 r^2/t 的关系曲线，这就是时间-
降深数据曲线，以此曲线与图上所画的标准曲线进行拟合。一种不必计算倒数的较为简单
的方法是以同样的方式绘制 s 与 t 的关系曲线，将数据曲线与倒过来的标准曲线进行拟合。

标准曲线的这种倒过来的变换,与在试验数据曲线上绘制 t 的倒数或 t 的曲线是等效的。在保持两张曲线图坐标轴重合的情况下,将每个观测井的数据曲线与标准曲线进行对比。由于试验结果可能与作为标准曲线基础的理想条件不一致,只有在给定的线段内曲线才能对比。自由含水层条件、边界条件和渗漏等因素,均会导致与标准曲线不符。在重叠的图上标出任一公共的标志点(为了简化计算,通常采用 u 和 $W(u)$ 值等于 1 的点),记下 u,$W(u)$,t 和 s 值,然后利用这些数值按下述方程式计算导水系数和储水率:

$$T = \frac{Q}{4\pi s} W(u) \tag{9-12}$$

可以将其简化为

$$S = \frac{4Tu}{\dfrac{r^2}{t}} \text{ 或 } \frac{4Ttu}{r^2} \tag{9-13}$$

9.4.2　距离－降深解法

同一时间在三个或更多个的观测井中测得降深,以此与"距离的平方除以时间"绘制数据曲线,即 s 与 r^2/t 的关系曲线。图 9-7 上三个圈在方框中的点说明了这一方法。这三个点理应与标准曲线及所取得的 s,r^2/t,$W(u)$ 值以及用式(9-12)和式(9-13)求得的 T 和 S 值吻合。

较冗长而可靠的分析是绘制每个观测井中的每次降深测定值的 s 与 r^2/t 关系曲线,如图 9-7 所示。这种方法能较好地确定与标准曲线的偏离程度。这种偏离可以表示含水层条件不如理想条件之处。

9.5　非稳定流方程式的 Jacob 近似解法

除上述标准曲线解法外,Cooper 和 Jacob 提出了一种直线近似解法,能近似地解泰斯非稳定流方程。这种方法简单,而且可能比标准曲线法优越。

当式(9-8)中的 u 值小于 0.01 时,也就是说,当 r^2/t 变得很小时,$W(u)$ 级数方程的前两项以后的诸项可以忽略不计,此时式(9-9)与下式近似:

$$s = \frac{Q}{4\pi T} \left[\ln \frac{1}{u} - 0.577\,2 \right] \tag{9-14}$$

可以将其简化为

$$s = \frac{Q}{4\pi T} \ln \frac{2.25Tt}{r^2 S} \tag{9-15}$$

为求得 u 值,必须使 s 等于零。

变为常用对数,可将式(9-15)改写为

$$s = \frac{2.303Q}{4\pi T} \lg \frac{2.25Tt}{r^2 S} \tag{9-16}$$

因为降深 s 与距离 r 或时间 t 的对数关系曲线是一条直线,能用两种简单的半对数图解法求出导水系数和储水率。

9.5.1　距离－降深解法

距离－降深解法是在三个或更多个观测井中,在同一时间测得每个井的降深,以此与各个观测井距试验井的距离的对数绘制成如图 9-10 所示的关系曲线。将此曲线的直线部分延长,使其至少包括一个对数周,并达到零降深轴。用下式计算导水系数:

$$T = \frac{2.303Q}{2\pi\Delta s} \tag{9-17}$$

式中　Δs——在一个对数周上的降深差。

将该直线延长,与降深轴相交,所截取的距离为 r_0,将 r_0 值代入下式可确定储水率:

$$S = \frac{2.25Tt}{r_0^2} \tag{9-18}$$

图 9-10 所示为距离－降深解法的一个实例。

9.5.2　时间－降深解法

时间－降深解法是绘制自抽水开始每一个观测井中的降深与时间的对数关系曲线,并延长该曲线的直线部分,与一个以上的对数周和降深轴相交。

用下列方程式可计算导水系数和储水率:

$$T = \frac{2.303Q}{4\pi\Delta s} \tag{9-19}$$

$$S = \frac{2.25Tt_0}{r^2} \tag{9-20}$$

式中　Δs——通过一个对数周所相差的降深;

　　　　t_0——与零降深轴相交处的时间;

　　　　r——试验井距观测井的距离。

图 9-9 所示为时间－降深解法的一个实例,分析时用了三个观测井。

在运用 Jacob 直线解法时,为了使 u 小于 0.01,抽水须持续足够长的时间。在此之前, s 与用对数表示的 r 的标绘点和 s 与用对数表示的 t 的标绘点不会全部落在一条直线上,直到抽水持续足够的时间使 u 小于 0.01。满足这一条件所需要的时间,随距试验井距离的增加而加长。

由于这一时间要求及在边界、延迟排水或渗漏含水层等条件下,在抽水初期对降深曲线形状的影响,可能不存在直线部分。

由于降落漏斗不断扩展而与边界相交,结果导致降深曲线坡度的改变。对于不透水(负)边界来说,在理论上坡度会增加 1 倍;对于补给(正的)边界来说,坡度则减少一半。距观测井等距的两种不同边界的结果势必相互抵消。由线状补给边界,如河流造成的坡度变化,可能接近于降深不再随时间增大的状态,但是永远也达不到这种程度。然而,由含水层渗漏或延迟排水造成的变化能得到稳定的降深条件。对复杂边界、渗漏含水层和延迟排水条件的识别和分析常常是困难的,有时是不可能的。

在距离 - 降深和时间 - 降深两种分析中,如果 Δs 很大,将直线外推到零降深会导致 r_0 或 t_0 值的很大误差,从而导致 S 值的很大误差。在这种情况下,用标准曲线法代替求解,对于保证取得较可靠的储水率是可行的。另一种代替解法是应用 Lohman 推导的方程式。

9.6　试验井资料的应用

抽水或能自流涌水的试验井资料,可用标准曲线法或时间 - 降深的直线解法进行分析。然而,由于这类井的影响直径没有观测井就不能确定,则求解 S 的方程式也就不能用。此外,由于流向抽水井而引起的水头损失,使井中的降深可能大大地超过紧邻水井的含水层中的降深,从而导致试验资料的错误。在这种情况下,使用直线解法是较好的,因为双对数数据曲线可能很平直,与标准曲线难以吻合。

9.7　水位恢复分析

一个水井在已知期间内可以按恒定的流量抽水或自流,停抽恢复时,可搜集资料进行分析。降落漏斗上任一点在任一瞬间的剩余降深都与这种情况相同,即水井似乎在继续抽水,但是好像在抽水停止的一瞬间在同一点上引进了一个流量相等的回灌井。恢复期间任一时刻的残留降深等于观测水位与静止水位之间的差值。因此,在任一瞬间,其残留降深 s' 为

$$s' = \frac{Q}{4\pi T}\left[\int_u^\infty \frac{e^{-u}}{u}du - \int_{u'}^\infty \frac{e^{-u'}}{u'}du'\right] \qquad (9\text{-}21)$$

$$u = \frac{r^2 S}{4Tt}, \quad u' = \frac{r^2 S}{4Tt'}$$

式中　t——自抽水开始算起的时间;

　　　t'——自抽水停止算起的时间;

　　　Q, T, S 和 r 的含义同式(9-6)。

当 t' 增加时,$\frac{r^2 S}{4Tt'}$ 值减小。因此,可将水位恢复方程式写成如下形式:

$$T = \frac{2.303Q}{4\pi s'}\lg\left(\frac{t}{t'}\right) \qquad (9\text{-}22)$$

在半对数坐标纸上用图解法解式(9-22),将表 9-9 至表 9-12 的资料绘在图 9-11 上,其中 t/t' 按对数坐标绘制,相应的残余降深 s' 则按算术坐标绘制。当 t' 变得很大时,观测数据的标绘点会落在直线上,直线的坡度即给出了式(9-22)中的参数 $\frac{\lg t / t'}{s'}$ 值。通常选用一个对数周期的 t/t' 值,使 $\lg t / t'$ 为 1,此时式(9-22)变为

$$T = \frac{2.303Q}{4\pi \Delta s'} \qquad (9\text{-}23)$$

式中　$\Delta s'$——在 t/t' 为一个对数周内的残留降深的变化值。

表 9-9　抽水井和恢复井试验资料表

工程：Las Vegas

流量特征：Pichano 坝

流量用 Parshall 水槽测量

降深用 M 型显示器测量

基准点在套管接箍北缘

日期	时间	抽水试验 No.1			试验井		备注
		时间 /min	埋深 /ft	降深 s/ft	水尺读数 /ft	流量 /(ft³/s)	
5-16	08：40		60.99				
5-17	08：20		61.01				
5-18	08：45		61.00				
5-19	08：20		60.98				
	08：40	0	60.99				开始抽水
	08：43	3	71.2	10.2			Q=162.9 ft³/min
	08：48	8	71.2	10.6			
	08：53	13	71.3	10.8			
	09：00	20	72.3	11.3	0.79	2.70	
	10：00	80	72.6	11.6	0.79	2.70	
	11：00	140	72.8	11.8	0.79	2.70	
	11：55	195	72.8	11.8	0.80	2.75	
	12：55	255	72.8	11.8	0.80	2.75	
	13：55	315	73.0	12.0	0.80	2.75	
	14：55	375	73.2	12.2	0.80	2.75	
	15：55	435	73.2	12.2	0.80	2.75	
	16：55	495	73.2	12.2	0.80	2.75	
	18：00	560	73.2	12.2	0.80	2.75	
	18：56	616	73.3	12.3	0.80	2.75	
	19：58	668	73.4	12.4	0.80	2.75	
	20：57	737	73.4	12.5	0.80	2.75	
	22：00	800	73.5	12.5	0.80	2.75	停抽

表 9-10　抽水井和恢复井试验资料表

试验井的恢复

日期	时间	t/min	t' /min	t/t'	降深 /ft	残留降深 /ft	备注
5-19	22：00	800	0	0.0	73.5	12.5	停抽
	22：03	803	3	268.0	41.0	+20.0	
	22：08	808	8	101.0	56.0	+5.0	
	22：13	813	13	62.5	60.50	+0.5	

续表

日期	时间	t/min	t'/min	t/t'	降深/ft	残留降深/ft	备注
5-19	22:20	820	20	41.0	62.49	1.5	
	23:20	880	80	11.0	61.99	1.0	
5-20	00:20	940	140	6.7	61.79	0.80	
	01:15	995	195	5.1	61.68	0.69	
	02:15	1 055	255	4.1	61.58	0.59	
	03:15	1 115	315	3.5	61.50	0.51	
	04:15	1 175	375	3.1	61.48	0.49	
	05:15	1 235	435	2.8	61.15	0.46	
	06:15	1 295	495	2.6	61.37	0.38	
	07:20	1 360	560	2.4	61.33	0.34	
	08:16	1 416	616	2.3	61.32	0.33	
	09:08	1 418	668	2.2	61.32	0.33	
	10:17	1 527	727	2.1	61.21	0.22	
	11:20	1 600	800	2.0	61.21	0.22	

表 9-11　抽水井和恢复井试验资料表

抽水试验 No.1，观测井 No.1，$r=100$ ft

日期	时间	时间/min	埋深/ft	降深/ft	备注
5-16	08:45		61.20		
5-17	08:25		61.21		
5-18	08:40		61.21		
5-19	08:15		61.20		
	08:35		61.20		
	08:40		61.20		抽水开始
	08:45	5	61.28	0.08	
5-20	08:50	10	61.42	0.22	
	08:55	15	61.55	0.33	
	09:00	20	61.61	0.41	
	09:05	25	61.70	0.50	
	09:10	30	61.75	0.55	
	09:20	40	61.86	0.66	
	09:30	50	61.93	0.73	

续表

日期	时间	时间 /min	埋深 /ft	降深 /ft	备注
5-20	09:40	60	62.00	0.80	
	09:50	70	62.06	0.86	
	10:00	80	62.12	0.92	
	10:10	90	62.16	0.96	
	10:20	100	62.20	1.00	
	10:30	110	62.24	1.04	
	10:40	120	62.27	1.07	
	11:40	180	62.44	1.24	
	12:40	240	62.55	1.35	
	13:40	300	62.65	1.45	
	14:40	360	62.72	1.52	
	15:40	420	62.79	1.59	
	16:40	480	62.85	1.65	
	17:40	540	62.91	1.71	
	18:40	600	62.93	1.73	
	19:40	660	62.97	1.77	
	20:46	720	63.01	1.81	
	22:00	800	63.06	1.86	停抽

表 9-12 抽水井和恢复井试验资料表

观测井的恢复

日期	时间	t/min	t'/min	t/t'	降深 /ft	残留降深 /ft
5-19	22:00	800	0	0.0	63.06	1.86
	22:05	805	5	161.0	62.98	1.78
	22:10	810	10	81.0	62.84	1.64
	22:15	815	15	54.3	62.73	1.53
	22:20	820	20	41.0	62.65	1.45
	22:25	825	25	33.3	62.57	1.37
	22:30	830	30	27.7	62.52	1.32
	22:40	840	40	21.0	62.52	1.22

日期	时间	t/min	t'/min	t/t'	降深/ft	残留降深/ft
	22:50	850	50	17.0	62.35	1.15
	23:00	860	60	14.3	62.29	1.09
	23:10	870	70	12.4	62.23	1.03
5-19	23:20	880	80	11.0	62.17	0.97
	23:30	890	90	9.88	62.14	0.94
	23:40	900	100	9.00	62.10	0.90
	23:50	910	110	8.27	62.07	0.87
	24:00	920	120	7.67	62.05	0.85
	01:00	980	180	5.44	61.90	0.70
	02:00	1 040	240	4.33	61.81	0.61
	03:00	1 100	300	3.67	61.74	0.54
	04:00	1 160	360	3.22	61.69	0.49
5-20	05:00	1 220	420	2.90	61.66	0.46
	06:00	1 280	480	2.67	61.60	0.40
	07:00	1 340	540	2.48	61.56	0.36
	08:00	1 400	600	2.33	61.56	0.36
	09:00	1 460	660	2.21	61.54	0.34
	10:00	1 520	720	2.11	61.51	0.31
	11:20	1 600	800	2.00	61.49	0.29

因为试验井的影响直径不能确定,所以储水率也就确定不了。在自由含水层中,水位恢复法可能给出稍微偏高的导水系数值,但用承压含水层资料时,该方法是相当精确的。在已知或推测有边界存在的地区,使用水位恢复法必须慎重,因为边界条件的影响难以区分。

可以用水位恢复法对观测井的恢复情况进行分析,以确定 T 和 S。在半对数坐标纸上绘制 t/t' 与残留降深关系曲线(图 9-12 和表 9-9 至表 9-12)。如介绍试验井的恢复那样确定 T 值。根据观测井的恢复资料,用下列方程式可以计算储水率:

$$S = \frac{2.25Tt'/r^2}{\lg^{-1}\left[\left(s_p - s'\right)/\Delta\left(s_p - s'\right)\right]} \tag{9-24}$$

式中　　s_p——抽水期间预计到时间 t' 时的降深;

　　　　s'——在时间 t' 时的残留降深;

　　　　$s_p - s'$——在时间 t' 时所恢复的降深。

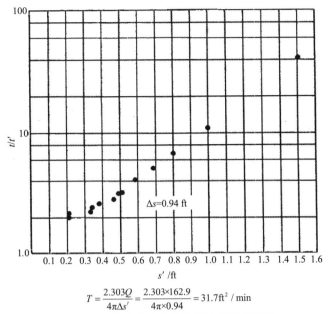

$$T = \frac{2.303Q}{4\pi\Delta s'} = \frac{2.303\times162.9}{4\pi\times0.94} = 31.7\,\text{ft}^2/\text{min}$$

图 9-11　抽水井中水位恢复法求导水系数

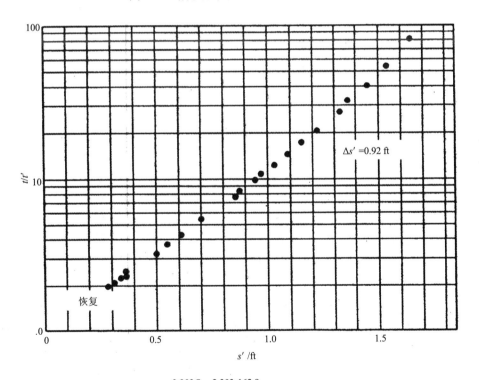

$$T = \frac{2.303Q}{4\pi\Delta s'} = \frac{2.303\times162.9}{4\pi\times0.92} = 32.1\,\text{ft}^2/\text{min}$$

$$S = \frac{2.25Tt'/r^2}{\lg^{-1}\left[(s_p - s')/\Delta\,(s_p - s')\right]} = \frac{2.25\times32.1\times\dfrac{600}{10\,000}}{\lg^{-1}(1.75/0.99)} = 0.07$$

说明：必须确定 $s_p - s' = 1.75$ 和 $\Delta(s_p - s) = 0.99$ 的半对数曲线未表示。

图 9-12　观测井中水位恢复法求导水系数和储水率

9.8 渗漏含水层解法

在足够的水头作用下,即使是明显不透水的地质物质也将是导水的,封闭承压含水层的隔水层也不例外。在两个或更多个含水层被隔水层分开的情况下,从一个含水层中抽水可能干扰相互间的水力平衡,导致含水层之间相互渗漏的增减。这种渗流也是一种边界条件。在理论上,抽水井的影响区将不断扩展,一直到由水井进入含水层的渗漏量等于井的抽水量为止。此时,影响区稳定,降深不再随时间而变化。与此相反,如果在因渗漏而失去水的含水层中抽水,那么水井的抽水量便抵消了渗漏量,因此影响区会稳定。

1946 年,Jacob 发表了一种数学解法,涉及的问题是一个承压含水层,上覆渗漏的隔水层,再上面是非承压含水层。后来由美国垦务局的 Glover,Mondy 和 Tapp 研究提出了利用一簇标准曲线进行分析的简化方法。这些曲线(图 9-13)理应与根据三个观测井的野外测量数据(表 9-13 至表 9-15)绘制的降深与时间的双对数关系曲线(图 9-14)重叠,且表 9-13 至表 9-15 仅列出了试验数据的部分记录。这种曲线的拟合方法与前面使用泰斯标准曲线的步骤相似。将 s 和 t 值代入下列方程式:

$$u = \frac{s}{\dfrac{Q}{2\pi KM}} \tag{9-25}$$

当 $u=1$ 时,可将式(9-25)写成:

$$s = \frac{Q}{2\pi KM}$$

此外,因为 $T=KM$,故可将式(9-25)写成:

$$T = \frac{Qu}{2\pi s}$$

同样地,

$$\eta = t\frac{K'}{SM'} \tag{9-26}$$

当 $\eta=1$ 时,可将式(9-26)写成:

$$t = \frac{SM'}{K'}$$

上述方程式的各项在图 9-15 中做了说明。

曲线簇中的每一条曲线都有一个 x 值,如图 9-13 所注。在找到数据曲线与标准曲线之间的最佳拟合,而且已经得到 s 和 t 值时,记下拟合的那条标准曲线的 x 值。如果拟合位于标准曲线之间,则 x 值以内插法确定。x 值与 r,K',T 和 M' 有关,关系式为

$$x = r\sqrt{\frac{K'}{TM'}} \tag{9-27}$$

或

$$\frac{K'}{M} = T\left(\frac{x}{r}\right)^2$$

因为 T，x 和 r 已知，所以根据式（9-27）可以计算 $\dfrac{K'}{M}$ 值；然后，当 $\eta=1$ 时，通过解式（9-26）计算 S。如果大体知道 M'，则可以计算 K'。

利用表 9-13 至表 9-15、图 9-13 和图 9-14 的数据，按本节中的资料，某一实例的计算如下：

抽水流量 $Q=600$ ft³/min 或 10 ft³/s

与 1 号观测井的 s-t 关系曲线拟合的标准曲线的 x 值 $x_1=0.04$

2 号观测井的 x 值 $x_2=0.08$

3 号观测井的 x 值 $x_3=0.16$；$M'=6.1$ m（20 ft）

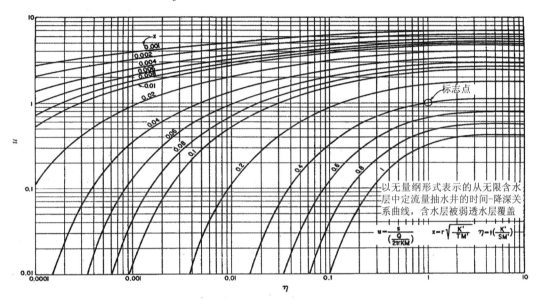

图 9-13　渗漏含水层标准曲线

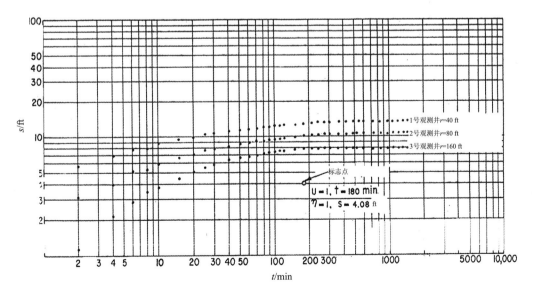

图 9-14　求解渗漏层导水系数、储水率和渗透系数的越流含水层标准曲线

表 9-13 确定渗漏含水层特性的抽水试验资料表

工程：Texas Hill 降深用测钟测量

特征：Salt Flat 排水方案 在抽水井以北 40 ft 处

位置：SW 角以北 200 ft

抽水试验 No.1，观测井 No.1

日期	时间	历时 /min	埋深 /ft	降深 s/ft	备注
8-24	10:50	0	26.59	0	
8-25	10:55	0	26.58	0	
	10:45	0	26.59	0	静止水位
	11:00	0	26.59	0	抽水
	11:02	2	32.24	5.65	
	11:04	4	33.55	6.96	
	11:06	6	34.31	7.72	
	11:08	8	34.59	8.00	
	11:10	10	35.30	8.71	8 月 28 日 16 时停抽
	11:15	15	36.06	9.47	
	11:20	20	36.58	9.99	
	11:25	25	36.94	10.35	
	11:30	30	37.29	10.70	
8-26	11:40	40	37.73	11.14	平均排水量
	11:50	50	38.05	11.46	=4 488 gal/min
	12:00	60	38.21	11.62	=600 ft³/min
	12:10	70	38.45	11.86	
	12:20	80	38.61	12.02	
	12:30	90	38.85	12.36	
	12:40	100	38.92	12.33	
	12:50	110	38.96	12.37	
	13:00	120	39.00	12.41	
	13:30	150	39.28	12.69	
	14:00	180	39.44	12.85	
	14:30	210	39.68	13.09	
	15:00	240	39.72	13.13	
	15:30	270	39.84	13.25	

日期	时间	历时 /min	埋深 /ft	降深 s/ft	备注
8-26	16:00	300	39.92	13.33	
	17:00	360	39.96	13.37	
	18:00	420	40.00	13.41	

表 9-14　确定渗漏含水层特性的抽水试验资料表

工程：Texas Hill　　　　　　　　　　　　降深用测钟测量

特征：Salt Flat 排水方案　　　　　　　　在抽水井以北 80 ft 处

位置：SW 角以北 240 ft

抽水试验 No.1，观测井 No.2

日期	时间	历时 /min	埋深 /ft	降深 s/ft	备注
8-24	10:45		26.54	0	
8-25	10:50		26.54	0	
	10:40		26.54	0	静止水位
	11:00	0	26.54	0	抽水
	11:02	2	29.64	3.10	
	11:04	4	30.56	4.02	
	11:06	6	31.59	5.05	
	11:08	8	31.83	5.29	
	11:10	10	32.51	5.97	8 月 28 日 16 时停抽
	11:15	15	33.26	6.72	
	11:20	20	33.70	7.16	
8-26	11:25	25	34.14	7.60	
	11:30	30	34.50	7.96	
	11:40	40	34.90	8.36	平均排水量
	11:50	50	35.17	8.63	=4 488 gal/min
	12:00	60	35.45	8.91	=600 ft³/min
	12:10	70	35.73	9.19	
	12:20	80	35.85	9.31	
	12:30	90	36.01	9.47	
	12:40	100	36.09	9.55	
	12:50	110	36.17	9.63	

续表

日期	时间	历时 /min	埋深 /ft	降深 s/ft	备注
	13:00	120	36.29	9.75	
	13:30	150	36.49	9.95	
	14:00	180	36.61	10.07	
	14:30	210	36.73	10.19	
8-26	15:00	240	36.81	10.27	
	15:30	270	36.89	10.35	
	16:00	300	36.93	10.39	
	17:00	360	36.93	10.34	
	18:00	420	36.96	10.42	

表 9-15　确定渗漏含水层特性的抽水试验资料表

工程：Texas Hill　　　　　　　　　　　　　　降深用测钟测量

特征：Salt Flat 排水方案　　　　　　　　　　在抽水井以北 160 ft 处

位置：SW 角以北 320 ft

抽水试验 No.1,观测井 No.3

日期	时间	历时 /min	埋深 /ft	降深 s/ft	备注
8-24	10:40		26.60	0	
8-25	10:45		26.61	0	
	10:35		26.60	0	
	11:00	0	26.60	0	抽水
	11:02	2	27.71	1.11	
	11:04	4	28.75	2.15	
	11:06	6	29.46	2.86	
	11:08	8	30.06	3.46	
8-26	11:10	10	30.38	3.78	8月28日16时停抽
	11:15	15	31.18	4.58	
	11:20	20	31.69	5.09	
	11:25	25	32.09	5.49	
	11:30	30	32.45	5.85	
	11:40	40	32.97	6.37	平均排水量
	11:50	50	32.24	6.64	=4 488 gal/min
	12:00	60	33.40	6.80	=600 ft³/min

续表

日期	时间	历时 /min	埋深 /ft	降深 s/ft	备注
8-26	12:10	70	33.56	6.96	
	12:20	80	33.76	7.16	
	12:30	90	33.96	7.36	
	12:40	100	34.04	7.44	
	12:50	110	34.12	7.52	
	13:00	120	34.16	7.56	
	13:30	150	34.24	7.64	
	14:00	180	34.48	7.88	
	14:30	210	34.52	7.92	
	15:00	240	34.56	7.96	
	15:30	270	34.56	7.96	
	16:00	300	34.56	7.96	
	17:00	360	34.55	7.95	
	18:00	420	34.56	7.96	

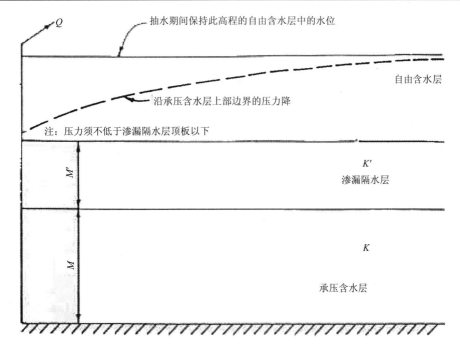

图 9-15　渗漏含水层的说明

K—承压含水层的渗透系数;M—承压含水层的厚度;$T=KM$—承压含水层的导水系数;K'—渗漏隔水层的垂直渗透系数;

M'—渗漏隔水层的厚度;$\dfrac{K'}{M'}$—越流系数;Q—井的流量;S—承压含水层的储水率,无量纲

图 9-14 上的标志点为

$$u=1, \eta=1, t=180 \text{ min}, s=4.08 \text{ ft}$$

$$T = \frac{Qu}{2\pi s} = \frac{600 \times 1}{2\pi \times 4.08} = 23.4 \text{ ft}^2 / \text{min}$$

$$x_1 = r_1 \sqrt{\frac{K'}{TM'}} \ \text{或} \ \frac{K'}{M'} = \frac{Tx_1^2}{r_1^2}$$

$$\frac{K'}{M'} = \frac{23.4 \times 0.04^2}{40^2} = 2.34 \times 10^{-5} / \text{min}$$

$$S = \frac{tK'}{M} = 180 \times 2.34 \times 10^{-5} = 0.004$$

如果含水层被其他一些含水层上覆和下伏,而这些含水层又被隔水层分开,则假设的 M' 值可能有误差,且不可能将每一个含水层的作用分开。因此,所计算的越流系数 K'/M' 是两层的综合值。

在自由含水层中,延迟排水可能导致 s 与 t 的双对数关系曲线与根据渗漏含水层绘制的数据曲线相似。在延迟排水的极个别情况下,为了区别这两种情况,可能需要进行几周的抽水,从经济观点来考虑,这样漫长的试验时间一般是不合算的。因此,必须把对短期试验成果的判断、已知和推断的含水层条件以及水井结构细节作为分析的基础。

此外,横向边界条件的存在可能对降深曲线有更大的影响,致使可靠地解释含水层条件和计算含水层特征参数实际上成为不可能。

9.9 定降深解法

迄今为止所讨论的含水层试验方法,一直都基于利用水井的定流量和变降深。在某些条件下(如自流井),以变流量和定降深对水井进行试验是比较简单的。这可以通过停止排水,一直到井内的压力稳定,然后恢复排水来实现。在此排水期间,定期地记下涌水量。

Jacob 和 Lohman 导出了这类试验的方程式,包括用直线近似解法确定 T 和 S:

$$T = \frac{2.303}{4\pi\Delta\dfrac{s_w}{Q} / \Delta \lg \dfrac{t}{r_w^2}} \tag{9-28}$$

式中 T——导水系数,量纲为 L^2/t;

       s_w——定降深,量纲为 L(静止水头与套管顶部或排水阀中心之间的水位差,以英尺表示);

       Q——在选定的时间间隔内的加权平均涌水量,量纲为 L^3/t;

       t——自试验开始经过的时间,量纲为 t;

       r_w——井的半径,量纲为 L;

       $\Delta\dfrac{s_w}{Q}$——在一段时间内,$\dfrac{s_w}{Q}$ 比值的变化,量纲为 $1/L^2$;

$\Delta \lg \dfrac{t}{r_w^2}$——在一段时间内，$\dfrac{t}{r_w^2}$ 以 10 为底的对数值的变化。

表 9-16 列出了定降深试验和直线解法的资料。在表 9-16 中，第①栏表示测量时间；第②栏表示第③栏所列的时间间隔内的平均涌水量；第④栏表示在该时间间隔内的总出水量；第⑤栏表示自排水开始经过的时间；第⑥栏是定降深除以第②栏中的涌水量；第⑦栏是第⑤栏中所列的时间除以水井半径的平方。

在直线解法中，$\dfrac{s_w}{Q}$ 值以算术坐标标出，相应时间的 $\dfrac{t}{r_w^2}$ 值以对数坐标标出。然后，通过这些点适当地连成一条直线，如图 9-16 所示。

确定一个 $\dfrac{t}{r_w^2}$ 对数周内的 $\dfrac{s_w}{Q}$ 值的变化，使其等于 $\Delta \dfrac{s_w}{Q}$。在图 9-16 的实例中，$\Delta \dfrac{s_w}{Q} = 18.40 - 15.38 = 3.02\ \text{ft·min/gal}$。必须将测量值转换成统一的单位，代入式（9-28）中得出 T 值（ft²/min），具体如下：

$$T = \frac{2.303}{4\pi \Delta \dfrac{s_w}{Q} / \Delta \lg \dfrac{t}{r_w^2}} = \frac{2.303}{\dfrac{4\pi \times 22.59}{1}} = 0.008\ \text{ft}^2/\text{min}$$

如果已知 r_w，则可以将图上的直线延长，与 $\dfrac{s_w}{Q}$ 轴（即 $\dfrac{s_w}{Q} = 0$）相交，据下列方程式计算 S：

$$S = 2.25T \frac{t}{r_w^2}$$

在涌水停止以后，通过水位恢复测量可以粗略地验算导水系数 T。式（9-22）和式（9-23）以及涌水期间的加权平均涌水量常与水位恢复资料一起使用。

表 9-16　定降深试验资料

科罗多拉州 Grand Junction 附近高水头自流井涌水试验野外资料，1948 年 9 月 22 日（上午 10 时 29 分开阀门，s_w=92.33 ft，r_w=0.276 ft）据 Lohman 资料（1965，表 6 和 7，28 号井）

①	②	③	④	⑤	⑥	⑦
测量时间	流量 /（gal/min）	水流时间间隔 /min	时间间隔内的总流量 /gal	自水流开始流动的时间 /min	$\dfrac{s_w}{Q}$（ft·min/gal）	$\dfrac{t}{r_w^2}$（min/ft²）
10：30	7.28	1	7.28	1	12.7	13.1
10：31	6.94	1	6.94	2	13.3	26.3
10：32	6.88	1	6.88	3	13.4	39.4
10：33	6.28	1	6.28	4	14.7	52.6
10：34	6.22	1	6.22	5	14.8	65.7
10：35	6.22	1	6.22	6	15.1	78.8
10：37	5.95	2	11.90	8	15.5	105
10：40	5.85	3	17.55	11	15.8	145
10：45	5.66	5	28.30	16	16.3	210

续表

①	②	③	④	⑤	⑥	⑦
10:50	5.50	5	27.50	21	16.8	276
10:55	5.34	5	26.70	26	17.3	342
11:00	5.34	5	26.70	31	17.3	407
11:10	5.22	10.5	54.81	41.5	17.7	345
11:20	5.14	9.5	48.83	51	18.0	670
11:30	5.11	10	51.10	61	18.1	802
11:45	5.05	15	75.75	76	18.3	999
12:00	5.00	15	75.00	91	18.5	1 190
12:12	4.92	12	59.04	103	18.8	1 354
12:22	4.88	10	53.68	113	18.9	1 485
总计①		114	596.98			

注：① 596.98 gal/114 min=5.23 gal/min，加权平均涌水量。

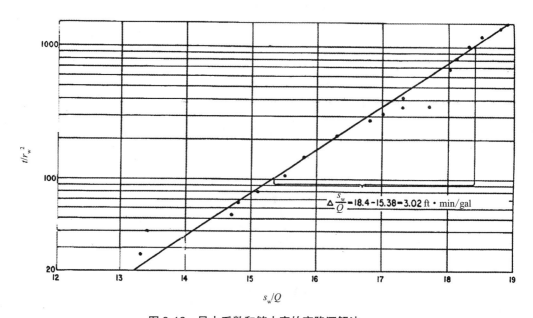

图 9-16　导水系数和储水率的定降深解法

9.10　延迟排水解法

自由含水层对抽水井的早期反应,主要取决于各向异性程度。在这样的含水层中进行持续时间短的试验可能是不可靠的,因为有由各向异性造成的延迟排水的影响。常见的 t 与 s 的双对数关系曲线可能出现陡峭的初始坡度,随后是平缓部分,接着是另一短斜坡。曲线的一般形状呈拉长的 S 形(见表 9-17 和图 9-17)。曲线的开始部分可能受下述的几个或所有因素的影响：

　　（1）由延迟排水造成的储水率的改变；

　　（2）由于压力减小而造成的潜水面以下的水的膨胀；

　　（3）垂直的水流分量；

　　（4）因降深增大使饱水带减薄；

　　（5）观测井的延迟排水；

　　（6）含水层的非均一性。

　　在这些因素存在的情况下，观测井的 s 与 t 的双对数关系曲线与渗漏含水层的试验数据曲线相似，只是降深很难像渗漏含水层的情况那样随时间而稳定。

　　受延迟排水影响的数据曲线的初始部分，有可能与泰斯标准曲线十分吻合，给出合理而可靠的 T 值；但 S 值则可能很小，以致和承压含水层的变化范围一样。抽水继续进行，影响区和降深的增长以对数比率减小，延迟排水有赶上这一段反应的趋势，结果造成数据曲线的相对平滑。最后，这些变化因素达到平衡，形成最终的坡降。根据此坡降，再利用泰斯非稳定流方程式可以计算出可靠的 T 和 S 值。然而，这种解法可能要求抽水持续很长的时间，并且反复验算的过程很冗长。

表 9-17　俄亥俄州 Fairborn 水井经过整理的延迟给水分析野外资料（据 Lohman，1972 年）

自抽水开始算起的时间 t/min	校正降深 s/ft	自抽水开始算起的时间 t/min	校正降深 s/ft	自抽水开始算起的时间 t/min	校正降深 s/ft
0.165	0.12	2.65	0.92	80	1.28
0.25	0.195	2.80	0.93	90	1.29
0.34	0.255	3.00	0.94	100	1.31
0.42	0.33	3.50	0.95	120	1.36
0.50	0.39	4.00	0.97	150	1.45
0.58	0.43	4.50	0.975	200	1.52
0.66	0.49	5.00	0.98	250	1.59
0.75	0.53	6.00	0.99	300	1.65
0.83	0.57	7.00	1.00	350	1.70
0.92	0.61	8.00	1.01	400	1.75
1.00	0.64	9.00	1.015	500	1.85
1.08	0.67	10.00	1.02	600	1.95
1.16	0.70	12.00	1.03	700	2.01
1.24	0.72	15.00	1.04	800	2.09
1.33	0.74	18.00	1.05	900	2.15
1.42	0.76	20.00	1.06	1 000	2.20
1.50	0.78	25.00	1.08	1 200	2.27
1.68	0.82	30.00	1.13	1 500	2.35

自抽水开始算起 的时间 t/min	校正降深 s/ft	自抽水开始算起 的时间 t/min	校正降深 s/ft	自抽水开始算起 的时间 t/min	校正降深 s/ft
1.85	0.84	35.00	1.15	2 000	2.49
2.00	0.86	40.00	1.17	2 500	2.59
2.15	0.87	50.00	1.19	3 000	2.66
2.35	0.90	60.00	1.22		
2.50	0.91	70.00	1.25		

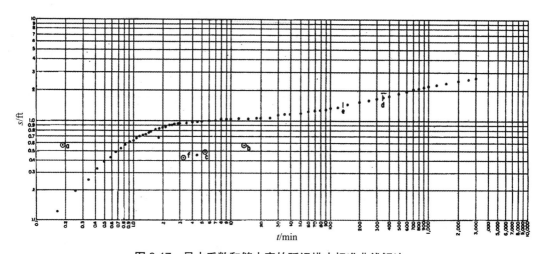

图 9-17　导水系数和储水率的延迟排水标准曲线解法

Boulton(1955 年, 1964 年)导出了研究延迟排水影响的方程式；Prickett(1965 年)和 Stallman(1963 年)在 Boulton 工作的基础上进行了改进,使方程更适用于实际应用。Neuman(1975 年)导出了延迟排水的典型曲线。Boulton 方程式的简化形式为

$$s = \frac{Q}{4\pi T} W\left(u_{a(y)} \frac{r}{M}\right) \tag{9-29}$$

$$u_a = \frac{r^2 S}{4Tt} \tag{9-30}$$

$$u_y = \frac{r^2 S_y}{4Tt} \tag{9-31}$$

$$d = \frac{\left(\dfrac{r}{M}\right)^2 \dfrac{1}{u_a}}{4t} \quad \text{(A型曲线)} \tag{9-32}$$

$$d = \frac{\left(\dfrac{r}{M}\right)^2 \dfrac{1}{u_y}}{4t} \quad \text{(Y型曲线)} \tag{9-33}$$

式中(以统一的单位)　s——距离为 r、时间为 t 时的降深,量纲为 L；

　　　　　　　　　Q——抽水流量,量纲为 L^3/t；

T——导水系数,量纲为 L^2/t;

$W(u_{a(y)}\dfrac{r}{M})$ ——当 η 趋于无穷大时 u 的井函数;

t——自抽水开始算起的时间,量纲为 t;

r——观测井距试验井的距离,量纲为 L;

S——早期的储水率(无量纲);

S_y——实际的给水度或储水率(无量纲);

d——延迟系数的倒数,量纲为 t;

$\eta = \dfrac{S + S_y}{S}$ (无量纲);

M——含水层厚度,量纲为 L。

在图 9-18 上,标准曲线是由两簇曲线组成的,r/M 值的左侧为 A 型曲线,r/M 值的右侧为 Y 型曲线。

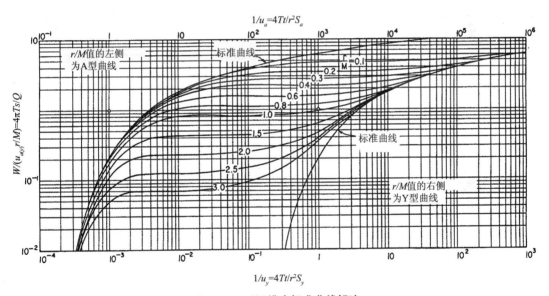

图 9-18 延迟排水标准曲线解法

当含水层的反应符合泰斯的非稳定流假设时,A 型曲线适用于抽水早期,Y 型曲线适用于抽水晚期。标准曲线的上方表示 $1/u_a$ 值,而 $1/u_y$ 值位于下方。

现在我们讨论利用标准曲线求 T,S,S_y, η 和 d 以及延迟系数(即 d 的倒数)的方法。

将野外数据 s 和 t(表 9-17)绘在与标准曲线比例尺相同的双对数坐标纸(图 9-17)上。该时间 - 降深曲线与显示在图 9-18 上的两簇自由含水层标准曲线类似。把野外数据曲线图重叠在标准曲线图上,保持两张图的坐标轴平行,并将其沿水平和垂直方向移动,直到找出 A 型标准曲线的最佳拟合。如果必要的话,则以内插法确定其位置及介于标准曲线之间的 r/M 值,并记下与标准曲线拟合的 r/M 值。在此拟合位置上,找出标准曲线与数据曲线的一部分重叠,所选的点就能位于标准曲线上的任何地方。两者共有的拟合点的坐标值是 s,

$1/u_a$，$W(u_{a(y)}r/M)$ 和 t。将这些数值代入式（9-29）确定 T，然后用确定的 T 值和拟合点的 $1/u_a$ 和 t 值用式（9-30）计算 S_a。

将这些曲线沿水平方向相互相对移动，并尽量使后期的野外数据曲线与 Y 型曲线拟合。Y 型曲线所用的 r/M 值应该与拟合 A 型曲线所用的相同。同样，对野外数据曲线与标准曲线进行拟合，将拟合点的坐标 s，$1/u_y$，$W(u_{a(y)}r/M)$ 和 t 代入式（9-29）和式（9-31），确定 T 和 S_y。T 值是利用式（9-29）以及坐标 $W(u_{a(y)}r/M)$ 和 s 计算出的，此 T 值应该与用早期数据拟合得到的 T 值近似。S_y 是按式（9-31）用 T 的计算值以及后期拟合的 $1/u_y$ 和 t 的坐标确定的。

将后期的 r/M 值，拟合点的坐标 $1/u_a$ 和 t 代入式（9-32）计算延迟系数的倒数 d。如果 $\eta=(S+S_y)/S>6.5$，则所确定的含水层特征值的可靠性可能是令人满意的，不论对降深和井的不完整性是否进行了 Jacob 校正。如果 $\eta<6.5$，且没进行校正，则必须对其进行计算，绘制新的数据曲线，重新计算含水层的特征值。如果重新计算的结果 $\eta>6.5$，则新值对大多数用途来说，可能都是足够可靠的。然而，如果 η 仍然小于 6.5，则必须运用 Boulton 方程式求解。

作为延迟排水解法的一个实例，图 9-17 与图 9-18 上的 A 型曲线拟合。在标准曲线图上 $\dfrac{1}{u_a}=1$，$W\left(u_{a(y)}\dfrac{r}{M}\right)=1$ 的地方，s=0.56 ft，t=0.18 min。此外，试验资料表明，Q=144.4 ft³/min，r=73 ft。将这些相应的值代入式（9-29），则有

$$0.56=\frac{144.4\times1}{12.57\times T},\quad T=20.5\ \text{ft}^2/\text{min}$$

对式（9-30），当 u_a=1，r=73 ft，t=0.18 min，T=20.5 ft²/min 时，有

$$S=\frac{4\times20.5\times0.18}{73^2}=0.003$$

将数据曲线向右移至后期的拟合处，在标准曲线图上 $W(u_{a(y)}\dfrac{r}{M})$=1 和 $\dfrac{1}{u_y}$=1 处，将这些相应的值代入式（9-29），T 值不变，但用式（9-31），有

$$S_y=\frac{4\times20.5\times13.8}{73^2\times1}=0.21$$

9.11 含水层边界条件的确定

稳定流方程式是以含水层分布面积无限延伸的概念为基础，但这种情况显然是不存在的。在一个或更多个方向上有受限制的边界（见 9.2 节），使方程式的应用变得复杂。适当地确定映象井的位置，用以在水力上模拟这些边界引起的水流动态，就可以把水力系统作为区域上无限延伸的含水层来进行分析。

尽管大多数边界都不是突变的，也不沿直线分布，但是通常可以把它们作为沿直线突变来处理。距抽水井越远的边界，对降深的影响越小，开始对降深造成影响所需的时间越长。

图 9-19 和图 9-20 表明了边界与映象井的关系。

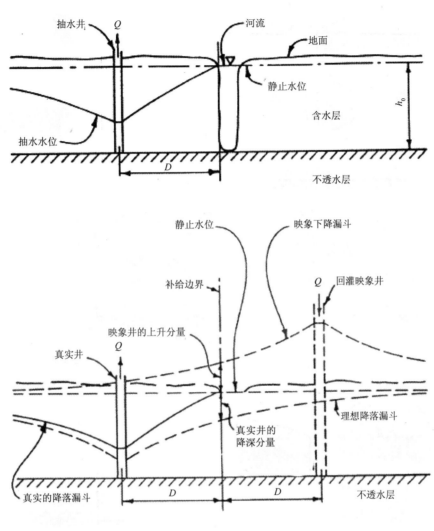

图 9-19　补给边界和映象井的关系

（据美国地质调查局）

图 9-19 用图解方法说明了一种补给边界,含水层的一侧以安全穿透含水层的河流为界。因为降落漏斗不断扩展,最终与边界相遇,所以漏斗扩展的速度和抽水井中降深的下降速度都减慢了。随着抽水的延续,降落漏斗沿河流扩展,一直到水井所接收的补给主要来自河流时为止。

为了分析补给边界的影响,在补给边界的另一侧假设一个回灌映象井,且真实井和回灌映象井到补给边界的距离相等。映象井以与真实井抽水量相同的流量向含水层补给水。因此,由映象井抬高的水位抵消了真实井在边界造成的降深,这就满足了问题的限制条件。

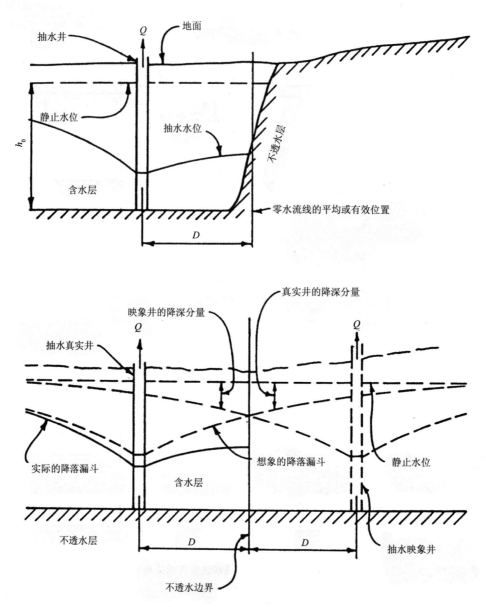

图 9-20　不透水边界与映象井的关系
（据美国地质调查局）

　　在野外实际条件下,河床很少有完全穿透含水层的,由于细粒物质所组成的河床的部分堵隔,使河流与含水层之间的水力连续性受到限制。然而,这种与理想条件的偏差不过使边界趋向于远离抽水井而已。

　　同样,图 9-20 是不透水边界的情况,表示使不透水物质与含水层接触的断层。在这种情况下,没有水流横越边界。在边界的对面,距真实抽水井同样距离处,假设一个抽水映像井,且映像井的抽水流量与真实井相同。从理论上来讲,沿着真实井和映像井下降漏斗相交的界线,会形成地下水的分水岭。这和问题的限制条件是相符的。

　　为了解决与映像井有关的问题,利用在 5.20 节中叙述的叠加原理。这种方法指出,当两个或更多个下降漏斗相互干涉或重叠时,对与研究点有关的各个降深进行数学相加,可以确定综合降深。图 9-19 和图 9-20 表示了真实井和映像井各自的理论降深,也表示了综合或实际降深。

　　在很多情况下,有足够的地质和水文资料就可以预测边界距水井的距离和方向。在得不到这类资料的情况下,必须分析水井的影响。综合的下降漏斗所具有的典型形状,与边界的类型有关,它可能有助于分析边界条件。通过对泰斯的标准曲线解(见 9.4 节)或 Jacob 的近似解(见 9.5 节)进行分析,可以在识别标准、预测边界的距离和方向等方面提供条件。

　　因为直线坡降的变化通常比双对数曲线的变化容易识别,所以对大多数分析来说,近似方法是有利的。有些数据曲线在区分补给边界、渗漏含水层或延迟排水条件时可以看出问题。Lohman(1972 年)提出了一套给排水的曲线,可使用双对数曲线计算导水系数或储水率(图 9-21)。

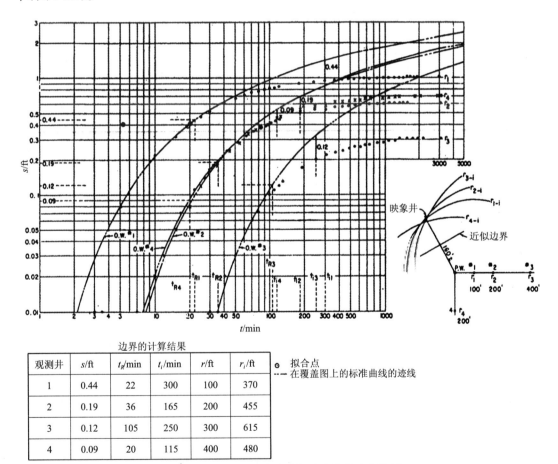

观测井	s/ft	t_R/min	t_i/min	r/ft	r_i/ft
边界的计算结果					
1	0.44	22	300	100	370
2	0.19	36	165	200	455
3	0.12	105	250	300	615
4	0.09	20	115	400	480

⊕ 拟合点
--- 在覆盖图上的标准曲线的迹线

图 9-21　通过标准曲线分析确定补给边界位置

9.11.1　通过标准曲线分析确定边界位置

　　图 9-21 表示具有补给边界时标准曲线和观测井实际资料之间的关系,图 9-22 表示不透水边界的类似关系。这两个图是根据部分转载于表 9-18 至表 9-21 中的列表资料绘制的。图 9-21 表示绘在双对数坐标纸上的 s 和 t 的关系曲线,而图 9-22 则表示绘在双对数坐标纸上的 s 和 $1/t$ 的关系曲线,这是两种不同曲线的绘制方法,两种方法都可以使用。

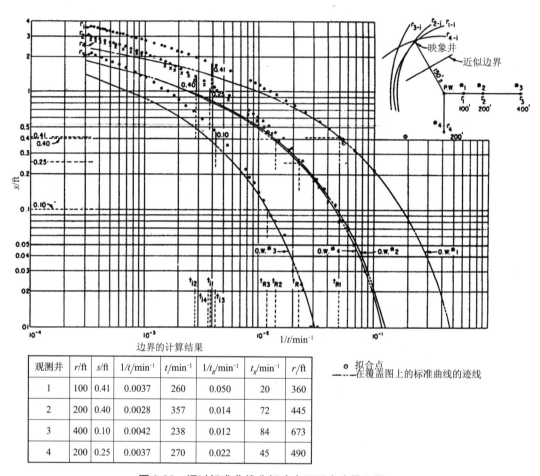

边界的计算结果

观测井	r/ft	s/ft	$1/t$/min^{-1}	t/min^{-1}	$1/t_R$/min^{-1}	t_R/min	r/ft
1	100	0.41	0.0037	260	0.050	20	360
2	200	0.40	0.0028	357	0.014	72	445
3	400	0.10	0.0042	238	0.012	84	673
4	200	0.25	0.0037	270	0.022	45	490

⊙ 拟合点
----- 在覆盖图上的标准曲线的迹线

图 9-22　通过标准曲线分析确定不透水边界位置

　　为了确定抽水井距边界的距离,将数据曲线与标准曲线进行拟合,如图 9-21 和图 9-22 所示。然后,依次读出数据,①记下任一时间 t_i 的标准曲线与数据曲线之间的降深差 s_i;②将这一差值绘在 s 轴上,在 s_i 值与标准曲线相交的地方记下时间 t_R。t_i 和 t_R 值分别为映像井和真实井造成同等降深所需的时间。在图 9-21 上,1 号观测井距试验井的距离为 30 m(100 ft),当 t_i=300 min 时, s_i=0.134 m(0.44 ft)。将 s_i=0.134 m(0.44 ft)移至图的 s 轴上,横向与标准曲线相交的读数为 t_R=22 min。时间值的关系为

$$\frac{r_i^2}{t_i} = \frac{r_R^2}{t_R}$$

$$(9\text{-}34)$$

表 9-18 确定补给边界的抽水试验资料表

工程:Tongue Valley   流量用 7×10 英寸孔板流量测量

特征:抽水试验,地区 1   降深用电子测深仪测量

位置:SW 角以东 1280 ft,T.25 N,R.16 W   基准点在套管接箍北缘

抽水试验 No.1,抽水井

日期	时间	埋深 /ft	降深 s/ft	开始时间 / min	压力表读数 / in	流量 / (gal/min)	备注
2-14	11:30	38.42					
2-15	11:20	38.47					
2-16	11:35	38.53					
2-17	11:25	38.59					
	07:10	38.64[①]					
	08:05	38.64	0.00	0			开始抽水
	08:07	42.36	3.72	2	34.5	1 230	
	08:09	42.67	4.03	4	34.0	1 220	
	08:11	42.85	4.21	6	34.0	1 220	
	08:13	42.97	4.33	8	34.0	1 220	
	08:15	43.09	4.45	10	33.7	1 214	2 月 20 日 11 时 15 分停抽
	08:20	43.27	4.63	15	33.7	1 214	
	08:25	43.39	4.75	20	33.4	1 208	
	08:30	43.49	4.85	25	33.5	1 210	
	08:35	43.55	4.91	30	33.5	1 210	平均流量 1 210 gal/min
2-18	08:45	43.67	5.03	40	33.4	1 208	
	08:55	43.75	5.11	50	33.4	1 208	
	09:05	43.80	5.16	60	33.6	1 212	
	09:15	43.85	5.21	70	33.5	1 210	
	09:25	43.89	5.25	80	33.4	1 208	
	09:35	43.90	5.26	90	33.5	1 210	
	09:45	43.94	5.30	100	33.5	1 210	
	10:05	43.97	5.33	120	33.5	1 210	
	11:05	44.03	5.39	180	33.5	1 210	
	12:05	44.06	5.42	240	33.6	1 212	
	13:05	44.09	5.45	300	33.7	1 214	

日期	时间	埋深/ft	降深 s/ft	开始时间/min	压力表读数/in	流量/(gal/min)	备注
2-18	14:05	44.12	5.48	360	33.8	1 216	修正抽水量值
	15:05	44.15	5.51	420	33.5	1 210	
	16:05	44.14	5.50	480	33.5	1 210	
	17:05	44.14	5.50	540	33.5	1 210	

注:①静止水位。

表 9-19　确定补给边界的抽水试验资料表

工程:Tongue Valley　　　　　　　　　　　　降深用电子测钟测量

特征:抽水试验,地区 1　　　　　　　　　　　基准点在套管接箍西缘

位置:地段 10,抽水井以北 100 ft,T.25 N,R.16 W

抽水试验 No.1,观测孔 No.1,r=100 ft

日期	时间	埋深/ft	降深 s/ft	校正值①	校正降深/ft	开始时间/min	备注
2-14	11:25	38.39					
2-15	11:15	38.44					
2-16	11:30	38.50					
2-17	11:20	38.56					
2-18	07:05	38.61②					
	08:05	38.61	0.00			0	开始抽水
	08:10	38.69	0.08			5	
	08:20	38.83	0.22			10	
	08:25	38.93	0.32			15	
	08:30	39.02	0.41			20	
	08:35	39.08	0.47			25	2 月 20 日 11 时 15 分停抽
	08:45	39.14	0.53			30	
	08:55	39.22	0.61			40	
	09:05	39.28	0.67			50	
	09:15	39.32	0.71			60	
	09:25	39.36	0.75			70	
	09:35	39.39	0.78			80	
	09:45	39.41	0.80			90	
	09:55	39.43	0.82			100	
	10:05	39.44	0.83			110	
	11:05	39.46	0.85			120	

续表

日期	时间	埋深 /ft	降深 s/ft	校正值①	校正降深 /ft	开始时间 /min	备注
	12:05	39.50	0.89	0.01	0.90	180	
	13:05	39.54	0.93	0.01	0.93	240	
	14:05	39.55	0.94	0.01	0.95	300	
	15:05	39.55	0.94	0.02	0.96	360	
2-18							
	16:05	39.56	0.95	0.02	0.97	420	
	17:05	39.59	0.96	0.02	0.98	480	
	18:05	39.59	0.96	0.02	0.98	540	
	19:05	39.57	0.96	0.03	0.99	600	
	20:05	39.57	0.96	0.03	0.99	660	

注:①抬高的静止水位。
②静止水位。

表 9-20 确定不透水边界的抽水试验资料表

工程:Dry Lake   流量用 7×10 英寸孔板流量测量
特征:Playa Reservoir   降深用电子测深仪测量
位置:西南 1/4 地段 10, T.4 N,R.21E   基准点在套管接箍北缘

抽水试验 No.1,抽水井

日期	时间	埋深 /ft	降深 s/ft	压力表读数 /in	流量 / (gal/min)	开始时间 /min	备注
7-15	08:10	30.90					
7-16	08:15	30.91					
7-17	08:10	30.90					
	08:40	30.90①					
	09:00					0	开始抽水
	09:02	34.20	3.30	34.0	1 220	2	7 月 21 日 9 时 00 分停抽
	09:04	34.90	4.00	34.5	1 230	4	
	09:06	35.00	4.10	34.0	1 220	6	
	09:08	35.20	4.30	34.0	1 220	8	
7-18	09:10	35.30	4.40	33.7	1 214	10	平均流量 1 220 gal/min
	09:15	35.40	4.50	33.7	1 214	15	
	09:20	35.60	4.70	33.4	1 208	20	
	09:25	35.70	4.80	33.5	1 210	25	
	09:30	35.80	4.90	33.5	1 210	30	
	09:40	35.90	5.00	33.5	1 210	40	

续表

日期	时间	埋深 /ft	降深 s/ft	压力表读数 /in	流量 /（gal/min）	开始时间 /min	备注
7-18	09:50	36.00	5.10	33.5	1 210	50	
	10:00	36.10	5.20	33.5	1 210	60	
	10:10	36.20	5.30	33.5	1 210	70	
	10:20	36.30	5.40	33.5	1 210	80	
	10:30	36.40	5.50	33.5	1 210	90	
	10:40	36.50	5.60	33.5	1 210	100	
	11:00	36.60	5.70	33.4	1 208	120	
	12:00	36.90	6.00	33.4	1 208	180	
	13:00	37.10	6.20	33.5	1 210	240	
	14:00	37.30	4.50	33.6	1 212	300	
	15:00	37.40	4.70	33.6	1 212	360	
	16:00	37.50	4.80	33.5	1 210	420	
	17:00	37.60	4.90	33.5	1 210	480	修正抽水量值
	18:00	37.70	5.00	33.5	1 210	540	
	19:00	37.80	5.10	33.5	1 210	600	
	20:00	37.90	5.20	33.5	1 210	660	

注:①静止水位。

表 9-21 确定不透水边界的抽水试验资料表

工程:Dry Lake　　　　　　　　　　　　　　　　　降深用电子测钟测量
特征:Playa Reservoir　　　　　　　　　　　　　基准点在套管接箍西缘
位置:西南 1/4 地段 10,T.4 N,R.21E

抽水试验 No.1, 观测井 No.1,r=100 ft(抽水井以北)

日期	时间	埋深 /ft	降深 s/ft	开始时间 /min	备注
7-15	08:15	30.87			
7-16	08:20	30.87			
7-17	08:15	30.88	0.00		

续表

日期	时间	埋深 /ft	降深 s /ft	开始时间 /min	备注
7-18	08:30	30.88①			
	09:00			0	开始抽水
	09:05	30.96	0.08	5	
	09:10	21.10	0.22	10	
	09:15	31.20	0.32	15	
	09:20	31.29	0.41	20	7月21日9时00分停抽
	09:25	31.37	0.49	25	
7-18	09:30	31.44	0.56	30	
	09:40	31.55	0.67	40	
	09:50	31.65	0.77	50	
	10:00	31.73	0.85	60	
	10:10	31.83	0.95	70	
	10:20	31.89	1.01	80	
7-18	10:30	31.96	1.08	90	
	10:40	32.02	1.14	100	
	10:50	32.08	1.20	110	
	11:00	32.13	1.25	120	
	12:00	32.39	1.51	180	
	13:00	32.58	1.70	240	
	14:00	32.75	1.87	300	
	15:00	32.87	1.99	360	
	16:00	32.98	2.10	420	
	17:00	33.08	2.20	480	
	18:00	33.16	2.28	540	
	19:00	33.24	2.36	600	
	20:00	33.34	2.46	660	
	21:00	33.38	2.50	720	
7-19	23:00	33.51	2.63	840	
	01:00	33.65	2.77	960	

注:①静止水位。

最近的观测井距真实井的距离 r_R 是已知的,于是

$$r_i = \sqrt{\frac{100^2 \times 300}{22}} = 370 \text{ ft}$$

对每一个观测井重复这一步骤,以对每个观测井计算出的距离 r_i 为半径,在按比例尺绘制的场地布局平面图上画圆,这些圆的交点就表示映象井的近似位置。如果观测井在一条直线上,特别是与边界垂直时,这些圆可能近似于互切,则不容易确定映像井的位置。这个问题最简单的解决方法是在偏移一些的方向上至少补充一个观测井,例如图 9-21 和图 9-22 平面图中 4 号井位置的偏移。

为了确定边界位置,在真实井与映像井之间连线,边界就位于此线的中点,并与其垂直。利用以前介绍的相同步骤计算 T 和 S 值。然而,所取得 t 和 s 值,必须采用边界条件造成明显偏离之前,与标准曲线吻合的数据曲线的早期线段。

顶板越流的含水层或一些靠近试验区的边界往往会导致数据曲线偏离标准曲线,从而给分析造成困难。在这种情况下,如果曲线相似的话,必须试图用顶板越流的方法进行分析。如果这种方法不能令人满意,用直线近似法或延迟排水法进行分析,可能会取得可靠的解释。

9.11.2 用直线近似法确定边界位置

在 9.5 节中关于直线近似解法的式(9-16)表明,半对数图中的直线坡度仅仅取决于抽水流量和含水层的导水系数。在抽水井中,流量保持为常数,并假设导水系数也为常数。观测井中降深与时间的对数关系曲线一开始为曲线,当持续抽水时,逐渐变为直线。

当抽水井的影响区抵达不透水边界时,降深将增加一倍。这是由增加了假想的映象井的影响造成的。这种影响与真实井的影响相等。来自第二个不透水边界的影响将使降深增加两倍。降深与时间的对数关系曲线显示出各个直线段(或分节)所具有的斜率是初始斜率的近似倍数。从每一节线段向另一节线段过渡不是突变的,而是按曲线转变的。

如果有两个或更多个距离近似相等的边界存在,它们的影响又几乎同时到达观测井,则按降深资料绘出的线段,其曲率会增大,曲线的直线部分可能比初始斜率陡两倍以上。映象井的近似位置可用二倍或三倍(1/2 或 1/3)的初始斜率值绘制切线来取得。

为了用直线近似法确定映象井的位置,将曲线的各节线段按照落在一条直线的标绘点加以延长。图 9-23 说明了不透水边界的确定方法。在时间 t_i 时,可以测得第二节线段和第一节线段延长线之间的某个降深差。这个点不得选在标绘点成一曲线的地方,在图 9-23 中,其位置选在 $s=0.3 \text{ m}(1 \text{ ft})$ 处。然后在第一节直线线段上确定 0.3 m (1 ft)降深的位置,并记下时间 t_R。如果出现第三节线段,则可遵循同样的步骤,确定第二节线段与第三节线段间的降深差,不过要把它们认作第五条支线的时间和降深

量。因为抽水井到每一个观测井的距离已知,所以引起同样降深量(或者对补给边界来说则是补给量)的映象井的距离,可以利用前面已述及式(9-34)中表明的关系来确定。

在图 9-21 中,距离 $r_i=30$ m(100 ft)的观测井,降深 $s=0.3$ m(1 ft),$t_i=1\,380$ min 和 $t_R=94$ min。据此,计算出映象井距观测井的距离为 117.3 m(385 ft),于是就可以确定边界位置了。

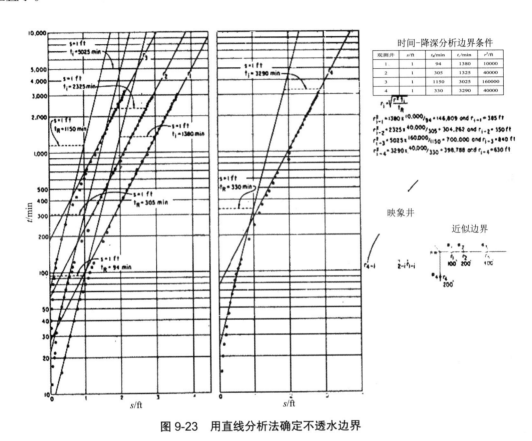

图 9-23　用直线分析法确定不透水边界

9.11.3　多重边界

在存在两个或更多个边界的情况下,为了保持没有水流横穿不透水边界和沿补给边界无降深的条件,必须增加映象井,如图 9-24 所示。图 9-24 还给出了不透水边界和补给边界之间的抽水井。图 9-24 表明,当最初两个映象井的位置已经确定时,映象井布置的重复图形和排水补给特征是显而易见的,这就能确定附加映象井的位置和类型。在理论上,映象井在两侧无限延续;但在实践中,映象井的数目却受到限制,即在边界问题上取得令人满意的效果即可。于是,对真实井和映象井体系所进行的分析,可以看作在理想的无限含水层中进行的。相关参考文献讨论了各种复杂的边界条件及其处理方法。

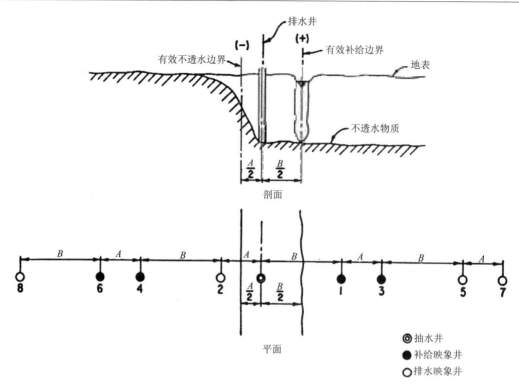

图 9-24　用多种映象井确定边界

9.12　干扰和井距

当水井抽水时,会形成以井轴为中心,最低点在井中的下降漏斗。当继续抽水时,漏斗向距水井越来越远的四周进一步扩展,而且漏斗继续加深。在理论上,漏斗可持续无限地延伸,然而实际情况并非如此。补给量可能与抽水量平衡,从而在水平与垂直方向上漏斗均稳定,在一定距离处的降深速度和降深值已小得测量不出来。该距离大约是几百英尺到几英里,取决于抽水的时间和流量以及含水层的特征。假设一个很小的 s 值,用 9.3 节中的泰斯非稳定流方程式(9-6),便可计算距降深小到可以忽略的那一点的距离(影响半径)。使用该方程式时,Q,t,S 和 T 值必须是已知的。

为供水设计的井场上的一些水井,其间隔应尽可能大些,使它们的影响区之间只有极小的干扰。因为降深的干扰是叠加的,所以影响区交叉的水井,出水量将减少,或者降深将增大。

图 9-25 上的实线表示 A 井和 B 井的降深,其条件是假设只有 个井在某时刻抽水,且该含水层是无限的。当两个井在同一时刻抽水时,两个井之间的降深曲线会发生叠加,并用虚线表示它们的混合降深。可以求得任一点的水井同时抽水时的降深曲线,见图 9-25 上的线段 0-0。其中,线段 1-2 表示 A 井产生的降深,线段 1-3 表示 B 井产生的降深,线段 1-4 或线段 1-3 加上线段 1-2 表示由两个井共同产生的降深。这就是叠加原理或相互干扰原理。

在水井水力学中,不论对真实井还是对映象井来说,叠加原理都是适用的。就排水井而言,设计水井间距时,可能需要有意造成干扰,借此增加水井之间中点上的排水效果。总之,必须通过计算或野外测量,了解下降漏斗曲线,以便能确定合适的井距。

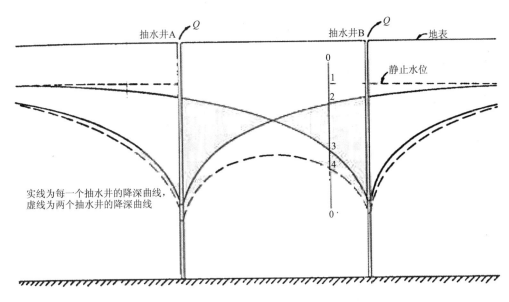

图 9-25　抽水井之间的干扰

9.13　大气压和影响水位的其他因素

很多承压含水层中的水井水位受大气压变化的控制。大气压的增加,导致水位下降;大气压的降低,则导致水位上升。可以将含水层的气压效应表示为

$$BE = \frac{s_w}{s_b} \times 100\% \qquad (9\text{-}35)$$

式中　BE——气压效应(无量纲);

　　　　s_w——水位变化值,量纲为 L;

　　　　s_b——以水头表示的大气压变化值,量纲为 L。

如图 9-26 所示,在直角坐标纸上,以水位变化值为横坐标,以大气压力变化值为纵坐标绘制的曲线可以用来计算气压效应。通过已绘出的一些点近似地连成一条直线,其斜率就是气压效应,它可以高达 80%。在承压含水层中进行抽水试验,预计的降深小时,必须在试验开始前几天连续记录水位和大气压,以便确定气压变化对水位的影响。在试验期间继续记录气压读数,并用气压效应适当地校正测量的降深值(表 9-22)。例如气压效应为 50% 的水井,以水头表示的大气压每减少(或增加)0.013 0 m(0.10 ft),水位会抬升(或降低)0.015 m(0.05 ft),必须从测得的降深中加上或减去该值,以消除大气压变化对水位的影响。类似的水位波动可能是由海洋潮汐和固体潮的波动、地震及过往的列车造成的。

$$BE = \frac{s_w}{s_b} \times 100\% = \frac{0.10}{0.20} \times 100\% = 50\%$$

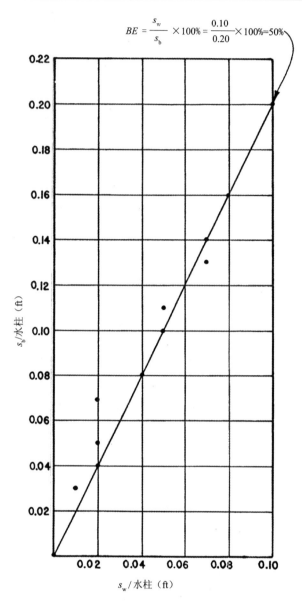

图 9-26　水位和大气压的关系

表 9-22　水位和大气压资料表

时间	水银柱高度 /m	水柱高度 /m	大气压变化值 /m	大气压变化的累积值 /m	水位埋深 /m	水位高程 /m	水位变化值 /m	水位变化的累计值 / m
08:00	753.62	10.245	0.000	0.000	11.414	1 604.254	0.000	0.000
09:00	753.11	10.242	−0.007	−0.007	11.418	+1 604.257	+0.004	+0.004
10:00	752.86	10.238	−0.004	−0.011	11.421	+1 604.259	+0.003	+0.007
11:00	752.60	10.235	−0.003	−0.014	11.421	+1 604.259	+0.000	+0.007

时间	水银柱高度 /m	水柱高度 /m	大气压力的变化值 /m	大气压力变化的累积值 /m	水位埋深 /m	水位高程 /m	水位变化值 /m	水位变化的累计值 /m
12:00	752.04	10.228	-0.007	-0.021	11.427	+1 604.266	+0.006	+0.013
13:00	751.33	10.218	-0.010	-0.031	11.430	+1 604.269	+0.003	+0.016
14:00	750.82	10.212	-0.005	-0.036	11.436	+1 604.275	+0.006	+0.022
15:00	749.30	10.190	-0.022	-0.044	11.445	+1 604.284	+0.009	+0.031
16:00	750.06	10.201	+0.011	-0.033	11.439	+1 604.278	+0.006	+0.037
17:00	750.52	10.208	+0.007	-0.026	11.436	+1 604.275	+0.003	+0.034
18:00	750.82	10.212	+0.004	-0.022	11.436	+1 604.275	+0.003	+0.031
19:00	751.33	10.218	+0.007	-0.016	11.430	+1 604.269	+0.006	+0.025
20:00	751.84	10.225	+0.007	-0.009	11.421	+1 604.259	+0.009	+0.016

说明：1 mm 水银柱 =0.013 6 m 水柱。

9.14　水井性能试验

到此为止所讨论的试验,主要用于确定含水层的性质,包括导水系数、储水率和边界条件。为了确定水井的性质,还要进行一些类似的试验。两个主要说明水井性能的水井特征值——涌水量和降深是水井出水能力的评价指标,在研究生产能力时,对两者都必须加以考虑。更确切地说,进行这些试验是出于以下原因:

(1)在水井完工之前,确定开发的总体适宜性;

(2)在水井完工时,确定总的生产能力,为以后的试验确定基准,并确定合适的水泵泵量和扬程;

(3)确定水井在使用一个时期以后的损耗。

9.14.1　分级试验

分级试验主要用来比较单位涌水量,即水井在不同抽水量的条件下涌水量与降深之比。通常,试验从低级开始,如设计能力的 25%,按三或四级递增,即设计能力的 50%,75%,100% 和 125%。理想的做法是在每级试验后有一个恢复期,但其耗费常常是不合算的。较常见的做法是不间断地进行整个试验,第一级试验一直持续到水位近似稳定时为止,通常达到稳定所需要的时间为 1~4 h,随后诸级的试验延续时间和第一级试验相同。

井的单位涌水量随着抽水量的增加和时间的延长而减小。由于抽水量增加而导致的单位涌水量的减少,通常在承压含水层的水井中是很小的,但在自由含水层的水中却可能是大的。如果一个新井的分级试验表明单位涌水量随着抽水量的增加而增加,则说明水井在不断扩展,原来的设计是不合理的。

在确定最优效能时,如果不需要精确的设计能力,则从各级试验的降深和涌水量关系曲线图上可以看出涌水量点的位置。此外,与定流量试验资料结合起来,这些曲线图将提供有关正确的水泵扬程资料。

大多数的水井在使用过程中出水量会有所降低,这是由于在过滤器上产生的垢壳、含水层和砾石填料的堵塞以及其他一些类似的因素使水井产生一定的损耗造成的。如果水井完工时进行一级试验,重复的试验可能提供损坏扩展的资料和造成损坏原因的线索。

Jacob(1947年)和 Rorabaugh(1953年)曾利用抽水井分级试验资料进行分析,确定井的效率。然而,Mogg(1968年)则坚决主张,确定水井效率必须完全建立在井的理论单位涌水量的基础上,它是含水层导水系数的函数。这就需要从完全贯穿含水层的试验井和观测井中取得试验资料。

9.14.2　定流量试验

对于水量小、间歇运转的水井,如人畜用水井,为了确定涌水量、合理的泵量和扬程,连续进行几小时的提水或抽水试验可能就足够了。

对于水量较大、又必须长期运转的水井,应当以接近预期生产能力的流量进行时间足够长的试验,来模拟真实的生产抽水条件。通常,除非含水层的条件简单、均一或已了解得很好,否则这样的试验必须以不变的流量最少持续 72 h。

9.15　抽水井引起的河道流量减少

在含水层与河流或湖泊有水力联系的地方,从附近水井中抽水将导致地表水体的枯竭。由于可能造成水权冲突,了解这种枯竭的时间和扩展范围常常是很重要的。Glover 和 Balmer(1954年)曾用映象法进行分析,并导出了因附近水井运转而导致地表水枯竭的计算方法。图 9-27 是一张图解,根据它可以计算由河流提供的那部分水井涌水量。在图 9-27 中,q 是水井从河流取得的涌水量;Q 是水井的总涌水量;x 是从水井到河流的距离,或更确切地说,是距补给边界的计算距离;T 是导水系数;t 是自抽水开始算起的时间;S 是给水度。如果 x,Q,T 和 S 值已知,则可以计算任一时间从水井抽出的水中来自河流的水所占的百分比。同样,在横坐标上假定一个很小的值,如 0.01(不能为零),则可得出时间的计算值,此时所抽出的水几乎全部来自河流。在自由含水层中,井的降深应不小于含水层原饱水厚度的 50%。

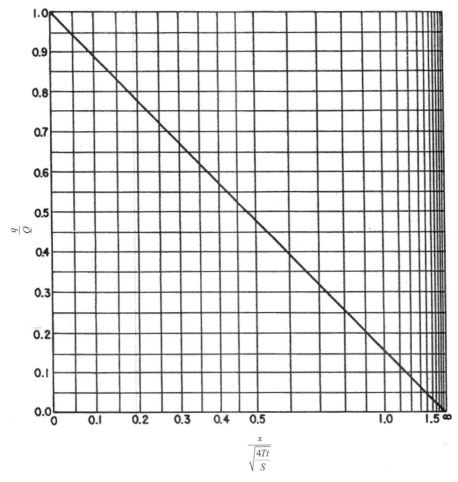

图 9-27　水井附近河道流量损耗的分析

9.16　未来抽水水位和水井效能评估

在水井设计中,对预计水井在使用期内最低抽水水位的计算,从提供足够大的水泵扬程、压头和功率的规格来说是必要的。首先,研究附近一些水井水位的水文曲线,确定长期的地下动态和季节性波动,评价开发地下水的补充潜力,如果可能的话,计算这种开发对未来地下水位的影响。此外,在自由含水层的情况下,含水层厚度的减少对导水系数的影响可根据关系式 $T=KM$ 计算。然后,利用 S 的计算值或确定值、T 值(须校正)和估计的抽水日程,计算水井中可能遇到的最高水位。水井中的降深超过理论降深 20%~30%,这 20%~30%的系数补偿了水井中的损失。最后,在水井完工和试验之后,利用分级试验分析来修订最低水位的原计算值。对已建的水井或修复的水井,也可以使用同样的步骤。

一般,所分析的问题是预测井或井群的长期效能,或水井的不同分布形式和不同的抽水量对含水层所起的作用。可以把计算出的 T 和 S 值代入以非稳定流方程式为基础的各种不同方程式中,以达到求解此类问题的目的。例如,抽水的时间和流量已知,可能需要测定水井中的降深。其中,S、T 和 r(井的半径)应该是已知的,这就能解出 u 值来;利用 u 值,可以从 9.4 节中的图 9.6 或表 9-8 找到 $W(u)$;将 $W(u)$ 值代入式(9-9)中,就可以求解 s 值。所得到的 s 值将是紧靠井管外侧的理论降深。水井内侧的降深则较大,这与水井的有效系数有关。距水井任一距离处的降深,可以按指定的 r 值求得。当包括两个以上的水井时,任一点的降深等于每个水井在该点的降深之和。

用式(9-7)和式(9-9)还能确定:

(1)在降深达到给定值前水井能持续开采的时期;

(2)在过滤器顶部被暴露或发生"吊泵"现象前的给定时期内水井的抽水量;

(3)水井周围在给定时间内降深能达到某一选定值的距离,在确定排水井的位置或确定水井之间的干扰时,这一距离特别有用。

在确定合理的水井或井场开采量时,要进行经济分析,包括需水量、井的单位涌水量、能源耗资以及井和泵的耗资等。

9.17　根据单位涌水量计算导水系数

对于某些调查而言,特别是踏勘性的调查、大面积的调查或受经费限制的调查,计算导水系数的近似值可能是较为适宜的。如果工作区内已经有一些水井,那么再打试验井和观测井及进行试验工作就显得多余或不合理了。可以利用这些水井的涌水量和降深的有限资料,根据单位涌水量数据来计算导水系数的近似值。

在上面讨论过的利用抽水试验确定导水系数的一些方法中,分析中必不可少的两项是水井的涌水量 Q 和降深 s,或更准确地说是 Q/s。在严格控制的试验中,Q 和 s 均与抽水时间、观测井的距离和储水率有关,应得到尽可能精确而可靠的导水系数值。然而,在一定限度内,可以忽略这三个因素,用简单的 Q/s 关系确定导水系数的近似值。5.3 节中的图 5-4 表示了单位涌水量(以每分钟抽水的加仑数与降深的英尺数之比表示)和导水系数之间的关系。如果用以确定单位涌水量的抽水时间是几小时或更长一些,由于水井的效率低,会使随时间增加的降深影响显得不太重要,因此导水系数值有偏低的趋势。

当已知导水系数时,也可以用图 5-4 确定单位涌水量。然而,必须说明的是,在所有的情况下,根据图 5-4 所得到的值只是近似值。Walton(1970 年)给出了确定导水系数的单位涌水量方法的更加详尽的分析。

9.18　流网

Forchheimer(1930 年)研究出了解决复杂地下水流问题的图解法。该方法可用于分析基础下面和周围的水流以及穿过坝和条件比较均一的类似建筑物的水流。他认为这样的问题必须用穿过单位横截面的二维水流体系中的流网进行分析。1937 年, Arthur Casagrande

出版了流网理论和应用方面的英文论述。

　　流网解法建立在连续定律和达西定律的基础上。其中,前者表明流进土壤饱水部分的水量等于流出的水量;后者说明边界固定时,流量是稳定的。二维水流可以用两组曲线的正交簇来表示,一组曲线表示流线,另一组曲线表示等势线,这两组曲线以垂直的角度相交。因为曲线的数量是无穷的,所以可以按不同的样式绘制流网。

　　等势线表示等水位线或等压线,按一个单位间距绘制。流线表示穿过受流线限定地带的流量相等。

　　流网上的边界不是等势线就是流线。流线起始时垂直于补给边界,不透水边界则以流线体现。在理论上,没有水流横穿流线。

　　绘制两簇曲线,形成通常不是方格的正交网格,其具有由两条流线和两条等势线所限定的每一个方格对边之比应为整数,流线与等势线以直角相交。如果 η_q 为流管的数量, η_e 为等势降的数量, h 为流网的进出水头差,则将流量 Q 表示为

$$Q = Kh\frac{\eta_q}{\eta_e} \tag{9-36}$$

式中　$\dfrac{\eta_q}{\eta_e}$——形状因数;

　　　　K——渗透系数。

　　可以用 Forchheimer 解进行定性分析;有时还能定量地确定地下水流分布情况,此时的条件是均质稳定流,并能得到足够的资料绘出合理而精确的流网。然而,这种基本假设是难以实现的,因此用 Forchheimer 法时必须谨慎。

　　通过测量等势线 h_1 和 h_2 之间的距离 L,可以计算地下水的坡度 i。利用坡降方程式 $i = \dfrac{h_1 - h_2}{L}$,并根据水流带的宽度和厚度可以计算出垂直于水流方向的平面面积 A,再根据达西定律 $Q=KiA$ 可以计算流量。

　　图 9-28 是加了流线的水位高程等值线图,由渗漏造成的地下水丘显示在靠近右上角处,水从水丘呈放射状流出来,相邻流线之间的距离 W 随距水丘距离的加大和坡降变缓而增加,流线和等势线形成正交的网格,网格大小随坡降的减小而增大。从理论上讲,穿过任一网格的流量都与穿过其他网格的流量相等。

　　因为不可能存在横穿流线的水流,且假定含水层是等厚的,则

$$Q_1 = Q_2 = K_1W_1i_1 = K_2W_2i_2$$

或

$$\frac{K_1}{K_2} = \frac{W_2i_2}{W_1i_1} \tag{9-37}$$

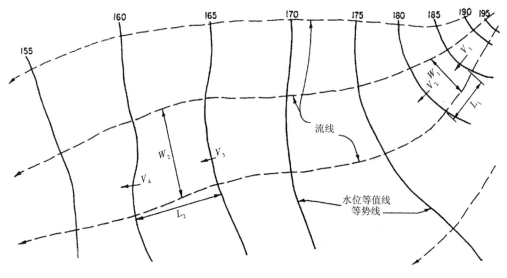

图 9-28　流网分析

9.19　排水井

排水井除了要求便于降低地下水位外,与常规的供水井差别很小。

在条件合适的情况下,可以用 Hantush(1964 年)研究的一种方法来确定采用排水井的可能性、一般特性、设备的布置和施工标准等。尽管方程式是稳定状态的,是在长期抽水期间瞬时条件的平均化,但允许按所要求的井流量和间距用于初步计算。

Hantush 方程式(图 9-29)为

$$f_0 = \frac{K}{W}\left(\frac{h_e^{\ 2}}{r_w}\right)\left[1 - \left(\frac{h_w}{h_e}\right)^2\right]$$　　　　　　（9-38）

$$\lg\frac{r_e}{r_w} = 0.464\lg f_0 - 0.157$$　　　　　　（9-39）

$$r_e = \frac{M}{d}$$　　　　　　（9-40）

$$Q = \pi W r_e^2$$　　　　　　（9-41）

式中（用统一的单位）　f_0——其值与含水层特征和井的几何形状有关的纯数;

　　　　W——向深部的均匀渗入率,量纲为 L/t;

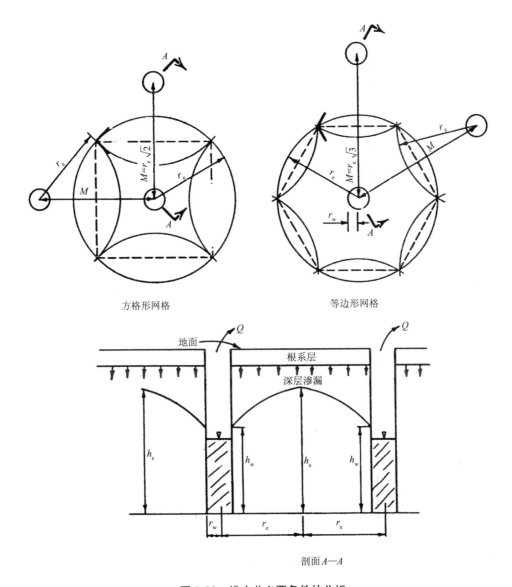

图 9-29　排水井必要条件的分析

K——含水层的水力传导率或渗透系数,量纲为 L/t;

h_e——位于井网排水区每个网格中心处的最大容许厚度,量纲为 L(脱水根系层与含
　　水层底板之间饱水含水层的最大厚度);

r_w——水井的有效半径,量纲为 L;

h_w——抽水完整井处的饱水厚度,量纲为 L;

r_e——许多等间距水井中圈定每一个井的分水区界限的圆半径,量纲为 L;

M——水井间距,量纲为 L;

d——与确定井位的网格有关的无量纲常数(方格形网格为 $\sqrt{2}=1.414$,等边形网格
　　为 $\sqrt{3}=1.732$);

Q——坐标网中的单个水井的稳定排水量,量纲为 L^3/t。

Hantush 的分析给出了排水要求的初步计算,可能还需要进一步精确的计算,这取决于资料的可靠性和水文体系的复杂程度。

第 10 章　单孔和测井中的渗透性试验

10.1　一般原理

第 2、8 和 9 章研究了不同情况下的抽水试验,以确定导水系数、储水率和含水层的边界条件,用于地下水编录、井场设计、确定排水的可行性和其他一些有关的业务。这种试验的工作量大,耗时、费资,并需要专门的人力,而且只适用于饱和含水介质。

在许多调查中,特别是涉及基础设施建设或危险废物场址分析的调查中,需要收集低渗透或不饱和材料的资料。通常,需要对许多地点进行测试,以提供关于地下物质特性空间变化的数据。

地下物质的实验室渗透试验,通常是不能令人满意的。按完全不扰动的状态从地下物质中采集试验样品,即或可能,也是很困难的,而且样品只能代表调查物质的有限部分。

已经设计出一些比较简单的试验,且耗资较含水层抽水试验少。这些试验通常和勘探性钻井或已有的监测井试验一起进行,用来取得以下资料,即现有的或可能发生的渗漏、水压抬高以及贮水、控水或输水设施在施工和运营期间与低渗透物质中可能发生的一些类似问题。

确定地基和其他条件的勘探性钻井是费时、耗资的,但是其意义是显而易见的。渗透性试验常常是这类勘探性钻井的一个工序和耗资的组成部分。严格操作和控制性试验能提供相当精确和可靠的资料。

这里谈到的一些试验能得到渗透系数的半定量值。然而,如果它们是按严格要求进行的话,则所取得的资料对大多数工程目的来说都是足够精确的。必须使长度、容积、压力和时间的测量达到现有设备的精度,对测量仪器的精度也应定时予以校正。

在渗透性试验中所使用的水的水质是很重要的。仅存在百万分之几的含砂量或溶于水中的空气就能堵塞土壤和岩石的孔隙,导致试验结果产生重大误差,所以水必须是清澈而无泥砂的。为了防止岩石孔隙被气泡堵塞,采用比试验段的地温高几摄氏度的水是一种能满足要求的惯用方法。

在某些试验中,可能需要流量高达 950 L（259 gal）/min,而且总动力水头为 50 m（160 ft）的水泵。

如果测量仪表都按建议的那样布置,则水管、软管等的结构将不会严重地影响试验结果。然而,为了考虑抽水效率和其他因素,软管中的急弯、水管上的 90° 接头、水管和软管直径不必要的改变等都应避免。

为计算渗透系数而导出的方程式适用于层流。发生紊流时的流速取决于被试验物质的颗粒大小和其他一些因素,但可靠的平均数值是 25 mm（0.1 ft）/s;低于这个数值,水流就视为层流。因此,在试验中,如果试验段的裸孔面积(用 ft² 表示)乘以被试验物质的估算孔隙度,再除以吸水量(以 ft³/s 表示),所得的商大于 0.10 时,各种已知的公式可能都不适用。

在裸孔试验中,试验段的总裸孔面积按下式计算:

$$\alpha = \pi dA + \pi r^2 \tag{10-1}$$

式中　α——裸孔壁加上孔底的总裸孔面积,量纲为 L^2;

　　　r——孔的半径,量纲为 L;

　　　d——孔的直径,量纲为 L;

　　　A——孔的试验段长度,量纲为 L。

在使用孔眼套管做试验时,穿孔的开孔面积按下式计算:

$$\alpha_p = n\alpha_s \tag{10-2}$$

式中　α_p——穿孔的总开孔面积,量纲为 L^2;

　　　n——穿孔的数目;

　　　α_s——每一个孔的面积,量纲为 L^2。

如果孔眼套管的底部是打开的话,则这一面积必须加上底部开口面积,才能求得总开口面积。

如果采用的是安装有过滤器的水井,开孔面积的计算可能要求精确地测量过滤器的构件尺寸,再以这些测量结果为依据进行计算。然而,有关开孔面积的信息通常可以从过滤器制造商处获得。

为讨论方便起见,将渗透性试验划分为 4 种类型:压力试验、定水头重力试验、降水头重力试验、定容积瞬时提水(或注水)试验。压力试验和降水头重力试验在试验中采用一个或两个止水器,将钻孔中的试验段分开。在压力试验中,通过施加的压力和重力水头的综合作用,将水压到试验地段;不过,只利用重力水头也可以进行试验。在降水头重力试验中,就只利用了重力水头。定水头重力试验在试验中不采用止水器,并且维持一个定水位(Ahrens 和 Barlow,1951 年)。定容积瞬时提水(或注水)试验通常在短时间内水位变化不大。

10.2　坚固岩石的压力渗透性试验

在坚固岩石中进行压力渗透性试验,采用一个或两个止水器隔离钻孔的不同带或长度。钻孔直径通常不超过 87 mm(3.5 in),但如果有适宜的装备,用直径较大的钻孔也可以进行试验。只要能确定水头和试验带的关系,这种试验在垂直、倾斜或水平的钻孔中均可以进行和分析。当必须确定水下的河床或湖底的渗透性时,压力试验常常是唯一可用的有效试验。

压缩止水器、充气止水器、皮碗及一些类似的止水器均已在压力试验中应用。充气止水器通常较经济,因为其缩短了试验时间,保证了严格的密封,特别是在井壁粗糙或不圆的钻孔中更是如此。通过管子连接地表的空气罐或氮气瓶,使这种止水器充气。如果装有压力传感器,则试验段的压力由传感器测出,再经电子系统传到地表,或从地表的记录器上读数,或记录在记录纸上。虽然这种装置能精确地测量试验压力,但仍须测量这一试验中所列出的其他一些观测参数,以便在压力传感器失效时能计算渗透系数。这种双止水的布置能在整个钻孔中的不同深度上依次试验,每次试验之间不必拆掉止水器。在采用一个止水器的情况下,也可以配上压力传感器。

10.2.1　试验方法

美国垦务局进行试验的最常见的做法是在孔中钻进大约 3 m(10 ft),在刚钻好的孔段进行压力试验。对于有剥落和堵孔趋势而必须用胶结物质凝结才能继续钻进的岩石,这是唯一有效的试验方法。在这类岩石中,保持较大长度的裸孔是不现实的,必须将试段保留得短一些,因为要想取得准确的试验资料,必须在用水泥加固钻孔之前进行试验。

在岩石是坚固的,而不需要用水泥加固的情况下,下述的试验方法可能具有特殊的优点,即试验前就钻进全部深度,在供试验用的钻杆或水管底部附近安装两个相距 1.5~3 m(5~10 ft)的充气止水器,将钻杆或水管底部密封,两个止水器中间的那段钻杆或水管打孔,打孔的直径至少应为 6 mm(1/4 in),所有打孔的总面积必须比水管或钻杆的内横截面面积大两倍,从钻孔的底部开始进行试验,每次试验之后将止水器提升相当于试段的长度,再进行另一段试验。遵照以上步骤,一直到将钻孔的整个长度试验完为止。

10.2.2　试验前对试段的清洗工作

在每次试验之前,必须用清水冲洗试段,冲洗净孔壁上的岩屑和钻井液。如果试段高出地下水位,而且不会漏水,则在冲洗期间水必然灌入孔中,然后尽快地返出。当用两个止水器对整个钻孔进行试验时,可以一次对整个钻孔进行清洗。在试验步骤中,清洗钻孔常常被忽略,然而这种忽略的结果可能导致渗透性岩石似乎变成了非渗透性岩石,因为岩屑或钻井液堵塞了孔壁。在这种情况下,计算出的渗透系数会比实际的渗透系数小。

固结地层中的钻孔,在进行压力试验之前,可选择的振动和清洗方法包括循环洗井法和在冲洗时使用硬刷以及射流洗井法。其中,后者采用 45 m(150 ft)/s 的射流速度方能得到令人满意的结果,这与用孔径 2 mm(1/16 in)的钻杆,以 5.3 L/min(1.4 gal/min)的流量抽水接近。射流结束时,如有可能,喷射或清孔应一直做到孔底。

10.2.3　试段的长度

试段的长度是由岩石的性质决定的,但一般长 3 m(10 ft)是较为理想的。有时,由于钻孔堵塞、孔壁剥落或有断层,在规定的高程上止水器不能起到良好的止水效果。在这些情况下,必须增加或减小试段长度,或将试段重叠,保证在止水器安装良好的情况下进行试验。就某些试验而言, 3 m(10 ft)长试段所需要的水会超过水泵所能提供的水,因而产生不了反向压力。当发生这种情况时,必须将试段缩短,一直到能产生反向压力时为止,或试图改做降水头试验(见 10.4 节)。

绝对不能将试段缩短到 D/A 值小于 5,其中 D 为钻孔的直径,A 为试段的长度。无论如何也不应该将止水器安装在套管中进行试验,除非是套管已被灌浆固封在钻孔中。除了最不利的条件以外,采用长度大于 6 m(20 ft)的试段是不妥当的。因为较长的试段不能有效地确定渗透带的位置,且使计算复杂化。

10.2.4　试验用钻杆或水管的尺寸

通常用钻杆作为吸水管来进行压力和渗透性试验。如果试段的吸水量不超过 45~60 L(12~15 gal)/min,试段顶部的埋深不超过 15 m(50 ft)时,都可以采用 NX 和 NW 钻杆,而不会严重影响试验资料的可靠性。对于一般的用途,采用公称直径(Diameter Nominal，DN)为 32 mm(1.25 in)或更大尺寸的水管较为理想。图 10-1 至图 10-4 说明了对不同尺寸的钻杆和 DN32 mm(1.25 in)水管以不同的输水量试验时,每 3 m(10 ft)试段的水头损失。图 10-1 至图 10-4 是根据一些试验性试验编绘的,对这些曲线图加以研究可知,显然采用 32 mm(1.25 in)水管是适宜的(特别是 15 m(50 ft)或更大埋深的试验)。DN32 mm(1.25 in)水管的接头必须朝下与外径 45 mm(1.8 in)的水管相连,用于 AX 钻杆中。

10.2.5　泵水设备

试验通常采用泥浆泵送水。这类水泵一般是多泵缸型,压力可均匀增减。其多数的最大容量约为 95 L(25 gal)/min；如果是在不良的状态下,其容量可能只有 64~68 L(17~18 gal)/min。由于这类水泵没有足够的能力在试验的钻孔长度内产生反向压力,故对试验进行分析是困难的。当发生这种情况时,一般对试验都有"开足水泵而未产生压力"的记载。这种结果不能确定被试验物质的渗透系数,除非它可能很大。当采用空气补偿器时,由于多缸水泵压力的波动,必须将高、低读数平均,以确定接近实际的有效压力,但通常难以进行精确的读数。这种困难可能就是误差的来源。此外,这类水泵往往产生瞬时超高压力,会使岩石破裂或止水器胀坏。

在钻孔中进行的渗透性试验,在理论上必须采用具有足够容量以产生反向压力的离心式水泵。容量高达 950 L(250 gal)/min,而且总扬程为 48 m(160 ft)的水泵,对大多数试验来讲都能满足要求。通过改变发动机转速或采用出水管上的控制阀,可以很容易地控制这类水泵的扬程和泵量。

10.2.6　试验用的旋转接头

必须仔细选择试验用的旋转接头,使其水头损失最少。

10.2.7　试验中压力表的位置

压力表的理想位置是靠近井口,最好是安装在止水器和旋转接头之间。

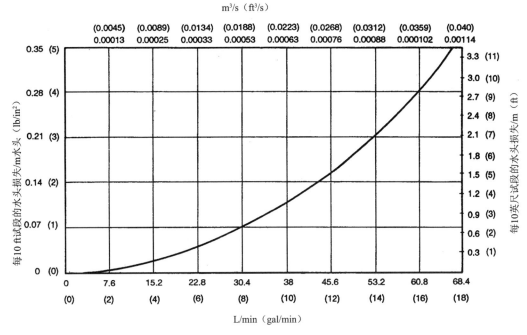

图 10-1　每 3 m(10 ft)AX 钻杆的水头损失

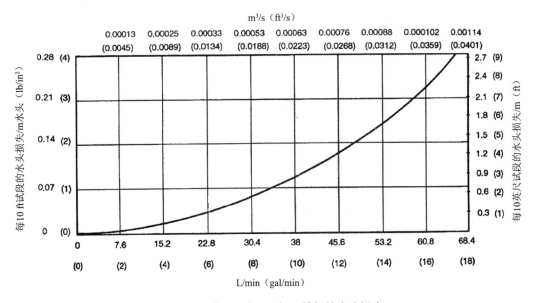

图 10-2　每 3 m(10 ft)BX 钻杆的水头损失

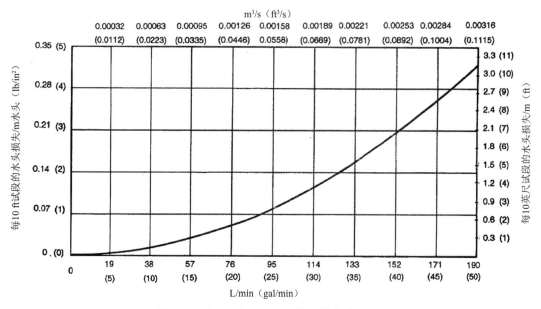

图 10-3　每 3 m(10 ft)NX 钻杆的水头损失

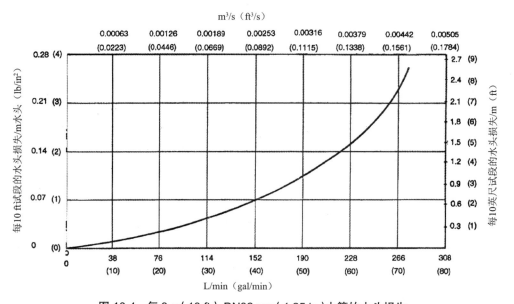

图 10-4　每 3 m(10 ft)、DN32 mm(1.25 in)水管的水头损失

10.2.8　水量计推荐

在压力试验中所要求的供水量的变化范围为 3.8~1 500 L(1~400 gal)/min。没有一种水量计能可靠地用于以上整个变化范围,并具有足够的精度。所以,建议采用两种水量计:

(1) 100 mm(4 in)螺旋桨式或涡轮式水量计,适用于测量 200~1 300 L(50~350 gal)/min 的流量;

（2）25 mm（1 in）盘式水量计，适用于测量 4~200 L（1~50 gal）/min 的流量。

从理论上讲，每种水量计必须装有瞬时流量显示器和累加器，必须经常检验水量计，以保证其可靠性。

各种水量计都必须有合适的进水管接头，使紊流的流入量减至最小，接头的长度至少应为水量计额定直径的 10 倍。

10.2.9　试验持续的时间

试验持续的最短时间取决于试验物质的性质。必须将试验进行到稳定状态发生时为止，即一直进行到间隔 5 min 取一次的吸水量和压力读数，有三次以上基本相等。在地下水位以上进行试验，在进行测量之前，必须将水以所需的压力泵入试验段，在粗粒物质中约需 10 min，在细粒物质中约需 20 min。

在地下水位以下的试验中取得稳定状态比在非饱水物质中快。当进行多种压力试验时，在理论上应将每一压力持续到稳定状态发生时为止。在某些情况下，这是行不通的。然而，理想的做法是当压力增加时，要求每一个压力至少要持续 20 min，并按 5 min 的时间间隔取吸水量及压力读数；当压力减小时，每一个压力要持续 5 min。

10.2.10　试验中使用的压力

如果规划水库或其他蓄水或贮水设施所需的地下条件正在进行调查，用于试验段的理论最小压力与水库最高水位对应的压力应该相等。然而，当试验的地表位置低于计划的水库最高水位时，由于有井喷和孔壁破裂的危险，采用这样的试验压力是行不通的。在这类条件下，固结岩石中的安全压力应为 3.4 kPa（0.5 lb/in²），或从地面到试段顶部的深度上每米为 1.35 m 水柱（每英尺为 1.5 ft 水柱）。在其他所有部位，同一标准也是一种好的指导性经验。表 10-1 和表 10-2 分别给出了将静水压力（kPa）转换为水头（m）和反算的转换关系。

表 10-1　水头（m）与静水压力（kPa）换算表

水头 /m	静水压力 /kPa[①]									
	0	0.1	0.2	0.3	0.4	0.5	0.6	0.7	0.8	0.9
0	—	0.98	1.96	2.94	3.92	4.90	5.88	6.86	7.85	8.83
1	9.81	10.79	11.77	12.75	13.73	14.71	15.69	16.67	17.65	18.63
2	19.61	20.59	21.57	22.85	23.53	24.51	25.49	26.47	27.45	28.44
3	29.42	30.40	31.38	32.36	33.34	34.32	35.30	36.28	37.26	38.24
4	39.22	40.20	41.19	42.17	43.15	44.13	45.11	46.09	47.07	48.05
5	49.03	50.01	50.99	51.97	52.95	53.93	54.91	55.89	56.87	57.86
6	58.84	59.82	60.80	61.78	62.76	63.74	64.72	65.20	66.68	67.66
7	68.64	69.62	70.60	71.58	72.56	73.54	74.53	75.51	76.49	77.47
8	78.45	79.43	80.41	81.39	82.37	83.35	84.33	85.31	86.29	87.27
9	88.25	89.23	90.22	91.20	92.18	93.16	94.14	95.12	96.10	97.08

续表

水头/m	静水压力/kPa[①]									
	0	0.1	0.2	0.3	0.4	0.5	0.6	0.7	0.8	0.9
10	98.06	99.04	100.02	101.00	101.98	102.96	103.94	104.92	105.90	106.89
11	107.87	108.85	109.83	110.81	111.78	112.77	113.75	114.73	115.72	116.70
12	117.68	118.66	119.64	120.62	121.60	122.58	123.56	125.54	125.52	126.50
13	127.48	128.46	129.44	130.42	131.40	132.39	133.37	134.35	135.33	136.31
14	137.29	138.27	139.25	140.23	141.21	142.19	143.17	144.15	145.13	146.11
15	147.09	148.08	149.06	150.04	151.02	152.00	152.98	153.96	154.94	155.92
16	156.90	157.88	158.86	159.84	160.82	161.80	162.78	163.77	164.75	165.73
17	166.71	167.79	168.67	169.65	170.63	171.61	172.59	173.57	174.55	175.53
18	176.51	177.49	178.48	179.46	180.49	181.42	182.40	183.38	184.36	185.34
19	186.32	187.30	188.28	189.26	190.24	191.22	192.20	193.18	194.17	195.15
20	196.13	197.11	198.09	199.07	200.05	201.03	202.01	202.99	203.97	204.95
21	205.93	206.91	207.89	208.87	209.86	210.84	211.82	212.80	213.78	214.76
22	215.74	216.72	217.70	218.68	219.66	220.64	221.62	222.60	223.58	224.57
23	225.55	226.53	227.51	228.49	229.47	230.45	231.43	232.41	233.39	234.37
24	235.35	236.33	237.31	238.29	239.27	240.26	241.24	242.22	243.20	244.18
25	245.16	246.14	247.12	248.10	249.08	250.06	251.04	252.02	253.00	253.78
26	254.96	255.95	256.93	267.91	258.89	259.87	260.85	261.83	262.81	263.79
27	264.77	265.75	266.73	267.71	268.69	269.67	270.65	271.64	272.62	273.60
28	274.58	275.56	276.54	277.52	278.50	279.48	280.46	281.44	282.42	283.40
29	284.38	285.36	286.35	287.33	288.09	289.29	290.27	291.25	292.23	293.21
30	294.19	295.17	296.15	297.13	298.11	299.09	300.07	301.05	302.04	303.02

注：① 1 kPa=0.101 97 m 水头。

表 10-2　静水压力(kPa)与水头(m)换算表

静水压力/kPa	水头/m[①]									
	0	1	2	3	4	5	6	7	8	9
0	—	0.10	0.20	0.31	0.41	0.51	0.61	0.71	0.82	0.92
10	1.02	1.12	1.22	1.33	1.43	1.53	1.63	1.73	1.84	1.94
20	2.04	2.14	2.24	2.35	2.45	2.55	2.65	2.75	2.86	2.96
30	3.06	3.16	3.26	3.37	3.47	3.57	3.67	3.77	3.87	3.98
40	4.08	4.18	4.28	4.38	4.49	4.59	4.69	4.79	4.89	5.00
50	5.01	5.20	5.30	5.40	5.51	5.61	5.71	5.81	5.91	6.02
60	6.12	6.22	6.32	6.42	6.53	6.63	6.73	6.83	6.93	7.04
70	7.14	7.24	7.34	7.44	7.55	7.65	7.75	7.85	7.95	8.06
80	8.16	8.26	8.36	8.46	8.57	8.67	8.77	8.87	8.97	9.08

续表

静水压力 /kPa	水头 /m①									
	0	1	2	3	4	5	6	7	8	9
90	9.18	9.28	9.38	9.48	9.59	9.69	9.79	9.89	10.00	10.10
100	10.20	10.30	10.40	10.50	10.60	10.71	10.81	10.91	11.01	11.11
110	11.23	11.32	11.42	11.52	11.62	11.73	11.83	11.93	12.03	12.13
120	12.24	12.34	12.44	12.54	12.64	12.75	12.85	12.95	13.05	13.15
130	13.26	13.36	13.46	13.56	13.66	13.77	13.87	13.97	14.07	14.17
140	14.28	14.38	14.48	14.58	14.68	14.79	14.89	14.99	15.09	15.19
150	15.30	15.40	15.50	15.60	15.70	15.81	15.91	16.01	16.11	16.21
160	16.32	16.42	16.52	16.62	16.72	16.83	16.93	17.03	17.13	17.23
170	17.33	17.44	17.54	17.64	17.74	17.84	17.95	18.05	18.15	18.25
180	18.35	18.46	18.56	18.66	18.76	18.86	18.97	19.07	19.17	19.27
190	19.37	19.48	19.58	19.68	19.78	19.88	19.99	20.09	20.19	20.29
200	20.39	20.50	20.60	20.70	20.80	20.90	21.01	21.11	21.21	21.31

注:① 1 m 水头 =9.806 36 kPa。

10.2.11 设备布设

建议从水源开始按下述顺序布设试验设备:水源,吸水管路,水泵,通到沉淀池和贮水罐的水管线路,吸水管路,离心式试验泵,通过水表接头(如果需要的话)或水表的管路,短水管,阀门,通过旋转接头的水管线路,代用水表和通到止水器的水管或钻杆。必须尽可能地使所有的连接短而直,软管、水管等的变径次数要少。

所有的焊缝、接头和水表与止水器或套管之间的软管必须密封严密,在水表和试段之间不应漏水。

10.2.12 压水渗透性试验的方法

图 10-5 给出了下述两种方法的略图。

方法 1:主要适用于打好钻孔需要下套管的固结岩石中的试验,但需要时也可用于坚固物质中的试验。打好钻孔,移开设备,按给定的高于孔底的距离安装止水器,水在压力作用下被灌入试段,记下读数;然后移开止水器,将孔钻得更深,再下入止水器,将新钻的那部分孔的整个长度作为试段,重新进行试验。

方法 2:适用于坚固的不需要灌浆的固结岩石中的试验。首先将钻孔钻到终孔深度,并洗孔、吹净或抽吸,并采用两个止水器,在水管或钻杆上留出间距,以便隔离要求进行试验的段。试验必须从钻孔的底部开始,在每次试验之后,必须将水管抬高一定的距离,其值为表示在图 10-5 上的 A 值,反复试验,一直到整个钻孔试验完成为止。

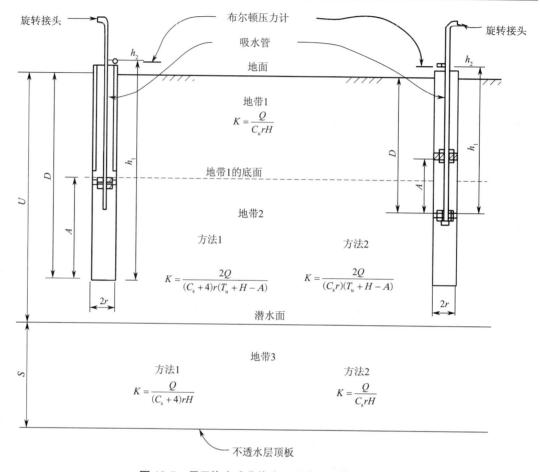

图 10-5 用于饱水或非饱水固结岩石的渗透性试验

计算渗透系数所需要的资料，一直到钻孔碰到地下水位或不透水层也可能得不到。每个试验所需要的资料包括：

（1）钻孔半径 r，m（ft）；

（2）试段的长度 A，止水器与钻孔底部的距离（方法 1）或两个止水器之间的距离（方法 2），m（ft）；

（3）压力表到孔底的深度 h_1（方法 1）或压力表到较低的止水器上表面的深度 h_1（方法 2），m（ft），如果使用压力传感器，则用向孔内泵入水以前在试段上记录的压力代替 h_1 值；

（4）在压力表上读出的施加压力 h_2，m（ft），或使用传感器时在向孔内泵入水时在试段上记录的压力；

（5）每隔 5 min 测一次进入水井的稳定流量，m³/s（ft³/s）；

（6）在水表与上止水器之间的吸水管长度，m（ft），以及标称直径，mm（in）；

（7）地下水位以上的非饱和带厚度 U，m（ft）；

（8）相对不透水层以上饱和含水带的厚度 S，m（ft）；

（9）地面到试段底部的距离 D，m（ft）；

（10）试验开始时间和进行测量的时间；

（11）如果试验是在水下的河床或湖底进行，则有效水头为水管中自由水面高程与水表高程之差（m 或 ft）加上所施加的压力；

（12）如果使用压力传感器，则试段的有效水头为将水泵入试段以前的压力与试验期间的压力读数之差。

下面采用一些压力渗透性试验实例说明采用方法 1 和方法 2 对图 10-5 所示的不同地带进行具有代表性的计算。图 10-6 表示用于非饱水物质时地带 1 下部边界的位置。因为过程比单位重要，所以计算只显示习惯单位。

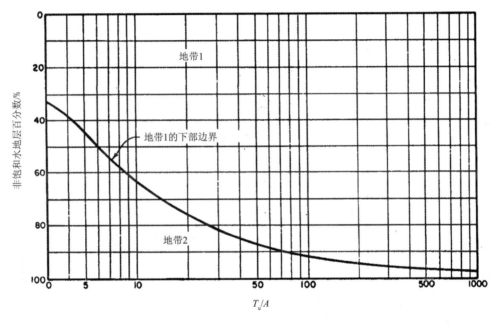

图 10-6　地带 1 下部边界的位置（适用于非饱水物质）

1. 实例 1——地带 1（方法 1）

已 知：U=75 ft，D=25 ft，A=10 ft，r=0.5 ft，h_1=32 ft，h_2=25 lb/in^2=57.8 ft，Q=20 gal/min=0.045 ft^3/s。

根据图 10-4，1.25 in 水管，流量为 20 gal/min 的水头损失 L，每 10 ft 试段上为 0.76 ft。如果由布尔顿压力表到水管底部的距离为 22 ft，则

总水头损失 L=2.2 × 0.76=1.7 ft

有效水头 H=h_1+h_2-L=32+57.8-1.7=88.1 ft

T_u=U-D+H=75-25+88.1=138.1 ft

$$X = \frac{H}{T_u} \times 100\% = \frac{88.1}{138.1} \times 100\% = 63.8\%$$

$$\frac{T_u}{A} = \frac{138.1}{10} = 13.8$$

X 值和 T_u / A 值位于地带 1 中（图 10-6），据图 10-7 确定传导系数 C_u：

$$\frac{H}{r} = \frac{88.1}{0.5} = 176.2, \quad \frac{A}{H} = \frac{10}{88.1} = 0.11, \quad C_u = 62$$

于是

$$K = \frac{Q}{C_u rH} = \frac{0.045}{62 \times 0.5 \times 88.1} = 0.000\ 016\ \text{ft/s}$$

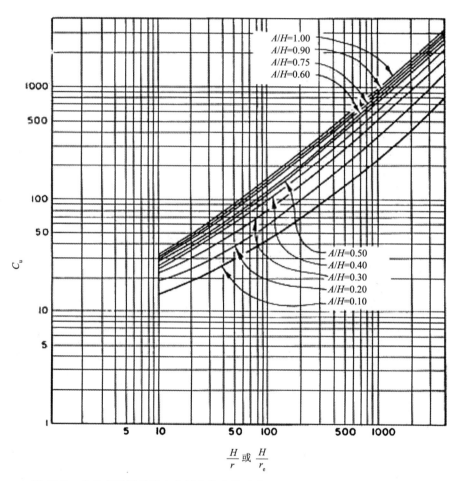

图 10-7　在非完整圆柱形水井的非饱水物质中用于确定渗透系数的传导系数

2. 实例 2——地带 2

已知：U, A, r, h_2, Q 和 L 同实例 1，且 $D=65$ ft，$h_1=72$ ft。

如果由布尔顿压力表到吸水管底部的距离为 62 ft，则

　　总水头损失 $L=6.2 \times 0.76=4.7$ ft

　　$H=72+57.8-4.7=125.1$ ft

　　$T_u=75-65+125.1=135.1$ ft

$$X = \frac{125.1}{135.1} \times 100\% = 92.6\%$$

$$\frac{T_\mathrm{u}}{A} = \frac{135.1}{10} = 13.5$$

试段在地带 2 中（图 10-6），据图 10-8 确定传导系数 C_s：

$$\frac{A}{r} = \frac{10}{0.5} = 20, \quad C_\mathrm{s} = 39.5$$

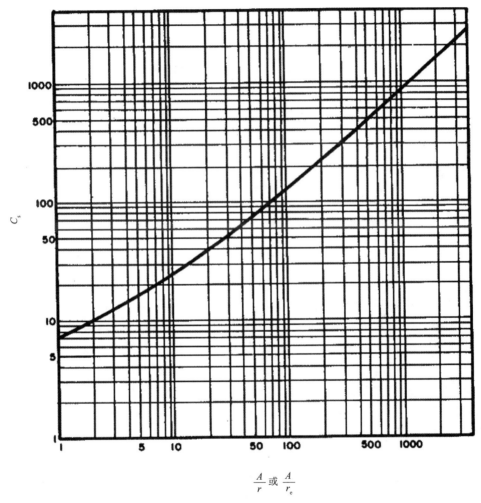

图 10-8 饱水物质中非完整圆柱形水井半球形水流的传导系数

方法 1：

$$K = \frac{2Q}{(C_\mathrm{s}+4)r(T_\mathrm{u}+H-A)} = \frac{2 \times 0.045}{(39.5+4) \times 0.5 \times (135.1+125.1-10)}$$

$$= 0.000\,016\ \mathrm{ft/s} \tag{10-3}$$

方法 2：

$$K = \frac{2Q}{C_\mathrm{s}r(T_\mathrm{u}+H-A)} = \frac{2 \times 0.045}{39.5 \times 0.5 \times (135.1+125.1-10)} = 0.000\,018\ \mathrm{ft/s} \tag{10-4}$$

3. 实例 3——地带 3

已知：U, A, r, h_2, Q 和 L 同实例 1，且 $D=100$ ft，$h_1=82$ ft，$S=60$ ft。

如果由布尔顿压力表到吸水管底部的距离为 97 ft，则

总水头损失 $L=9.7 \times 0.76=7.4$ ft

$H=82+57.8-7.4=132.4$ ft

试段在地带 3 中（图 10-5），据图 10-8 确定传导系数 C_s：

$$\frac{A}{r} = \frac{10}{0.5} = 20, \quad C_s = 39.5$$

方法 1：

$$K = \frac{Q}{(C_s + 4)\, rH} = \frac{0.045}{(39.5 + 4) \times 0.5 \times 132.4} = 0.000\ 016 \text{ ft/s} \qquad （10\text{-}5）$$

方法 2：

$$K = \frac{Q}{C_s rH} = \frac{0.045}{39.5 \times 0.5 \times 132.4} = 0.000\ 017 \text{ ft/s} \qquad （10\text{-}6）$$

可以用计算机程序来解这些方程。通过与丹佛垦务服务中心的工程地质小组联系，公众可以获得由美国垦务局开发的计算机程序。

10.2.13　多级压水试验

多级压水试验，除施加 3 个或更多个压力差近似相等的压力以外，具体方法与其他压力渗透性试验相同。例如，如果容许最大差别的压力为 621 kPa（90 lb/in²），则试验应该以大约为 207 kPa、414 kPa 和 621 kPa（30、60 和 90 lb/in²）的压力进行。其中每一级压力必须持续 20 min，并每隔 5 min 取吸水量读数，然后将压力抬高到下一级。在完成最高压力级的试验后，应将这一步骤倒过来，在与中等和最低级相近的压力上各持续 5 min。多级压力试验中的 5 个压力级的吸水量与压力曲线，在评价水力条件时可能是有用的。

多级压力试验的综合试验结果曲线图绘于图 10-9 中。综合曲线图使用统一的间距，以便于解释。这些曲线是最常碰到的一些典型曲线。必须根据承压水流的水力学原理，并结合取得的岩石或井的编录资料解释试验结果。

在图 10-9 上，圆圈中的数字所表示的可能条件如下：

①可能是非常狭窄而清楚的断裂，水流是层流，渗透系数低，流量与水头成正比；

②坚固的实际上不透水的物质，断裂是紧闭的，不管压力多大，吸水量很小或不吸水；

③渗透性高，比较大的张开断裂，特征是高的吸水量和无反向压力，压力表上显示的压力完全是水管的阻力造成的；

④渗透性强，具较为张开和透水的断裂，但含充填物质，充填物质随着湿润区的扩大或沙子的移动而增多，并在断裂中有聚集的趋势和起延缓水流的作用，水流为紊流；

⑤渗透性强，有能被冲洗出来的断裂充填物质，渗透系数随时间加大，断裂可能较大，水流为紊流；

⑥与④类似，但断裂较紧密，水流为层流；

⑦止水器出故障或断裂规模大,水流为紊流,断裂已被冲洗干净,透水性强,试验时开足水泵,但反向压力很小或者没有;

⑧断裂相当宽而且张开,但充填有黏土质断层泥物质,在压力下由于水的作用,这类物质有被压密和封闭的趋势,在接近试验结束时,加足压力也无吸水量;

⑨有充填物质的张开断裂,在压力增加的情况下,充填物质有先堵塞进而破裂的趋势,可能具有透水性,水流为紊流。

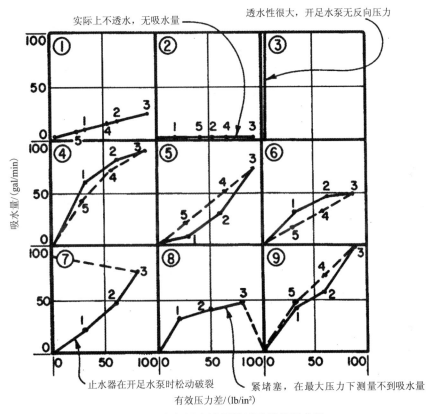

图 10-9　多级压力渗透性试验的模拟曲线

10.3　重力渗透性试验

重力渗透性试验主要用于非固结的或不稳定的物质,而且常常在直径比压力试验大的钻孔中进行。重力渗透性试验只能在垂直或近于垂直的钻孔中进行,一般钻孔的长度为1.5 m(5 ft),然而如果被试验物质是稳定的,处于没有凹陷或坍落的状态,且较均质,则试段可以长达 3 m(10 ft)。如果试段的水柱长度至少为钻孔直径的 5 倍,则可采用较短的试段。每次试验过后,对裸孔试段下套管,一直下到孔底,在它下面再开一个新的试段。如果钻孔采用套管,则套管要下到要求的深度,并冲洗干净;或将钻孔钻到要求的深度,将套管下到孔底,并冲洗干净。

10.3.1 试段的清洗工作

必须用活塞提拉或抽吸的方法处理每个新钻的试段。这一步骤必须缓慢而平稳地进行,以便防止大量的松散堆积物进入孔内,但要减少钻进造成的压密现象和从地层中冲掉一些细粒物质。

10.3.2 通过防护水管测量水位

在进行重力试验时,在钻孔中插入一个小口径的穿孔水管(20~40 mm 或 0.75~1.5 in),有助于缓冲因水的流进而造成的水面上的波动或涟漪,还能更加可靠地测量水位。

在松散的易受冲蚀的物质中,在未下套管的试段,必须将水管安设在位于钻孔底部的100~150 mm(4~6 in)厚的粗砾石填料中。在较坚固的物质中,可将水管吊在孔底以上,但水管底部至少应在钻孔中所保持的水面以上 0.6 m(2 ft)。

也可以从水管中进水,在水管与套管之间的环状空间内测量水位。

10.3.3 泵水设备和控制

在试段中通常有自由水面,不需要加压,然而水泵的容量必须满足要求。

根据很多试验总结出的问题是如何准确地控制流入套管中的水量。有时,维持恒定水头所需的试段的进水量很小,以至于完全采用常规的布置方式无法充分限制进水量。误差的来源是很多压力表在很低流量下的记录是不准确的。为了克服这种困难,已经研制出了如图 10-10 所示的恒定水头贮水容器。

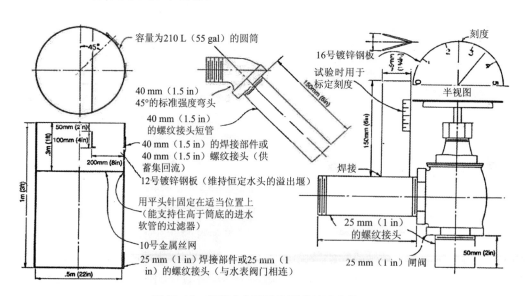

图 10-10 恒定水头渗透性试验的贮水箱

这种贮水容器将提供 0.2~95 L(0.05~25 gal)/min 的可调节流量。用于加工这种贮水容器的材料在大多数企业都是现成的或容易从管道供应商处得到的,可以很容易地用电焊组装贮水容器。在贮水容器加工完毕时,必须对其绘制额定曲线图。即将输送 76~95 L（20~25 gal）/min 水的软管接在贮水容器上,注水一直到开始溢水为止,然后依次打开阀门到每一挡,并测量每一挡上的每分钟出水量的升数（加仑数）,且在每一挡上必须进行三次测量,最后绘出每分钟排水量的升数（加仑数）与水量计开启情况的关系曲线。在野外,当将水量计开到各挡之间时,可参考曲线图得到十分近似的出水量值。图 10-11 是丹佛科研实验室组装的贮水容器的代表性曲线图。

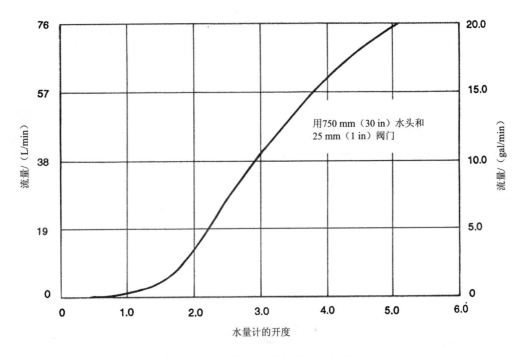

图 10-11　恒定水头贮水箱流量曲线

在使用贮水容器时必须对一些防护措施进行观察。绝不能将从贮水容器向套管输水的软管直接与阀门出口连接。由阀门排出的水应自由地流进直径为阀门出口直径两倍以上的软管中,或流进开口的贮水容器中,软管由贮水容器通向试验孔。这样的布置在钻孔中造成的不稳定流量只有几分钟,但很快就能稳定。溢出水槽的锋面必须是水平的,以保证流量的精确性。

有些重力试验,试段的吸水量很小,可在水表到套管的水管线路上安装阀门,靠近阀门的旁通水管有一个 0.5 in 的针状阀门,整个装置直接与恒定水头贮水容器的出口阀门连接。在这样的条件下, 1 in 的水量计不能精确地测量所采用的低流量;流量稳定之后,通过其充满已知容量的容器所需的时间确定实际流量。

10.3.4　水量计推荐

在 10.2.8 节中建议采用的水量计,用于重力试验是相当令人满意的。

10.3.5 试验持续的时间

与进行压力试验相同,如果要使重力试验得到良好结果的话,建立稳定条件最为重要。采用以下两种方法中的哪一种,取决于所做试验的类型。一种方法是调控进水量,直到均匀不变的进水量在预定的高度上形成稳定的水位。另一种方法是将固定的流量输入钻孔中,直到水位稳定。

10.3.6 设备布设

在 10.2.11 节给出的设备布置的建议对重力试验也适用。如果采用恒定水头贮水容器,则应使水能直接流进套管。

10.3.7 重力渗透性试验(方法1)

在非饱水且不稳定的物质中采用一个钻孔进行试验,即方法 1(图 10-12)是最为精确而适用的。当必须用砾石充填钻孔时,由于机械上的困难,这种试验在约 12 m(40 ft)以下的深度进行是不经济的。在进行试验时,必须小心地随着起拔套管一点一点地投入砾石(在安装观测管和吸水管之后);否则,水管可能在套管中被砂堵塞。在非饱水且不稳定的物质中进行试验时,深度如果大于约 12 m(40 ft),必须采用方法 2。

适用于各种土壤条件的钻孔条件如下。

1. 非固结物质

用钻孔或螺旋钻机钻直径 150 mm(6 in)以上的钻孔,钻到需要进行试验的深度,然后慢慢地扩孔。在钻孔底部放上粗砾石垫层,同时将供水管(I)和观测管(O)安设在适当的位置上(图 10-12),然后用中砾石充填钻孔,充填深度至少为钻孔直径的 5 倍。如果不加支护钻孔就不能稳定,则必须将套管下到孔底,下完套管之后,放进砾石垫层和各种管子,在将中砾石投入钻孔时缓缓地拔起套管,将套管起拔到仅能保证钻孔中维持的水位低于套管底部即可。有 100 mm(4 in)厚的砾石填料凸进套管是适宜的。

向供水管中注入测定的供水量,每 5 min 通过观测管测一次水位,直到连续 3 次以上的测量结果相差不超出 5 mm(0.2 in)时为止。必须控制供水量,以使稳定水位不在套管中,而是位于孔底之上超过钻孔直径 5 倍的地方。一般要调节水的流量,以便取得所需要的条件。

2. 固结物质

在固结的物质中,或在不加支护就很稳定的非固结物质中(甚至在饱水的情况下),可不加砾石充填和不下套管,采用粗砾石垫层即可。在所有其他方面,与在非固结的、不稳定的物质中进行试验类似。

总的要求:试验必须在依次选定的深度上进行,且使每次试验的水位等于或高于前一次试验的孔底。

通常用于野外的传导系数的限定范围可由图 10-7 和图 10-8 取得。进行试验的地带和适用的公式,可分别在图 10-6 和图 10-12 上找到。

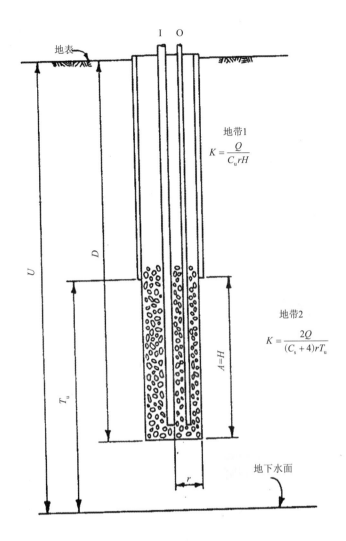

图 10-12　重力渗透性试验(方法 1)

计算渗透系数所需要的资料,在钻孔穿过地下水面以前可能取不到。所要求的资料包括:

(1)钻孔直径 r,m(ft);

(2)钻孔深度 D,m(ft);

(3)套管底部的深度,m(ft);

(4)钻孔中的水深 H,m(ft);

(5)钻孔中砾石顶部的深度,m(ft);

(6)试段的长度 A,m(ft);

(7)地下水面的深度 T,m(ft);

(8)保持定水位输入钻孔的稳定流量 Q,m³/s(ft³/s);

(9)试验开始的时间和每次进行测量的时间。

利用方法 1 的一些实例如下。

实例 4——地带 1

已知：$H=A=5$ ft，$r=0.5$ ft，$D=15$ ft，$U=50$ ft，$Q=0.1$ ft³/s。则

$$T_u=U-D+H=50-15+5=40 \text{ ft}$$

$$\frac{T_u}{A}=\frac{40}{5}=8$$

$$X=\frac{H}{T_u}\times100\%=\frac{5}{40}\times100\%=12.5\%$$

X 和 $\frac{T_u}{A}$ 的值位于地带 1（图 10-6），根据图 10-7 确定传导系数 C_u：

$$\frac{H}{r}=\frac{5}{0.5}=10,\quad \frac{A}{H}=\frac{5}{5}=1,\quad C_u=32$$

根据图 10-12，有

$$K=\frac{Q}{C_u r H}=\frac{0.10}{32\times0.5\times5}=0.001\,25 \text{ ft/s} \tag{10-7}$$

实例 5——地带 2

已知：H,A,r,U 和 Q 同实例 4，且 $D=4.5$ ft。则

$$T_u=50-45+5=10 \text{ ft}$$

$$\frac{T_u}{A}=\frac{10}{5}=2$$

$$X=\frac{5}{10}\times100\%=50\%$$

$\frac{T_u}{A}$ 和 X 的值位于地带 2（图 10-6），根据图 10-8 确定传导系数 C_s：

$$\frac{A}{r}=\frac{5}{0.5}=10,\quad C_s=25.5$$

根据图 10-12，有

$$K=\frac{2Q}{(C_s+4)rT_u}=\frac{2\times0.10}{(25.5+4)\times0.5\times10}=0.001\,36 \text{ ft/s} \tag{10-8}$$

10.3.8　重力渗透性试验（方法 2）

由于有些因素难以控制，当将这种方法用于非固结物质时，可能会得到错误的结果。然而，就所研究的条件来讲，它是研究现有注水试验中最好的方法。在大多数情况下，如果谨慎地进行试验，采用这种方法得到的结果是能满足要求的。当必须确定水下的河床或湖底的渗透系数时，方法 2 是唯一切实可行的重力试验方法。

以统一不变的形式对一个长 1.5 m（5 ft）、直径 75~150 mm（3~6 in）的套管打孔。在不严重影响套管强度的前提下，希望打的孔数能达到最大的数目。必须将套管打孔部分末端的内侧切削成锐角，并将套管淬火，使其成为能进行切削的刃口。

随着钻进或射流和掘进将套管沉入孔中，以保证这种钻井方法能使套管牢固地安装在

钻孔中。在压密不好的物质和力度大小不一的土壤中,在进行试验之前向套管中注水(高出打孔部分 1 m 或几英尺),并慢慢地用活塞提拉、抽吸是适宜的。将 150 mm(6 in)厚的粗砾石垫层下入套管中,再将观测管安装在垫层上。

注入井中的水,其均匀的流量要足以使套管中的水位保持在打孔部分的顶端。按 5 min 的时间间隔测量水深,直到 3 次以上测量结果的差值不超过 ±60 mm(0.2 ft)时为止。必须通过水管注水,在水管与套管之间进行测量。如果需要的话,可以将这种处理方法反过来使用。

当试验完成时,再将套管沉下 1.5 m(5 ft),重复进行试验。

在固结物质中,试验可以用裸孔的试段进行。但不推荐这种做法,因为在这种条件下,套管底部很难紧贴在钻孔中,相当大的误差可能是通过套管与孔壁间的环形空间向上渗漏造成的。

必须使测量精确到 3 mm(0.01 ft)。C_u 和 C_s 值通常在野外适用的限定范围可由图 10-7 和图 10-8 得到,进行试验的地带和适用的公式可分别在图 10-6 和图 10-13 找到。

在钻孔中进行试验时,计算渗透系数所需要的某些资料,在钻孔遇到地下水面之前是得不到的。在确定渗透系数时,就要用查询到的资料补充记录的数据。在每次试验中主要记录的数据包括:

(1)套管的外半径,m(ft);

(2)套管打孔部分的长度 A,m(ft);

(3)在长度 A 上打孔的数目和直径;

(4)钻孔底部的深度 D,m(ft);

(5)钻孔中水面的深度,m(ft);

(6)钻孔中的水深 H,m(ft);

(7)地下水位的埋深 U,m(ft);

(8)覆盖在相对不透水层以上的饱水透水物质的厚度 S,m(ft);

(9)注水井中维持孔内定水位的稳定流量 Q,m³/s(ft³/s);

(10)试验开始的时间和每次进行测量的时间。

采用方法 2 的一些实例如下。

实例 6——地带 1

已知:H=10 ft, A=5 ft, r_1=0.25 ft, D=20 ft, U=50 ft, Q=0.10 ft³/s, 128 个直径为 0.5 in 的孔眼。

打孔的总面积 $=\pi \times 0.25^2 \times 128 = 25.13\ in^2 = 0.174\ ft^2$

打孔部分的套管面积 $=2\pi r_1 A = 2\pi \times 0.25 \times 5 = 7.854\ ft^2$

$$r_e = \frac{0.174}{7.854} \times 0.25 = 0.005\,54\ ft$$

$$T_u = U - D + H = 50 - 20 + 10 = 40\ ft$$

$$\frac{T_u}{A} = \frac{40}{5} = 8$$

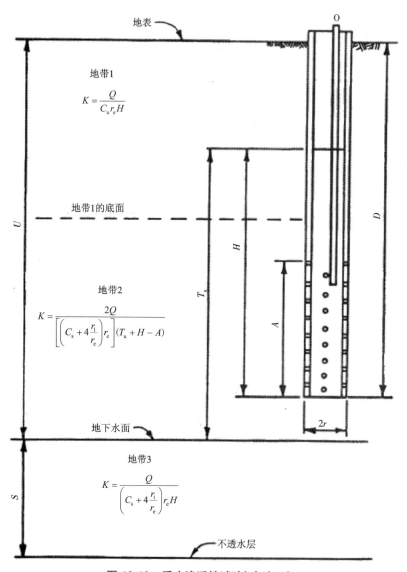

图 10-13 重力渗透性试验（方法 2）

$$X = \frac{H}{T_u} \times 100\% = \frac{10}{40} \times 100\% = 25\%$$

$\frac{T_u}{A}$ 和 X 的值位于图 10-6 的地带 1 中，根据图 10-7 找出 C_u：

$$\frac{H}{r_e} = \frac{10}{0.005\,54} = 1\,805, \quad \frac{A}{H} = \frac{5}{10} = 0.5, \quad C_u = 1\,200$$

根据图 10-13，有

$$K = \frac{Q}{C_u r_e H} = \frac{0.10}{1\,200 \times 0.005\,54 \times 10} = 0.001\,5 \text{ ft/s} \tag{10-9}$$

实例 7——地带 2

已知：$Q,H,A,r_1,r_e,U,A/H$ 和 H/r_e 同实例 6，且 $D=40$ ft。则

$$T_u = 50 - 40 + 10 = 20 \text{ ft}$$

$$\frac{T_u}{A} = \frac{20}{5} = 1$$

$$X = \frac{10}{20} \times 100\% = 50\%$$

$\dfrac{T_u}{A}$ 和 X 的值位于图 10-6 的地带 2 中，根据图 10-8 找出 C_s：

$$\frac{A}{r_e} = \frac{5}{0.005\,54} = 902, \quad C_s = 800$$

根据图 10-13，有

$$K = \frac{2Q}{\left[\left(C_s + 4\dfrac{r_1}{r_e}\right)r_e\right](T_u + H - A)} = \frac{0.20}{5.43 \times (20 + 10 - 5)} = 0.001\,5 \text{ ft/s} \qquad (10\text{-}10)$$

实例 8——地带 3

已知：$Q,H,A,r_1,r_e,A/H,H/r_e,U,C$ 和 A/r_e 同实例 7，且 $S=60$ ft。

根据图 10-13，有

$$K = \frac{Q}{\left(C_s + 4\dfrac{r_1}{r_e}\right)r_e H} = \frac{0.10}{980.5 \times 0.005\,54 \times 10} = 0.001\,8 \text{ ft/s} \qquad (10\text{-}11)$$

10.3.9　重力渗透性试验（方法 3）

方法 3 综合了重力渗透性试验，将方法 1 和 2 发展成能在困难条件下进行试验的方法。这是一种最不精确的试验方法，在由于试验物质的性质而不能采用方法 2 的情况下，其是唯一可以采用的方法（图 10-14）。

在一些地区，被试验物质会有这样的性质，即在必须打入底部被切削成锐角并表面淬火的套管时，它的情况是不稳的。在颗粒尺寸大于 25 mm（1 in）的由砾石组成的物质中，这种情况特别现实。在这种条件下，因为采用方法 3 时必须使用桩靴，故不能令人满意。桩靴的使用使物质进一步压密，并在套管的周围形成一个环形空间，这会造成试验结果产生误差。这种误差的大小是未知的，但如果在试验时多加小心，结果可能会接近被试验物质的正确数值。

在完成每个试验时，通过钻进使 90~150 mm（3~6 in）的打孔套管钻进 1.5 m（5 ft）以上的距离。在每个新试段经过活塞提拉和抽吸以后，必须在试段底部放上 150 mm（6 in）的砾石垫层，以支撑观测管。然后向水井中注以均匀流量的水，使套管中的水位刚好保持在打孔部分的顶端。将水直接注入套管中，并通过 DN32 mm（1.25 in）的观测管进行测量。按 5 min 的时间间隔进行测量，试验必须进行 3 次以上，测量所显示的套管中的水位不超过打孔部分顶端的 ±60 mm（0.2 ft）时为止。

通常在野外所采用的 C_u 和 C_s 值的限定范围可从图 10-7 和图 10-8 得到,进行试验的地带和适用的公式可分别在图 10-6 和图 10-14 上找到。

在每次试验中所记录的数据包括:

(1)套管的外半径 r_1,m(ft);

(2)套管打眼部分的长度 A,m(ft);

(3)在长度 A 上打眼的数量和直径;

(4)孔底的深度 D,m(ft);

(5)钻孔中水面的深度,m(ft);

(6)钻孔中的水深,m(ft);

(7)地下水位的埋深,m(ft);

(8)注水井中用以保持孔内定水位的稳定流量 Q,m³/s(ft³/s);

(9)试验开始的时间和每次测量的时间。

采用方法 3 的一些实例如下。

实例 9——地带 1

已知:Q=10.1 gal/min=0.023 ft³/s,H=A=5 ft,D=22 ft,U=71 ft,T_u=54.4 ft,r_e=0.008 ft,r_1=1.75 in=0.146 ft(标准 3 in 套管)。

$$\frac{T_u}{A} = \frac{54.5}{5} = 10.9, \quad X = \frac{H}{T_u} \times 100\% = \frac{5}{54.5} \times 100\% = 9.2\%$$

$\frac{T_u}{A}$ 和 X 的值位于图 10-6 的地带 1,根据图 10-8 找出 C_s:

$$\frac{H}{r_e} = \frac{5}{0.008} = 625, \quad \frac{A}{H} = 1, \quad C_u = 640$$

根据图 10-14,有

$$K = \frac{Q}{C_u r_e H} = \frac{0.023}{640 \times 0.008 \times 5} = 0.000\,9 \text{ ft/s}$$

实例 10——地带 2

已知:Q,H,A,U,r_e 和 r_1 同实例 9,且 D=66 ft,T_u=10 ft。

$$\frac{T_u}{A} = \frac{10}{5} = 2, \quad X = \frac{5}{10} \times 100\% = 50\%。$$

$\frac{T_u}{A}$ 和 X 的值位于图 10-6 的地带 2 中,根据图 10-8 找出 C_s:

$$\frac{A}{r_e} = \frac{5}{0.008} = 625, \quad C_s = 595$$

根据图 10-14,有

$$K = \frac{2Q}{\left(C_s + 4\frac{r_1}{r_e}\right) r_e T_u} = \frac{2 \times 0.023}{668 \times 0.008 \times 10} = 0.000\,86 \text{ ft/s} \tag{10-12}$$

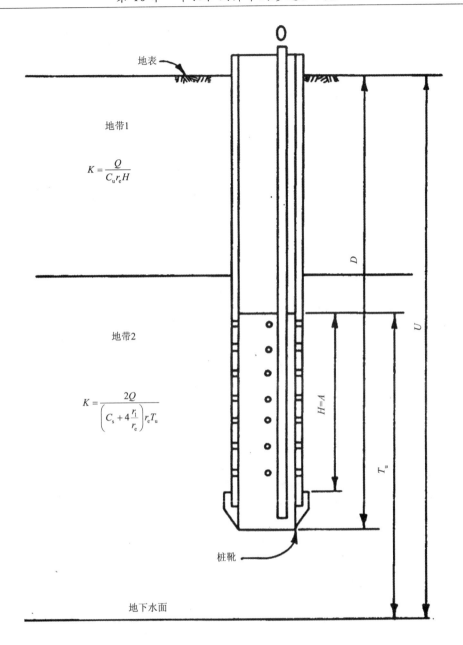

图 10-14　重力渗透性试验（方法 3）

10.3.10　重力渗透性试验（方法 4）

在一些情况下,可利用方法 4 有效地确定广泛分布的不透水层以上的非饱水物质总的平均渗透系数。然而,这种方法不能确定渗透系数随深度的相对变化。这种方法实际上是 9.2 节中讨论的稳定状态抽水试验理论的应用。

将注水井（以 150 mm（6 in）或更大的孔径为好）钻到延伸面积广泛的相对不透水层或钻到地下水面。在固结物质中,水井不下套管;但在非固结物质中,必须将打孔套管或过滤器安设在自钻孔底部到地表以下约 1.5 m(5 ft)的地段上。在试验之前,必须采用向水井中注水,同时用活塞提拉和抽吸的方法提高水井的吸水能力。

在钻观测井之前,必须对注水井进行试验,以确定使用现有的泵水设备,可以在不透水层顶面以上的注水管中保持水柱最大高度 H(图 10-15)。可以根据试验的进行情况确定观测井的间距,且必须将 DN25~DN32 mm(1~1.25 in)的观测管下到注水井底部附近,以便测量水位。

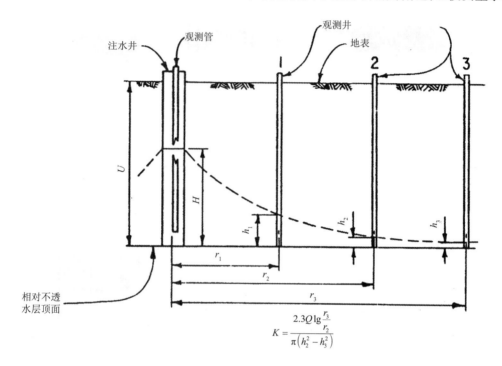

$$K = \frac{2.3Q \lg \frac{r_3}{r_2}}{\pi \left(h_2^2 - h_3^2 \right)}$$

图 10-15 重力渗透性试验(方法 4)

应通过水力喷射钻井或一些其他的方法,在不透水层顶面上至少设置 3 个观测井,且必须将相适宜的水管(底部 3~4.5 m(10~15 ft)打眼)下到这些观测井的底部。这些观测井距水井的距离,应该是注水井中能保持的水柱高度 H 的 50% 的倍数。

确定每个水井中的不透水层顶面的高程或地下水面高程,并开始进行试验。在将水以定流量注入水井 1 h 以后,在观测井中进行水位测量。然后按 15 min 的时间间隔进行测量,由每批测量结果对每个孔绘出不透水层以上的水位高度的平方 h^2 与注水井到观测孔的距离 r 的半对数关系曲线(图 10-16)。通过标绘范围内的一些点,如果能用一批测量结果画成一条直线,那么稳定条件已经产生,便可以计算渗透系数了。

在每次试验中所记录的数据包括:

(1)注水井和观测井处的地面高程;

(2)注水井和观测井处基准点的高程;

(3)观测井中心到注水井中心的距离 r_1, r_2 和 r_3, m(ft);

(4)注水井和观测井处的不透水层顶面的高程, m(ft);

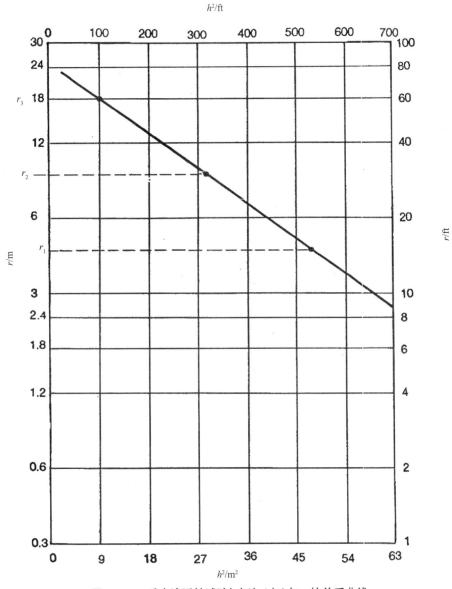

图 10-16　重力渗透性试验(方法 4)h^2 与 r 的关系曲线

（5）按 15 min 的时间间隔测量的注水井和观测井中基准点以下的水深,m(ft)；

（6）注水井中的不变流量 Q,m³/s(ft³/s)；

（7）注水开始时间和每次进行测量的时间。

采用方法 4 的一些实例如下。

实例 11

已知：U=50 ft, Q=1 ft³/s, r_1=15 ft, r_2=30 ft, r_3=60 ft, h_1=23.24 ft, h_2=17.89 ft, h_3=10.0 ft, h_1^2=540 ft², h_2^2=320 ft², h_3^2=100 ft²。

显示在图 10-16 上的 r 与 h^2 的关系曲线说明,通过意味着稳定条件出现的所标出的一些点可以绘出一条直线,并可以计算渗透系数。

根据图 10-15,有

$$K = \frac{2.3Q \lg \frac{r_3}{r_2}}{\pi(h_2^2 - h_3^2)} \qquad (10\text{-}13)$$

$$\lg \frac{r_3}{r_2} = 0.301\,0, \quad \lg \frac{r_3}{r_1} = 0.602\,1, \quad \lg \frac{r_2}{r_1} = 0.301\,0$$

$$K = \frac{2.3Q \lg \frac{r_3}{r_2}}{\pi(h_2^2 - h_3^2)} = \frac{2.3Q \lg \frac{r_3}{r_1}}{\pi(h_1^2 - h_3^2)} = \frac{2.3Q \lg \frac{r_2}{r_1}}{\pi(h_1^2 - h_2^2)} \qquad (10\text{-}14)$$

$$K = \frac{2.3 \times 1 \times 0.301\,0}{\pi \times 220} = \frac{2.3 \times 1 \times 0.602\,1}{\pi \times 440} = \frac{2.3 - 1 \times 0.301\,0}{\pi \times 220} = 0.001 \text{ ft/s}$$

10.4　降水头试验

降水头试验主要用于固结岩石的裸孔中。进行此类试验所用的充气止水器与压力试验中所使用的相同,当压力传送系统或其他设备发生故障时,可将其作为一种代替的方法在某些情况下使用;洗孔的方法也与压力试验中所使用的方法相同。

10.4.1　在钻孔中稳定水位以下的试验

在钻孔中稳定水位以下的试验,具体步骤如下。

(1)在 DN32 mm(1.25 in)标准尺寸的竖管(内径为 35 mm(1.38 in))上,采用充气止水器隔成 3 m(10 ft)的间距。最初将止水器安设在钻孔底部,并将止水器膨胀,直到压力差为 2 068 kPa(300 lb/in²)。

(2)将止水器充气之后,在竖管中按 5 min 的时间间隔进行 3 次或更多次的水位测量,直到水位稳定时为止。稳定水位将是试段的静止水位。

(3)水位稳定之后,尽快向竖管中注入 8 L(2 gal)以上的水。如果试段是严格密封的,则 4 L(1 gal)的水将使 DN32 mm(1.25 in)水管中的水位抬高 4.1 m(12.9 ft)。

(4)在注水之后,要立刻测量水位,尽快测定初始水位的埋深,然后按 5 min 的时间间隔进行 2 次定时测量。如果在 13 min 内下降的速率超过 4.5 m(15 ft),则 3 m(10 ft)试段的导水系数将大于 18 m²/年(200 ft²/年)或平均渗透系数大于 6 m/年(20 ft/年)。

这样确定的导水系数值只是近似的,但对于很多工程目的来讲已经足够精确。

该试验是在修正 Ferris 和 Knowles 的瞬时注水法(1962 年)的基础上建立的,其解析的公式为

$$T = \frac{V}{2\pi s \Delta t} \qquad (10\text{-}15)$$

式中　T——试段的导水系数,m²/s(ft²/s);

　　　V——在时间 Δt 中进入试段的水的体积, m³(ft³)(在 DN32 mm(1.25 in)水管中下降

300 mm（1 ft）等于 0.000 283 m³（0.01 ft³））；

　　　s——在时间 Δt 中水位的下降值，m（ft）；

　　　Δt——逐次水位测量之间的时间间隔，s，即 t_1-t_0，t_2-t_1 等。

　　（5）如果钻井记录表明试段是均一的，没有明显的可能产生集中渗漏的一些点，则以 m/s（ft/s）表示的试段的平均渗透系数可以根据 $K=T/A$ 计算，其中 A 是以 m（ft）表示的试段的长度。如果钻井记录表明试段以不透水者为主，但有一个或几个可能发生集中水流的渗透带，则这些带的平均 K 值可以根据 $K=T/A'$ 计算，其中 A' 是以 m（ft）表示的一个或几个渗透带的厚度。

　　（6）每次试验之后，对止水器放气，并将试验的套管抬高 3 m（10 ft），重复试验，一直到将静止水位以下的整个钻孔都试验完为止。

10.4.2　在地下水面以上非饱和物质中的试验

　　地下水面以上的试验，所要求的步骤和解析方法与饱水地带中的试验稍有不同。在跨越地下水面或稍高于地下水面的试段所做的试验，如果采用 10.4.1 节的公式，得出的计算值会有点太高；如采用下述公式（10-16）和公式（10-17），则计算结果稍低。对地下水面以上的试验来说，要采用下列步骤。

　　（1）如果钻孔是干的，则将一个 3 m（10 ft）的隔离式止水器安装在钻孔的底部；如果钻孔中含水，则将底部止水器的顶面安装在地下水面处，并给止水器充气。

　　（2）如果可能的话，将竖管注水到地表，不然就将水注到水泵能力所及的水准上。

　　（3）在竖管中测量水位，并与测量时间一起加以记录。当水位下降时，进行 2 次或更多次的类似测量。

　　（4）在完成一次试验时，将止水器抬高 3 m（10 ft），重复试验，一直到未下套管或未经灌浆的整个钻孔都试验完为止。

　　（5）每个试段的解析方程式是修改过的 Jarvis 所推导的方程式（1953 年）：

$$K = \frac{r_1^2}{2A\Delta t}\left[\frac{\operatorname{arsinh}\dfrac{A}{r_e}}{2}\ln\frac{2H_1-A}{2H_2-A}-\ln\frac{2H_1H_2-AH_2}{2H_1H_2-AH_1}\right] \tag{10-16}$$

式中　K——试段的平均渗透系数，m/s（ft/s）；

　　　A——试段的长度，m（ft）；

　　　r_1——竖管的内半径，m（ft），DN32 mm（1.25 in）的水管为 17.25 mm（0.057 5 ft）；

　　　r_e——试段的有效半径，m（ft），75 mm 的钻孔为 37.5 mm（3 in 的钻孔为 0.125 ft）；

　　　Δt——时间间隔（t_1-t_0，t_2-t_1），s；

　　　arsinh——反双曲正弦函数；

　　　H——试段底部到竖管中水面的水柱高度，m（ft）（在测量时间 t_0，t_1，t_2 的高度分别为 H_0，H_1，H_2）。

　　（6）对规定有特殊装置的 3 m（10 ft）试段，可以将式（10-16）简化如下：

$$K = \frac{1.653 \times 10^{-4}}{\Delta t} \left[2.5 \ln \frac{H_1 - 5}{H_2 - 5} - \ln \frac{H_1 H_2 - 5H_2}{H_1 H_2 - 5H_1} \right] \qquad （10\text{-}17）$$

10.5　定容积瞬时提水（或注水）试验

10.5.1　简介

定容积瞬时提水（或注水）试验是通过瞬间向井内注入或抽取少量的水、注入空气、封隔器排气或其他方法引起孔中水位快速升高或降低。注水或抽水的时间间隔必须足够短，才能认为是瞬时的。引起初始水位上升的方法通常称为定容积瞬时注水试验，引起初始水位下降的方法称为定容积瞬时提水试验，这两个试验具有相同的效果。在稳态含水层中进行瞬时注水或提水试验过程中，在含水层某一点产生一个短暂的压力脉冲，从而对瞬时响应进行观察并测量。该试验主要测量含水层的导水系数，并以较低的精度测量储水率。

在无法进行抽水试验的情况下，可用瞬时注水或提水试验来估算含水层的导水系数。这个试验适用于含水层水量不足以进行抽水试验的区域，由于预算的限制而无法对需要导水系数的井进行全面的抽水试验以及大量弃水存在问题的区域，例如危险废物场址。长期抽水试验能提供相当大范围内的含水层信息，而定容积瞬时提水（或注水）试验仅能提供水井附近的含水层渗透系数。如果进行多次试验，这一限制可能成为一个优势，因为可以获得更好的导水系数范围。然而，导水系数只是估计值，可能不能准确地描述含水层特征。

进行定容积瞬时提水（或注水）试验的一个主要问题是确保试验过程中水位的变化准确反映含水层特征，并且不会受到钻孔施工的过度影响。因此，除非知道井的施工细节，否则分析测试结果并给出可靠的渗透系数是不可能的。

有很多分析定容积瞬时注水或提水试验的方法，具体选择取决于水文条件和其他因素。因此，选择定容积瞬时提水（或注水）试验程序和分析方法，除了要考虑井的大小和施工情况外，还需要对试验现场的地质和水文条件进行评估。

10.5.2　定容积瞬时提水（或注水）试验实施

使地下水位上升或下降的选择取决于试验目的和现场条件。如果水位浅，而且干净水很容易得到，则注水或提水通常是最简单的方法。一个影响精度的限制条件是在注入水的初始直接脉冲之后，会有少量的水从井内壁流下（Black，1978 年）。在没有干净水源的偏远地区，用水管注入空气或用重物的方法置换井中的水，可能是较好的方法。在水位深且可能难以快速注水或抽水的地方、抽水困难的危险废物地点或用于化学取样的井场，也可能需要采用置换或空气注入方法。

在放入段塞之前，钻孔或试验腔需要尽可能地清理干净，以清除任何可能阻碍水从试验腔流向周围含水层物质的东西。试验腔的长度和直径需要尽可能记录准确，静止水位也应准确测量和记录。水位测量必须在段塞放入后立即开始。由于水位变化很慢，可以用水位指示器手工测量。然而,最可靠的方法是将一个压力传感器连接到一个自动数据记录器上,这种方法允许更频繁和更精确的测量,并确保估算的导水系数具有更大的可靠性。

10.5.3　分析

常用的定容积瞬时提水(或注水)试验的分析方法有多种。其中, Hvorslev(1951 年)、Bouwer 和 Rice(1989 年), Cooper、Bredehoeft 和 Papadopulos(1967 年), Wang 等(1977年), Barker 和 Black(1983 年)都提出了裂隙含水层定容积瞬时提水(或注水)试验的分析方法。其他一些研究人员修改了这些方法或开发了其他方法。计算机程序可以根据各种来源的数据进行分析。

10.5.4　沃斯列夫方法

Hvorslev(1951 年)和 Chirlin(1989 年)方法是最简单的分析方法。这种分析假定有一种均匀的、各向同性的、无限的介质,其中土壤和水都是不可压缩的。它忽略了钻孔储存效应,因此在有砾石充填的地方可能不那么准确。图 10-17 为该试验的几何示意图和分析方法。这种方法可用于在现有地下水位下进行定容积瞬时提水(或注水)试验。

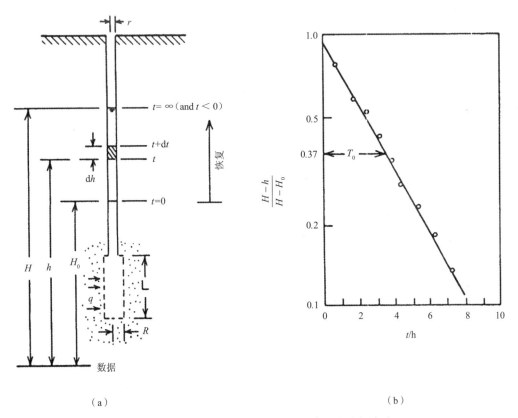

（a）　　　　　　　　　　　　　　　（b）

图 10-17　Hvorslev 试验的几何示意图和分析方法

该试验的分析需要绘制井内水位随时间变化的图形。井内水位变化用$(H-h)/(H-H_0)$表示（图10-17（a）），并根据每个水头的时间作图。在半对数坐标纸上绘制该曲线（以y轴上的$(H-h)/(H-H_0)$为对数刻度）应该近似于一条直线（图10-17（b））。当$(H-h)/(H-H_0)=0.37$，x轴对应的时间值为T_0，Hvorslev将其定义为基本的时间延迟。利用T_0的图解法对试验腔的尺寸进行求解，得到合适的形状因子F，渗透系数可以通过下式进行计算：

$$K = \frac{\pi r^2}{F T_0} \tag{10-18}$$

美国海军设施工程司令部《工程指挥设计手册7.1》（1992年）给出了各种钻孔和套管尺寸F的计算公式。这些尺寸如图10-18所示，为渗透系数计算选择合适的形状因子F是非常重要的。

10.5.5 Bouwer（1989a和b）法

该方法假定无含水层储水和有限的井筒储水，井为非完整井，且局部过滤。该方法最初用于自由含水层，但如果过滤器顶部或开孔段低于隔水层一定距离，则也可用于承压含水层或层状含水层。基于Thiem方程可确定井周围含水层的渗透系数K（图10-19）：

$$K = \frac{r_c^2 \ln(R_e / r_w)}{2 L_e} \frac{1}{t} \ln \frac{y_0}{y_t} \tag{10-19}$$

式中　L_e——井内过滤器、开孔或其他开口部分的长度；

　　　y_0——井内水位与初始静止水位之间的垂直距离；

　　　y_t——时间t时的y值；

　　　t——时间读数；

　　　r_w——井的半径加上砾石或已开发区域；

　　　r_c——井孔套管的内径；

　　　R_e——有效径向距离，y值恢复到初始水位的距离；

　　　L_w——静止水位到孔底的距离。

用电阻模拟网络可以确定有效径向距离R_e的值，其受水井直径、过滤器长度、水井深度以及含水层厚度的影响。在电阻模拟网络中使用了不同的r_w、L_e、L_w值，用于分析它们对R_e的影响。

$\ln(R_e/r_w)$与试验区的几何形状和水井穿透含水层的总量相关。对于非完整井和完整井分别采用不同的解。对于非完整井，与试验区几何形状有关的$\ln(R_e/r_w)$经验方程为

$$\ln \frac{R_e}{r_w} = \left[\frac{1.1}{\ln(L_w / r_w)} + \frac{A + B \ln[(H - L_w) / r_w]}{L_e / r_w} \right]^{-1} \tag{10-20}$$

条件		示意图	形状因子 F	渗透系数 K	应用
无限深度饱和各向同性地层中的观测井或测压管	无套管孔		$F = HS\pi DSR$	**对恒定横截面观测井**	
				$K = \dfrac{R}{HSDS} \times \left(\dfrac{H_2 + H_1}{I_2 - I_1}\right)$ $\left(\dfrac{D}{R} < 50\right)$	确定渗透系数最常规方法,不在饱和土中使用
	底部齐平的有套管孔		$F = \dfrac{HR}{2}$	$K = \dfrac{R^2}{2L(I_2 - I_1)} \ln\left(\dfrac{L}{R}\right) \ln\left(\dfrac{H_1}{H_2}\right)$ $\left(\dfrac{L}{R} > a\right)$	用于确定地下水位以下浅部的渗透系数,在孔底有淤塞的降水头试验中,可能出现不可靠值
	有套管孔,无套管或穿孔部分长 "L"		$F = \dfrac{2\pi L}{\ln\left(\dfrac{L}{R}\right)}$	$K = \dfrac{R^2}{2L(I_2 - I_1)} \ln\left(\dfrac{L}{R}\right) \ln\left(\dfrac{H_1}{H_2}\right)$ $\left(\dfrac{L}{R} > a\right)$	用于确定地下水位以下较大深度的渗透系数
	有套管孔,套管中土柱高度 "L"		$F = \dfrac{H\pi R^2}{2\pi R + HL}$	$K = \dfrac{2\pi R + HL}{H(I_2 - I_1)} \ln\left(\dfrac{H_1}{H_2}\right)$	主要用于确定各向异性土层中垂直方向的渗透系数
上覆不透水层的含水层中的观测井或测压管	有套管孔,开口与无限深含水层上覆边界平齐		$F = 4R$	**对恒定横截面观测井**	
				$K = \dfrac{\pi R}{4(I_2 - I_1)} \ln\left(\dfrac{H_1}{H_2}\right)$	用于确定当表层不透水层相对薄时的渗透系数,在孔底有淤塞的降水头试验中,可能产生不可靠值
	有套管孔,无套管或穿孔延伸至有限厚度含水层: (1) $\dfrac{L_1}{T} \leq a_2$ (2) $a_2 < \dfrac{L_2}{T} < 0.85$ (3) $\dfrac{L_2}{T} = 1.00$ 说明: R_0 等于常水头源有效半径		(1) $F = C_s R$	$K = \dfrac{\pi R}{C_0(I_2 - I_1)} \ln\left(\dfrac{H_1}{H_2}\right)$	用于确定厚度超过 5 ft 处渗透系数
			(2) $F = \dfrac{2 \times L_2}{\ln\left(\dfrac{L_2}{R}\right)}$	$K = \dfrac{R^2 \ln\left(\dfrac{L_2}{R}\right)}{2L_2(I_2 - I_1)} \ln\left(\dfrac{H_1}{H_2}\right)$ $\left(\dfrac{L}{R} > a\right)$	用于确定较大厚度及使用多孔进水口测压管细粒土的渗透系数
			(3) $F = \dfrac{2 \times L_3}{\ln\left(\dfrac{R_0}{R}\right)}$	$K = \dfrac{R^2 \ln\left(\dfrac{R_0}{R}\right)}{2L_3(I_2 - I_1)} \ln\left(\dfrac{H_1}{H_2}\right)$	$\dfrac{R_0}{R}$ 假定值,估值 200,除非布置观测井确定 R_0 实际值

图 10-18　通过变水头试验计算渗透系数的形状因子

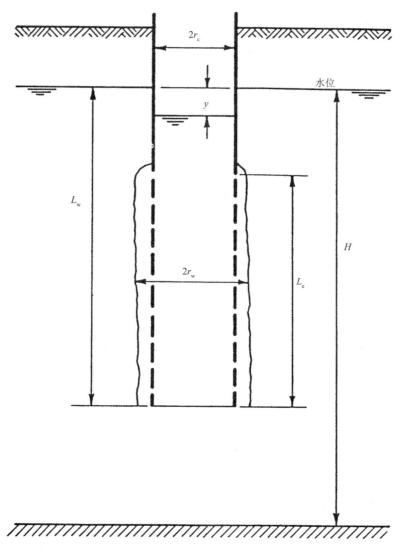

图 10-19　在砾石充填自由含水层和 / 或滤网周围为开发区区域的非完整过滤井中进行定容积瞬时
提水试验的几何图形和符号(Bouwer, 1989 年)

在式(10-20)中，A 和 B 可从图 10-20 中读出，两者均为无量纲系数。应该注意的是，$\ln[(H-L_w)/r_w]$ 的有效上限值为 6。如果其计算值大于 6，则取 $\ln(R_e/r_w)$ 的值为 6。当 $H=L_w$ 时，或水井为完整井时，则式(10-20)中应使用图 10-20 中的 C 值，即有

$$\ln\frac{R_e}{r_w}=\left[\frac{1.1}{\ln(L_w/r_w)}+\frac{C}{L_e/r_w}\right]^{-1} \qquad (10\text{-}21)$$

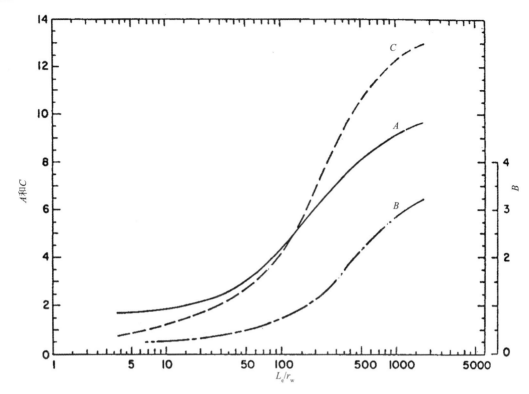

图 10-20　L_e/r_w 函数(计算 $\ln\dfrac{R_e}{r_w}$ 的 F)的无量纲参数 A , B 和 C

依据:Bouwer H. The Bouwer and Rice Slug Test-An Update, Ground Water, 1989, 27(3), 305.

将现场测试数据绘制为 y 和相对应的时间的关系曲线。y 的值应该绘制在 y 轴的对数刻度上,对应时间的值应该绘制在 x 轴上。这些点应近似于一条直线,从而表明测试数据良好,而呈现为曲线的数据(通常在测试开始或接近测试结束时)不应在计算中使用。

不同的供应商针对 Bouwer 和 Rice 方法提出了数值计算机分析和解决方案。使用计算机解决方案可能容易得多;然而,重要的是要认识到解法的局限性和适用于测试的适当情况。

10.5.6　Cooper,Bredehoeft 和 Papadopulos 法(1967 年)

该分析方法用于承压含水层定容积瞬时提水(或注水)试验,此解法的假设条件如下:

(1)含水层为承压含水层;

(2)含水层的面积是无限的;

(3)含水层是均质、各向同性、厚度均匀的;

(4)含水层电势面最初是水平的,水瞬间注入或抽出的体积为 V;

(5)抽水井为完整井;

(6)流向抽水井的水流是水平的,水流不稳定,随着水头的下降,水从存储层中立即释放出来;

（7）井筒直径很小，可以忽略井筒内的储存。

根据现场测试数据，在半对数坐标纸上构建 H/H_0（t 时刻水井水头 / $t=0$ 时刻水井水头）与每次水头读数时间的曲线图，时间值绘制在水平对数轴上，H/H_0 值绘制在垂直轴上。然后将这条曲线与一个标准曲线进行对比（图 10-21），并在现场曲线上选择一个与标准曲线匹配的点，该点位于 $Tt/r^2=1.0$。再后从现场曲线上选取时间 t，通过方程 $Tt/r^2=1.0$ 求解 T。最后用 T 值除以含水层厚度求渗透系数。将曲线值 a 与标准曲线进行匹配，并代入方程，求出储水率：

$$S = \frac{a r_c^2}{r_s^2} \qquad\qquad （10\text{-}22）$$

式中　a——$10^{-10}\sim 10^{-1}$ 的值；

　　　r_c——井套管的半径；

　　　r_s——过滤管的半径。

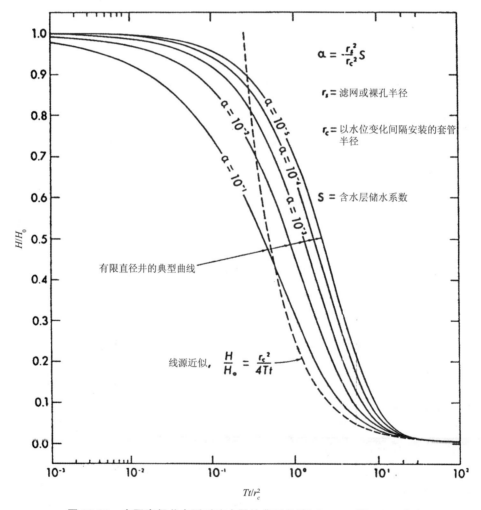

图 10-21　有限直径井内瞬时流水量的典型曲线（Cooper 等，1967 年）

形状曲线在数量级之间的变化很小，因此用这种方法确定 S 值可能比较困难。计算机软件程序也可用于这种分析。

10.5.7　Barker 和 Black 法（1983 年）

这种确定裂隙岩石渗透性的方法考虑了以下两种情况：①岩石基质相对不透水；②岩石基质的扩散系数较大或板厚较小。图 10-22 为定容积瞬时提水（或注水）试验示意图。假设初始测压面为水平的，在 $t=0$ 时刻井内水位瞬时增大 H_0 值。H_t/H_0 的值除依赖于时间外，还依赖于 α、β、γ 三个无量纲参数，这些无量纲参数的许多组合产生几乎相同的曲线。但是，如果第一种情况下参数 β 较小，则可以使用 Cooper、Bredehoeft 和 Papadopulos（1967 年）的分析。在第二种情况下，当 γ 较小时，岩石基质与裂隙处于接近平衡状态，含水层表现为均质含水层，储水率等于裂隙与基质的储水率之和。在这种情况下，基质的储水率通常占主导地位。

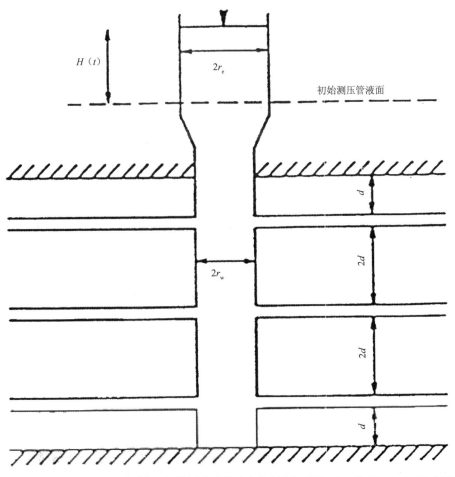

图 10-22　裂隙含水层定容积瞬时提水（或注水）试验示意图（ Barker 和 Black，1983 年 ）

10.6　计算渗透系数的钻孔试验

10.6.1　简介

螺旋钻试验测量了从静止水位到钻孔底部土壤的平均水平渗透系数。这种测试可以在孔底或孔底以下有障碍物的情况下进行,最适用于浅埋细粒土。

本节介绍进行此测试的设备、程序和计算。Maasland 和 Haskew(1958 年)在一篇论文中详细描述了螺旋钻试验分析细节的发展经过。

10.6.2　设备

螺旋钻试验的设备要求是比较灵活的,以下部件已成功应用于该试验中。

1. 螺旋钻

一种直径 80 mm(3 in)的螺旋钻,有三个 1.5 m(5 ft)的延长手柄和一个直径 110 mm (4 in)的螺旋钻。

最初使用直径为 80 mm 的螺旋钻进行钻孔试验。在质地较细的土壤中,初始扩径所需的压力会在孔的侧壁形成薄而密的封闭层。这种封闭层即使用刮孔器也很难去除。

然而,使用直径为 110 mm 的螺旋钻扩孔直径为 80 mm 的孔,对孔的侧壁施加的压力较小,因此产生的封闭层非常薄且更容易去除。这种薄封闭层的去除是通过试验获得可靠数据的关键。三个 1.5 m 长的延长手柄通常可以满足大多数测试孔的要求。

Durango 和 Orchard 型螺旋钻机适用于大多数土壤,Dutch 型螺旋钻更适用于一些高黏土和黏性土壤。与其他两种类型相比,Durango 型螺旋钻的扰动更小,因此可以更可靠地评估土壤结构。图 10-23 展示了排水调查中常用的不同类型土壤螺旋钻的照片。

2. 记录地下水位变化的设备

可使用两种记录地下水位恢复情况的设备:第一种包含与压力传感器相连的具有一个预先编程的对数采样时间表的数据记录器;第二种由记录板、记录带和浮式装置组成。

数据记录器可以记录从零时开始的恢复数据,这是不可能使用浮式装置和记录板完成的。与浮式装置相比,这种性能使测试可以在具有更高的渗透系数的物质中进行。在数据记录器上收集的地下水位恢复数据可以直接下载到计算机上,然后可以编制计算表来计算测试结果。

记录板、记录带和浮式装置等比手动测量设备(如电子测深仪)更可取,因为它更便宜,更容易建造,操作更简单,并提供永久记录。记录板通常是 50 mm(2 in)厚、100 mm(4 in)宽和 250 mm(10 in)长。凹槽 65 mm(2.5 in)长,宽度足以容纳尼龙辊,距一端 25 mm (1 in),距一侧 15 mm(0.5 in)。可把从常规椅子脚轮上取下的尼龙辊安装在凹槽中并固定到位。指针直接固定在滚轮上,作为测试过程中的参考点。在滚轮附近钻出一个直径 50 mm(2 in)的凹槽,用以固定秒表,并置于该凹槽内,以便操作者无须抬头即可观察秒表,并在磁带上标记。用于连接三脚架的螺纹金属板安装在电路板下侧与滚轮和秒表相对的一端。

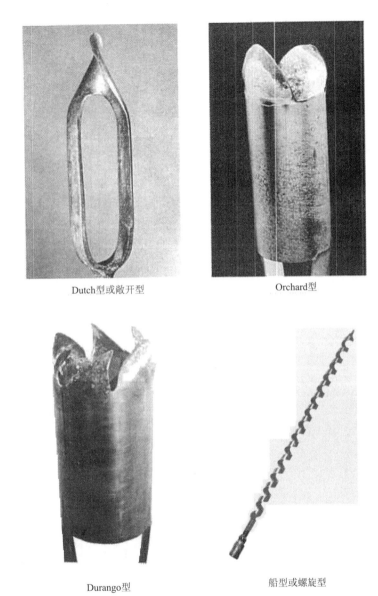

Dutch型或敞开型　　　　　　Orchard型

Durango型　　　　　　船型或螺旋型

图 10-23　手动土体螺旋钻的类型

浮子的直径应小于 75 mm(3 in),且底部加重,其应具有足够的浮力和平衡力,以防止浮子上升过程中出现任何滞后现象。质量略小于浮子的配重用于保持浮子的浮绳绷紧。浮子的肩部应该是倾斜的,这样它就不太可能卡在开孔侧面的卵石或树根上,或套管的接缝和小孔上。

记录带是由 1.5 m(5 ft)的图表纸切割成 20 mm(0.75 in)宽的条,且背面用胶带捆扎,两端用纸钉固定,这样记录带可以连接到浮式装置和配重上。图 10-24 展示了用于钻孔测试的设备设置示意图。

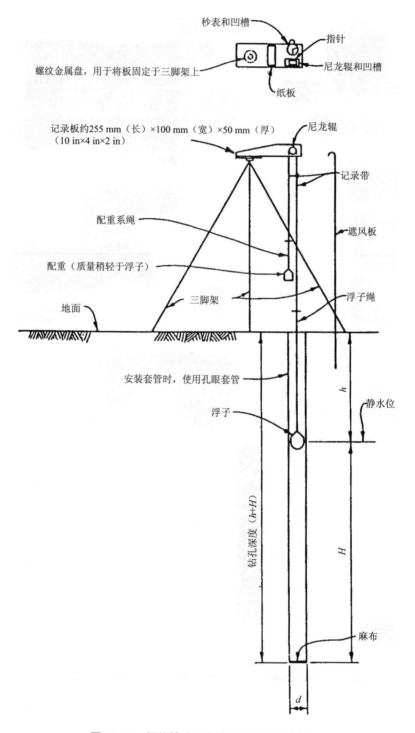

图 10-24　螺旋钻或压力计测试的设备设置

3. 三脚架

任何刚性构造的三脚架都可以使用。可调节三脚架可以提供刚性支撑,并允许快速设置和调平记录板。

4. 测量杆或卷尺

可以做一根测量杆,也可以用一个底部有重物的卷尺。

5. 刮孔器

刮孔器可以用多种方法制作。最简单的方法是使用木制圆筒,其直径为 85 mm(3.5 in),长为 75 mm(3 in),且具有突出的小钉子。钉头被打入圆筒后,剪掉一部分,以形成锋利的边缘,破坏孔周围的封闭层。将一个 13 mm(0.5 in)的耦合器连接到木制圆筒上,允许刮孔器使用与螺旋钻相同的扩展手柄。一种更有效的刮孔器可使用一个 85 mm(3.5 in)外径的黑色铁管,切割为 125 mm(5 in)长后制成,然后将 13 mm 的耦合器焊接到直径为 85 mm、厚 7 mm(0.25 in)的板上,板又焊接到水管的一端;再在水管上交错地钻出直径为 3 mm(0.125 in)的孔;之后从水管的内部通过每个孔插入混凝土钉,所使用的混凝土钉的长度取决于所使用的螺旋钻的直径;最后将一个直径 80 mm(3.5 in)、长 125 mm(5 in)的木块放入水管内,以固定钉子;通过在管端钻几个孔来固定螺丝,木块即可以固定在适当的位置。由于需要不同的钻孔直径,则可以在刮孔器上安装较长或较短的钉子。典型的刮孔器见图 10-25。

6. 抽筒或水泵

抽筒可以由长 1 m、直径 85 mm(3.5 in)的薄壁水管制成,水管一端有橡胶或金属底阀,另一端有手柄。长度超过 1 m 的抽筒很难从螺旋钻钻孔中插入和取出。底阀上的孔应该足够大,以允许水尽可能快地进入抽筒。抽筒的底部应配重,以增加其下沉能力。按目前对水质取样的要求,许多类型的商业抽筒都可以利用,它们由从聚四氟乙烯到不锈钢等多种材料制成。与图 10-25 所示类似的轻型手摇抽水泵,可泵出约 1.5 L/s(20 gal/min)的水,比抽筒更可取。

7. 秒表

使用浮式装置时,任何标准秒表或秒级数码表都能满足使用要求。其读数应该从一个单一的参考时间开始,即提水的开始,并且应在测试期间记录所有的时间。

8. 内卡尺

可以用一对普通的内卡尺来确定孔的直径。为防止卡尺支架的尖端划伤螺旋钻孔壁,应在卡尺支架上焊接小平板。在卡尺的顶部拧入一根加长杆,可用来测量不同深度的孔直径。计算中应使用平均孔径。由于水面反射光线,无法目测卡尺与孔边是否接触,从而导致采用普通的内卡尺很难测量地下水位以下的孔的直径。因此,通过测量地表以下约 0.3 m(1 ft)和地下水位以上的范围来确定平均孔径。

9. 粗麻布

粗麻布或类似的渗透性材料可防止土壤进入孔的底部。每个孔需要一块约 0.6 m²(2 ft²)的材料。

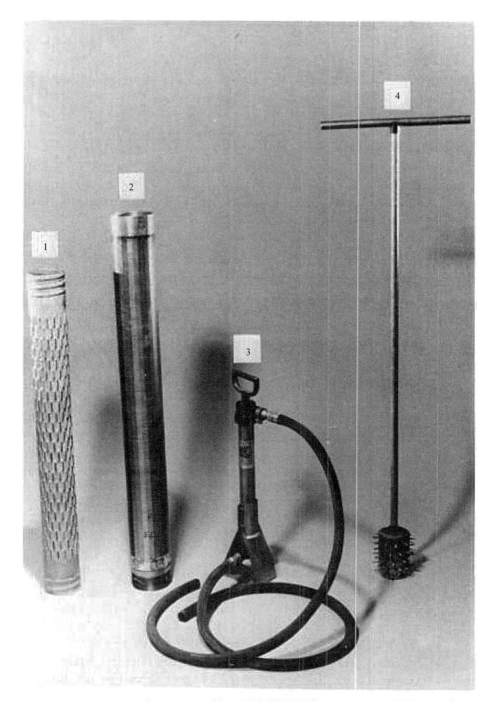

图 10-25 螺旋钻试验装置

1—孔眼套管；2—钢丝缠绕井筛；3—手摇抽水泵；4—刮孔器

10. 孔眼套管或缠丝井筛

对于不稳定土壤中的螺旋钻钻孔，采用孔眼套管或缠丝井筛是非常必要的。套管或井筛的外径应与手动螺杆相同或略大。当套管或井筛被推入地面时，套管与孔的周边有一定的接触。商业井筛最理想的穿孔率至少为 10%;然而,一个具有 4%~5% 穿孔率的薄壁落水管套管也是可以满足要求的。在大多数耕种土壤中,每米约有 200 个 5 mm × 25 mm 的钢锯孔将产生 4%~5% 的孔。市场上可买到的开槽聚氯乙烯套管足以进行螺旋孔测试。典型的孔眼套管和钢丝缠绕井筛见图 10-25。

11. 镜子或强光手电筒

可以采用镜子或强光手电筒检查螺旋钻的侧面,且方便使用卡尺进行测量。

12. 遮风板

当需要防风时,通常使用由一块 1 m 见方的胶合板组成的遮风板。

10.6.3　试验程序

进行现场渗透率试验时,执行效率最高的团队一般由两个人组成,其中一个人操作记录板,将浮子放入孔中,并操作秒表;另一个人操作提桶或水泵。在孔内的水位稳定下来后,经验丰富的团队可以在 10~15 min 内完成在大多数土壤中的整个测试。

在没有详细的土壤剖面数据的地点,应先进行超前孔的钻探及编录工作,并必须选定试验区。

孔应该垂直地面施钻,并尽可能直地钻到所需的深度。如果整个剖面上的土壤都是均匀的,则可以钻完整个待测深度。当土壤不均匀时,则应对每一种质地、结构和颜色的变化均进行试验。如果整个待测试剖面的物质具有很高的渗透性,则最好钻至地下水位 0.6~1.0 m(2~3 ft)处,这样一次提水就能大致把水抽到井底。螺旋钻钻孔完成后,应在孔的侧壁进行刮孔,以消除螺旋钻造成的封闭效果。在质地较粗的土壤中,不必进行刮孔。随后将粗麻布压至孔的底部,并轻轻地夯实,以防止任何泥土进入孔底。封闭效果可以通过允许水位上升到静止水位来克服,随后轻轻地泵出或提出水,以获得最佳的流动特性。然后,在进行试验之前,时间需足够,以使水位恢复至静止水位。在开始试验前,还应仔细测量地下水位深度、孔的总深度、静止水位至孔底的距离。

图 10-26 展示了试验示例数据和计算表。开始测试时,将带有记录板、记录带和浮式装置的三脚架放在孔的附近,这样浮子就可以以孔为中心自由移动。然后将浮子放入孔中,直到其浮到静止水位为止。在较短时间后,让水位恢复到静止水位,在记录带上做一个零点标记,并放置配重,这样就可以记录水位的全部变化。这种布置可能需要在套管内挂上配重。之后取出浮子,并尽快将水从孔中提出或泵出,以使开始读数前返回的水量最小化。为了取得最佳效果,应该从孔中提出或泵出足够得水,以便在水位上升到初始高度的一半(或 0.5 h)之前完成所有读数。对大多数耕种土壤,通常使用抽筒提水 1~2 次即足够。当最后一次将抽筒提出钻孔,或水泵开始抽气时,应尽快将浮子放入孔中。当水位迅速上升时,浮子可以留在孔内,并低于抽筒或底阀,这将使在第一次读数之前返回到孔内的水量最小化。秒表在抽筒第一次被取出时开始计时,或在水泵开始工作时开始计时,并应连续运行直至测试完成。

当使用记录板和浮子时,使用相等的时间间隔较方便,从记录带上的初始刻度线开始。

操作人员在秒表上以相同的时间间隔读数,并在指针的反面标记记录带。持续进行测量,直到孔内水位恢复到初始提出水深度的 20%,或者换一种说法,直到记录带上的读数达到 Y_0(Y_0 是通过排水而降低的水位)为止。测试结束后,在记录带的最后一个刻度处记录最后的时间。任何异常的记录都可以在记录带上快速观察到,如果读数非常不规律,则应在重新建立静止水位后重新进行测试。仅将 $0.8Y_0$ 以下的间距,且读数规律的时段用于计算,不规律的间距通常发生在测试开始时,此时浮子正趋于稳定。当水上升到 $0.8Y_0$ 以上时,这些标记的间距将不再相等,而是会随着每次读数的增加而变得越来越密集。较短间距的开始通常发生在 $0.8Y_0$ 左右,但是建议增加 2~3 个额外的读数,以表明间隔确实在越来越近。

压力传感器和数据记录器的使用消除了或大大减少了许多与上述段落中讨论的记录地下水位恢复有关的问题。使用该设备,压力传感器被放置在孔底附近并校准到静止水位。刚好在将抽筒从孔中提出前,数据记录器随之启动。运行数据记录器直到水位恢复 50%,即可提供足够的数据来计算渗透系数。

10.6.4　计算

在完成螺旋孔渗透系数的现场试验后,将记录带上的时间间隔和刻度及相应的距离移抄到计算表上。具体示例计算结果见图 10-26。如果从抽水开始到第一个刻度线的时间少于 10 s,则时间零点的初始 Y_n 值可以从 Y_n 对时间的曲线中计算或推断出来。

只有当启动时间与第一次测量之间的时间间隔超过 5 s,且水位恢复速度非常快时,才需要确定初始 Y_n 值。通过推导数据来确定 Y_0 或者说初始 Y_n 值并不总是可靠的。应尽一切努力使抽水开始到第一个刻度线之间的时间间隔尽可能短。这种短时间间隔在恢复速度快的砂和砾石层中尤为重要。

在确定试验期间静止水位与孔内水面的平均距离 $\overline{Y_n}$ 时,应注意选择一致、连续的时间间隔和水位上升;在增量时间间隔内的平均增量为 ΔY,刻度之间的平均增量时间间隔为 Δt。使用适当对数采样程序的数据记录器收集的地下水位恢复数据,将提供从时间零点开始的数据点。这种早期数据大大减少了上述所讨论的问题。由于很难在地下水位恢复开始时马上启动数据记录器,所以应该绘制早期数据来确定计算应该开始的时间点。在图 10-26 所示的计算中需要的 C 值是由图 10-27 或图 10-28 确定的,图 10-27 或图 10-28 适用于隔离层被认为处于无穷远处或正处于孔底零点的情况。由于 H/r 和 $\overline{Y_n}/r$ 的大范围值,根据无量纲参数 $\overline{Y_n}/r$ 绘制的 C 值简化了 C 值的确定。对于通常没有隔离层存在的情况,或者隔离层与孔底距离大于或等于 H 的,应使用图 10-27 来确定 C 值。如果终孔位置处于缓慢渗透区,则应使用图 10-28 来确定 C 值。如图 10-28 所示,如果孔穿透到强渗透区以下的慢渗透区,则从静态地下水位到慢渗透层的距离为 H,而不是通常情况下到孔底的距离。然后可以通过 C 乘以 $\Delta Y/\Delta t$ 确定渗透系数,单位为 m/d(ft/d)或 cm/h(in/h)。

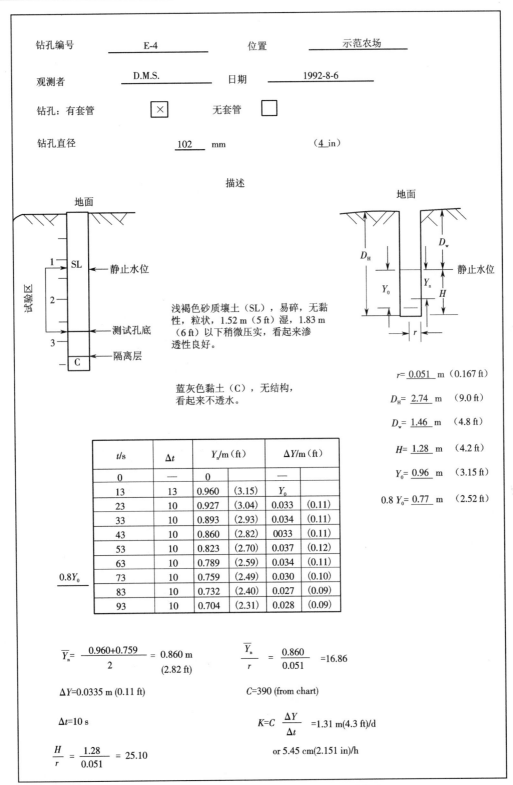

図 10-26　螺旋钻水力传导系数试验数据计算表

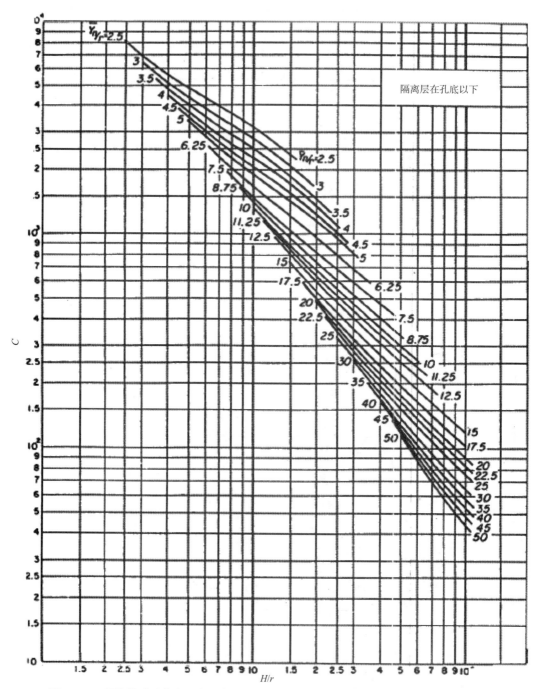

图 10-27 螺旋钻试验中当隔离层在孔底以下时的 C 值(Massland 和 Haskew,1958 年)

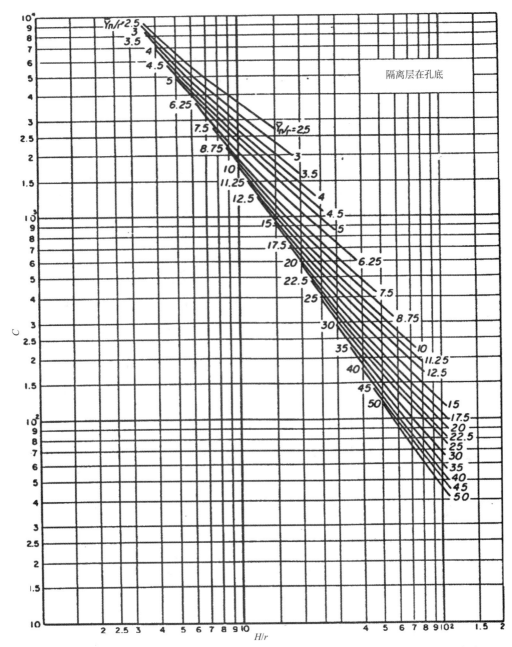

图 10-28　螺旋钻试验中当隔离层在孔底时的 C 值（ Massland 和 Haskew，1958 年 ）

10.6.5　限制条件

　　螺旋孔试验为大多数工况提供了可靠的渗透系数数据；然而，当孔在水压力下穿透到一个区域时，结果是完全不可靠的。在渗透性较差的地层之间出现的砂质透镜体会使测试更加困难，并可能产生不可靠的数据。通过透镜体流入钻孔的水落在浮式装置上，可能导致读数不稳定。另外，当地下水位位于地表或高于地表时，也不能进行钻孔测试，因为地表水或流经渗透性表层的水会导致读数错误。当地下水位超过 5 m(20 ft)时,虽然不影响数据的有效性,但要取得可靠的数据极为困难。

当渗透系数相对较高时,在 6 m/d(10 in/h)或更高的量级下,螺旋孔试验更难以进行,这主要是因为抽筒不能在水进入时迅速把水排出。水泵可以把水快速排出,但在透水性很强的土壤中,在恢复率超过初始降深的 20% 之前,只能得到一两个读数。渗透系数可以仅通过一两个读数计算出,但结果可能是错误的。使用数据记录器以及浮式装置收集地下水位恢复数据将解决这一问题。利用数据记录器已成功地对渗透系数超过 30 m/d(50 in/h)的冲积土进行了测试。

另外一种极端情况是,在渗透系数为 0.000 6~0.006 m/d(0.001~0.01 in/h)的土壤中进行螺旋孔试验。通常给出的读数不稳定,且无法获得准确的值。然而,即使没有得到准确的数值,这些结果在确定排水要求方面也是很重要的。从实用的角度来看,渗透系数非常高或非常低均是具有价值的。

在岩质或粗砂砾质物质中,通常会在钻出或挖出均匀尺寸的孔的过程中遇到困难,这可能会影响螺旋孔试验的效果。如果需要对这些物质进行测试,有时可以用套管来稳定井壁。

10.6.6 层状土体中分步试验

采用分步试验可确定层状土的渗透系数。分步试验是在相同或相近钻孔位置、不同深度处进行的一系列螺旋孔试验。首先将孔钻至地下水位以下的第一个结构变化层的底部 75~100 mm(3~4 in)以内,进行第一次螺旋孔试验并计算渗透系数;然后将孔钻至下一个结构变化层的底部 75~100 mm(3~4 in)以内,进行第二次测试,就可以确定两层的平均渗透系数。这个过程一直持续到要测试的最后一层,每一步计算出的渗透系数值将是从地下水位至每一步孔底的平均值。

每个单独层的渗透系数可由下式计算求得:

$$K_{nx} = \frac{K_n D_n - K_{n-1} D_{n-1}}{d_n} \tag{10-23}$$

式中　K_{nx}——最终计算求得的渗透系数;

　　　K_n——第 n 步试验中求得的渗透系数;

　　　K_{n-1}——第 $n-1$ 步试验中求得的渗透系数;

　　　d_n——第 n 层的厚度($D_n - D_{n-1}$);

　　　D_n——从静止水位一直到第 n 层的总厚度;

　　　D_{n-1}——从静止水位一直到第 $n-1$ 层的总厚度;

　　　n——试验数量;

　　　x——步数。

试验失败可能出现负值,此时应重新进行试验。如果重新试验后结果仍为负值,则应使用 10.7 节中描述的压力计测试。分步试验的计算样表如图 10-29 所示。

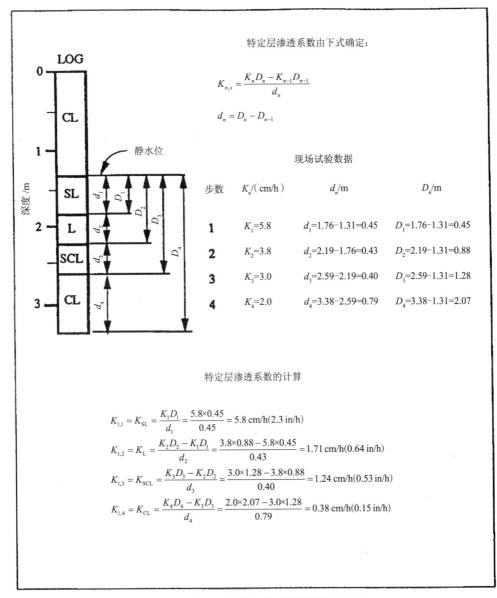

图 10-29　渗透系数分步试验数据及计算表格

10.7　渗透系数的测压井试验

10.7.1　简介

　　测压井试验测量的是地下水位以下的单个土层的水平渗透系数。当要测试的土层厚度小于 0.5 m（18 in），且要测试地下水位以下的单个土层时，这种方法优于螺旋钻试验。在地下水调查中，该试验的一个重要应用是确定自由水位以下的哪一层可作为有效隔水层，该试验还可提供地下水位以下的任一土层可靠的渗透系数。

10.7.2 设备

测压井试验所需要的仪器设备如下。

（1）建议采用内径为 25~50 mm（1~2 in）的套管，包括深度为 4 m 的薄壁电导管和深度大于 4 m 的内壁光滑的黑色铁管。

（2）安装合适套管的螺旋钻。

（3）管锤，包括 50 mm（2 in）的铁管，用 5 kg（10 lb）的质量固定在管子上，一个铁管锤可以用来代替 5 kg 的质量，套管也可以用小型钻机推入。

（4）配有软管和底阀的浅井水摇泵，可安装在套管内的抽筒。

（5）记录板、记录带、浮式装置或电子测深仪。该浮式装置类似于用于螺旋钻试验的浮子，但尺寸较小，适合较小直径的套管，但配重必须相应地调整。传感器和数据记录仪可用于该试验。

（6）计算表、剪贴板、秒表、测量带或杆、遮风板和套管拉拔器。

（7）用于从试验管内部清洗土壤薄膜的瓶刷或蔬菜刷，刷子应该安装一个连接到钻柄上的耦合器。

10.7.3 试验步骤

进行渗透系数的测压井现场测试时可采用一个两人团队。测试层至少要有 300 mm（12 in）厚，这样就可以在其中间设置一个 100 mm（4 in）长的封闭孔或封闭腔（空腔）。当试验层的上下存在结构、构造或密度方面的显著差异时，这种布置是特别重要的。选定试验层后，将表层土从地面上除去，将孔钻至试验层 0.5 m（2 ft）范围内。一些操作人员习惯钻孔150~300 mm（6~12 in），然后下入套管，并重复此过程至完成整个孔。然而，这种方法很慢，而且经验表明，这种方法通常不是必要的。另外，有一些操作人员习惯将套管放至试验层0.5~0.75 m（2~3 ft）范围内，然后用螺旋钻钻进并用套管推进剩下的距离。这一步骤需要额外的设备，通常不能用于一个浸满水的区域。螺旋钻钻进和推进程序通常用于最后的 0.5 m（2 ft），以确保密封良好，并将土壤扰动降到最低。将套管停在选定深度作为 100 mm（4 in）长的空腔顶部，然后将空腔压入套管下方。在经过一定程度的恢复之后，应该用瓶刷清洗管道，以去除可能附着在浮子上的土壤膜。

空腔的大小和形状在试验中是很重要的，因此应注意确保空腔具有预定的长度和直径。如果试验层的土壤非常不稳定，导致试验过程中空腔不能一直保持开放状态，则应制作可以向下推入套管的过滤器。对于一个具有 25 mm（1 in）内径的套管和 100 mm（4 in）长的空腔，过滤器应该是 125 mm（5 in）长，并具备 24 mm（15/16 in）外径。应在滤网底部焊接一个刚性点，以便将滤网推入套管内。可以用一根直径约 20 mm（0.75 in）的杆把过滤器推到空腔的底部。在杆的另一端安装一个小弯钉或挂钩，以便在试验结束时将钉子钩入过滤器，回收过滤器并将其拉出钻孔。通过将水和沉淀物从孔中轻轻泵出或抽出，清洗空腔直到出水变净。

当水位恢复平衡后,安装好记录板和浮式装置,并将浮式装置放入套管中(图10-24)。当浮式装置静止时,在记录带上将指针设为零,随后从孔中取出浮式装置,并将水抽出或提出。用于上水管线的小型底阀可以制成类似于大型商用阀的样式,或者类似于螺旋钻试验中使用的抽筒。在抽水或提水后,浮式装置立即沿套管下降。当浮式装置开始上升时,在记录带上做一个标记,同时秒表开始计时。选择一个适当的观测间隔,并在记录带上做相应的标记。因为测量可以在静态地下水位和初始泵出水位之间的任何地方进行,故去除压力计中的所有水并不是必须的。在水位上升前半段期间获得3~4次读数将得到一致的结果。

10.7.4　计算

测压井试验完成后,根据 Kirkham(1945 年)提出的公式计算渗透系数:

$$K = \frac{3\,600\pi\left(\dfrac{D}{2}\right)^2 \ln\dfrac{Y_1}{Y_2}}{A(t_2 - t_1)} \tag{10-24}$$

式中　K——渗透系数,cm/h(in/h);

　　　Y_1 和 Y_2——静止水位到 t_1、t_2 时刻水位的距离,cm(in);

　　　D——套管直径,cm(in);

　　　t_2-t_1——水位从 Y_1 变化到 Y_2 的时间,s;

　　　A——流动几何形状常数,cm(in)。

利用该公式进行的计算示例如图 10-30 所示。常数 A 可以从图 10-30 或图 10-31 所示的曲线中取得。

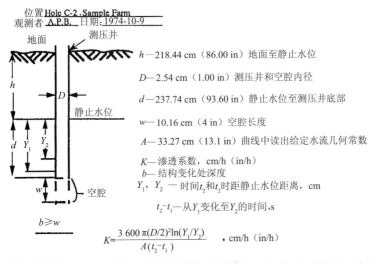

位置 Hole C-2, Sample Farm
观测者 A.P.B.　日期 1974-10-9

h—218.44 cm（86.00 in）地面至静止水位

D—2.54 cm（1.00 in）测压井和空腔内径

d—237.74 cm（93.60 in）静止水位至测压井底部

w—10.16 cm（4 in）空腔长度

A—33.27 cm（13.1 in）曲线中读出给定水流几何常数

K—渗透系数, cm/h（in/h）
b—结构变化处深度
Y_1, Y_2 — 时间 t_1 和 t_2 时距静止水位距离, cm
t_2-t_1—从 Y_1 变化至 Y_2 的时间,s

$$K = \frac{3\,600\,\pi(D/2)^2\ln(Y_1/Y_2)}{A(t_2-t_1)} \quad\text{, cm/h（in/h）}$$

示例
D= 2.54 cm (1 in)
w = 10.16 cm (4 in)
w/D= 10.16/2.54 = 4
A/D= 13.1
A = 33.27 cm (13.1 in)

Time/s		Y/cm(in)		A/cm(in)	t_2-t_1	Y_1/Y_2	$\ln Y_1/Y_2$	$3\,600\pi(D/2)^2$ cm²·s/h (in²·s/h)	K/ cm/h (in/h)
Initial (t_1)	Final (t_2)	Initial(Y_1)	Final (Y_2)						
0	30	218.44 (86.00)	197.87 (77.90)	33.27 (13.1)	30	1.104	0.099	18241.47 (2827.44)	1.80 (0.71)
30	60	197.87 (77.90)	178.44 (70.25)	33.27 (13.1)	30	1.109	0.103	18247.47 (2827.44)	1.88 (0.74)
60	90	178.44 (70.25)	160.02 (63.00)	33.27 (13.1)	30	1.115	0.109	18241.47 (2827.44)	1.99 (0.78)
90	120	160.02 (63.00)	145.47 (57.27)	33.27 (13.1)	30	1.100	0.095	18241.47 (2827.44)	1.74 (0.68)
120	150	145.47 (57.27)	131.17 (51.64)	33.27 (13.1)	30	1.109	0.103	18241.47 (2827.44)	1.88 (0.74)

Average for 5 readings = 1.86 (0.73)

A 为 D 和 w 的函数。
由 Luthin 和 Kirkham(1949年)重绘
USBR 修正（Mantel, 1972年）

图 10-30　渗透系数测压井试验的数据和计算表

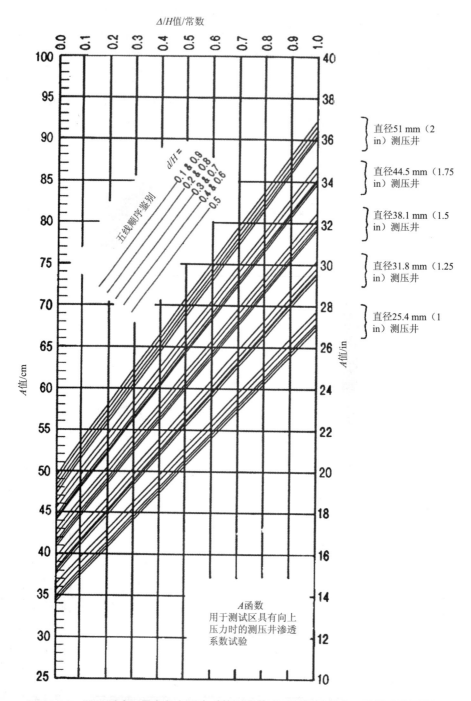

图 10-31　用于测试区具有向上压力时的测压井渗透系数试验中 A 函数确定图表

当 d 和 b 都比 w 大时（d 为静止水位到压力计底部的距离，b 为空腔底部到下一区域顶部的距离，w 为空腔长度），图 10-30 中的曲线有效。根据 Luthin 和 Kirkham（1949 年）的研究，当 $b=0$ 且 d 比 w 大得多时，曲线会给出 $w=4$ 和 $d=1$ 时的常数 A，这个常数会大 25% 左右。

图 10-31 所示的图表可用于确定在测试区域内存在测压压力时的常数 A。当压力存在时，必须安装额外的压力计。第二测压计的测头应刚好置于层状土壤中层与层之间接触部位的下方（图 10-32）。在深而均匀的土壤中，第二测压计的测头应置于空腔下方的任意距离。

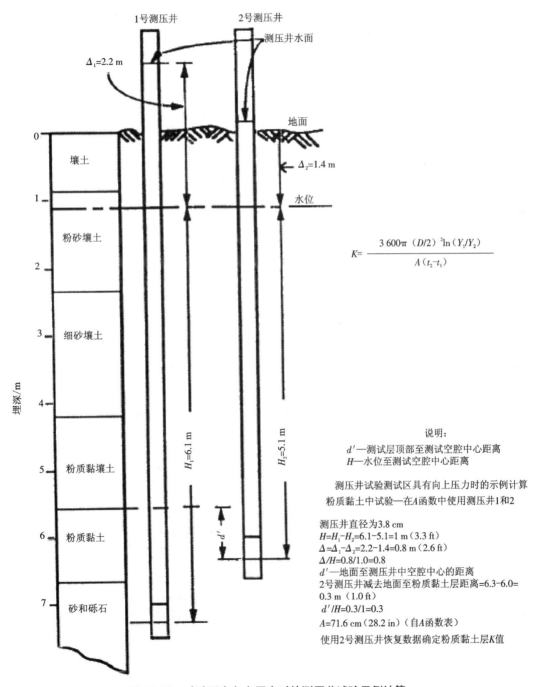

$$K=\frac{3\,600\pi\,(D/2)^2\ln(Y_1/Y_2)}{A(t_2-t_1)}$$

说明：

d'—测试层顶部至测试空腔中心距离

H—水位至测试空腔中心距离

测压井试验测试区具有向上压力时的示例计算

粉质黏土中试验—在 A 函数中使用测压井 1 和 2

测压井直径为 3.8 cm

$H=H_1-H_2=6.1-5.1=1$ m（3.3 ft）

$\Delta=\Delta_1-\Delta_2=2.2-1.4=0.8$ m（2.6 ft）

$\Delta/H=0.8/1.0=0.8$

d'—地面至测压井中空腔中心的距离

2 号测压井减去地面至粉质黏土层距离 $=6.3-6.0=0.3$ m（1.0 ft）

$d'/H=0.3/1=0.3$

$A=71.6$ cm（28.2 in）（自 A 函数表）

使用 2 号测压井恢复数据确定粉质黏土层 K 值

图 10-32 试验区有向上压力时的测压井试验示例计算

安装测压计后,应进行以下测量:

(1)H,测压计测头之间的距离,m(ft);

(2)Δ,在静态条件下测压井中水位之间的差值,m(ft);

(3)d',下部测压井空腔中心与层状土壤中土层之间的接触带距离,m(ft)。

式(10-24)即采用图10-31中的A值确定渗透系数。

10.7.5 限制条件

在砾石或粗砂材料中遇到的安装和密封困难是测压井试验的主要限制条件之一。此外,当套管底部为粗砾石时,无法获得满意的空腔。同时考虑安装和用手摇泵排水,孔深实际极限在6 m(20 ft)左右。在非常低的渗透系数(0.002 5~0.025 cm/h)的土壤中进行的重复试验总是在较低的范围内,但可以有高达100%的变化。然而,在这个较低的范围内,这种较大的变化几乎没有太大影响。当试验层厚度为250~300 mm(10~12 in),且位于两个渗透性较强的物质之间时,由于受渗透性较强的物质的影响,所得结果不可靠。套管的直径大于25 mm(1 in),具体尺寸取决于用户。现场经验表明,一种38 mm(1.5 in)内径的测压管为浮子操作提供了足够的空间,但直径大于50 mm(2 in)的套管一般很难适当的安装。

10.8 波蒙那井点试验

这种方法类似于前面所讨论的测压井试验,但是这种方法测量的是固定降深下的排水量,而不是地下水恢复率。这些差异允许在很难维持空腔一直处于开放状态的不稳定材料中收集数据。这种方法也可用于水恢复率很高的物质中。

该方法设备设置可以与测压井试验相同,也可以采用驱动井点。

在井开发且安装完成后,按一定的速度抽水,以保持固定的降深进行测试。每5 min测量一次流量,直至获得稳定的流量。当系统达到平衡时,排水量即可测定。根据下式计算渗透系数:

$$K = Q/Ah \qquad (10\text{-}25)$$

式中 K——渗透系数;

   Q——流量;

   A——对于给定流量的几何形状常数(图10-30和图10-31);

   h——水头差异。

层状土壤易于研究,如果使用滤网式井点,土壤不需要支撑空腔。即使在腔体不受支撑的情况下,如在压力计安装中,对腔体施加的静水压力也比在测压井试验中施加的静水压力小得多。该方法主要的限制条件是进行测试所需的时间和测量低渗透性物质的不切实际。

10.9　渗透系数单井降深法

粗砂和砾石通常采用螺旋钻(泵出)和测压井试验难以进行。对于这些物质,选择另一种抽水试验来粗略估算渗透系数。该试验是常规大井抽水试验的一个小型版本。

该方法的设备与螺旋钻试验相同,只是不使用记录板和三脚架,而使用带阀门排放装置的内燃机驱动泵,并使用校准桶和秒表来确定流量。

该试验钻孔准备与螺旋钻试验基本相同,而手工螺旋钻通常太困难。一旦钻孔准备好,并测定静止水位,水就可以恒定的速度从孔中泵出。一段时间后,孔内的水位将达到稳定状态。当孔内水位在 2 h 内下降小于 30 mm(0.1 ft)时,可以假定达到稳定状态。当存在稳态状态时,记录孔内的流速和水深。将这些数据连同从静止水位到孔底的距离,代入图 10-33 所示的一个最接近测试条件的方程式中。

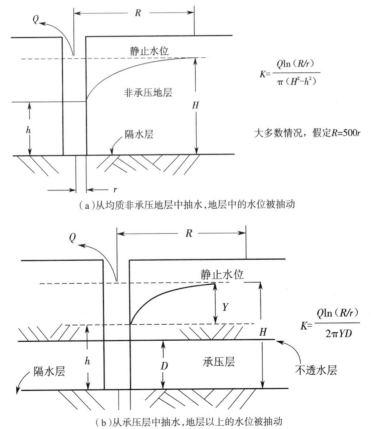

$$K=\frac{Q\ln(R/r)}{\pi(H^2-h^2)}$$

大多数情况,假定$R=500r$

（a）从均质非承压地层中抽水,地层中的水位被抽动

$$K=\frac{Q\ln(R/r)}{2\pi YD}$$

（b）从承压层中抽水,地层以上的水位被抽动

图 10-33　从均质非承压地层或承压层抽水确定渗透系数

K—渗透系数,m³/ m²/d(ft³/ ft²/d); Q—稳定状态流量,m³/d(ft³/d); Y—从静水面下降,$r=H-h$,m(ft);
H—孔底以上静水位高度,m(ft);h—稳定态抽水情况下孔内水深,m(ft);D—孔底与上覆层(隔水层)内地层中流量厚度,m(ft);R—水井中心线至下降零点距离,m(ft);r—水井有效半径,m(ft)

该方法仅适用于当螺旋钻试验或测压井试验不能给出满意的结果时，对高渗透性砂和砾石估算渗透系数。

10.10 渗透系数浅井注水试验

10.10.1 简介

浅井注水试验，也称为井周试验，是在当水位线低于测试区时进行的试验。从本质上讲，这个测试包括测量从保持恒定水头的井中横向流出的水的体积。该试验确定的侧向渗透系数是测试全孔深度的复合速率。

10.10.2 设备

浅井注水试验的设备要求包括 10.5 节中螺旋钻试验内容描述的下列设备：75 mm 和 100 mm（3 in 和 4 in）直径的土壤螺旋钻、刮孔器、孔眼套管、粗麻布和具备秒针的腕表。该试验其他的设备包括：

（1）至少 1 200 L（350 gal）容量的罐车，配以内燃机作动力的水泵；

（2）至少 200 L（50 gal）容量的校准集水箱（顶罐），这种储罐应该有配件，以便在需要时可以连接两个或多个水箱；

（3）一种长 8 m（25 ft）、直径 25~50 mm（1~2 in）的厚壁软管，用于将水从罐车快速注入校准集水箱；

（4）木制平台，以保持校准集水箱远离地面，并防止生锈；

（5）直径 25 mm（1 in）、长 1 m（3.28 ft）的管道，被打入地面，并焊接到校准集水箱，以保持校准集水箱的位置；

（6）定水位浮阀（汽化器），必须安装在套管内；

（7）在汽化器顶端安装螺纹杆，用于调节浮阀下入孔内的深度；

（8）充足的 10 或 12.5 mm（3/8 或 1/2 in）内径柔性橡胶管连接校准集水箱到汽化器；

（9）有机玻璃盖，尺寸为 300 mm（12 in）× 300 mm（12 in）× 3 mm（1/8 in，厚），汽化器杆中心有一个孔，另外有两个孔分别用于测量橡胶管和测量孔内的水位及水温；

（10）过滤罐和过滤材料；

（11）带桩驱动器的钢门柱，每个场区需要 4 个，大约 25 m（80 ft）长的铁丝网（仅当场地必须围起来时才需要）；

（12）可放入孔内的温度计，优先使用摄氏温度刻度；

（13）一根 3 m（10 ft）长的钢卷尺、剪贴板、计算表和一把 400 mm（16 in）的铲子。

图 10-34 显示了该试验的设备组装示意图。

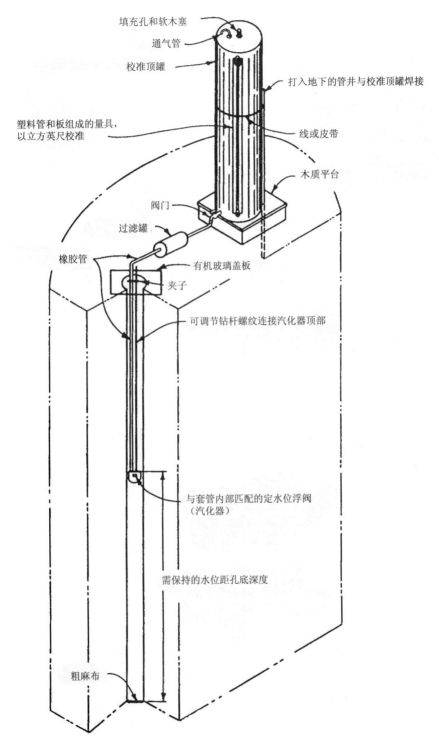

图 10-34　浅井注水试验设备组装示意图

该试验和环周试验中建议使用的定水位浮阀(汽化器)可由多种材料制成,也可制成不同形状。唯一的要求是其必须能放入一个直径 100 mm（4 in）的孔内,有足够的容量,使水的充气量最小,并把水位误差控制在 15 mm 以内。经证实,令人满意的汽化器部件包括:

（1）1/2 m（20 in）的 20 mm×3 mm（3/4 in×1/8 in）金属带;

（2）一个大型拖拉机汽化器,针阀（针阀座直径至少 3 mm（1/8 in））和一个泡沫塑料制成的浮子;

（3）两个 20 mm×6 mm（3/4 in×1/4 in）轴套;

（4）一个 20 mm（3/4 in）的联轴器。

典型汽化器见图 10-35。

图 10-35　渗透系数测试中使用的典型定水位浮阀（完整组装的浮阀如右图）

10.10.3　试验程序

一个两人团队可有效地组装设备并进行浅井注水试验。该试验用的孔应先用直径 75 mm(3 in)的手动螺旋钻进行钻孔,然后用直径 100 mm(4 in)的螺旋钻进行扩孔。一个完整的编录日志,包括质地、结构、斑驳和颜色等信息均应该用来解释和预测结果。钻孔完成后,应仔细刮孔至所需的深度,以消除直径 100 mm(4 in)螺旋钻造成的压实效果,并清除孔侧的松散材料。在不稳定土壤中,应安装薄壁孔眼套管,孔眼从井底一直延伸到预定的控制水位。一般应使用商业井网或开槽 PVC 套管,如果没有,直径 100 mm(4 in公称)的薄壁套管,每米加工有 180 个均匀间距的宽 3 mm、长 25 mm(宽 1/8 in、长 1 in)手工切割孔,可用于大多数土壤。应安装定水位浮阀,并使其接近固定位置,然后将浮阀通过管子连接到位于孔旁锚定平台上的顶罐上。当测试中等渗透性土壤时,内径 10 或 12.5 mm(3/8 或 1/2 in)的水管可使足够的水流入汽化器,然后在孔内注水至汽化器底部,再打开顶罐上的阀门,小心地调节汽化器的高度,以保持所需的水位。有机玻璃盖可将小动物和碎屑挡在孔外,固定汽化器、浮子、调节杆,并可在试验过程中观察汽化器。在所有设备正常运行后,对液面计上的时间和读数进行记录,必要时应将顶罐重新注满。每次视察试验场地时,应记录时间、顶罐水位和加水量。读数时间由测试物质的类型决定,从 15 min 到 2 h 不等。使用自动记录器虽然不是必须的,但是可取的,这样就可以完整地记录水进入钻孔的情况。当水温波动超过 2 ℃时,应进行黏度修正。如果测试水含有悬浮物,则应在顶罐和汽化器之间安装一个过滤罐。聚氨酯泡沫塑料是一种令人满意的过滤材料,也可使用直列过滤袜。

图 10-36 所示为典型的过滤槽和过滤材料。图 10-37(a)和(b)所示的列线图用于估算浅井注水试验中的最小和最大排水量。这些列线图可以很好地指导确定在读数变得不可靠之前排入孔内的水量。列线图在砂中尤其有用,因为在很短的时间内,排入孔中的水量最小。应在达到最小水量时,立即读取读数。要使用列线图,必须从土壤的渗透系数、结构和构造等方面来估计排水量。已知需保持水面至孔底深度的 h 和孔的半径 r,就可以确定数学模型中设定的条件所需的最小和最大排水量。当向土壤中排放最小水量时,应在每次读数后计算渗透系数。当渗透系数达到相对恒定时,且排入土壤的总容积不大于从列线图取得的最大值时,即可以终止试验。

10.10.4　计算

浅井注水试验样例计算表如图 10-38 所示,图 10-39 和图 10-40 展示了计算中使用的方程和列线图。这些图的使用取决于水深 h(从孔底起算)以及从不透水地层起算的水深 T_u。可以确定 h 的精确值,但是计算 T_u 值要求在测试现场附近布置一个较深的超前孔。根据目测,任何区域有一个比上述区域低得多的渗透系数,均可视为是一个限制区域,以确定 T_u。在估算 T_u 时,地下水位也应被看作是一个屏障。如果在该区域进行的现场渗透系数试验表明该区域不受限制,则可以使用较大的 T_u 值和适当的方程或列线图重新计算渗透系数。

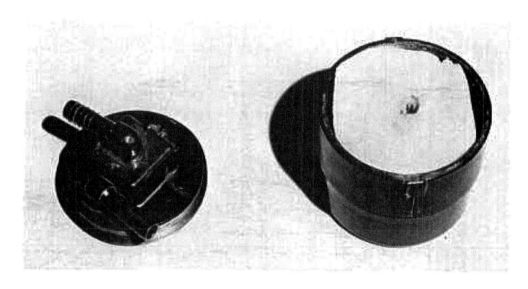

过滤槽顶盖　　　　　　　　　过滤槽身及过滤材料

图 10-36　典型的过滤槽和过滤材料

10.10.5　限制条件

安装设备和完成测试所需的时间是该测试的主要限制条件。此外，还需要相对大的水量，特别是当物质的渗透系数超过 4~6 cm/h 时。在钠含量高的土壤中，使用的水应含有 1 500~2 000 mg/L 的盐，最好是钙盐。岩石或粗砾石可能会影响螺旋钻的精确尺寸。同时，将电模拟试验结果与螺旋钻试验结果进行比较，表明 h/r 必须大于或等于 10。

水从孔中向外流动，有时会使表面附近的细粒在渗透系数达到稳定之前形成封闭层。如果在估计的最大流量发生时无法获得一个恒定的流速，则可以通过拆卸设备并将所有的水从孔中提出，或者用一个固体冲击块轻轻地将孔中的水涌起，然后将水抽出来的办法将细粒冲回孔中。这个过程并不总是成功的，但是应该在放弃测试点之前进行尝试。在供水线上使用过滤器通常可以避免这个问题。

10.11　入渗速率确定试验

虽然大多数地下水调查集中于测试含水层和弱含水层的渗透系数，但为了了解所研究地区的潜在排水量，有时必须考虑表层土壤的入渗率，以便了解所研究区域的补给潜力。已经开发了几种测量包气带入渗速率和饱和土中垂直渗透系数的方法。由于它们很少用于地下水调查，这里暂不介绍。希望研究这些参数的人可参阅《排水手册》（美国垦务局，1993年），其中详细描述了几项试验。

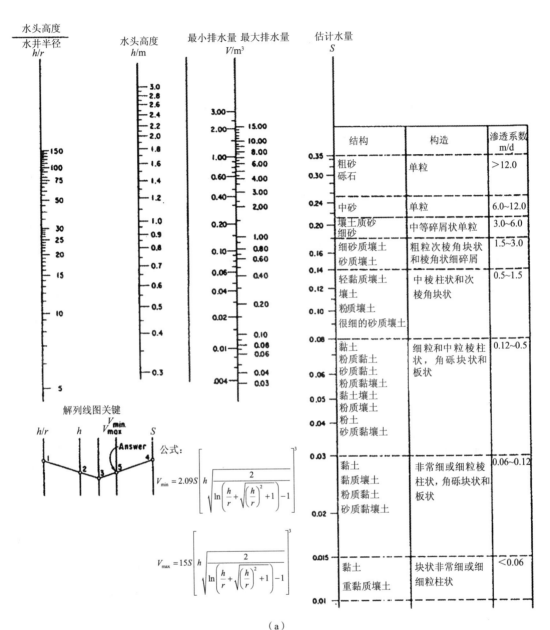

（a）

图 10-37　估算渗透系数注水试验中的最小和最大排水量的列线图（单位：m）

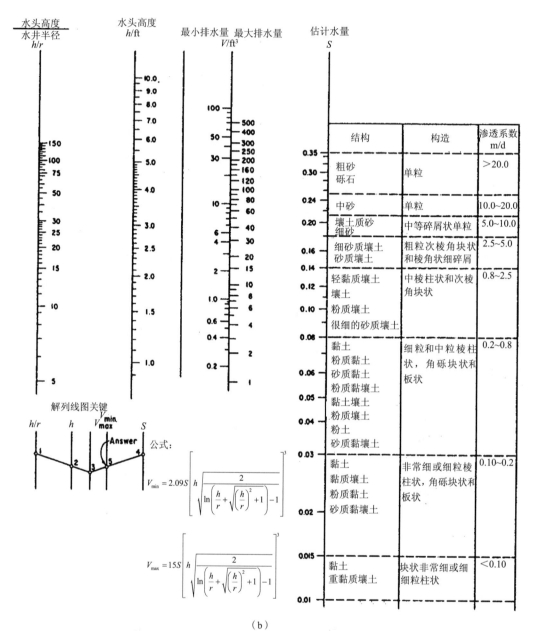

（b）

图 10-37　估算渗透系数注水试验中的最小和最大排水量的列线图（单位:m）

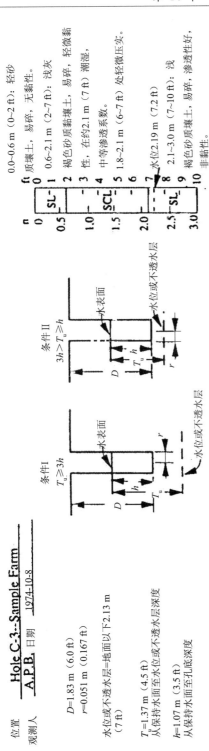

图 10-38　浅井注水试验渗透系数数据和计算表

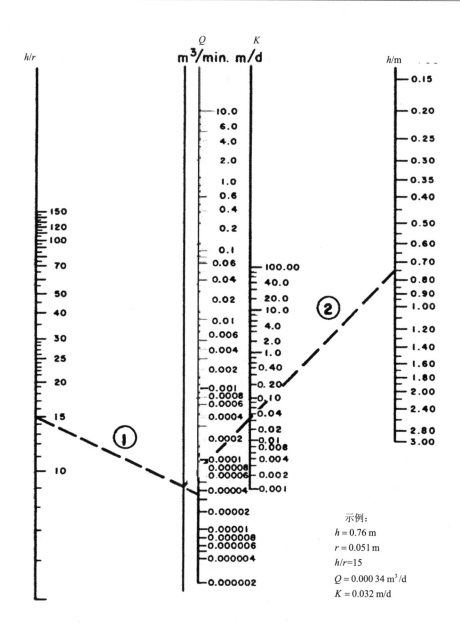

示例：

$h = 0.76 \, \text{m}$

$r = 0.051 \, \text{m}$

$h/r = 15$

$Q = 0.000\,34 \, \text{m}^3/\text{d}$

$K = 0.032 \, \text{m/d}$

条件 I

$T_u \geqslant 3h$

$$K(\text{m/d}) = 1\,440 \frac{\left[\ln\left(\dfrac{h}{r} + \sqrt{\left(\dfrac{h}{r}\right)^2 + 1}\right) - 1\right]Q}{2\pi h^2}$$

（a）

图 10-39　条件 I 下由浅井注水试验确定渗透系数列线图（单位:m）

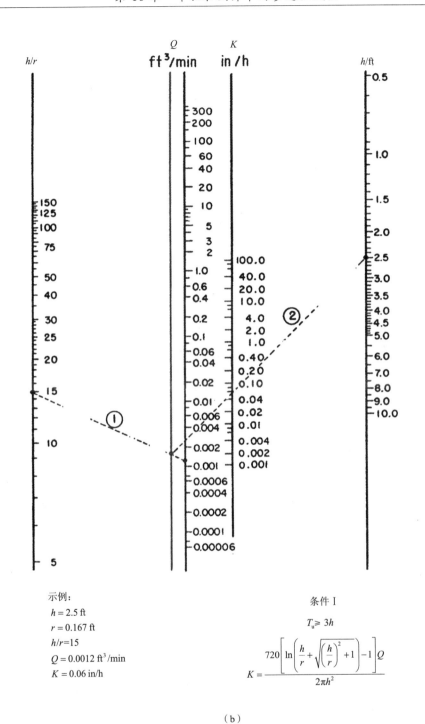

示例：
$h = 2.5$ ft
$r = 0.167$ ft
$h/r = 15$
$Q = 0.0012$ ft³/min
$K = 0.06$ in/h

条件 I

$T_u \geqslant 3h$

$$K = \frac{720\left[\ln\left(\frac{h}{r} + \sqrt{\left(\frac{h}{r}\right)^2 + 1}\right) - 1\right]Q}{2\pi h^2}$$

（b）

图 10-39　条件 I 下由浅井注水试验确定渗透系数列线图(美标单位)

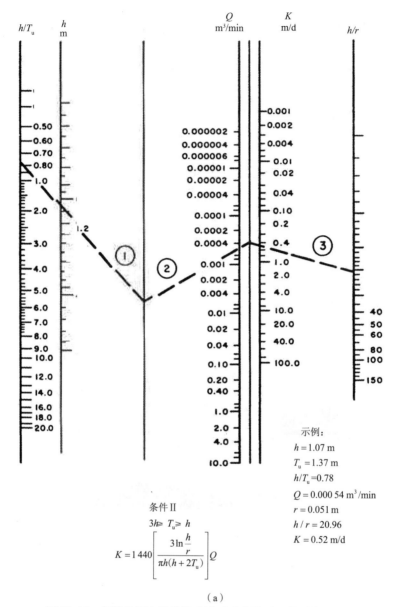

条件 II

$3h \geqslant T_u \geqslant h$

$$K = 1\,440 \left[\frac{3 \ln \dfrac{h}{r}}{\pi h (h + 2T_u)} \right] Q$$

示例:

$h = 1.07\,\mathrm{m}$

$T_u = 1.37\,\mathrm{m}$

$h/T_u = 0.78$

$Q = 0.000\,54\,\mathrm{m^3/min}$

$r = 0.051\,\mathrm{m}$

$h/r = 20.96$

$K = 0.52\,\mathrm{m/d}$

（a）

图 10-40　条件 II 下由浅井注水试验确定渗透系数列线图（单位:m）

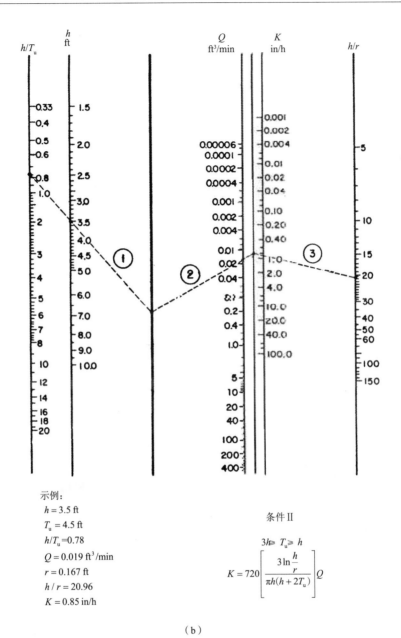

示例：

$h = 3.5 \text{ ft}$

$T_u = 4.5 \text{ ft}$

$h/T_u = 0.78$

$Q = 0.019 \text{ ft}^3/\text{min}$

$r = 0.167 \text{ ft}$

$h/r = 20.96$

$K = 0.85 \text{ in/h}$

条件 II

$3h \geqslant T_u \geqslant h$

$$K = 720 \left[\frac{3\ln\dfrac{h}{r}}{\pi h(h + 2T_u)} \right] Q$$

（b）

图 10-40　条件 II 下由浅井注水试验确定渗透系数列线图（美标单位）

第 11 章　井的构成和设计项目

11.1　概述

第 6 章已讨论了等厚的、分布面积无限延伸的、各向同性和均质的理想含水层的各种情况和各种关系,以及这类含水层对理想的完整井的抽水反应。然而,理想的含水层条件从来不曾遇到过,井的设计必须考虑含水层的实际情况,以便经济地加以利用。本章将讨论这些更重要的实际情况。

公认的无所不包的标准水井设计是不存在的。美国水工协会出版物中的"深井标准" AWWA-A100(1990 年),介绍了许多通用的设计标准,但不可能介绍所有不同的标准,即使只介绍大部分通用标准也不可能。水井设计要考虑很多因素,具体包括:需要的产量和泵的尺寸;套管直径、壁厚和长度;过滤器材质、直径;缝隙大小;开缝面积和长度的百分率;打算开发的含水层或含水组的类型和特性;卫生设施;腐蚀和水垢的控制;地方的水井钻进设计和工艺;州的和地方的法令、法规。这些因素都可能妨碍水井的标准化;然而,多数因素对所有水井而言是基本的,这些通用因素在一定程度上可以使设计标准化。图 11-1 至图 11-8 表示了涉及不同结构类型的钻井的标准化程度。

开展水井设计前,需要的基本资料包括:

(1)潜水位以上或者承压含水层顶部的物质的厚度、性质和顺序;

(2)各含水层的厚度、性质和顺序,渗透性质(孔隙或次生形成的孔隙)和含水层的围闭程度;

(3)含水层物质的大小和级配;

(4)含水层的导水系数和储水率;

(5)水位情况和趋势;

(6)水质;

(7)过去在本地区已建成的各种井的设计和结构特点;

(8)已建成的各种井的工作和维修历史;

(9)计划设计水井的目标和期望的出水量。

可惜的是,甚至在开发区,所期望的资料也很难全部得到。在开发区,最初仅能估计近似的井位和预期的出水量。

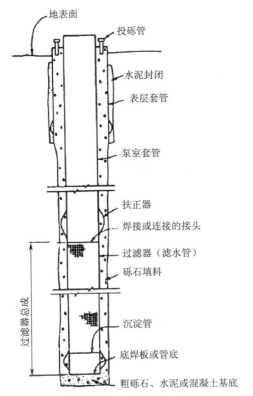

图 11-1　回转钻成井,砾石围填,单层井管结构

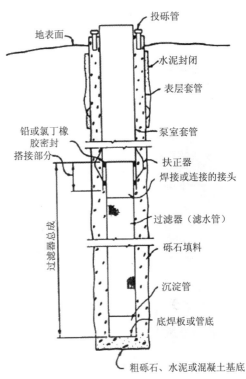

图 11-2　回转钻成井,砾石围填,镜筒式井管结构

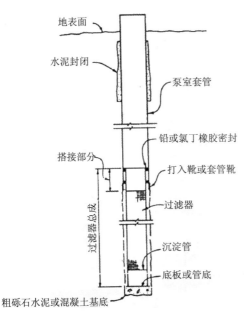

图 11-3　钢绳冲击钻成井,一径到底(直壁式),
提拉或缩回式井管结构

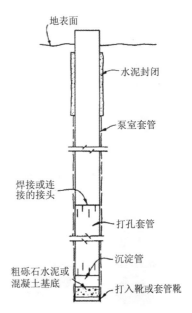

图 11-4　钢绳冲击钻成井,一径到底(直壁式),
单层井管结构

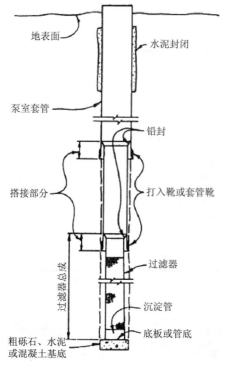

图 11-5　钢绳冲击钻成井，一径到底（直壁式），
多层镜筒式井管结构

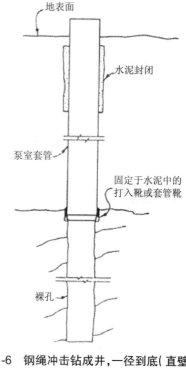

图 11-6　钢绳冲击钻成井，一径到底（直壁式），
位于固结层（岩石）中

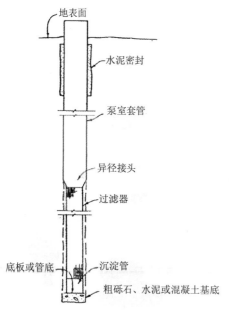

图 11-7　回转钻成井，一径到底（直壁式），
采用异径接头的单层井管结构

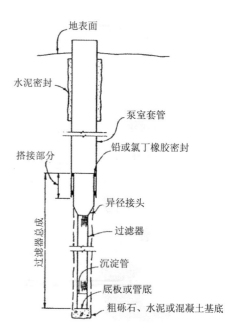

图 11-8　回转钻成井，一径到底（直壁式），
采用异径接头的镜筒式井管结构

对出水量大于 400~500 L/min（100~125 gal/min）的比较大的水井来说,现有水井的所有可能得到的全部资料都应尽可能取得,含水层的导水特性应按第 5 章和第 9 章所介绍的方法加以测定。这些资料应由地质调查和打一个超前孔来加以补充。一个正常钻进和取样的超前孔能提供准确的岩性柱状图、用作机械分析的含水层岩样、静止水位资料、分析用的水样和含水层的类型。如发现任何不适当因素,井位可废弃,而不致花费钻成生产井的大量费用。如发现位置令人满意,就可着手准备设计和编写计划书。有了超前孔的资料才能编写出严密的设计及制定出计划书的细节,使未知因素和施工期间的风险降至最低。承包人也能预见到很多问题,收集需要的装备和材料,更精确地安排计划。由于钻进超前孔所获的资料而节省的承包费用,可能远大于超前孔的费用。

对较小的井来说,钻井费用可能与一个超前孔的费用差不多,这样打超前孔可能就不合算了。这类井的设计程序建议以预期的出水量、易于得到的资料和对本地区现有地质资料的评价为基础,先做出初步设计。初步设计的增补和变更,例如泵室的深度、过滤器缝隙的大小和安放的位置等,可以在钻井过程中,根据所获得的资料确定。

井的各个组成部分所用的名称并未统一。同样的组成部分在不同的出版物中和在一个国家的不同地方常使用不同的术语。以下各节使用美国垦务局提议使用的术语,但也注上其他常见的名词。

11.2　腐蚀

水井中使用的金属过滤器、套管和水泵都可以在其所设置的环境中起反应,遭受变质,最终完全破坏。这种破坏作用称作腐蚀。为讨论方便起见,水井各个构件的腐蚀,可以看作细菌性腐蚀或是化学腐蚀,或者电腐蚀。化学腐蚀是金属与其放置处的土或水中的成分起化学反应的结果。化学腐蚀常使被腐蚀的金属变成溶液状态,并离开腐蚀地点。电腐蚀是由水井中的不同金属,或水井内的各种表面条件之间形成的电解电池作用而产生的,它会使在阳极尖端的金属遭受破坏而腐蚀,腐蚀的产物则常沉积在阴极上。有机物导致的腐蚀是由某些藻类、霉菌和细菌引起并加速和恶化的。这些有机物不直接破坏金属,但会导致环境的改变,并连同它们的代谢副产物,造成化学腐蚀和电腐蚀。

从一定程度上来说,腐蚀对任何水井装置都是不可避免的,很难甚至不可能精确地预测腐蚀的类型和破坏的程度。在有水井的地方,要想建水井时,与水井主人、钻井人员、水井服务和供水公司进行讨论,一般能确定这个地区是否存在经常发生的腐蚀情况及其可能产生的原因。在没有经验记录的地方,设计人员能得到的指导不多。对水样的分析和解释一般能显示出水是否会产生化学腐蚀或促进电腐蚀,但在影响的强度或严重程度方面能提供的信息有限。

当 CO_2, HCO_3, O_2, H_2S, HCl, Cl_2, H_2SO_4 或其盐类超过 5~10 mg/L,水的 pH 值在 7 以下,Ryznar 指数在 9 以上时,可作为预测将发生化学腐蚀的一般性指标。如果 Ryznar 指数大于 9,pH 值小于 7.8,且总固体溶解量约大于 300 mg/L,就可能发生电腐蚀。电腐蚀在阳极区的产物常沉积于阴极区,造成过滤器缝隙和水泵通道的堵塞。

细菌性腐蚀更难预测或事先加以防范。无法确定细菌是含水层中到处都有,还是在钻进期间或运移期间进入水井的,不过有实际的资料说明后者确实存在。某些铁细菌不仅助长腐蚀而且堵塞过滤器,还会产生一种讨厌的味道和气味。其他类型的细菌不那么容易辨认,只能用特殊的取样方法、保温培育和研究技术才能发现,这既费钱又费时间。因此,除非某个区域的实践表明此种研究工作是必需的,否则通常不做这种鉴定。由于对细菌性腐蚀的起源和控制知道的太少,因此最好的措施是在每一口井完工和安设永久性水泵时都进行灭菌。

表 11-1 是按金属和合金的抗腐蚀性增高顺序而排列的电化序列表。在表中相邻的两种金属或合金之间的电腐蚀低,两种金属相距越远,在它们之间所形成的电位差越大,在阳极物质上的腐蚀性破坏就越严重。由于表面积也很重要,如果采用两种不同的材料,阴极材料就应尽可能使其面积缩小,而阳极材料应尽可能使其面积扩大,以便分散和展宽其反应面。

表 11-1　电化序列表(按抗腐蚀性增高的顺序排列)

阳极(腐蚀端)	阴极(屏蔽端)
镁	因康镍合金(活化的)
镁合金	黄铜或铜
锌	青铜
铝 2S	蒙乃尔合金
镉	银焊料
铝 17ST	镍(钝化的)
钢铁或铸铁	因康镍合金(钝化的)
铬铁(活化的)	铬铁(钝化的)
耐蚀镍合金	铬镍铁合金(钝化的)
铬镍铁合金(活化的)	银
铅、锡或铅锡钎料	金或铂
镍(活化的)	

当已知会出现腐蚀性环境时,就应考虑在过滤器和水泵的不同部位采用抗蚀金属。

除非在特殊的情况下,采用廉价的金属,并增加套管与管柱的壁厚通常比采用高价金属更经济。增加的壁厚可以提供更多的金属来抗蚀,从而可增长套管和管柱的寿命(Pennington,1965 年)。

当水井过滤器为套接式安装时,就能把过滤器拔出来加以更换。在这种场合,选择过滤器金属的问题就变成衡量高价金属费用与廉价金属更换费用的对比问题。当水井过滤器直接连到套管上时,如果过滤器与套管不是同类金属,在两个部件之间就应使用不导电的接箍,以保护两者不受腐蚀。

安装在水井中的水泵,其各种部件在制造时,也应考虑采用抗蚀金属。这个问题更加复杂,因为不仅各个部件受化学腐蚀破坏,而且互相接触的不同金属亦会助长电腐蚀。当已知会发生电腐蚀时,必须根据表 11-1 所列的金属位置,结合预期的腐蚀强度,选择水泵部件的金属。

11.3　积垢

积垢,就其特性是矿物的积聚这一点来说,可看作是与腐蚀相反的作用,此种积聚物主要沉积于过滤器缝隙之中及其附近,也沉积在井周围的地层孔隙中。这种积聚物能阻止水进入水井,最终使水井效能下降、降深增大和出水量减小。矿物质的沉积速率取决于水所具有的特性和水质,并明显地随着降深和进水速度的增加而增大。在一些水井中,过滤器在几个月或一年之内就可完全堵塞;而在另一些水井中,沉积很慢,好多年也看不出它的影响。就能测定的范围来说,除非电腐蚀与积垢共同发生,否则构成水井的过滤器的材料对沉积物的特性和沉积速率影响很小。

总固体溶解值超过 150 mg/L,钙和铁的重碳酸盐含量高,Ryznar 指数小于 7 和 pH 值大于 7.5,都预示着有发生积垢的可能。

现将水井中最常见的矿物积垢形式综合介绍如下。

(1)碳酸铁和碳酸钙的沉淀以一种硬、脆、水泥状物质的形态黏附于过滤器上,且常把砾料或离过滤器一定距离内的含水层物质胶结在一起。

(2)铁和锰的氢氧化物或水化氧化物积聚于过滤器上或紧靠过滤器的地层中。氢氧化物是不溶性的胶状体,除非出现氧而把它氧化成氧化物或水化氧化物,才呈黑、棕或微红的颗粒状。

(3)偶然也发现悬浮的淤泥和黏土沉淀到过滤器周围,且使进水减少。这在某些形式的砾石围填结构中,特别是当砾料太粗或水井的开采不适当的时候,较常出现。

(4)美国西部某些地区褐煤层很普遍,褐煤的分解使过滤器周围和附近的含水层中形成一种糊状的黑色或褐色的黏性物质。

在条件有利于形成矿物积垢的地区,没有彻底避免积垢的办法,但有某些经验能延缓积垢作用。其中最简单的做法是确保过滤器有最大的进水面积和随之而来的最小进水速度。除了要有最大的进水面积外,过滤器的整个表面应有均匀的开孔,这些开孔应切得整齐,没有能促使沉积的毛刺或粗糙的边缘。

水井的合理开采也很重要,以确保在紧靠过滤器的含水层中,抽出尽可能多的细砂。如充填砾料,应比含水层有足够高的透水性,使水通过砾料时水速降低。这种做法能确保在地层和砾料中有最小的进水速度和最大的开孔面积。

11.4 表层套管（土层套管、导向套管、外层套管）

11.4.1 说明及功用

是否使用表层套管,取决于当地的条件、已经形成的钻进实际情况以及政府的规定。套管可以临时下入并在完井时起出,也可以是井结构的永久组成部分。在可能的情况下,表层套管应从地表附近穿过一小段不稳定、未固结或破碎的物质,并安装到固结、稳定或块状且相对不透水的岩层中。表层套管的功用包括:

（1）通过支护不稳定物质,使其不致坍塌、掉块,从而简化和促进钻进;

（2）使钻井液和钻进工具对孔壁的冲刷和腐蚀降至最小;

（3）减少钻井液的漏失;

（4）便于安装或拔出其他套管;

（5）便于放置防污卫生密封装置;

（6）用以存放围填砾料和在某些情况下对井周围自下而上的坍塌提供一定程度的防护作用;

（7）防止承压泄漏、腐蚀、成穴作用及最终失去对流量的控制;

（8）为水井提供一个结构基础,用于悬挂其他套管、过滤器等;

（9）保护其他位于地面以上的水井组成部分免于被破坏;

（10）便于在套管以下钻进平直且铅垂的孔;

（11）便于再次进入井内恢复或替换部分套管及过滤器等其他组成部分。

表 11-2 对各种不同直径的泵室套管给出了推荐采用的最小表层套管直径。临时性的表层套管在完井时,一般都从钻孔中拔出。在拔出临时性套管的同时,永久性套管周围的环状间隙一般都灌浆充填（见 15.3 节）。

表 11-2 最小的泵室套管和永久性的表层套管直径

井的出水量		泵室套管的公称直径		表层套管直径			
				自然开发的水井		砾石围填的水井	
L/min	gal/min	mm	in	mm	in	mm	in
达到 340	90	150	6*	200~250	8~10	450	18
190~570	50~150	200	8**	250~300	10~12	500	20
380~1 890	100~500	250	10**	300~350	12~14	550	22
1 135~5 680	300~1 500	300	12**	400~450	16~18	600	24
1 890~4 570	500~2 000	400	16**	400~450	16~18	650	26
5 680~11 355	1 500~3 000	400	16**	450~500	18~20	700	28
4 570~18 925	2 000~5 000	500	20***	500~550	20~22	750	30
11 355~18 925	3 000~5 000	600	24***	600~650	24~26	850	34

续表

井的出水量		泵室套管的公称直径		表层套管直径			
				自然开发的水井		砾石围填的水井	
L/min	gal/min	mm	in	mm	in	mm	in
15 140~30 280	4 000~8 000	700	28***	650~700	26~28	900	36

注:①以使用下列标定速率的深井涡轮泵为依据,* 表示 3 600 r/min;** 表示 1 800 r/min;*** 表示 1 200 r/min;
　②当临时性表层套管被拔出来时,如以标定的 3/4~1 in 管子插入环状间隙向泵室套管外灌浆,则应采用较大的数字。

当永久性表层套管安装时,建井的第一步是钻一个加大的井孔以便安装、定中心及灌浇表层套管。表 11-3 列出了不同尺寸的套管要钻的最小孔径。在表层套管已安装并灌浆后,通过表层套管底部加深水井,加深孔直径常比表层套管外径小 50 mm(2 in)左右。

表 11-3　为使不同尺寸的套管周围有足够的灌浆厚度所需的最小孔径

泵室套管的公称直径		带有接箍套管所需的孔径①		带有焊接头套管所需的直径	
mm	in	mm	in	mm	in
150	6	260	10.375	240	9.625
200	8	315	12.875	290	11.625
250	10			345	13.75
300	12			395	15.75
350	14			425	17
400	16			475	19
450	18			525	21
500	20			575	23
550	22			625	25
600	24			675	27
650	26			725	29
700	28			775	31
750	30			825	33
800	32			875	35
850	34			925	37
900	36			975	39

注:①一般得不到或不用带接箍的套管。

美国垦务局的大多数水井,从砾石围填井的深度和直径方面来看,常通过标定的 50~100 mm(2~4 in)的连接起来的导管充填砾料。为了插入这些导管,泵室套管和井壁之间的环状间隙必须足以通过管子的接头。

美国标准化协会程序号 10 或 20 的加重管常用作永久性表层套管,其安设深度见表 11-4。当安设深度大于表 11-4 所列的数据时,应使用更重一些的套管。

表 11-4　永久性表层套管的壁厚、直径和最大下入深度

公称直径		美国标准化协会的序号或分级	壁厚		平端重量	可下入的最大深度	
mm	in		mm	in		m	ft
200	8	20	6	0.250		126	420
250	10	20	6	0.250		70	235
300	12	20	6	0.250		42	140
350	14	10	6	0.250		32	105
400	16	10	6	0.250		21	70
450	18	10	6	0.250		15	50
500	20	20	10	0.375		36	120
550	22	20	10	0.375		28	95
600	24	20	10	0.375		21	70
650	26	标准	10	0.375		16	55
700	28	20	12	0.500		32	105
750	30	20	12	0.500		26	85
800	32	20	12	0.500		21	70
850	34	20	12	0.500		18	60
900	36	20	12	0.500		15	50

在不稳定物质延伸范围超过表层套管正常下入深度的区域,套管可能需要在地面上进行支撑。图 11-9 所示焊接套管上的工字梁可以提供等量的支撑。

11.4.2　表层套管的设计特点

临时性表层套管的壁厚、安设深度和重量常留待承包者决定,安装和拔出都由承包者负责。然而,其最小直径不仅要能在泵室套管周围给出一个 38 mm(1.5 in)厚的最小灌浆密封层,而且要足以安装灌注导管。表 11-5 对各种公称尺寸的泵室套管和标定的 25 mm(1 in)灌浆管列出了建议的最小表层套管的直径。

永久性表层套管通常安装在距原地面最少 0.3 m(1 ft)的地方。不过,地面设施的设计可能要求不同程度的加固。

用水或其他钻井液并采用旋转钻机钻进时,一般是在表层套管上开一个孔,以便于冲洗液在泥浆池和井之间流动。因此,在灌浆快到达此开孔时,灌注就应停止。完井时,应用与套管同样重量材料的补钉焊住此切开孔。当浇筑基础时,套管顶部周围未充填的间隙,要用混凝土充填。

永久性表层套管的最小安装深度、直径、壁厚和重量都应编写在计划书中。在某些情况下,承包人为了便于操作,可以自费选用超过最低需要的套管。

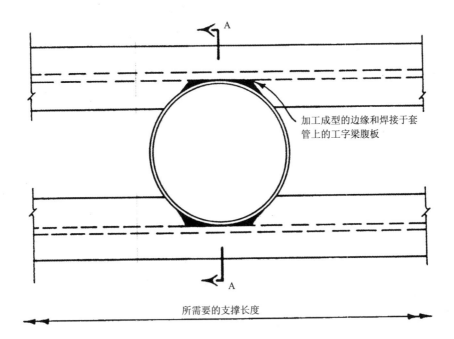

加工成型的边缘和焊接于套管上的工字梁腹板

所需要的支撑长度

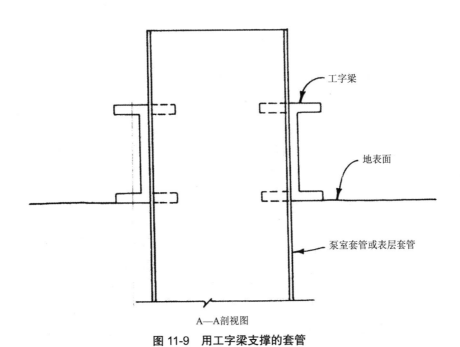

工字梁

地表面

泵室套管或表层套管

A—A剖视图

图 11-9　用工字梁支撑的套管

表 11-5　最小的临时性表层套管的直径

泵室套管的公称直径		临时性表层套管的直径（泵室套管上的焊接接头）	
mm	in	mm①	in
150	6	250	10
200	8	300	12
250	10	350	14
300	12	400	16
350	14	450	18
400	16	500	20
450	18	550	22
500	20	600	24
550	22	650	26
600	24	700	28

注：①直径加大 50 mm（2 in）以容纳用接头连接的泵室套管。

11.5　泵室套管（安泵套管、工作套管、内层套管、送水管的防护套管）

11.5.1　说明及功用

泵室套管是每口水井必不可少的部分。在相同直径的单层井管结构中，它包括过滤器以上的全部套管。在其他类型井管结构中，它是安放水泵缸体的套管。

泵室套管在地表与含水层之间提供了直接的连接，并在不用永久性表层套管时，封闭不需要的地表水或浅层地下水，还可支护孔壁。

11.5.2　泵室套管的设计特点

按照 1963 年 3 月美国石油学会（American Petroleum Institute，API）标准 5L，泵室套管通常采用 A 级或 B 级管。按照美国标准化协会为锻钢管制成的规范 ASA B36.10-59，在重量和壁厚方面属于 30 和 40 号的管子或者标准重量的管子也都用作套管。由于可能发生腐蚀，不推荐使用壁厚小于 6.35 mm（0.25 in）的管子。在难钻、下入深度大的不稳定地层中，或预测有侵蚀性腐蚀破坏时，应采用较重的套管。轻型管可用于浅井的临时性装置和稳定的固结岩层的裸孔中。表 11-6 和表 11-7 列出了各种直径和重量的管子的常用数据和建议的最大安装深度。

表 11-6 水井套管常用的标准和管线数据 1

公称直径 /mm	外径 /mm	接箍外径 /mm	序号或分类[①]	壁厚 /mm	管每米质量 /kg	内径尺寸 /mm	建议的最大安装深度[②] /m
		130			1.40		357
					1.49		318
150	166	185			2.35		212
					2.62		255
200	216	241			3.09		126
					3.42		158
					3.95		208
250	269	294			3.88		70
					4.73		123
					5.60		174
	319	350			4.62		42
					6.05		96
					6.85		130
					7.41		154
350	350	375			5.08		32
					6.32		58
					7.55		105
					8.76		148
400	400	425			5.82		21
					7.24		42
					8.65		72
					11.45		148
450	450	475			6.55		15
					8.16		30
					9.76		51
					11.35		81
					14.49		148
	500	525			7.29		10
					10.87		38
					14.40		88
					17.02		134
	550				8.03		9
					11.98		28
					15.58		66
	600				8.77		6
					13.09		21
					17.47		72
					23.67		123
650	650				11.86		9
					14.19		16
					18.83		40

公称直径 /mm	外径 /mm	接箍外径 /mm	序号或分类①	壁厚 /mm	管每米质量 /kg	内径尺寸 /mm	建议的最大安装深度② /m
700	700				12.87		8
					15.27		14
					20.31		32
					25.27		63
					13.70		6
					16.41		10
					21.79		26
					27.12		51
	800				14.63		6
					17.52		9
					23.24		21
					28.96		42
					15.55		4
					18.62		8
					24.74		18
					30.81		34
900	900				16.47		3
					19.73		6
					26.22		15
					32.66		30

注:①美国标准化协会标准 B36.10 序号(S)是指标准重量管,*是指非 API 标准。
②最大安装深度是松散地层中可能最恶劣情况下的估算值。对于抗弯强度小于 2.812 kg/cm² 的钢,采用接近 1.5 的设计系数。在有利的情况下,按表列安装深度增加 50% 可认为是安全的。

表 11-7 水井套管常用的标准和管线数据 2

公称直径 /in	外径 /in	接箍外径 /in	序号或分类①	壁厚 /in	管每米质量 /lb	内径尺寸 /in	建议的最大安装深度② /m
12	8.6	5.2	—		10.10		1 190
			40		10.79		1 060
			—		17.02		705
			40(S)		18.97		850
		9.6	20		22.36		420
			30		24.70		525
			40(S)		28.55		695
			20		28.04		235
			30		34.24		410
			40(S)		40.48		580

公称直径 /in	外径 /in	接箍外径 /in	序号或分类[①]	壁厚 /in	管每米质量 / lb	内径尺寸 /in	建议的最大安装深度[②] /m
12	12.8	14.0	20		33.38		140
			30		43.77		320
			30（S）		49.56		435
			40*		53.56		515
			10		36.71		105
			20		45.68		195
			30（S）		54.57		350
			40		63.37		495
			10		42.05		70
			20		52.36		140
			30（S）		62.58		240
			40		82.77		495
18	18.0	19.0	10		47.39		50
			20		59.03		100
			20（S）		70.59		170
			30		82.06		270
			40		104.76		495
20	20.0	21.0	10		52.73		35
			20（S）		78.06		125
			30		104.13		295
			40*		123.06		445
22	22.0		10		58.07		30
			20（S）		86.61		96
			30		114.81		220
24	24.0		10		63.41		20
			20（S）		94.62		70
			30		140.80		240
			40		171.17		410
26	26.0		10		85.73		30
			10（S）		102.63		55
			20		136.17		135
28	28.0		10*		92.41		25
			10（S）		110.41		45
			20		146.85		105
			30		182.73		210
					99.08	29.376	20
					118.65	29.250	35
					157.53	29.000	85
					196.08	28.750	170

续表

公称直径 /in	外径 /in	接箍外径 /in	序号或分类①	壁厚 /in	管每米质量 / lb	内径尺寸 /in	建议的最大安装深度② /m
28	32.0	—	10*	0.312	105.76	31.376	20
			10（S）	0.375	126.66	31.250	30
			20	0.500	168.21	33.000	70
			30	0.625	209.43	32.750	140
	34.0	—	10*	0.312	112.43	33.376	15
			10（S）	0.375	134.67	33.250	25
			20	0.500	178.79	33.000	60
			30	0.625	222.78	32.750	115
	36.0	—	10*	0.312	119.11	35.376	10
			10（S）	0.375	142.68	35.250	20
			20	0.500	189.57	35.000	50
			30	0.625	236.13	34.750	100

注：①美国标准化协会标准 B36.10 序号（S）是指标准重量管,* 是指非 API 标准。
②最大安装深度是松散地层中可能最恶劣情况下的估算值。对于抗弯强度小于 40 000 lb/in² 的钢,采用接近 1.5 的设计系数。在有利的情况下,按表列安装深度增加 50% 可认为是安全的。

　　可以用直径 305 mm（12 in）以内的套管接箍,但套管接口大都是焊接的。可能的话,管子光端应事先做出供焊接的斜面,管子的丝扣端应合乎 API 标准 5L 中 7 和 8 节的要求。可以用其他丝扣和接箍,但 API 标准具有所期望的设计性能,建议加以利用。所有管子和接箍的丝扣在连接前应无损伤、已刷净和涂油。其连接应无过紧卡住丝扣现象和尽可能紧固,以确保水封连接。应用多道焊接,充分焊透,连续焊接,并用钢刷刷净焊接处,用锤敲除各焊口间的焊渣,且消除应力。当用不锈钢或其他合金钢时,应该使用生产厂推荐的焊条和焊接程序。不同金属或合金接头（如不锈钢和低碳钢或黄铜）之间的焊、烧、熔应当避免。这些材料之间应该用不导电的接箍使彼此绝缘,以免发生电腐蚀。

　　在美国西南部,用泥浆铲所钻的水井,常采用直径 200~750 mm（8~30 in）的 6 至 12 号薄钢管组成的双层套管,见表 11-8 和表 11-9。这种套管制成 1.5 m（5 ft）长,每节的一半伸入到下一节中,套管用液压千斤顶压入钻孔,其外面的重叠部分焊在伸入的套管上。套管常适当开孔。很多成功的水井都是采用这样的套管的。然而,其在美国其他地区并不常用,也不推荐用于永久性水井。

表 11-8　加利福尼亚的焊接薄壁管和类似的薄钢板及钢板制成的套管推荐的最大安装深度 1

直径 / mm	规格①						壁厚 /mm			
	12		10		8	6	5	6	8	10
	D②	S③	D	S	D	D				
200	102	38	225	78	X④	X	X	X	X	X
250	45	18	117	40	X	X	96	216	X	X
300	30	10	68	22	117	X	54	130	262	X

续表

直径/mm	规格①					壁厚/mm			
	12		10		8	6	5	6	8	10
	D②	S③	D	S	D	D				
350	18	6	42	14	75	X	34	81	159	X
400	12	4	27	9	50	82	22	54	108	189
450	9		20	6	34	57	16	38	78	134
500	6		14		26	42	10	27	54	96
550			10		18	32	X	15	X	X
600			8		14	24	6	X	30	56
650			6		10	18	X	X	X	X
750			3		8	12	3	8	15	28

注:①美国标准规格。

②D 表示镜筒式。

③S 表示单层。

④X 表示不常制造的尺寸。

表 11-9　加利福尼亚的焊接薄壁管和类似的薄钢板及钢板制成的套管推荐的最大安装深度 2

直径/in	规格①					壁厚/in			
	12		10		8	6	3/16	1/4	5/16	3/8
	D②	S③	D	S	D	D				
8	340	125	750	260	X④	X	X	X	X	X
10	150	60	390	135	X	X	320	750	X	X
12	100	35	225	75	390	X	180	435	875	X
14	60	20	140	45	250	X	115	270	530	X
16	40	15	90	30	165	275	75	180	360	630
18	30		65	20	115	190	55	125	260	445
20	20		45		85	140	35	90	180	320
22			35		60	105	X	X	X	X
24			25		45	80	20	50	100	185
26			20		35	60	X	X	X	X
30			10		25	40	10	25	50	95

注:同表 11-8。

侵蚀性腐蚀、大量的积垢或两者兼有时,对装有水泵的套管和其他套管,常建议用特种合金、非金属管,或对低碳钢管使用特种涂敷物。一般不推荐采用涂敷物,因为在安装套管时不破坏套管外部的涂敷物,或在安放水泵时不损坏套管内部的涂敷物,实际上都是不可能的。在涂敷物破损的地方,一个侵蚀点就可能造成集中的腐蚀破坏。

陶瓷和混凝土管常用作套管。如果水井必须进行酸处理,甚至 V 型水泥亦能遭受一定破坏而不能令人满意时,陶瓷和混凝土管则能抗腐蚀。上述这些材料都很重,从而难以安装和保持准直。同样,使用这些材料也难以形成紧密的连接。这种管柱在全部长度上周围都要用灰浆密封。由于其质量和强度的特性,安装过深可能造成管子底部的压力性破坏。

石棉水泥管较轻,比混凝土管更耐腐蚀,可达到较大的长度,且使用特种连接密封,然而其有很多与混凝土管类似的问题。

聚氯乙烯(PVC)、聚乙烯、丙烯腈 - 丁二烯 - 苯乙烯(ABS)之类的塑料管,或橡胶改性塑料管都有很多优点,如质量轻、易安装、抗腐蚀和价格低等。在稳定的固结岩层中,直径达 150 mm(6 in)的管子,已成功地下入深度超过 240 m(800 ft)的水井内。然而,这些材料抗拉、抗弯和抗冲击强度不足,缺乏弹性,不像低碳钢管那样易于连接。塑料管可制成适当的壁厚,在安装深度大约为 50 m(150 ft)的松散地层中,其直径达 250~300 mm(10~12 in)。

直径达 250 mm(10 in)、壁厚 4.5~5 mm(0.180~0.200 in)的玻璃纤维增强塑料管,在有些地区的水井中已广泛应用,安装深度约达 100 mm(300 ft)。然而,这种情况非常特殊,据报道,在正常开发过程中过压弯是一个问题。这种管子具有塑料管的所有优点,并有较大的抗挤压强度,但还不能与钢管相比。

不锈钢和其他各种铜合金,从几乎所有方面来看,用作水井套管都是令人满意的。然而,其价格过高,故仅在腐蚀性很高的环境中用于永久性水井。

管子的抗挤压强度随着壁厚、材料的弹性和抗弯强度的增加而增大,并随着其直径的增大而减小。除抗腐蚀性外,从其他方面来看,低碳钢管是最令人满意的。Pennington(1965年)认为抗腐蚀性遵循指数曲线,即壁厚增加一倍,管子的寿命约延长四倍。

有鉴于此,加大壁厚的低碳钢套管在大多数情况下是一种用于中等腐蚀性地区的最令人满意和经济的材料。然而,这个准则不适用于开孔的套管。

泵室套管的公称直径至少应大于所需容量的水泵缸体的公称直径 50 mm(2 in)。表11-2 列出了在使用按标准制造的深井涡轮泵时,对所期望的不同出水量,建议采用的最小直径。对于深安装的较大的涡轮泵,该值应增大 100 mm(4 in)。

泵室套管顶端安装高度,至少要在计划的水泵基础顶面以上 0.3 m(1 ft)。在安装永久性水泵时,多余的高度可以切除。

水泵的安设深度以及泵室套管的深度是由估算的抽水设计水位决定的(见 15.9 节),并考虑下列因素:

(1)目前的静止水位;

(2)记录到的地区最低静止水位;

(3)本地区的长期水位趋势;

(4)得到预期的出水量时的可能降深;

(5)其他水井或边界条件可能产生的影响;

(6)所需的水泵潜没的深度;

(7)不论管子尺寸的缩减如何,在其顶部和水泵的吸水漏斗之间为 10 倍的管径(是需要值但不是必要值);

（8）某些套接重叠。

在有些地区,这些因素中有一个或几个可能是不协调的和需要综合考虑的。永久性水井装置的控制因素常是环境卫生、稳定性和预计最少 25 年的水井使用寿命。

泵室套管常要求安装得铅直,每 30 m(100 ft)深套管偏离垂直位置不应超过 2/3 的套管内径,比套管内径小 12.5 mm(1/2 in)、长 12 m(40 ft)的试模应能顺利地通过(见 16.7 节)。如用表层套管,亦应安装得铅直,且应使泵室套管位于表层套管的中心。如泵室套管大于 15 m(50 ft)且环状间隙大于 25 mm(1 in),在泵室套管的底部及以上,每隔 12 m(40 ft)直到地表都应有扶正器,在基础浇灌定位以前都应固定牢固。当采用钢绳冲击钻机,在难钻的地方需要安装套管时,泵室套管尺寸可能需数次缩径,以便用套接的方法使希望的直径安设在需要的深度。除公称 12 in 的管子不能套入公称 14 in 的管子外,所有标准重量的和薄壁的带接箍及套管靴的管子都能套入次级较大的管子中。焊接的和不带套管靴的公称 12 in 管子也能套入某些公称 14 in 的管子中。

除非是在灌浆的表层套管内,否则泵室套管外部均应灌浆。如用表层套管,灌浆可在临时性表层套管起拔时,或以旋转钻机钻一个超径孔时进行。

在不稳定层厚的地区,泵室套管可能必须像表层套管一样在地表处加以夹持(见 11.2 节和图 11-9)。

泵室套管在水泵缸体以上,有时是开孔的或有一段装有过滤器。在永久性装置中应尽可能避免这种做法。假如降深增大,其深度在过滤器以下时,这一段就会使排出的水中混入空气,助长水泵气窝现象,并可能造成其他有害效应。同样,过滤器周期性暴露于空气中,不仅促使其腐蚀,而且促使微生物生长,可能造成过滤器堵塞。

11.6　过滤器组装

11.6.1　说明及功用

过滤器的功用包括:

（1）稳定孔壁;

（2）阻止砂子进入水井;

（3）便于水流进入井中,并在井内流动;

（4）使过滤器周围含水层的开发成为可能。

过滤器可以是打孔的管道,也可以是精心制作的开口尺寸精确的笼式缠丝过滤器。过滤器可能只由筛管和打孔部分构成;而在其他水井设计中,过滤器则可由筛管连同无孔套管和底封等组成。

以前,大部分水井都是用钢绳冲击钻具钻成的,并用铣刀或其他类似工具对套管进行钻孔来完井,但是这种做法很快就减少了。就地制备的缝隙大小不能精确控制,其尺寸范围为 3~12 mm(1/8~1/2 in)宽和 25~50 mm(1~2 in)长,孔眼大而不规则,且有粗糙、参差不齐的边缘,这都促进了腐蚀和积垢。对厚壁套管,穿孔器有时凿不成孔眼,而只是把管子弄得凹凸不平。开孔面积的最大百分率为 3%~4%。进一步改善几乎是不可能的,除非含水层是相当纯净的粗砂和砾石,这样凿孔的水井常常是涌砂井。

水井中常用的带孔套管是用锯、机床或火焰切割器在套管上切割缝隙。缝隙的开口为 0.25~6.25 mm(0.010~0.250 in),具有较大缝隙套管的开孔面积的最大百分率约为 12%。如果正确估算的尺寸能满足进水速度的极限,锯和机床切出的缝隙是适宜的。在某些情况下,加大水井和过滤器的直径,或增加水井的深度和过滤器的长度,都能满足进水速度的极限。火焰切割器切割出的缝隙常有粗糙的边缘和熔渣残留物附着其上,其可能的最细缝隙约为 3 mm(0.125 in)。采用任何类型的打孔管做过滤器的水井,与有连续缝隙的过滤器或缝隙式过滤器相比,一般更不利于开采,如果缝隙尺寸不能精确地适应含水层,水井就会是涌砂井。

采用冲压和模压开孔制造的过滤器很多。其缝隙尺寸范围为 1.5~6 mm (0.060~0.250 in),且常有粗糙而参差不齐的边缘,开孔面积的最大百分率约为 20%。这些过滤器有的是用 8 号和更轻的材料制成的,根据其直径不宜设置于比 30~45 m(100~150 ft) 更大的深度。

许多缝隙式过滤器是用 7 号或更重的材料制成的,有 6 或 8 种缝隙尺寸,范围为 0.75~3.75 mm(0.030~0.150 in)。缝隙常常精确地按一定尺寸制造,并且用钢刷刷除粗糙或不规整处,开孔面积百分率从 3%(小缝隙)到约 20%(大缝隙)。

有些形式的过滤器是在打孔的管子基体上缠绕金属线制成的,金属线与管子之间可有垫条或无垫条,而且几乎不论何种缝隙尺寸都能容易地获得,且具有垫条的做法所得的开缝面积比同样缝隙尺寸的缝隙式过滤器更有利。这样的过滤器用于有少量或不含细粒物质的纯净的较粗粒含水层中是令人满意的。但在含水层含有较多细粒物质时,管子与金属线之间的垫条间的通道可能被堵塞,从而严重地减少其过水面积。管子基体常由不锈钢丝缠绕在低碳钢管上组成。在腐蚀性水中,这种组合体可很快地使管子基体腐蚀。这样的过滤器应由单一金属式合金制成。管基过滤器仅有的实际优越性是其高超的抗拉和抗挤压强度。

笼式缠丝过滤器是在垂直杆组成的笼架上连续缠绕圆形或特殊形状的金属丝,金属丝焊接或用燕尾连接法连接于垂直杆上,几乎 0.150~6.25 mm(0.006~0.250 in)(每一挡约差 0.125 mm,即 0.005 in)范围内的任何开缝尺寸都能容易地取得,且过滤器可按镜筒式管和常用管的尺寸制作。前者应能恰好套进和过滤器同样公称尺寸的套管,而后者的内径与套管的内径相同,且可用焊接或接箍连接到套管上。笼式缠丝过滤器是可得到的最有效的过滤器,其可得到最大的开孔面积百分率,且开缝尺寸能紧密适应含水层的级配。尽管这种过滤器比其他形式过滤器的初期费用要高,但通常是经济的,特别是用于薄而高产的含水层时。

大多数过滤器都制成 1.5~6 m(5~20 ft)长,且能用焊接或接箍连接成几乎任何长度,并得到所希望的开缝尺寸组合,且应使用与过滤器相同材料制成的接箍和焊接材料。

一般可买到直径为 1.25~60 in 的过滤器。过滤器的直径应根据所期望的水井出水量和含水层厚度来选择。表 11-10 列出了各种水井出水量的过滤器最小推荐直径。必要时,可增大过滤器直径以得到允许的进水速度,较小的直径往往是特意从经济上考虑才采用的。采用较小的过滤器直径,初期费用低,但水井效能也降低了。不推荐较小的过滤器直径用于永久性装置。不过有证据表明,在安装 9 m(30 ft)或更长一些的过滤器时,如采用增大水井顶部直径的方法能取得令人满意的平均进水速度,从而获得同等的效率和某些其他好处。例如 3 m(10 ft)长,直径 8、10 和 12 in 的过滤器,由异径接头连接,能得到最上部的过滤器的预期出水量,见表 11-10 所推荐的最小过滤器直径的预期出水量。

表 11-10　推荐的最小过滤器组装直径

出水量		最小的公称过滤器组装直径	
L/min	gal/min	mm	in
至 190	50	50	2
190~475	50~125	100	4
475~1 330	125~350	150	6
1 330~3 040	350~800	200	8
3 040~5 320	800~1 400	250	10
5 320~9 500	1 400~2 500	300	12
9 500~13 300	2 500~3 500	350	14
13 300~19 000	3 500~5 000	400	16
19 000~26 600	5 000~7 000	450	18
26 600~34 200	7 000~9 000	500	20

在均一的含水层中,过滤器一根接一根连续正常安装。但在厚而非均一的含水层中,一般的做法是只对最好的含水层设置过滤器,对于贫水物质则在两段过滤器之间安置无孔管。过滤器之间的无孔管段的尺寸必须与过滤器相同,采用镜筒式过滤器时要用内外平顺的平接头管。无孔管或平接头管的伸长部分可从过滤器的顶部直接延长到泵室套管,与泵室套管可采用焊接、接箍、异径接头相连接,或伸长部分可套入套管内 1.5 m(5 ft)或更长一些。当伸长部分相对较短时,常被称作平接头管伸长部分或搭接管;否则,被称作立管。在水井中,建议在最下部的过滤器底下,安装一段长 1.5~3 m(5~10 ft)的无孔套管或平接头管伸长部分组成的沉淀管。在水井设计中,沉淀管不常用,但能提供多种效益。在开发期间,抽入水井的物质沉淀到沉淀管中,就不会侵堵过滤器。另外,在非固结物质的井中,抽吸时砂子都会进入井内。沉淀管提供了砂子向底部沉淀的储存场所,加大了整段过滤器的运行效能。沉淀管为在过滤器组装时在底部装设扶正器提供了合适的处所。

安装于非固结层中的过滤器总成中应有一个底封。底封可由焊于底部的钢板、焊接或连接于总成底部的带环的底座(其上表面有一吊环,以便安装)、任一种浮靴、提捞靴、自封式喷射器和其他特种定位装置或混凝土塞组成。底封不仅可以预防在某种情况下地层物质进入井中,且可以为支撑过滤器总成提供一个支撑面。

过滤器可用多种不同金属合金管、塑料管、混凝土管、石棉水泥管、玻璃纤维增强环氧树脂管、有涂敷层的木材和木料制成。可买到的费用最低和最通用的过滤器，都是由低碳钢缠丝制造的。由非铁金属和合金、塑料和特殊材料制成的过滤器都可用于侵蚀性和积垢地区，以延长水井寿命和效能，或用于必须永久和不间断运行的地方。

水井过滤器特别容易被腐蚀破坏和因矿物沉淀而积垢。过滤器有很多缝隙，与同样尺寸的管子相比，其在反应环境中暴露出更多的反应表面。另外，水流穿过过滤器，不断地重新提供反应物质与其接触，与此同时带走保护性土层或原本可以对进一步的破坏提供一定保护作用的腐蚀产物。在出现最低静水压力和井壁上发生最高水流速度的情况下，可使二氧化碳和其他溶解气体分离出来，这些气体有的是腐蚀剂。这些情况再加上有关因素会破坏水的化学平衡，使钙、镁、铁的碳酸盐和其他矿物沉积于过滤器上和其邻近的地层内，从而堵塞缝隙，减小开孔面积。积垢常用水井酸化方法清理，然而使用带抑制性的酸清理积垢也会导致过滤器产生一定的腐蚀。

混凝土管和石棉水泥管都特别易于积垢和被酸腐蚀，而上釉的陶管实际上不受酸的破坏。这些材料制成的过滤器开孔面积百分率低，除非用于浅井，且承包人又有特殊装备和经验，否则建造时可能出现很多困难。

塑料、木材和玻璃纤维增强环氧树脂过滤器实际上不受腐蚀破坏的影响。积垢虽然不可避免，但麻烦很小，而且能被清除且不损坏过滤器。不过这些过滤器的开孔面积百分率常常较低。非增强塑料在连续不断的负荷下容易发生蠕变，从而导致缝隙尺寸发生变化。在非固结地层中，塑料过滤器的抗挤压性能是有问题的。特别是在井深超过 45 m（150 ft）时，应适当增加其壁厚以承受应力。增加壁厚会使费用增加，然而不锈钢或其他类似的合金可能在价格上更有竞争力，而且更能令人满意。

建议不采用以钢或其他金属为基体的涂层，应在穿孔加工好以后再加涂层才是有效的，这将使开缝尺寸具有一定量的变化。而且有涂层的过滤器在水井中安装时，涂层不可能不受一些擦伤或其他损伤。这些损伤点或保护层损伤处将变成侵蚀点和腐蚀集中的破坏点。

考虑到以上所有因素，除特殊情况外，最令人满意的过滤器材料是钢、不锈钢或某些金属合金。

11.6.2 过滤器总成的设计项目

一般来说，要取得满意的过滤器设计，必须先打一个超前孔或水井已经钻完，并测井，取样，对地层样品进行机械分析，对水样进行化学分析。另外，在本地区如有其他水井，这些水井的深度、设计和历史都应考查，并取得其腐蚀、积垢的经验数据以及取砂和水位降深等资料。

一个典型的水井套管通常由管壁相当厚的低碳钢管组成，它不仅钻有孔，而且还能适应潜在的腐蚀，具有令人满意的正常运行时间。不过，过滤器由于其结构的原因，则是另一种情况。由于缝隙宽度所起的决定性作用，过滤器不可能像套管那样，通过增加壁厚就能轻而易举地能产生抗腐蚀能力，而应采用适宜的抗腐蚀材料提高过滤器的抗腐蚀性。

表 11-11 列出了按价格增高顺序排列的最常用的金属过滤器材料。前面提到的塑料管、玻璃纤维增强环氧树脂管、上釉的陶管和木制的过滤器等有高的抗腐蚀性,但其使用限制在较浅的、出水量低的、小直径水井中,或在其他材料都不适合的地方有特殊应用。

表 11-11 水井过滤器材料

材料[①]	抗酸性能	在中性的地下水中的抗腐蚀性
低碳钢	差	差[②③]
纯铁	差	中等[②③]
海军红色黄铜	好	好[③]
红色硅黄铜	好	好[③]
304 不锈钢	好	很好
赛钢硅青铜	很好	很好[④]
蒙乃尔高强度耐蚀镍铜合金	很好	很好[④]
耐蚀铜镍合金	很好	很好[④]

注:①其他材料则用于特殊环境,如含高温腐蚀性盐水的含水层。
②在积垢成为严重问题的地方,建议不用作永久性装备。
③在有还原性硫酸盐或类似的还原性细菌出现,或水中含 SO_4^{2-} 超过 60 p/m 的地方,建议不用作永久性装备。
④仅推荐用于腐蚀性很强烈的地区。

当遇到特别深的环境或涂层不稳定的地方,需要额外的纵向强度和抗挤压强度,一些缠丝过滤器可以提供额外的设计强度。这种过滤器比标准设计的开孔面积百分率低一些,但仍然超过其他形式。在使用孔眼套管时,可用增加套管壁厚的方法提供额外强度。

各种形式的缝隙或孔眼的水力学效益在 3.8 节中讨论过,那些因素都是重要的,而过滤器最重要的规格是缝隙的尺寸和开孔面积。缝隙尺寸是由从超前孔或水井中所取的地层样品的机械分析结果来决定的。

一口正常开采的水井,如果其样品的均匀系数是 5 或小于 5,选用的缝隙尺寸,在开采时含水层颗粒级配应有 40%~50% 能通过过滤器, 40%~50% 则被挡住。如样品的代表性是可疑的,或有腐蚀问题,应采用会使含水层级配滞留率为 40%~45% 的缝隙尺寸。如样品有代表性,腐蚀性不成问题,预期会产生积垢,则选择的缝隙尺寸要使含水层级配滞留 45%~50%。

如果样品的均匀系数大于 5,选用的缝隙尺寸要使含水层级配滞留率为 30%~50%。如样品有代表性,腐蚀性不成问题,或预期会产生积垢,应采用 30%~40% 的滞留率。在任一种情况中,滞留率的上限是其极限,如果得不到标准缝隙尺寸的过滤器,应选用下一号较小的标准尺寸。缝隙尺寸常用 0.001 in(0.025 mm)的倍数表示,例如 60 号缝隙,其缝隙宽度为 0.060 in(1.5 mm)。图 11-10 展示了某些有代表性的水井过滤器的缝隙尺寸。

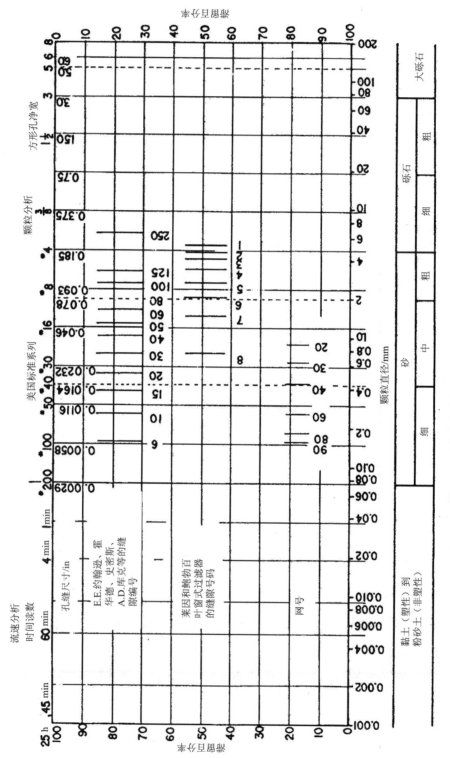

图 11-10　有代表性的水井过滤器的缝隙尺寸

含水层大多不是均质和均匀的,而是由各种不同级配、粒度和均匀系数的粒状物质的层次组成的。因此,一种单一的缝隙尺寸不能适用于整个水井。对大容量的水井,处理这种经常发生的问题的方法是按钻孔所遇到的从上到下的顺序,根据测井和样品的机械分析编列一表,先把无缝隙的套管放在黏土或粉砂土组成的带上,或通过 100 目筛网的粒度超过 20% 的部位,在表上每个适用含水层样品所代表的间隔旁边填上所选的缝隙尺寸。如果地层中有厚 1.5 m(5 ft)或小于 1.5 m(5 ft)的较粗物质夹于较细的含水层物质中,不太值得分别采用不同的过滤器,因而全层都采用适用于最细物质的过滤器。

在水井开采期间,含水层会压紧并下沉,细砂可能下移到较粗的过滤器处。因此,在较细物质覆盖于较粗物质之上的地方,较细的过滤器应向下延伸到较粗的物质中至少其厚度的 10%。

泵室直径是由排出所期望的水量所需要的水泵尺寸决定的,而过滤器的直径是由所期望的出水量决定的。表 11-10 给出了对一定出水量范围所推荐的过滤器最小直径。在美国垦务局的水井资料中,泵室直径常比过滤器直径大 50 mm(2 in)或更大些,因为过滤器要套进较大直径的泵室套管中,所以常采用与套管尺寸一样的过滤器总成。

当过滤器的最小直径和缝隙尺寸确定以后,期望的出水量(m³/s 或 ft³/s)除以过滤器的总开孔面积(m² 或 ft²),即能概算出平均进水速度。

对于一些具有不同缝隙尺寸和不同直径的具有代表性的过滤器,表 11-12 至表 11-25 列出了它们每米或英尺长度的最小开孔面积(m² 或 ft²),表中数字之间的数据根据内插法进行概算通常是符合要求的。

表 11-12 至表 11-25 所列的数字是按制造厂公布的数据计算得出的。对于格栅式、百叶窗式、穿孔式过滤器和缝隙管的开孔面积百分率和面积(m² 或 ft²),确信能精确到百分之几以内。由于制造厂表示开孔面积的方法不同,又缺少所用的垂向金属线的尺寸数据,缠丝过滤器的开孔面积可能会比所列的数字小 30% 以上。在选用笼式缠丝过滤器的直径和开孔面积时,由于改变金属丝尺寸以保持强度,较小直径或缝隙尺寸的过滤器实际上可能有更大的开孔面积。由于选用直径较小的过滤器或缝隙尺寸,同时能得到相等或较大的开孔面积,有时就能节省一些投资。

不计含水层或围填砾料的阻塞,通过过滤器的平均进水速度应为 0.03 m/s(0.1 ft/s)或更小些。如果超过 0.015 m/s(0.05 ft/s),就应增大过滤器的直径,或者在可能情况下加长过滤器,以取得所限定的最大进水速度。显然,要取得合格的进水速度,过滤器开孔面积百分率越大,所需的过滤器长度就可以越小。6.7 节讨论过的影响面积百分率的因素也应加以考虑。在承压含水层中,如果含水层的埋深和厚度对打完整井和采用最大裸孔百分率在经济上可行,应推荐采用这种结构。在含水层深而厚的地方,应进行权衡,以便确定穿透深度和裸孔百分率最经济的组合方案。在自由含水层中,根据其厚度、地层、含水层的出水能力和结构上的经济合理性,推荐打完整井,并在水井底部采用 35%~50% 的裸孔百分率。在含水层深而厚的地方,也需要进行权衡,以确定其最经济的组合。过滤器基本上应安设在水井底部,过滤器长度不应小于含水层估计被水井穿过厚度的 35%。

表 11-12　每英尺过滤器的最小开孔面积(ft²)和开孔面积百分率①

(笼式缠丝过滤器—镜筒式尺寸,来自 UOP 公司约翰逊事业部)

过滤器直径 /in	缝隙尺寸 / × 10⁻³ in						
	10	20	40	60	80	100	150
4	0.139	0.243	0.389	0.493	0.555	0.514	0.611
	14.1	24.7	39.6	50.2	56.5	52.3	62.2
4.5	0.160	0.278	0.444	0.555	0.632	0.583	0.694
	14.3	25.0	39.9	49.9	56.8	52.4	62.3
5	0.180	0.312	0.493	0.618	0.701	0.752	0.777
	14.4	25.0	39.6	49.6	56.3	52.4	62.4
5.625	0.194	0.347	0.548	0.687	0.784	0.722	0.861
	14.1	25.2	39.8	49.9	57.0	52.5	62.6
6	0.208	0.368	0.451	0.590	0.694	0.777	0.916
	14.1	24.9	30.6	40.0	47.1	52.7	62.1
8	0.194	0.354	0.604	0.784	0.916	1.027	1.110
	9.9	18.0	30.7	39.9	46.6	52.2	56.5
10	0.249	0.451	0.763	0.992	1.166	1.312	1.409
	10.0	18.1	30.6	39.8	46.8	52.7	56.6
12	0.291	0.534	0.902	0.999	1.200	1.367	1.666
	9.8	18.1	30.6	33.9	40.7	46.3	56.5
14	0.264	0.493	0.847	1.110	1.339	1.513	1.853
	8.2	15.3	26.4	34.5	41.7	47.1	57.7
16	0.298	0.555	0.964	1.263	1.527	1.735	2.110
	7.8	14.6	25.3	33.2	40.2	45.6	55.5
16 sp	0.305	0.576	0.992	1.298	1.568	1.776	2.165
	7.9	15.0	25.8	33.8	40.9	46.3	56.5
18	0.340	0.638	1.110	1.450	1.749	1.985	2.415
	7.9	14.9	26.0	33.9	40.9	46.5	56.6
18 sp	0.347	0.645	1.117	1.464	1.763	1.999	2.443
	8.0	14.9	25.8	33.8	40.7	46.2	56.6
20	0.263	0.479	0.881	1.221	1.449	1.721	2.193
	5.5	10.0	18.4	25.5	31.3	36.0	45.8
24	0.319	0.596	1.097	1.513	1.874	2.138	2.727
	5.3	10.0	18.5	25.5	31.6	36.0	46.0

注:①每种过滤器有两行数字,上一行为开孔面积(ft²),下一行为开孔面积百分率(%)。

表 11-13　每英尺过滤器的最小开孔面积(ft²)和开孔面积百分率①

（笼式缠丝过滤器—镜筒式尺寸,来自 Cook 水井过滤器公司）

过滤器直径/in	缠丝尺寸/in	缝隙尺寸/ × 10⁻³ in										
		10	20	25	30	40	50	60	70	80	100	125
4	0.09	0.097	0.178	0.213	0.245	0.302	0.350	0.392	0.430	0.461	0.516	—
		10.0	18.2	21.7	25.0	30.7	35.7	40.0	43.8	47.0	52.6	—
	6	0.136	0.247	0.295	0.339	0.418	0.485	0.542	0.593	0.637	0.722	—
		10.0	18.2	21.7	25.0	30.8	35.7	40.0	43.8	47.0	52.6	—
	8	0.196	0.356	—	0.490	0.604	0.700	0.764	0.858	0.923	1.032	—
		10.0	18.2	—	24.9	30.8	35.7	39.9	43.8	47.0	52.6	—
8	0.146 7	0.125	0.236	0	0.34	0.421	0.500	0.571	0.625	0.694	0.797	0.904
		6.4	12.0	—	17.0	21.5	25.5	29.9	32.4	35.4	40.6	46.1
10	0.09	0.248	0.447	0.553	0.621	0.765	0.869	0.993	1.101	1.168	1.307	1.440
		10.0	18.7	21.7	25.0	30.8	35.7	39.9	43.6	47.0	52.6	58.0
10	0.146 7	0.159	0.299	—	0.423	0.533	0.633	0.723	0.805	0.879	1.010	1.146
		0.64	12.0	—	17.0	21.5	25.5	29.1	32.4	35.4	40.6	46.1
10	0.187 5	0.126	0.241	0.294	0.345	0.440	0.528	0.607	0.682	0.749	0.872	1.003
		5.0	9.6	11.7	13.7	17.5	21.0	24.2	27.1	29.8	34.7	40.0
12	0.09	0.300	0.546	—	0.751	0.926	1.115	1.208	1.316	1.414	1.582	1.054
		10.0	18.1	—	24.9	30.8	35.7	39.9	43.7	47.0	52.6	58.0
12	0.146 7	0.192	0.362	—	0.512	0.646	0.767	0.876	0.974	1.064	1.222	1.387
		6.4	12.0	—	17.0	21.4	25.5	29.1	32.4	35.3	40.5	46.1
12	0.187 5	0.153	0.292	0.356	0.417	0.532	0.638	0.733	0.824	0.905	1.053	1.213
		5.0	9.7	11.7	13.7	17.5	21.0	24.2	27.1	29.8	34.7	40.0
14	0.187 5	0.180	0.345	—	0.42	0.630	0.765	0.874	0.962	1.071	1.248	1.435
		5.0	9.7	—	11.9	13.7	17.5	21.0	24.2	29.8	34.7	40.0
16	1.469	0.245	0.460	—	0.652	0.821	0.975	1.117	1.239	1.353	1.555	1.764
		6.4	12.0	—	17.0	21.4	25.5	29.1	32.4	35.3	40.5	46.1
16	1.187 5	0.191	0.367	—	0.447	0.523	0.669	0.803	0.925	1.138	1.325	1.527
		5.0	9.7	—	11.7	13.7	17.5	21.0	24.2	29.8	34.7	40.0
18	1.187 5	0.219	0.416	0.510	0.596	0.762	0.913	1.050	—	1.296	1.505	1.735
		5.0	9.7	11.7	13.7	17.5	21.0	24.2	—	29.8	34.7	40.0
20	1.187 5	0.246	0.468	0.571	0.669	0.854	1.027	1.177	—	1.458	1.690	1.945
		5.0	9.7	11.7	13.7	17.5	21.0	24.2	—	29.8	34.7	40.0
24	1.187 5	0.298	0.567	0.692	0.811	1.034	1.240	1.426	1.599	1.760	2.047	2.180
		5.0	9.6	11.7	13.7	17.5	21.0	24.2	27.1	29.9	34.7	40.0

注:①同表 11-12。

表 11-14　每英尺过滤器的最小开孔面积(ft²)和开孔面积百分率[1]

（笼式缠丝过滤器—镜筒式尺寸, 来自霍华德·史密斯公司）

过滤器直径 /in	缝隙尺寸 / × 10⁻³ in								
	8	10	12	14	16	20	30	40	50
4	0.104 9.0	0.125 11.8	0.145 13.0	0.167 15.0	0.187 16.8	0.229 20.6	0.305 27.4	0.382 34.3	0.437 39.2
6	0.118 8.0	0.146 9.9	0.174 11.6	0.194 13.2	0.222 15.1	0.271 18.4	0.368 25.0	0.451 30.6	0.437 29.6
8	0.160 8.1	0.194 9.8	0.229 11.6	0.264 13.4	0.298 15.2	0.354 18.0	0.493 25.1	0.604 30.7	0.700 35.6
10	0.201 8.1	0.250 10.1	0.291 11.7	0.333 13.3	0.375 15.1	0.451 15.1	0.625 25.1	0.763 30.6	0.888 35.6
12	0.243 8.3	0.291 9.9	0.347 11.8	0.396 13.4	0.444 15.1	0.534 18.2	0.736 25.0	0.902 30.7	1.047 35.6
14	0.215 6.3	0.263 7.8	0.312 9.2	0.360 10.6	0.403 11.9	0.492 14.6	0.687 30.3	0.854 25.3	1.006 29.8
16	0.194 5.2	0.248 6.5	0.284 7.5	0.333 8.9	0.375 10.0	0.479 12.8	0.660 18.2	0.853 22.9	1.006 26.9

注:[1]同表 11-12。

表 11-15　每英尺过滤器的最小开孔面积(ft²)和开孔面积百分率[1]

（笼式缠丝过滤器—单管式尺寸, 来自 U0P 公司约翰逊事业部）

过滤器直径 / in	缝隙尺寸 / × 10⁻³ in						
	10	20	40	60	80	100	150
4	0.174 14.3	0.305 25.2	0.472 38.9	0.597 49.2	0.680 56.1	0.639 52.7	0.756 62.4
6	0.174 5.7	0.319 18.4	0.534 30.8	0.694 40.0	0.812 46.8	0.916 52.8	0.986 56.8
8	0.222 9.8	0.410 18.1	0.694 30.7	0.902 39.9	1.055 46.7	1.187 52.5	1.277 56.5
10	0.285 10.1	0.514 18.2	0.868 30.8	0.958 34.0	1.152 40.9	1.305 46.3	1.596 56.7
	0.264 7.8	0.500 14.9	0.868 25.9	1.131 33.8	1.367 40.9	1.548 46.3	1.888 56.5
	0.298 8.1	0.555 15.1	0.965 26.3	1.263 34.4	1.527 41.6	1.735 47.3	2.110 47.5
	0.340 8.1	0.639 15.2	1.110 26.4	1.450 34.6	1.749 41.7	1.985 47.3	2.415 57.6

注:[1]同表 11-12。

表 11-16　每英尺过滤器的最小开孔面积(ft²)和开孔面积百分率

(笼式缠丝过滤器—单管式尺寸, 来自 UOP 公司约翰逊事业部)

过滤器直径 /in	缝隙尺寸 / ×10⁻³ in								
	30	40	50	60	70	80	90	100	125
8	0.21	0.27	0.32	0.37	0.41	0.45	0.49	0.52	0.60
10	0.26	0.33	0.39	0.45	0.50	0.55	0.59	0.63	0.72
12	0.31	0.39	0.46	0.53	0.59	0.65	0.70	0.75	0.80
14	0.35	0.45	0.53	0.61	0.68	0.75	0.81	0.87	0.99
16	0.40	0.51	0.60	0.69	0.78	0.85	0.92	0.98	1.12
开孔面积百分率 /%	9.2	11.7	13.9	16.0	17.9	19.5	21.2	22.8	26.0

表 11-17　每英尺过滤器的最小开孔面积(ft²)和开孔面积百分率[1]

(笼式缠丝过滤器—单管式尺寸, 来自 UOP 公司约翰逊事业部)

过滤器直径 /in	缠丝尺寸 /in	缝隙尺寸 / ×10⁻³ in									
		10	20	25	30	40	50	60	80	100	125
2	0.09	0.171	0.312	0.372	0.429	0.528	0.612	0.686	0.800	0.902	—
		10.0	18.2	21.7	25.0	30.8	35.7	40.0	46.7	52.6	—
4	0.146 7	0.111	0.208	0.252	0.295	0.372	0.442	0.504	0.614	0.705	0.799
		6.4	12.0	14.5	17.0	21.4	25.4	29.0	35.4	40.5	46.0
6	0.187 5	0.191	0.117	0.214	0.249	0.319	0.384	0.477	0.547	0.635	0.732
		5.0	9.7	11.7	13.7	17.5	21.0	24.2	29.9	34.7	40.0
8	0.187 5	0.118	0.225	0.274	0.321	0.410	0.492	0.567	0.707	0.814	0.938
		5.1	9.6	11.7	13.7	17.5	21.0	24.2	29.9	34.7	40.0
10	0.187 5	0.145	0.276	0.336	0.394	0.503	0.693	0.694	0.857	0.997	1.140
		5.0	9.7	11.7	13.7	17.5	21.0	24.2	29.9	34.7	40.0
12	0.187 5	0.171	0.326	0.398	0.467	0.595	0.709	0.821	1.013	1.179	1.356
		5.0	9.7	11.7	13.7	17.5	21.0	24.2	29.8	34.7	40.0
18	0.187 5	0.250	0.477	0.582	0.683	0.871	1.043	1.200	1.482	1.724	1.984
		5.0	9.7	11.7	13.7	17.5	21.0	24.2	29.8	34.7	40.0
20	0.187 5	0.277	0.528	0.644	0.755	0.963	1.154	1.327	1.637	1.905	2.194
		5.0	9.7	11.7	13.7	17.5	21.0	24.2	29.8	34.7	—

注:①同表 11-12。

表 11-18　每英尺过滤器的最小开孔面积(ft²)和开孔面积百分率[1]

（笼式缠丝过滤器—单管式尺寸，来自霍德华·史密斯公司）

过滤器直径 /in	缝隙尺寸 /×10⁻³ in								
	8	10	12	14	16	20	30	40	50
4	0.104 8.8	0.125 10.6	0.146 12.4	0.167 14.2	0.187 15.9	0.229 19.4	0.305 25.9	0.382 32.4	0.437 0.371
6	0.139 8.0	0.174 10.0	0.201 11.6	0.236 13.66	0.264 15.2	0.312 18.0	0.430 24.8	0.534 30.8	0.618 35.6
8	0.187 8.3	0.229 10.1	0.264 11.7	0.305 13.5	0.340 15.0	0.408 18.1	0.562 24.8	0.694 30.7	0.805 35.6
10	0.229 8.1	0.278 9.9	0.333 11.8	0.382 13.6	0.423 15.0	0.514 18.2	0.701 24.8	0.861 30.6	0.979 35.6
12	0.222 6.6	0.271 8.1	0.319 9.5	0.368 11.0	0.416 12.4	0.500 14.9	0.701 20.9	0.874 26.1	1.020 30.5
14	0.243 6.6	0.298 8.1	0.353 9.6	0.403 11.0	0.451 12.3	0.548 14.9	0.770 21.0	0.958 26.1	1.124 30.7
16	0.278 6.6	0.340 8.1	0.402 9.6	0.465 11.1	0.521 12.5	0.632 15.1	0.881 21.0	1.096 26.2	1.284 30.7

注:①同表 11-12。

表 11-19　每英尺过滤器的最小开孔面积(ft²)和开孔面积百分率[1]

（绕在管座上,来自霍德华·史密斯公司）

过滤器直径 /in	管穿孔 /in	缝隙尺寸 /×10⁻³ in								
		8	10	12	14	161	20	30	40	50
4	0.208 17.6	0.083 6.4	0.115 9.0	0.135 10.6	0.155 12.1	0.174 13.6	0.210 16.4	0.291 22.8	— —	— —
6	0.310 17.9	0.103 5.6	0.126 6.8	0.150 8.1	0.172 9.3	0.194 10.5	0.236 12.8	0.333 18.0	0.418 22.6	0.496 26.9
8	0.375 16.6	0.133 5.6	0.163 6.9	0.193 8.1	0.222 9.3	0.251 10.5	0.305 12.8	0.333 18.0	0.418 22.6	0.496 26.9
10	0.408 14.5	0.160 5.5	0.202 6.9	0.239 8.1	0.275 9.4	0.311 10.6	0.379 12.9	0.532 18.1	0.670 22.8	0.793 27.0
12	0.491 14.7	0.193 5.6	0.237 6.8	0.281 8.1	0.323 9.3	0.366 10.6	0.445 12.9	0.626 18.1	0.780 22.7	0.931 26.9
14	0.525 14.3	0.212 4.9	0.260 6.9	0.308 8.1	0.355 9.4	0.401 15.3	0.487 12.9	0.685 18.0	0.862 22.7	1.021 27.0
16	0.624 14.9	0.211 4.9	0.296 6.9	0.341 7.9	0.404 9.4	0.457 10.6	0.555 12.8	0.799 18.1	0.980 22.7	1.162 27.0
18	0.691 14.6	0.269 5.6	0.332 6.9	0.393 8.1	0.452 9.4	0.511 10.6	0.622 12.9	0.874 18.1	1.083 22.4	1.301 —
20	0.708 13.5	0.300 5.6	0.369 6.9	0.436 8.2	0.502 9.4	0.566 10.6	0.690 12.9	0.970 18.1	1.221 22.8	1.416 26.5

注:①同表 11-12。

表 11-20　每英尺过滤器的最小开孔面积(ft²)和开孔面积百分率①
(罗浮或百叶窗式过滤器—标准尺寸(3/16~1/4 in 壁),来自罗斯科莫斯公司)

过滤器直径 /in	缝隙尺寸 /in					
	1/16	3/32	1/8	5/32	3/16	1/4
6	0.017 0.9	0.025 1.4	0.039 1.9	0.042 2.4	0.050 2.8	0.068 3.9
8	0.025 1.1	0.038 1.6	0.050 2.2	0.063 2.7	0.076 3.3	0.101 4.4
10	0.027 0.9	0.040 1.4	0.055 1.9	0.069 2.4	0.083 2.9	0.111 3.9
12	0.036 1.0	0.055 1.6	0.073 2.1	0.092 2.7	0.111 3.3	0.147 4.3
14	0.036 0.9	0.055 1.4	0.073 1.9	0.092 2.4	0.111 2.9	0.147 3.8
16	0.046 1.0	0.069 1.5	0.092 2.1	0.115 2.6	0.138 3.1	0.183 4.1
18	0.046 0.9	0.069 1.4	0.092 1.8	0.115 2.3	0.138 2.8	0.183 3.7
20	0.055 1.0	0.083 1.5	0.111 2.0	0.138 2.5	0.165 3.0	0.222 4.1

注:①同表 11-12。

表 11-21　每英尺过滤器的最小开孔面积(ft²)和开孔面积百分率①
(总流量过滤器(3/16~1/4 in 壁),来自罗斯科莫斯公司)

过滤器直径 /in	缝隙尺寸 /in					
	1/16	3/32	1/8	5/32	3/16	1/4
6	0.050 2.8	0.076 4.3	0.101 5.8	0.127 7.3	0.151 8.7	0.202 11.6
8	0.067 2.9	0.101 4.4	0.135 5.9	0.169 7.4	0.202 8.9	0.235 10.3
10	0.106 3.7	0.165 5.8	0.222 7.8	0.282 10.0	0.346 12.2	0.472 16.7
12	0.132 3.9	0.206 6.1	0.278 8.3	0.353 10.5	0.432 12.9	0.589 17.6
14	0.132 3.4	0.206 5.4	0.278 7.3	0.353 9.2	0.432 11.3	0.589 15.4
16	0.158 3.6	0.247 5.6	0.333 7.6	0.424 9.7	0.519 11.8	0.707 16.1
18	0.184 3.7	0.289 5.9	0.389 7.9	0.494 10.1	0.605 12.4	0.825 16.9
20	0.212 3.9	0.331 6.1	0.444 8.2	0.564 10.4	0.691 12.7	0.944 17.4

注:①同表 11-12。

表 11-22　每英尺过滤器的最小开孔面积(ft²)和开孔面积百分率①

(134 百叶窗过滤器—3 口径(0.25 in 壁),来自莱恩和鲍勒公司)

过滤器直径 /in	缝隙尺寸 / ×10⁻³ in				
	30	55	80	105	130
4	0.039 3.3	0.072 6.1	0.104 8.8	0.138 11.7	0.168 14.2
6	0.074 4.3	0.133 7.8	0.196 11.5	0.256 15.1	0.318 18.7
8	0.094 4.2	0.172 7.7	0.251 11.2	0.329 14.7	0.410 18.3
10	0.26 4.5	0.231 8.4	0.336 12.2	0.441 16.1	0.545 19.8
12	0.147 4.5	0.270 8.3	0.392 12.0	0.514 15.7	0.637 19.5
16	0.200 4.8	0.364 8.7	0.532 12.7	0.696 16.6	0.863 20.6
20	0.220 4.7	0.403 8.5	0.586 12.4	0.770 16.3	0.952 20.2
24	0.283 4.5	0.518 8.2	0.754 11.9	0.990 15.7	1.225 19.5

注:①同表 11-12。

表 11-23　每英尺过滤器的最小开孔面积(ft²)和开孔面积百分率①

(穿孔过滤器—砾石保护井过滤器(0.25 in 壁),来自杜尔金属制品)

过滤器直径 /in	缝隙尺寸 /in			
	1/32	1/16	1/8	3/16
8	0.054 2.5	0.120 5.7	0.263 12.5	0.410 19.5
10	0.069 2.6	0.153 5.8	0.335 12.8	0.522 19.9
12	0.084 2.7	0.185 5.9	0.407 12.9	0.634 20.1
14	0.098 2.7	0.218 5.9	0.478 13.0	0.746 20.2
16	0.111 2.7	0.245 5.9	0.538 12.8	0.839 20.0
18	0.126 2.7	0.278 5.9	0.610 12.9	0.951 20.2
24	0.160 2.5	0.352 5.6	0.773 12.3	1.21 19.2

注:①同表 11-12。

表 11-24　每英尺过滤器的最小开孔面积(ft²)和开孔面积百分率①

（开槽管②—横向槽套管）

管子直径 /in	缝隙尺寸 /in			
	1/8	5/32	3/16	1/4
10	0.061 2.1	0.076 2.7	0.090 3.2	0.120 4.3
	0.074 2.2	0.092 2.8	0.109 3.3	0.145 4.3
	0.085 2.3	0.106 2.9	0.145 3.5	0.167 4.6
16	0.098 2.3	0.122 2.9	0.145 3.5	0.192 4.6
	0.109 2.3	0.136 2.9	0.163 3.5	0.216 4.6
20	0.115 2.2	0.144 2.8	0.173 3.3	0.228 4.3

注:①同表 11-12。

②管壁上的缝隙长 1.5 in,中心距 6.375 in,或在每一水平交错排之间的垂直中心距为 1.25 in。

表 11-25　每英尺过滤器的最小开孔面积(ft²)和开孔面积百分率①

（油田磨铣开槽套管②）

管子直径 /in	缝隙尺寸 / × 10⁻³ in					
	100	120	140	180	200	250
6	0.017 0.98	0.020 1.6	0.023 1.8	0.030 2.3	0.033 2.5	0.042 3.2
8	0.022 0.97	0.027 1.2	0.031 1.4	0.040 1.8	0.044 1.9	0.056 2.5
10	0.028 1.0	0.033 1.2	0.039 1.4	0.050 1.8	0.056 2.0	0.069 2.4
12	0.033 0.99	0.040 1.2	0.047 1.4	0.060 1.8	0.067 2.0	0.083 2.5
14	0.039 1.1	0.047 1.3	0.054 1.5	0.070 1.9	0.078 2.1	0.097 2.6
16	0.044 1.1	0.053 1.3	0.062 1.5	0.080 1.9	0.089 2.1	0.111 2.7
18	0.050 1.0	0.060 1.2	0.070 1.4	0.090 1.8	0.100 2.1	0.125 2.5
20	0.056 1.0	0.067 1.2	0.078 1.4	0.100 1.8	0.111 2.1	0.139 2.5

注:①同表 11-12。

②位于管周围时直径中心交错的水平排列的 2 in 长的重直槽,在 3 in 中心上的垂直间距或水平行。

过滤器的组件,如管子的无缝隙部分或平接头管的延伸部分、底封、浮靴或喷射式靴、扶正器和其他附属件,都应该用与过滤器相同的材料制造;否则应采用木制、塑料或混凝土构件。绝不可在过滤器的装置中混合使用不同的金属。当过滤器总成由非铁金属制成时,过滤器总成与低碳钢的泵室套管要用合成橡胶、塑料、水泥、其他金属材料或接箍隔开。

在直壁井中(指一径到底的井),孔径与过滤器周围形成一个约 2 in 的环状间隙,应使用地层稳定器(见 11.11 节)。

有一种普遍的错误观念,即认为过滤器总成的垂直度是无关紧要的,因为水泵并不放在其中。然而,钻孔应有足够的垂直度,以便安装过滤器时不需要加压或打入。如过滤器装弯或不太垂直,则其易遭受弯曲应力致使缝隙加大或挤小。因此,过滤器的垂直度应符合与套管同样的标准,每 100 ft 过滤器偏离垂直方向不应超过 2/3 过滤器内径,而且过滤器装置的轴线与泵室套管或升水管的轴线,在它们连接处附近应该一致。

11.7 冲击式套管靴

当套管被打入到特别是砾石或巨砾层中时,套管底部必须加强,即在套管上拧上或焊上淬火钢环或冲击式套管靴。冲击式套管靴的外径和斜切削刃与所用的套管接箍的外径相同。当套管打进时,切削刃刮削掉孔旁的不规整物质,并劈开或迫使大的石块进入孔壁,以防止套管底部受挤压。可买到的冲击式套管靴有两种形式,即标准型和得克萨斯(Texas)型。得克萨斯型比标准型长和粗一些,常用于特别难钻的地方。所选用套管靴的形式常由承包人来决定。

11.8 异径接头和搭接部分

11.8.1 说明及功用

当用钢绳冲击钻具钻进时,由于表面摩擦力和其他原因,达到某一点时就不可能再驱使套管前进。此时把一套较小的套管套入已安放的套管中,并用一个较小的钻头继续钻进。在钻完后,较小的套管可在较大的套管底部以上一定距离处断开。某些深孔可能做六次或更多次这样的缩径。为了使泵室套管在安装水泵的深度上有足够的直径,起始的套管应有适当的直径。

在其他设计方案中,特别是大多数用旋转钻机打的不下套管的钻孔,泵室套管可由一个接箍或异径接头,直接接在过滤器总成的升水管或延伸管上。这样把整个套管和过滤装置下入井中,就像下入套管柱时在连续的管柱上从地表增加一段长度一样。如将管柱下到井底,整个管柱的重量由过滤器最薄弱的部分承担,过滤器压弯或挤坏的可能性就会增加。由于这种危险性,单层套管结构直到水井开采和永久性地固定于地表以前,都应使套管和过滤器管柱保持拉伸状态。这一点在深度超过 30 m(100 ft)的水井中特别重要,因而具有一定优点。如果需要,过滤器能够起拔出来和重新安装,固定连接的管柱(见 11.2 节)则不可能这样处理。

11.8.2　异径接头和搭接部分的设计项目

通常在套管和过滤器总成之间采用的搭接长度是 1.5~3 m(5~10 ft)。在极深的水井中或过滤器总成可能发生下沉的地方,可能需要更长的搭接。如 11.7 节所述,搭接部分应始终密封。

套管和过滤器总成之间采用的异径接头,在很多情况下都是由承包人或当地的车间制造的,这两者都有采用平滑锥形短节的趋势。从水力效率和强度的观点出发,异径接头的上直端和锥形短节,应与其相连接的较大的管子采用同样的材料、相同的重量和壁厚来制造。异径接头的锥形短节部分的长度应不小于相连接的两个管径差的 10 倍。

11.9　密封

11.9.1　说明及功用

在永久性表层套管或泵室套管周围,一般加以灌浆密封,这主要是一种卫生密封措施,应有足够的厚度、深度,并且不透水,以防止任何地表水或劣质地下水进入水井。从密封的观点来看,天然黏土、膨润土和其他材料也都可用作灌浆材料,而且可以达到满意的效果。不过,掺有适量膨润土或铝粉的以水泥为主要材料的优质浆液,既能起其他作用,也能形成较好的密封。这种混合物能保护套管不受腐蚀破坏;即使套管被腐蚀掉,灌浆体仍如同混凝土套管一样起作用。如果设置正确,浆液在套管与土壤之间会形成一层结合体,能稳定水井周围的土壤,有时能像一块拱顶石一样制止坍塌向上发展。从卫生密封的观点来看,一般不必把套管的全长都灌浆;但从灌浆的其他功能来看,仍推荐这种做法。一旦地面装备都安装好后,灌浆的附加费用相对来说是不高的。当使用净水泥对塑料套管进行灌浆时,必须小心,因为水化作用的热量可导致塑料套管强度削弱。一般地,灌浆厚度不应超过 50 mm(2 in),以避免这种情况发生。

凡是套管或过滤器总成在井下有套接时,搭接部分的顶部都应加以密封。最常用的密封是一种工业用的挤压铅密封,把这种挤压铅密封填充在较小套管的顶部,并用一种专用工具顶住较大套管的内侧,且往外挤压。正确安设、挤压的铅封,除允许从套管进水外,实际上是不漏水的。此外,当水井抽水时,密封可防止砂和砾石被带入环状间隙,并进入水井。需要时,挤压铅密封并不妨碍套管和过滤器总成拔出井外。挤压铅密封不允许用于饮用水井。

另一种密封是新改进的氯丁橡胶密封,它是在工厂中热补在较小套管周围,具有柔性唇边密封,外径略大于较大套管的内径。如果套管内部是湿的,在较小的套管套进预定的位置时,密封容易滑下去。当套管入位后,形成一个紧密的密封,能防止不合乎需要的水进入,并阻止砂和砾石在环状间隙中向上运动。密封还能起绝缘作用,隔离不同材料,以免导致电化学腐蚀。必要时,这种密封比其他密封更便于更换套管和过滤器总成。在既要求密封又要求绝缘的地方,实际上常用相距 0.45~0.90 m(1.5~3 ft)的两道或更多道密封,以确保搭接部分的不同金属相互隔开。

搭接部分的套管直径不同,而且其环状间隙足以插入 15 mm(1/2 in)或更大的管子时,可以灌入纯净的水泥——膨润土浆液。此浆液也可起绝缘作用,并具有阻挡水流的足够强度,不过需要拔出下部套管时易遭破坏。

设计中可能遇到在表层套管与泵室套管之间的环状间隙内灌浆密封,而对表层套管不做灌注。其理论依据是不稳定地层中的坍塌会在表层套管周围形成可靠的密封。不能相信这种说法,永久性表层套管仍应灌浆密封。不过,在表层套管与泵室套管之间的环状间隙的顶端,常用膨胀性封垫、混凝土塞或者焊在泵室套管壁上和表层套管顶端的钢环紧紧地密封好。

11.9.2　密封的设计项目

围绕表层套管或泵室套管的灌浆密封,在管子或接箍(如果使用的话)周围至少应厚 40 mm(1.5 in)。在灌浆开始以前,环状间隙应用水冲洗。灌浆时,应将浆液导入间隙底部并连续作业。如采用水泥灌浆,应在初凝出现以前全部灌注完成。《深井标准》AWWA-A100-66 的 A1-8.4 节中概述了灌浆可以采用的各种方法。不过,大多数水井均可以采用导管进行灌浆。

11.10　砾石或混凝土基础

当水井的底部位于细砂、塑性黏土或其他软质的或不稳定的地层上时,建议多钻进 0.9~1.2 m(3~4 ft),此段井孔用粗砾石或混凝土充填,以便为套管和过滤器提供稳固的基础。

11.11　扶正器

在钻井的公称直径比套管外径大 50 mm(2 in)或以上,所安装的套管或过滤器又超过 12 m(40 ft)长时,应安设扶正器。这种扶正器能保持套管位于钻孔的中心,并且能对轴向和不平衡的水平荷载所造成的弯曲和扭曲提供支撑。扶正器对导正套管和过滤器以便灌浆和填料来说是不可缺少的。扶正器应设于孔底并沿钻孔向上每隔 12~15 m(40~50 ft)的距离设置。在有砾石围填的井中,应小心保持扶正器自上而下接近直线,以便不妨碍导管的插入。要尽量防止将扶正器直接焊到过滤器本体上。最好在设定的区间内,在过滤器上接一短节不打孔的套管,使扶正器能焊在其上。扶正器可以是木质的、塑料的或合金的带钢。金属扶正器常采用与其连接的套管或过滤器装置相同的材料。导正条以 90° 或 120° 的间隔安设在套管周围的一个平面上。图 11-11 和图 11-12 给出了适用于可能遇到的各种不同情况的扶正器的设计图（Ahrens，1970 年；Driscoll，1986 年）。

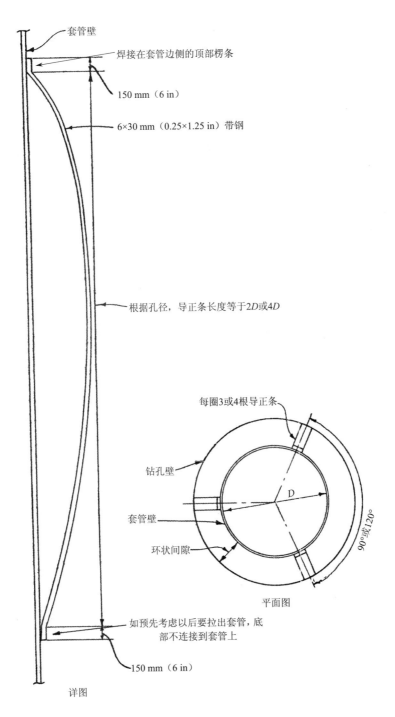

图 11-11　带钢扶正器

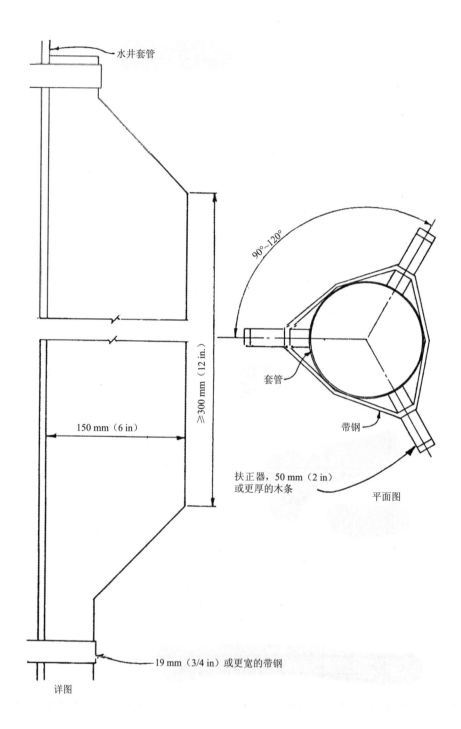

水井套管

90°～120°

套管

带钢

平面图

≥300 mm（12 in.）

150 mm（6 in）

扶正器，50 mm（2 in）
或更厚的木条

19 mm（3/4 in）或更宽的带钢

详图

图 11-12　木条扶正器

11.12　导管

用砾料围填的井,砾料通常是通过一个或两个临时性的导管填入的,这些导管在围填时分阶段拔出。这些导管由公称直径为 50~100 mm(2~4 in),且带有接箍的钢管组成。导管直径根据填料、粒径、洁净程度和其他因素而定。水井的设计必须提供足够的环状间隙,以便包括接箍在内的导管通过。有多种不同设计用来适应水井的砾料围填。大多数设计规定砾料围填要延伸到最上部过滤器顶端以上 6 m(20 ft)或者更多一些。某些设计对填料以上的环状间隙灌满浆液,即使需要再增补一些砾料也无法供给。

比较慎重的设计,要求在诸如表层套管的局部地段内,填料既要足够,又要有安全储备。也就是应准备永久性的从地表补充填料的设备。这些做法在发生填料过度下沉的事故时,能使含水层与过滤器直接接触的可能性减少到最低限度。泵室套管与表层套管之间可做储备仓之用。完井以后,补充填料可通过永久性导管达到要求的深度。如有必要,在其周围再浇灌一层混凝土密封。永久性的导管顶端常用一个螺帽紧固并密封好。

临时性导管的尺寸可留待承包人决定。但为了长期使用永久性导管,应有足够的尺寸和重量。

11.13　砾料与地层稳定器

11.13.1　说明及功用

当套管和过滤器安设在超径的井中,其环状间隙大于 50 mm(2 in),但不打算采用砾料围填结构时,则应在环状间隙中安设地层稳定器。砾料不需仔细地根据粒级选定,只要较小的颗粒大于过滤器的缝隙尺寸,而且最大的颗粒小于或等于 9 mm(3/8 in)即可。地层稳定器的功用是支撑管子,以防水井在开采期间可能出现不平衡力,并便于水井开采(Driscoll,1986 年)。

围填砾料的主要功能包括:

(1)稳定含水层,并使涌砂减至最低限度;

(2)有可能尽量使用最大的过滤器缝隙得到最大的过水面积;

(3)提供一个高渗透率的环状地带,从而增加水井的有效半径和出水量。

除非具有必须使用围填的条件,或者使用后会有益处时,通常不应采用砾料围填。采用砾料围填会增加费用和建井的困难。

围填的砾料(虽然称为砾料,但绝大多数属于砂的粒级范围)必须具有小的均匀系数,颗粒大小应配合含水层物质仔细地加以选配。此时能通过过滤器的砾料物质不得超过总量的 5%。如果通过公称直径 100 mm(4 in)的导管进行灌注,砾料的最大颗粒不应超过 9 mm(3/8 in)。最小的设计厚度根据灌注砾料的能力而定。从理论上讲,围填 12 mm(1/2 in)就足够了。由于较厚的砾料会增加开发的困难,所以其最大的设计厚度不应超过 200 mm(8 in)。

采用围填特别有优势的情况有：

（1）遇到细而均匀的砂含水层；

（2）遇到砂和黏土层互层的含水层；

（3）需要从出水极微的含水层中得到最大的出水量；

（4）遇到脆性的砂岩或类似的含水层。

11.13.2 灌注作业与砾料设计

如设计许可,过滤器总成在围填砾料时应支撑在地面上以保持张力状态。

围填砾料应确保环状间隙完全充填,使桥接、隔离降到最低程度。所钻的水井深度达到 150 m（500 ft）时,最好通过呈 180° 安置的两个导管围填砾料,且最初应深入距孔底约 1.5 m（5 ft）之内。如靠重力灌注,导管内径最小应为最粗砾料粒径的 12 倍;如为泵入灌注,应为 10 倍。围填砾料时,导管应提升到使砾料在管底的自由下落距离不超过 1.5 m（5 ft）。灌注砾料应连续、均匀作业,直到灌注完成。砾料可以倒入或铲入干燥的导管,也可以冲入或泵入导管。如为冲入导管,则应向每根导管送入稳定的砾料和水的混合流。如为泵入导管,砾水比应为 0.75 m³（1 cuyd）砾料比 6 800~11 400 L（1 800~3 000 gal）水。砾水比应根据孔壁的稳定性、砾料的颗粒大小以及所用水泵的形式及尺寸确定,水泵要有均匀、恒定的泵量,而不致造成孔壁坍塌。

在旋转钻所打的钻井中,在砾料导入水井前,井内液体应循环,并通过用水稀释来降低黏度,直到马氏漏斗测定的流速降低到 30 秒以下,再将砾石灌入井中。如水井的设计和所用的设备许可,当泵入砾料时,要从井底泵入冲洗液。为避免钻井液稀释以后导致孔壁坍塌,应调节泵量使水井中的水位维持在静止水位以上。不过,在某些情况下,含水层的渗透性太大,难以构成高于静止水位的足够水头。

在旋转钻打成的深井中,采用导管是行不通的,已经设计了其他砾料围填的方法,如十字工具等设备可以通过钻杆将砾料泵入环状间隙中。

已经提出了许多以颗粒大小的标准机械分析为基础的公式,以便选择砾料的级配。尽管没有一个公式令人完全满意,但已有的这些公式对于此处的讨论来说已经足够了。许多在文献中常用的术语必须仔细考查其含义。在多数地下水文献中,颗粒大小的术语 D_{10}, D_{60}, D_{100} 等指的是此百分率所保有的颗粒大小,美国垦务局则习惯其指通过的或小于的百分率。例如,美国垦务局术语中的均匀系数 C_u 是 D_{60}/D_{10} 的尺寸比率,而在大多数其他文献中则是 D_{40}/D_{90} 的尺寸比率。

在以下的讨论中,采用的是大多数地下水文献中所用的术语。在美国垦务局 7-1415 表格的右侧,机械分析图上的全部标注指的均是保有值的百分率。下列（1）和（2）中的指标大多摘自 Kruse 的资料（1960 年）,但已按照美国垦务局的野外经验进行了校正;（3）中的指标摘自 Driscoll（1986 年）。

（1）当含水层物质的均匀系数 C_u 小于 2.5 时：

①所用砾料的 C_u 最好在 1~2.5,50% 的砾料尺寸最大为 50% 的含水层物质尺寸的 6 倍;

②如不易得到均匀的砾料,可以用 C_u 在 2.5~5 的砾料围填,所选的砾料要有 50% 的尺寸不大于的 50% 含水层物质尺寸的 9 倍;

③通常,过滤器缝隙不应通过 10% 以上的砾料,不过在某些情况下是被允许的。

（2）当含水层物质的均匀系数 C_u 在 2.5~5 时:

①所用砾料的 C_u 最好在 1~2.5,50% 的砾料尺寸不大于 50% 的含水层物质尺寸的 9 倍;

②可采用但很少要求采用的指标是砾料的 C_u 在 2.5~5,而且 50% 的砾料尺寸不大于 50% 的地层物质尺寸的 12 倍;

③除非情况许可,过滤器缝隙不应通过 10% 以上的砾料。

（1）和（2）中的①是最有效的砾料和最容易开发的,但低均匀系数的砾料有时不易获得,而且费用较高。

（3）当地层均匀系数 C_u 大于 5 时:

①把保有的 70% 的地层物质的尺寸乘以 6 和 9,并将其点定位于图上;

②通过以上这些点画两条平行线表示均匀系数为 2.5 或更小的材料;

③在以上这两条线之间做出砾料的特性曲线;

④选择一个能保留 90% 或更多的砾料的过滤器缝隙尺寸。

不管在选择砾料时所用的指标如何,砾料都应冲洗、过筛,可能时加以磨圆,砾料应该是耐腐的、致密的,而且是硅质的,扁平颗粒要少于 5%,且砾料所含的泥土或软的物质(如石灰岩或石膏)等不超过 5%。

新近引进的一种产品是在水井过滤器周围包上预制好的环氧树脂胶结砂砾围填装置,其有效性在此书编写时尚未确定。

应该对三种任选的砾料样品进行机械分析。每一种样品应取自一批货料的不同部位,以保证其适合砾料级配的需要。例如,砾料有 95% 左右能通过所指定的最粗的筛子,有 8% 左右保持在指定的较细的筛子上,不超过 10% 通过所指定的最细的筛子,这样的砾料就是合格的。

美国垦务局的 7-1415 格式尽管是以美国的标准系列为基础的(两比率的四次方根),但不包括所用筛子的全部尺寸。在 7-1415 的图上,位于两条相邻实线之间的砾料的均匀系数为 1.55~1.60,而在相间的两条实线之间的砾料的均匀系数为 2~2.8。有时,在选取缝隙尺寸及类似值时,可能希望有比较接近的近似值。表 11-26 列出了各种不同尺寸的井孔与套管之间的环状间隙的近似体积。

表 11-26 用于灌浆和砾料围填的套管或过滤器与钻孔之间环状间隙的体积

套管外径		钻孔直径		环状间隙体积		套管外径		钻孔直径		环状间隙体积	
mm	in	mm	in	m³/m	ft³/ft	mm	in	mm	in	m³/m	ft³/ft
60	2.375	100	4	0.005	0.06	350	14	450	18	0.06	0.70
		150	6	0.01	0.17			500	20	0.10	1.11
		200	8	0.03	0.32			550	22	0.15	1.57
114	4.5	200	8	0.02	0.24			600	24	0.19	2.07
		250	10	0.04	0.43			650	26	0.24	2.62
		300	12	0.06	0.67			700	28	0.30	3.21
165	6.625	250	10	0.03	0.31	400	16	500	20	0.07	0.79
		300	12	0.05	0.55			550	22	0.12	1.24
		350	14	0.08	0.83			600	24	0.16	1.76
		400	16	0.11	1.16			650	26	0.21	2.29
		450	18	0.14	1.53			700	28	0.27	2.88
215	8.625	300	12	0.04	0.38			750	30	0.33	3.51
		350	14	0.06	0.66	450	18	550	22	0.08	0.87
		400	16	0.09	0.99			600	24	0.13	1.37
		450	18	0.13	1.36			650	26	0.18	1.92
		500	20	0.16	1.78			700	28	0.23	2.51
268	10.75	350	14	0.04	0.44			750	30	0.29	3.14
		400	16	0.07	0.77			800	32	0.35	3.82
		450	18	0.11	1.14	500	20	600	24	0.09	0.96
		500	20	0.14	1.55			650	26	0.14	1.50
		550	22	0.19	2.01			700	28	0.19	2.09
		600	24	0.23	2.51			750	30	0.25	2.73
320	12.75	400	16	0.05	0.51			800	32	0.32	3.40
		450	18	0.08	0.88			850	34	0.38	4.12
		500	20	0.12	1.29	550	22	650	26	0.10	1.05
		550	22	0.16	1.75			700	28	0.15	1.64
		600	24	0.21	2.25			750	30	0.21	2.27
		650	26	0.26	2.80	600	24	700	28	0.11	1.13
								750	30	0.16	1.77
								800	32	0.23	2.44

11.14 水泵基础

安装在地表的水泵必须有能承受全部负载的基础来支撑,也可能需要单独的基座,把水泵架高于可能出现的地面水位之上。水泵的支撑靠直接将其安装在水井套管上是不可取的。安装在水井上的立轴式水泵的基础,应连接到表层套管或泵室套管上,并应尽可能把水泵支撑在泵筒的垂直中心线上,以全部端部基面来支撑泵体,并把泵基的偏斜尽可能地减少到最低限度。水泵基础一般应由位于坚实地面上的强度至少达到 25 900 kPa(3 750 lb/in²)的混凝土构成。图 11-13 和图 11-14 所示为水泵基础的典型剖面示意图。由于钢质底板上的孔很难与螺栓精确排列,右侧固定螺栓选项所示的套筒用以提供螺栓的灵活度,套筒也可用于左侧所示的"J"螺栓选项。

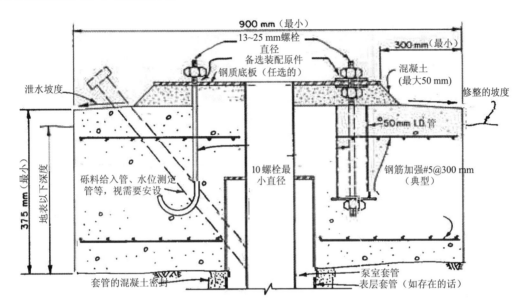

图 11-13　典型的混凝土水泵基础的示意剖面(单位为 mm)

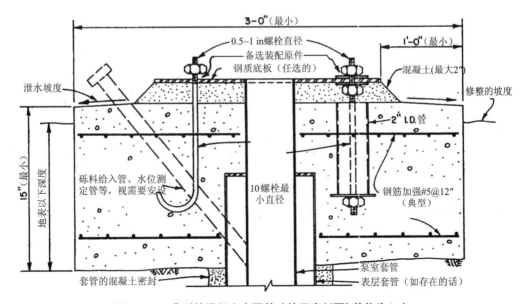

图 11-14　典型的混凝土水泵基础的示意剖面(单位为 in)

建议采用钢筋加强的混凝土水泵基础。水泵应该用锚栓紧固在基础上。以基础尺寸表示的安装面可从水泵制造厂获得。在必要的场合,应该构筑水泵基础支座,把水泵基础抬高到任何可能的洪水位或地面径流可能淹没的地面以上。基础支座周围应筑有基础垫板,且应是支座整体的一部分,其表面应从支座向外缓缓倾斜,以免水聚集于其周围。美国大多数州禁止挖泵坑,特别是对民用或城市供水,也不推荐美国垦务局的安装方法。如果水泵需要防护,最好建一座地面泵房。

11.15 特种水井

11.15.1 排水井

排水井是为了降低和控制高潜水位的特殊目的而设计的常用地下水井。出于排水的目的,水井的设计是为了防止地下水位在地面以下一定深度内被侵蚀,而且水井要精确地布置在相互干扰的位置,以便实现排水。

一个易于用井排水的地区,一定要有一层适当的含水层,而且位于根系层与含水层之间的土层一定要有足够的垂直方向的渗透性,以便向深层渗透。

排水井与产水井在设计上的基本差别很小,但所用的设计标准有明显的差别。排水井的基本目的是在给定的时期内,把水位降低到或维持在给定的深度。为达到此目的,必须排出给定容积的水。容积、降深和时间以及含水层特性,这些参数将从初期费用和运行费用方面给出最经济的设置方案。

11.15.2 回灌井

一种称作反向井、回灌井或注入井的特种类型的水井,用于把剩余的或不需要的地表水回灌到含水层。这样的水井通常靠重力作用,并且在地质条件有利的地方用于处置灌溉剩余的水。其在其他方面的应用包括注入淡水建立一个屏障以防止盐水的入侵,排放工业废水和处理过的污水,以及补充地下水。

靠重力作用的回灌井的设计与施工方法,与抽水井相似。不过,在需要用压力注入时,要有控制压力的专用设计部件。有时回灌井可以设计反冲和洗井的部件,假如回灌井被泥沙或随回灌水带入井内的其他外来物质堵塞,就可以对其进行清洗。通常,当必须通过回灌井回灌大量的地表水时,要用沉淀池和过滤器来减少沉淀物的荷载。在某些场合下,回灌水需要进行氯化或其他处理。没有这些防护措施,使用回灌井就可能引起地下水的严重污染。

11.15.3 减压井

另一特种类型的水井称作减压井,用于降低和控制过大的承压水头。正如其名称的含义一样,这种水井的目的是降低承压含水层的压力,从而减少地下水通过上覆物质的向上漏失或降低向上的水压。这种水井已用于疏干农田和降低如水坝和电站之类的工程结构,以及如滑坡之类的不稳定岩体等下面的压力。

11.15.4　集水井

很多地区的含水层太薄,且含有劣质水,或因其他原因不能向标准井提供所要求的水量或水质。在这种情况下,集水井可能是解决问题的办法。集水井常由一个直径 2~5 m（6~15 ft）的混凝土沉箱组成,沉箱被沉到足够的深度以直接截取薄含水层中的水,或让水平的过滤器放射状地伸展到薄含水层中（Campbell 和 Lehr,1973 年;Walton,1970 年）。

在这种水井中造成的降深,会扩展到较大的范围内,而且它比单井以同样抽水量所造成的降深要小,且水温和水质可受到一定程度的控制。设置集水井,需要在当地进行充分的勘察和试验,以确定设计需要的条件和数据。其施工可能需要 10 个月到一年,而且需要专门的技术、知识和装备,往往所需费用较多。不过,在其他开采方式不能使用的情况下,已建成许多集水井,并已经济地运行。

11.16　水井规范目的与已有标准

水井规范是采购流程的一项重要部分,并且在执行中必须高度注意。清晰明确的要求将促成:

（1）全面且开放的竞争,并获得更加有利的报价;

（2）承包商可基于良好的底线编制报价;

（3）评价承包商表现的可靠标准;

（4）获得具备所需的出水量、排水量及降深指标的水井。

如果规范中清晰界定了需要,包括时间和采用一种合理解释的语言,并且在验收之前清晰阐明了确定质量和符合合同的要求,则可达到预想的结果。作为最低要求,每部分规范必须包括完成产品的描述,产品必须满足的性能标准,允许的建设时间及支付基础。在这些基本要素之外,每个水井规范将根据充填需要和水源含水层量身定制。

有两种合同基本格式可用于水井建设。一种是超前井已钻,已有编录和样品机械分析,而且可以进行可靠的设计。依靠这些信息,钻探的量和类别、物质和相关项目即可具体化。对于确定工作量可申请总量报价,对剩余工作可申请单价报价。当可以准备此类规范时,由于承包商了解将遇到的钻探条件、所需设备以及需要订购材料的数量,故报价通常更低且更加实际。水井钻探涉及的风险量通常反映在报价中,如果招标人可提供确定性资料,则可显著地降低报标。

另一种是承包商必须钻探并编录一个超前孔,并且依靠这些信息进行水井设计,或者施钻水井,再基于以上信息进行过滤器、套管和水泵部件的设计。此类情况,报价通常反映出存在的不确定性以及在做出决定及许可时预期发生的等待时间。

每部分规范必须满足或超出所有适用的联邦、州及地方的标准和规范。几年前,良好的判断力及一点点的谨慎会"帮你度过难关"。如今,已设计出众多的标准用于保护地下水的数量和质量,同时这个清单每天都在增加。这些规范致力于保护自然资源免于耗尽和污染。

以下将对规范准备提供一些指导,但设计者应依靠独立的判断达到需要的目的。在美国垦务局的详细施工培训计划中的"水井建设"单元包含一份示例说明书。

11.16.1 材料

水井规范应提供可与环境适应的水井建设采用的材料,并提供足够的水井寿命。除水和混凝土外,一般用于水井建设的材料质量已经在本手册前文中介绍。此处重要的是确保规范充分地给潜在投标人转达何种材料可接受及其原因。当地承包商通常熟悉他们建设的井的设计,但或许不清楚工作的具体需要。例如,如果不锈钢过滤器需要更长的寿命,一个不经常使用不锈钢的承包商可能意识不到,如果将黑铁套管与不锈钢过滤器直接连接,黑铁套管将因腐蚀而被破坏掉。

用于制备密封材料的水通常应具备饮用水的质量,并与使用的密封材料兼容,且不含石油及石油制品和悬浮物。在某些情况下,最多含 2 000 mg/L 氯化物和 1 500 mg/L 硫酸盐的被认为不可饮用的水,也可用于水泥基密封材料。当对用于密封材料的水的质量不清楚时,应给予确定。

用于密封材料的水泥应满足美国试验及材料协会 C150 的要求,即《波特兰水泥标准规范》及其最新版本。根据美国试验及材料协会 C150 标准,可用于一般建设的波特兰水泥类型如下。

类型Ⅰ:一般用途型,类似于美国石油协会的 A 类。

类型Ⅱ:中度抗硫酸盐型,具有较类型Ⅰ更低的水化热,类似于美国石油协会的 B 类。

类型Ⅲ:早期高强度型,可缩短养护时间,但具有较类型Ⅰ更高的水化热,类似于美国石油协会的 C 类。

类型Ⅳ:延长凝结时间型,具有较类型Ⅰ和Ⅲ更低的水化热。

类型Ⅴ:高抗硫酸盐型。

在某些情况下,可能使用特殊水泥凝结加速剂、抑制剂和其他添加剂。用于波特兰水泥混合的特殊现场添加剂应满足美国试验及材料协会 C494(《混凝土用化学外加剂的标准规范》)及其最新版本中的相关规定。

11.16.2 施工方法

施工方法通常最好留给承包商确定。每个承包商均有运行良好的方法,要求其改变必将提高报价,也可能引发抗议以及导致延误,并可能选择不合格的投标人。除非对于使用某种方法存在可定义的原因(例如对某一含水层可能的污染或特定编录程序的需要),增加的经费通常无法得到认可。当指定一种施工方法时,其预期目标必须清楚,且必须与用于其他部分的任一常规程序相兼容,同时限制条件的原因必须阐明。有时,规定施工方法可能不可避免甚至众望所期,但必须审慎。

11.16.3　履行期限

履行期限应在满足工程需要的同时尽可能灵活。因地质构造的无限变化,水井施工是一个高风险过程。天气条件也可能是一个影响因素。如果投标人感觉有足够的时间处置潜在的紧急情况,其投标将比时间过份限制的情况更有利。时间限制对任何合同都是必要且合适的,但为了获取最佳结果,不应任意缩短。

11.16.4　支付流程

衡量付款项目进度的方法必须清晰地阐明,并且对双方都公平。一些项目很容易计量,例如套管或过滤器的长度。而有些项目是不明确的,例如等待时间的成本。规范中关于每一项目如何支付必须非常清楚。如果其清楚,投标人可按其期望的方式说明;否则,将导致索赔、延误及附加费用。

第 12 章　水井钻进工艺及工艺开发

12.1　导言

大多数水井都用通常称作钻机的机械动力装备进行钻进。本章即介绍钻机的主要类型和其性能及局限性。采用的水井钻进方法应与地下条件以及期望的水井直径和深度相适应。对水井开发,同时还讨论了刺激成井并增加产量的方法。其中涉及对井水上下搅动,对水井提水以移除钻探泥浆,稳定砾石充填层和含水层。最终,对水井进行消毒,以防止腐蚀和抑制微生物。本章对水井消毒也有更详细的描述。

12.2　钢绳冲击类钻机的钻进与取样及其变化

12.2.1　钻进方法

钻进中的绳索钻具法,通常被称作标准方法、顿钻法、冲击法,或者戏谑地被称作 yo-yo 法,这是一种最古老、最通用和最简单的钻进方法。

钢绳冲击钻机是由悬吊于钢绳上的一套钻具进行起落运动而钻进的。钻具底部的钻头冲击孔底,压碎、切断并混合钻屑。悬挂在钢绳上的一套钻具,从下向上的部件顺序是钻头、钻杆、活环和可钻管座。

在稳定岩石中,可钻裸孔;而在非固结的或松散的地层中钻进时,必须把套管打入孔底。在潜水面以上或干燥地层中,向钻孔加水形成钻屑稀浆,以使其易于用提筒提出。套管底部常装有套管靴,用于在钻进过程中保护套管。

在某些非固结地层中,套管可仅依靠提水和打入即可入,以使样品相对完整且具有代表性。

在非固结地层中打入套管时,震动会使孔壁向外凸并压紧,且阻力一直在增加,直到不再能把套管打入为止。出现这种情况时,在已打入的套管中应套进一套较小直径的套管,并继续用直径小一级的钻头钻进。打深孔时,可能要如此缩径四五次。

钢绳冲击钻机通常能打的最大孔径为 600~750 mm(24~30 in),深度则小于 600 m(2 000 ft)。

钢绳冲击钻机由于其性能适用范围广泛,可能是各种钻机中用途最广的。与其他钻机相比,其最大缺点是钻进速率较低和钻进深度有限。

钢绳冲击钻机与其成套工具的基本投资是同等能力回转钻机的 1/2~2/3;钻机通常较简单,比其他形式钻机需要的附属装备少,且在崎岖的地带更易于搬运;钻机和工具的结构简易、结实,且易于维修,特别有利于在闭塞地区使用。与能力相同的其他钻机相比,其所需的有经验的操作人员一般较少,班组编制简单,且需要的功率低,从而燃料消耗少,这在燃料价格高或其来源缺乏的地区是一个需要考虑的重要方面。

尽管用钢绳冲击钻机钻进某些地层时速度比其他钻机稍慢一些,但它常能钻穿大砾石和断裂的、裂缝的、破碎的或多洞穴的岩石,这是其他钻机力所不及的。此外,其在钻进过程中所需用的水比大多数常用的钻机少得多,这在干旱和半干旱地区是一个重要的考虑因素。同样,采用钢绳冲击钻机取样和记录地层也较简单且较准确。其每个钻进间距采取的钻屑,一般代表 1.5 m(5 ft)左右。在使用套管时,其样品受污染的可能可能性很小。熟练的钻工常能从钻进条件变化的反映中,辨别地层的变化,从而采取较小的取样间隔。在一些非固结地层中,可能需要打入套管才能取样和钻进,以便取得不太破碎和有代表性的样品。

其样品不会被钻进用的泥浆和黏土严重污染,页岩和淤泥碎片很少会在钻井液中散失;非固结地层中的钻屑一般不会被磨得太细,其大小往往足以辨认和描述。更可靠的取样方法,包括用钻进振击器打入压入式取样筒,可在中等深度处取得有代表性的原状样品。当遇到有潜力的含水层时,很容易用提水试验测试出水量和水质,如果有相当重要的意义,也可以采用抽水试验。

除了前面已提及其钻进速率较低和深度与直径方面的限度等缺点。钢绳冲击钻机还有一个更大的缺点是在非固结地层的钻屑一般不会被磨得太细,其大小往往足以辨认和描述。这就使在很多场合下都要采用的电测井是不可取的。不过伽马测井仍可在套管内进行。与一般要求安装的情况不同,跟进的套管需用加重的厚壁管。此外,过滤器常需用提拉或提捞的方法来安装。提拉法在深的或大直径的水井中采用往往极端困难,而提捞法可能给水井的准直造成问题。

掏泥筒钻进法是在砾石和较细的地层中,用沉重的掏泥筒代替钻头,从而钻进大直径的钻孔。掏泥筒是一个 3 m(10 ft)或更长的重管,在其底部装有一个类似于套管靴的加重管靴,一般横跨靴径焊接一个加重的钢刀片。当用掏泥筒钻进时,所用的套管常为长 1~1.5 m(3~5 ft)的加利福尼亚(California)双层大口径铆接管(见 10.3 节),并随着钻进用千斤顶下降。这种方法仅在美国西南部使用。

钢绳冲击钻机很适用于在黏土或砂等松软地层,用射流或空心管工具钻进直径 50~100 mm(2~4 in)的钻孔。喷射钻进基本上是一种与压力泵结合应用的冲击方法。一起一落的钻杆砸碎孔底物质。水有助于把破碎的物质弄松,并把钻屑带出钻孔且排入坑中。这种方法在打观测孔和出水量小的水井时是有用的。

空心钻杆钻进与喷射钻进在采取地层样品、取水样及测量静止水位方面,都有与后面将要讨论的正循环旋转钻机同样的缺点。

12.2.2　取样

虽然不同的钻探人员采用的取样方法不同,但钢绳冲击钻机的附属设备和装备却比较一致和标准化。为确保能取得满足最低标准的优质样品,美国垦务局的规范通常要求每

1~1.5 m（3~5 ft）间隔，或者间隔虽然较小，但当地层物质变化时，都要采样。为保证样品的安全可靠，美国垦务局要求把样品放置于样品盒内，每个样品盒有不同的四格。每份样品混合均匀并分为四份，直至留下 2 L（2 夸脱）代表性样品。将样品分装在两个 1 L（1 夸脱）的容器内，每个容器上都标明水井的名称、日期和其所代表的钻进间隔。取走样品后，在放置另一种样品前，要彻底清除和冲洗样品盒。标准样品盒如图 12-1 所示。

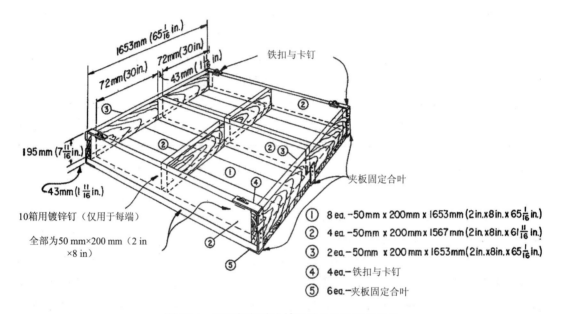

图 12-1　用于钢绳冲击钻机的分格钻屑样品盒

12.3　旋转类钻机的正循环钻进与取样及其变化

12.3.1　钻进方法

旋转钻机是利用旋转钻杆柱底部的鱼尾钻头、牙轮钻头或类似的钻头而钻进的。典型的钻杆柱由钻头、钻铤和钻杆组成。钻头以刮削、研磨、粉碎或其他方式碎裂所钻的地层。厚壁管钻铤用于加重钻头，使钻孔保持垂直。钻杆伸长到近地表处于传动旋转的方钻杆（立轴），并与其相连。在钻头转动时，钻井液（泥浆）被泵入钻杆以润滑并冷却钻头，从孔底向地层喷射，并通过孔壁与钻杆间的环状间隙把岩屑输送到地表，以清洗钻孔。钻井液还能使孔壁形成　薄层泥皮以减少渗漏，并与泥浆柱产生的静水头　起来维持钻孔呈裸孔状态。

选取合适的泥浆并保持泥浆的密度、黏度、静切力和低固相悬浮体百分率，以及适当的返回速度，将有助于快速、安全钻进。可采用的钻井液种类繁多，但水井最常用的钻井液是膨润土或类似的黏土在水中形成的悬浮液。

旋转钻机与性能相同的钢绳冲击钻机相比，费用要大得多。操作旋转钻机比操作钢绳冲击钻机需要多得多的培训和高得多的技术,并且配备的人员也较多。其维修较复杂,当用钻井液钻进时,所需的水也更多。此外,如果含水层的渗透率大于每天约 15 m(50 ft),泥浆还可能侵入含水层,且在孔壁外一定距离内固结。即使采用化学剂处理泥浆,往往也不可能充分开发含水层被泥浆侵入过的水井。

黏土物质常因混合在钻井液中而无法辨认。钻屑常是细的,由于泥浆液体的上升速率的变化,钻屑被混合、分离,因而不一定总具有代表性。由于泥浆充满钻孔,而且岩屑分散于上升液流中,钻进时可能发现不了潜在的含水层,没有特种装备不易获得含水层的静止水位、水样和进行抽水试验。通常需要把电测井和钻井人员对地层的记录资料结合起来,说明水井设计所需的旋转钻进成果。

尽管具有上述缺点,但正循环旋转钻机对大多数地层都能取得较快的钻速,具有较深的钻进能力,可采用裸孔钻进,从而简化套管、过滤器的安装和灌浆,并可采用大多数的物探测井装备。

虽然有时也用清水作为钻井液,但通常钻井液都由天然黏土、膨润土或有机稠化剂在水中的悬浮液组成。天然黏土很难成为令人满意的钻井液,膨润土的影响和效果要好得多,特别是采用质量较好的膨润土时更是如此。用膨润土能获得所希望的泥浆特性——高黏度、高静切力和较低的固相含量。有机物基的钻井液很少或没有静切力,但有极好的黏度,而且随着时间的增长而降解,不会固结,能使洗井更为快速而彻底。水井用的泥浆密度通常为1.1 kg/L(9.516 lb/gal),黏度用马氏漏斗(泥浆黏度计)测得为 32~36 s。泥浆泵吸入端的钻井液含砂量不得超过 2%。钻井液应每隔 4 h 左右测定其密度与黏度。如钻井液经处理也不能达到所要求的性能,就应弃废换新。

在已钻超前孔并找到合适含水层的地方,一般都把超前孔扩大到要求的直径。

12.3.2　采样

美国垦务局要求的采样方法是每钻进 1~1.5 m(3~5 ft),从孔底提起钻头,并继续循环,直到把采样间隔内的所有钻屑都从孔中清出,并收集到样品收集器中,然后再继续钻进另一个 1~1.5 m(3~5 ft)。此时要从样品收集器中移去样品,并在钻进第二个间隔以前彻底清洗干净样品收集器。样品经混合和四分,直到保留约 2 L(2 夸脱)的代表性样品。将样品放入一个桶中,加 20 L(5 gal)左右的清水,搅动并让其静置约 20 min。然后慢慢倒出上面的泥水,并把样品放在两个 1 L(1 夸脱)的容器中,每个容器都清楚地标明水井名称、代表的深度间隔和取样日期。不要把黏土泥浆旋转法所取的样品作为在颗粒地层中设计水井的依据。打入采样则是例外。典型的样品收集器如图 12-2 所示。一种能大大节省时间的简便布置方式是在泥浆槽的尾端设置一个分流门,并设置两个并联的样品收集器,使孔内返出的泥浆能转换进入任一个收集器。在清理一个收集器时,就可以使用另一个收集器。

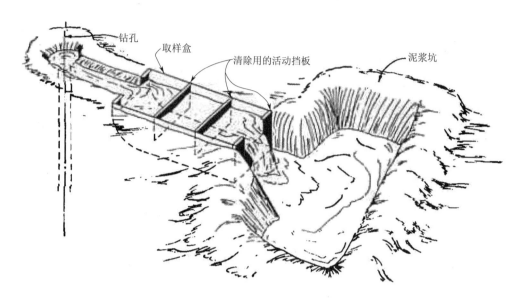

图 12-2　正循环旋转钻用的钻屑样品收集器

12.4　空气旋转钻进

空气旋转钻进最初是为适应干旱地区快速钻进坚硬岩石的技术需要而发展起来的。除钻头上的流体孔道直径一致,而不是喷口,并且用空压机代替泥浆泵外,其钻机、钻头等基本上与正循环旋转钻进相同。从钻杆柱循环下去的空气可冷却钻头,并把岩屑吹到地表。

在最初发展时期,空气旋转钻进用于坚硬岩石中直径较小的钻孔。通过泡沫和其他空气添加剂,也能用于较大的孔,已经成功地钻成直径达 200 mm(8 in)的孔。

由于把钻屑带至地表的过程中,有一定的延迟到达现象,所以把钻屑样品用于水井设计是不适当的或不实用的。在这种延迟中,不同深度产生的钻屑在相当大的程度上会互相混合。该钻机大都适用于坚硬岩石地带,在断裂或类似的裂隙中会遇到水,并以裸孔成井。

空气旋转钻进发展以后不久,就产生了孔底锤钻头。其由直径达 200 mm(8 in)的钻头组成,按风镐的原理工作,代替在钻杆柱底部的常规钻头。这种装置有效地综合了钢绳冲击钻和旋转钻的一些优点。其用空气启动钻头,也把钻屑吹到地表,或当钻进到地下水面以下时,以气举泵的原理升举钻屑。这种钻头特别适用于坚硬岩石的快速钻进。

旋转空气钻进和孔底空气锤钻进,两者在饱水物质中的钻进深度都受可得到的空气压力的限制,且空气压力必须大于钻机运行时孔内水柱的作用力。

12.5　反循环旋转钻机的钻进与采样

12.5.1　钻进方法

反循环旋转钻机作业,除水在水泵作用下通过钻杆向上而不是通过钻杆向下以外,其他基本上与正循环旋转钻机相同。其所用的大排量离心泵或射流泵,与用于砾石泥土挖掘机的泵相似。排出物直接排进大坑,钻屑在坑中沉淀,然后水通过沟槽流进钻孔,使钻孔水位保持与地表水平。

流向孔内的水流速度不能超过 1 m/min,以免在每个法兰接头周围的间隙缩小处侵蚀孔壁,因而最小孔径约为 400 mm(16 in)。一般所用的刮刀钻头直径范围为 0.4~1.8 m(16~72 in)。当所遇到的砾石或卵石太大而不能通过钻杆时,将钻头从孔中提出,把较大的石块用桔瓣式抓斗排除。最近,类似在正循环旋转钻进时所用的由牙轮组合成的复合式钻头与钻铤的采用,已使在岩石中的钻进更加合理、方便。

钻杆中的水流上升速度通常超过 120 m/min(40 ft/min),并使钻屑的分散处于最低限度。取得的样品,对所钻的地层来说,其代表性至多不超过 75 mm。

保持孔壁稳定,需要 2.5~4 m(8~13 ft)的水头差。如静止水位小于此范围,就必须设计一种增高水头的装置。

反循环旋转钻机也许是适用于非固结地层的最快速的钻进装备,不过需要大量的水,因为很少采用钻井泥浆,水必须经常加以补充。

地下水位超过 6 m(20 ft)时,应下表层套管并灌浆,使地下水的漏失降到最低程度。钻孔中水柱所起的作用,与正循环旋转钻机钻进中采用的钻井液一样,使钻孔保持裸孔状态。由于反循环旋转钻孔的孔径大,所以一般都用砾料围填,其最小孔径为 300 mm(12 in)。

正常装备的反循环旋转钻机,能在海平面标高钻到近 135 m(450 ft)的深度。由于在钻杆中的摩擦损失和对水泵的抽吸举力来说,携带钻屑的水柱重量太大,通常不可能钻进得更深。不过,不用离心泵,而采用气举泵,把空气导入下部 1/3 的钻杆,在海拔 1 500 m(5 000 ft)以上,已用这种方法把水井钻到 360 m(1 200 ft)深。

12.5.2　采样

反循环旋转钻机的普通取样方法是在排水管端用一个桶或筛子搜集样品。不过,这样的样品毫无代表性。大量的高速排出水流往往使细颗粒从桶的边缘漂走或穿过筛眼。为了解决这个问题,美国爱达荷州爱达荷瀑布的科普钻探公司(Cope Drilling Company of Idaho Falls, Idaho)提出了如图 12-3 所示的取样器。这种取样器能够取得无细样损失的代表性样品。

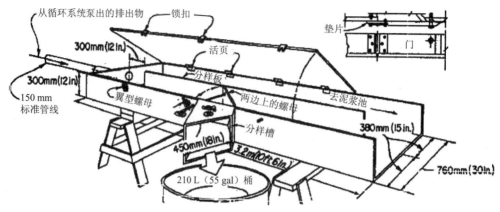

图 12-3 用于反循环旋转钻机的 Cope 式钻屑样品收集器

在厚含水层中钻进时,需要用多个取样桶,以便在频繁的间隔中取样。每个样品应静置约 10 min,以使细样沉淀到底部,然后把上面的水轻轻倒出,样品倒在清洁的胶合板上或类似的平面上,然后混合、四分,直到留存 2 L(2 夸脱)代表性样品。再将样品放在两个 1 L(1 夸脱)的容器中,容器上应清楚地标明水井名称、代表的深度和取样日期。

12.6　其他钻进方法

声波钻进或旋转振动钻进可作为正循环或反循环旋转钻进的替代。在声波钻进时,钻头含有一个能在钻井钢丝绳中产生高频振动的机械装置,钻头在旋转及向下的压力外,还会产生物理振动,此振动可导致非固结物质液化。在大多数固结物质中,依靠在常规旋转基础上增加高频振动力,也可提高钻进速度。钻头振动频次为 40~120/s 时,会在钻井钢丝绳中产生共振,并导致钻头的最大振动。钻头振动频次应与钻井钢丝绳长度相适应,以便达到共振。钻工依靠液压读数和具体钻进速度确定何时产生共振。其采样与所有旋转钻进时相同。可以采用螺旋钻和钢粒钻进等许多其他的方法,但大都钻深有限,仅适用于特殊用途,且直径小、速度慢、耗费大。

12.7　垂直度和准直度检验

每口新水井都应按照技术要求中规定的关于水井的垂直度、准直度或直线度进行检验测量。

需要测量的是已下套管的钻孔的垂直度和直线度。这样,尺寸太大的钻孔虽然可能不成直线或不垂直,但仍可能在规范的限度之内下入套管。不允许套管过度侵占环状间隙,并且不得妨碍进行灌浆或砾料围填。

垂直度要求的惯常标准是每 100 ft 深度,套管轴线偏离垂直方向不得超过 2/3 套管内径,并且其偏离的方向应适当一致。这种要求对于套管和过滤器都适用(美国给水工程协会)。

准直度或直线度的惯常标准是 12 m(40 ft)长的试模(Dolly)能自由通过泵室套管而无悬搁现象。试模应不易弯曲,并装有外径比测试的套管或过滤器内径小 12 mm(0.5 in)、宽 0.3 m(1 ft)的环,在试模的两端和中心位置都要安装此环(美国给水工程协会)。

采用与试模正中心连接的承重钢丝绳把试模吊起,使试模对准水井顶部的中心,调准并且牢固地固定钢丝绳滑轮或支架,使钢丝绳垂直地处于支架与试模顶端之间。然后以 1.5 m(5 ft)的递增量降下试模,对各个 1.5 m(5 ft)间距测量钢丝绳偏离套管中心的量和方向。在降下试模的过程中,应注视钢丝绳,以便发现其是否偏离位移的正常方向或有其他突然的偏离。

水井在任意深度处偏离垂直位置的量,可用下式计算:

$$X = \frac{D(H + h)}{h} \qquad\qquad (12\text{-}1)$$

式中　X——水井在任何已知深度处的偏离量,mm(in);
　　　D——钢丝绳距离套管中心的距离,mm(in);
　　　H——试模顶端与套管顶端的距离,m(ft);
　　　h——钢丝绳悬点到套管顶端的距离,m(ft)。

如果试模能自由通过套管,则偏离垂直位置的量在容许的限度之内,这样的井就是合格的。如果遇到故障,可采用校正环进行校正(图 12-4)。

校正环长度至少应为 300 mm(1 ft),其外径最小要比套管内径小 12 mm(0.5 in)。校正环首先放到套管顶端并且对准中心,套管距垂直位置的偏离和方向可通过测量钢丝绳距套管中心位移的距离和方向,应用式(12-1)来确定。如果想要简化钢丝绳位移方向和位移量的测量工作,可采用如图 12-5 所示的特种量板。然后可把计算的偏离量绘在方格纸上,以确定其是否符合规范或遇到任何障碍的部位。

已开发出许多种方法,包括激光束、陀螺仪、单射和以多射系统以及磁力系统的一些方法。当使用恰当时,每一种方法均可完成精确的钻孔测绘。

12.8　洗井

洗井或激发的主要目的是使水井获得最大的生产效率。其附带好处有稳定结构,并尽量减少抽水出砂和腐蚀及结垢的条件。洗井还可移除井壁表面的泥饼,并疏通孔周围因钻进形成的压实环。从填料及含水层中移除细颗粒,从而可增大填料和含水层的孔隙率及渗透率。使水通过过滤器、填料和含水层来回洗刷,并以高出抽水时设计速率的速度流入水井。在高的冲洗速度和振荡情况下,如果物质具有稳定性,那么在正常抽水作业期间的水流速度下,物质就会继续保持稳定。

适当地、仔细地洗井会改进大多数水井的性能。从获得的效益来看,洗井并不昂贵,而且只有在极少情况下或采用不适当的方法时才会造成损害。

在美国西南地区,当选择过滤器来降低砂质砾石地层中的抽砂情况时,洗井并不能显著改善井的特定产能。

根据条件不同,洗井可采用很多方法和添加化学物质。常用的一些方法及其适用条件在以下各节叙述。

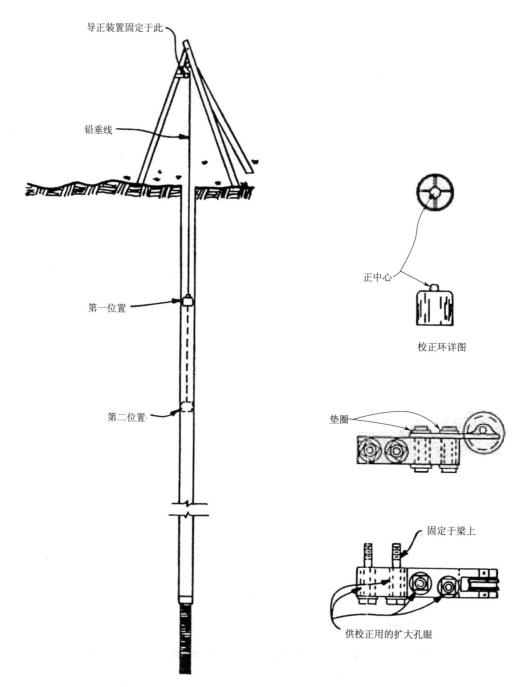

检验水井垂直度和准直度的典型布置图   可调校正装置详图

图 12-4 校核水井直线度和垂直度的钢丝绳悬吊校正环

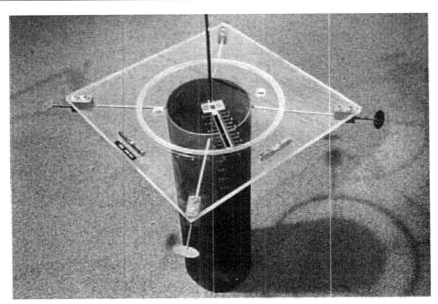

图 12-5　测试水井偏差的模板

12.9　非固结含水层的洗井

12.9.1　超量抽水

以远高于设计能力的流量从水井中抽水,往往是洗井时采用的唯一方法。不过,除了在颗粒均匀的薄透水含水层中,不推荐单独使用此方法。水泵通常安装在过滤器顶端以上,因此洗井工作主要集中在过滤器上部的 1/4 或 1/2 长度。由于水只往一个方向流动,只要持续抽水,就会在砂粒中形成架桥现象。只要抽水一停止,扬水管中水就回落入井,形成逆流,从而破坏这种砂砾的架桥现象。当水井再次抽水时,砂将再次进入水井直到重新建立起稳定的架桥现象。这样洗井,水泵每启动一次,就会抽砂数分钟。这种现象将持续月余甚至年余,但最终会清除。

12.9.2　逐级洗井(抽水与回冲)

逐级(拉放式)洗井的设备与超量抽水的设备类似。不过,其水泵不必配备棘轮机构或防止水泵反转的其他装置或逆止阀。分级进行抽水,即按设计产量的 1/4, 1/2, 1, 3/2 和 2 倍分级抽水。每级抽水起初都是抽水,直到排出物中相对来说无砂为止。然后切断电源,并使管柱中的水冲回到水井中去破坏砂粒架桥现象。通过操作水泵,井可能会额外涌动一次或多次,直到水排出地表,然后再停泵。每当排出的水清洁后,就再次操作水泵以同样的流量重复回冲循环。再后增大出水量,并在每个较高的流量上都采用同样的方法,所用的最终流量为水泵或水井的最大流量。逐级洗井一般优于简单的超量抽水,但单独采用往往只能使下了过滤器的含水层的上部得到开发。建议采用下面 12.9.3、12.9.4 和 12.9.5 小节所介绍的任一种方法作为初期的洗井方法,然后把逐级洗井作为终了时的洗井方法。

在最后采用逐级洗井法洗井期间,在每次回冲循环后恢复抽水时,测量水井的排砂量。在恢复抽水的初期,排出物中通常几乎无砂。根据出水量和水井深度的不同,在几秒或几分钟内,含砂量将达到最大值。这种情况通常将保持短时期,然后含砂量开始降低直到排出物中实际无砂。在此时刻,水井应再次回冲。

观察排出的水流就能估计排出的近似含砂量。在从出水管中自由流出的地方,砂将集中沉积于液流的底部,呈暗灰色或棕色薄层状。如果在管端连一孔板,砂在射流的中心呈暗脉状。采用逐级洗井法洗井期间,孔板应常加清理,以免砂子磨蚀其边缘。

在使用每一出水量之初,观察排出流体,就能近似地判定含砂量最大的时间,当出砂量最大时采取样品。

集砂器能较准确地测定排出物中的含砂量,但该装备太贵,且部件太重。常采用英霍夫(Imhoff)取样锥(图 12-6)取样,应双手紧捏取样锥并使取样锥的外唇缘没入排出水流底部沉集砂子的中心区,取样锥应于几分之一秒内充满,整个取样过程必须很快完成。然后把取样锥放在一个支架上,让其静置几分钟,再估算含砂量。

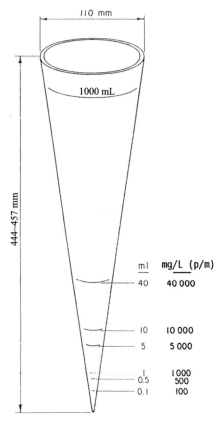

图 12-6   用来确定水泵排出物中含砂量的英霍夫(Imhoff)取样锥

取样锥的最小分格是 0.1 mL(0.006 in³),标尺上最小分格的 1/10 约等于体积含量

10 mg/L 或重量含量 20 mg/L。计算时,用 2 乘以体积含量即得重量含量。不同用途的允许含砂量指标如下:

（1）城市、生活和工业用水为 0.01 mL 或重量含量 20 mg/L;

（2）喷灌用水为 0.025 mL 或重量含量 50 mg/L;

（3）其他灌溉用水（沟灌、漫灌等）为 0.75 mL 或重量含量 150 mg/L。

因为样品是在排砂量最高时采取的,估算的含砂量可能有些高,但是安全可靠的。

逐级洗井、抽吸和取样都应当在出水量最大时继续进行,直到获得预期的含砂量。

英霍夫取样锥有两种式样:一种底部微呈圆形,另一种底部更尖一些。尖底的取样锥更适用于估算小容量的物质。英霍夫取样锥大多用玻璃制成,损耗率往往较高,特别是用于高产水井时损耗更大。最近已生产出塑料的英霍夫取样锥,其很少损坏,易于清洗,并且价格便宜,但可惜是圆底的而不是尖底的（美国陆军工程兵团,1965 年; Driscoll,1986 年; Gibson 和 Singer,1969 年）。

12.9.3　活塞洗井

活塞洗井是最古老和最有效的洗井方法中的一种。所使用的活塞特别适用于钢绳冲击钻机,采用其他方法钻成的水井往往也采用配有活塞的钻机洗井。所用的活塞有实心的、开孔（有泄水）的和压力弹簧式的。

实心的和开孔的活塞由比水井过滤器直径小 25~50 mm（1~2 in）的活塞体组成,配有四个厚 6~12 mm（1/4~1/2 in）、直径与所要用的过滤器内径相同的由皮带、橡皮或其他韧性材料做成的圆盘。大多数的活塞都由钻井承包商制作。

实心活塞具有实心体,而开孔活塞有许多平行于轴线钻穿活塞体的孔眼,活塞顶部配有橡皮的或者类似的片阀,阀门在活塞向上的行程中封闭孔眼,而在活塞向下的行程中允许水通过孔眼。直径 200 mm（8 in）的水井过滤器采用的开孔活塞的图样如图 12-7 所示。同样图样的活塞也能通用于直径 100~300 mm（4~12 in）的过滤器。图 12-8 所示为直径较大的压力弹簧式开孔活塞的设计图样。去掉孔眼和片阀,类似的图样能用作实心活塞图样。

当活塞在过滤器中上下运动时,实心活塞板片给予水的振动作用力在两个方向上大致相等,开孔活塞较缓的向下行程仅能造成足够的回洗力以破坏可能出现的砂粒架桥现象,而较强的向上行程则由毁坏的砂粒架桥吸进分离的砂粒。实心活塞通常对含有大量黏土、淤泥和有机物的砂层最有效,而开孔活塞则在较洁净的砂层中效果最好。

压力弹簧活塞可以是开孔的或实心的,它比其他两种活塞都更有效,并且在防砂或防过滤器堵塞方面具有一定的优势。

活塞连接在有足够重量的钻杆底部,以保证在重力作用下,向下行程有足够速度。

在开始抽动以前,应把水井捞净,并且在系有活塞的钢绳上明显地标出井底和过滤器顶端的位置。

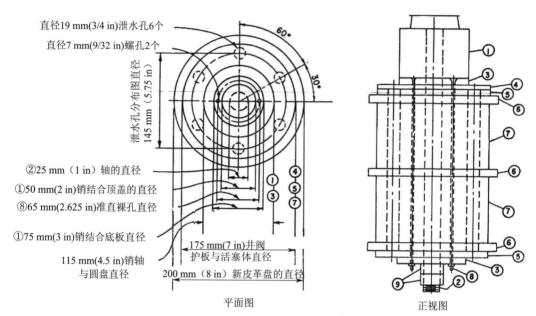

图 12-7   用于 200 mm(8 in)水井过滤器的开(泄水)孔活塞的设计图

①美国石油协会(API)的轴结合车有螺纹的轴套,可与直径 25 mm(1 in)的轴用丝扣连接。

②直径 25 mm(1 in)的轴,在每端要求的长度内车螺纹。

③两个厚 7 mm(3/8 in),外径 115 mm(4.5 in)的钢制圆盘,具有直径 25 mm(1 in)的中心孔;在中心周围直径 65 mm(2.625 in)的圆周上,有两个相距 180°、直径为 7 mm(9/32 in)的定位孔。

④片阀,用 6 mm(0.25 in)的柔韧皮带制成,外径 175 mm(7 in),中心孔直径 25 mm(1 in);在中心周围直径 65 mm(2.625 in)的圆周上,有两个相距 180°、直径为 7 mm(9/32 in)的定位孔。

⑤钢制护板两个,厚 10 mm(3/8 in),外径 175 mm(7 in),中心孔直径 25 mm(1 in);在中心周围直径 65 mm(2.625 in)的圆周上,有两个相距 180°、直径为 7 mm(9/32 in)的定位孔;在中心周围直径 145 mm(5.75 in)的圆周上,钻有六个相距 60°、直径 20 mm(3/4 in)的孔眼。

⑥皮盘三个,用厚 12 mm(1/2 in)的皮带制成,外径 200 mm(8 in),中心孔直径 25 mm(1 in);在中心周围直径 65 mm(2.625 in)的圆周上,钻有两个相距 180°、直径为 7 mm(9/32 in)的定位孔;在中心周围直径 145 mm(5.75 in)的圆周上,钻有六个相距 60°、直径 20 mm(3/4 in)的孔眼。

⑦硬木、船用胶合板等制成的活塞体,外径 175 mm(7 in),厚 100 mm(4 in),中心孔直径 25 mm(1 in);在中心周围直径 65 mm(2.625 in)的圆周上,钻有两个相距 180°、直径为 7 mm(9/32 in)的定位孔;在中心周围直径 145 mm(5.75 in)的圆周上,钻有六个相距 60°、直径 20 mm(3/4 in)的孔眼。

⑧平头螺栓两个,直径 6 mm(1/4 in),长 275 mm(11 in),带螺帽。

⑨与直径 25 mm(1 in)的轴上的螺纹配套的大型螺帽和防松螺母,或有一个开口销的槽顶螺母。

注:实心活塞,除省去片阀④和⑦中所说的六个直径 20 mm(3/4 in)的孔眼外,可采用同样的材料及设计图样。

　　开始应在过滤器以上抽动活塞,以造成初期的砂流,从而最大限度地减小在过滤器中的活塞被砂阻塞的危险。然后根据钻孔的能力在过滤器底部采用最大的行程和最慢的速率继续往复抽动。在抽动过程中,慢慢地把活塞从过滤器内提起,直到整个过滤器都被抽洗一遍。最后采用较快的冲程重复上述程序。以上过程应进行好几遍,直到达到最大的冲程速度,在最大冲程速度时的向下冲程钢绳应能够保持为拉直状态。由于钻杆有向过滤器掉落和使其损坏的危险,因而不容许它离开垂直位置。

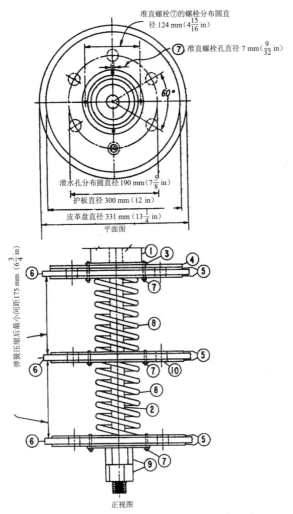

图 12-8　压力弹簧式开孔活塞的设计图

①美国石油协会(API)的轴结合车有螺纹的轴套,与轴用丝扣连接。

②直径 5 mm(3/16 in)或 12 mm(1/2 in)的轴,长度根据需要而定,两端车螺纹。

③直径 142 mm(5.5 in)的圆盘两个,厚 10 mm(3/8 in),与轴配合钻有中心孔;在中心周围直径 124 mm($4\frac{15}{16}$ in)的圆周上,钻有四个相距 90°、直径 7 mm(9/32 in)的定位孔。

④片阀,由厚 6 mm(1/4 in)或 12 mm(1/2 in)的韧性皮带或浸渍防水织物制成,外径 300 mm(12 in),钻有与轴配合的中心孔;在中心周围直径 124 mm($4\frac{15}{16}$ in)的圆周上,有四个相距 90°、直径 7 mm(9/32 in)的定位孔(要求在钻机上至少有两个备用片阀)。

⑤护板六块,厚 10 mm(3/8 in),钢制,外径 300 mm(12 in),钻有与轴配合的中心孔;在中心周围直径 124 mm($4\frac{15}{16}$ in)的圆周上,钻有四个相距 90°、直径 7 mm(9/32 in)的定位孔;在中心周围直径 190 mm($7\frac{5}{8}$ in)的圆周上,钻有六个相距 60°、直径 25 mm(1 in)的泄水孔。

⑥皮盘三个,用厚 6~12 mm(1/4~1/2 in)的皮带制成,外径 331 mm(13.25 in),钻有与轴配合的中心孔;在中心周围直径 124 mm($4\frac{15}{16}$ in)的圆周上,钻有四个相距 90°、直径 7 mm(9/32 in)的定位孔;在中心周围直径 190 mm($7\frac{5}{8}$ in)的圆周上,钻有六个相距 60°、直径 25 mm(1 in)的泄水孔。

⑦有防松垫圈和防松螺母的定位螺栓四个,尺寸为 70 mm(2.75 in),56 mm×6 mm(2.25 in×0.25 in)。

⑧钢制螺旋压缩弹簧两个,端面与轴向直交,外径最大 100 mm(4 in),用 12 mm(1/2 in)或更重的弹簧坯料,在欠载下安装(汽车螺旋弹簧即足够令人满意)。

⑨重型螺母和防松螺母,其螺纹与轴配合成为有开口锁销的槽顶螺母。

每从下向上抽洗一遍以后,应把活塞放到井底检查物质的积聚情况。当物质在井底积聚到开始侵占过滤器时,应把活塞拉出,并把钻孔捞净。物质积聚的速率应记录下来,以为洗井的过程提供资料。

每次从水井中拉出活塞时,都应检查活塞盘,如其直径磨损到比过滤器内径小 20 mm（3/4 in）,就应更换。

通常可采用具有片阀的捞筒进行抽洗,其作用与开孔的活塞相似。如果捞筒的直径与管子的内径差为 25 mm（1 in）或以内,它基本能像活塞一样有效。如果其差大于 25 mm（1 in）,采用捞筒抽洗就基本无效。直径较小的捞筒常常采用缠麻袋、加箍等方法使其加粗,以便与管子的内径更接近。

一个水井彻底抽洗所需的时间,根据含水层物质的性质和其在洗井中表现出的反应确定。如果在每 6 m（20 ft）长的过滤器中抽洗半小时,在此期间水井底部积聚的物质厚度小于过滤器内径的 1/3,可以作为活塞洗井相当满意的一个标志。在抽洗完成后,应把井底捞净。最后用逐级洗井法进行试井。

用活塞洗井,应尽可能采用最慢的速率开始,并在洗井中逐步增高速率。初期洗井力量过大,特别是在黏土质地层中,会损坏水井,而不是改善水井状况（美国陆军部, 1965 年; Driscoll,1986 年;美国国家水井协会,1971 年;Campbell 和 Lehr,1973 年）。

抽吸法是一种激烈的洗井方法,由于它可使细粒物质紧密地充填于水井过滤器周围,所以不宜用于初期洗井。不过,抽吸水井对于破坏厚的泥皮或特别结实的环状井壁较有效,并且不影响正常的抽洗或化学处理。一旦厚的泥皮等被破坏,通常就可进行正常的洗井。抽吸只能用作最后手段,在用薄壁管、加利福尼亚大口径铆接管、塑料管或类似材料做套管或过滤器的水井中,由于这些轻型管材易被挤坏,绝不可使用抽吸法。用活塞抽吸是把活塞下到过滤器的底部,然后尽快向上拉,直到没有抽吸力或者把活塞拉出套管为止。

12.9.4 空气洗井

采用压缩空气洗井是一种有效的方法,但它需要可观的装备,且操作者应具有一定的技巧。典型的空气洗井装置如图 12-9 所示。常用的空气洗井法有反冲洗和激动冲洗两种（Driscoll,1986 年）。

1. 反冲洗法

采用反冲洗法时,水交替地被空气的升举力从水井中抽出,又被从套管顶端密封导入的压缩空气通过过滤器压进含水层。三通阀（图 12-9（a））把空气向下送入空气管道,使水通过出水管抽出。

出水管的底端常安装在过滤器的顶端以上 0.5 m（1~2 ft）处。当排出的水变清后,停止供气,打开放气阀,让水井中的水恢复到静止水位。当套管中的水升高时,空气通过放气阀逸出,由放气声音就能确定其恢复到静止水位的时刻。

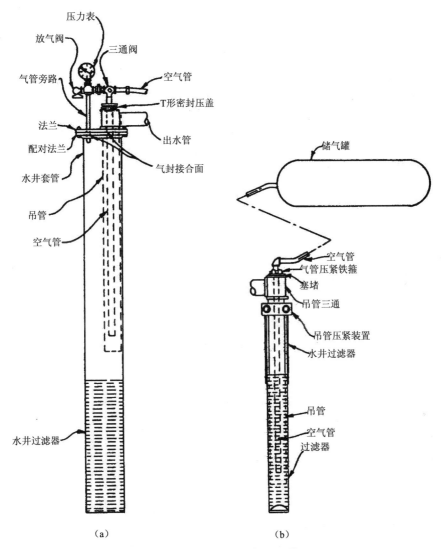

（a）　　　　　　　　（b）

图 12-9　用压缩空气洗井的标准装置

　　当放气阀的气流停止时,水井中的水已不再上涨。然后关闭放气阀,并把三通阀旋转到经由气管旁路向下往水井的静水面以上供气。这样就迫使水反向通往含水层中,松动含水层,并且破坏砂粒的架桥现象。当井中水面降到吊管底端时,空气通过吊管逸出,水面也就不再进一步降低,这样就避免了地层的气侵。当井中水面达到吊管底端时,能听到空气从出水管逸出的声音,并且压力表上的压力不再随时间而增长。此时停止供气,打开放气阀,让水恢复到静止水位。然后,旋通三通阀,空气再一次被向下导入空气管,从水井中抽水。上述程序一直重复进行,直到水井洗清彻底。应测试水井深度,如有必要,应把在洗井期间可能积聚于井底的砂子捞除。这种方法由于洗井局限于较长的过滤器或裸孔的上部,所以除非过滤器和裸孔长度不大,否则效果不是很好。

2. 激动冲洗法

图 12-9(b)所示为空气激动法洗井所需要的装置。应注意,这种方法中的吊管是安装在过滤器内的,吊管至少应潜入水中 60% 才能很好操作;也就是说,当从井中抽水时,吊管全长的 60% 应在水面以下。不过,当潜入深度小到只有 35% 时,一个熟练的操作者能完成令人满意的抽水任务。洗井工作由振荡和抽水综合完成。大量空气的突然释放,会在水井中产生强烈的振荡,而抽水则与通常的气举泵相同。

在开始洗井时,吊管下到过滤器底端约 0.5 m(2 ft)之内,空气管则下入吊管中,其下端约在吊管底端以上 1/3 m(1 ft)处。当空气管下放到吊管底端以下 1/3 m(1 ft)处时,应把储气罐充满到最大气压。当储气罐充满后,打开快开阀让储气罐的空气以较大的压力涌进水井,这就使水造成一个短暂的但是强有力的激动。再立即把空气管拉回到吊管底端以上约 1/3 m(1 ft)处。之后恢复气举抽水,直到水中再一次不含砂子,如此反复循环,直到在激动后立即抽水,水中极少或没有砂子为止。然后把吊管提高约过滤器直径两倍的距离,并再重复激动与抽水的循环,直到过滤器的全部长度都洗清彻底。最后把吊管与空气管都降到水井底,尽力抽除过滤器底部可能积聚起来的砂子。如果不成功,就需要采用砂泵从井中排除积砂。

在某些情况下,由于有空气影响含水层的潜在危险,应慎重采用上述程序。一种比较安全的方法是保持空气管在吊管内的位置高出 1 m(3 ft),并依靠吊管内的水柱回落来实现激荡。

在水位很深的井中,使用压缩空气可能会受到现有空压机的容量和压力的限制。例如,采用 1 035 kPa(150 lb/in²)的空压机可以维持约 105 m(350 ft)的水深。最好的效果为每抽 1 个单位的水约需用每秒 5.25 个单位的送风能力。当用空气激动与抽水时,应把排出物引进一个相当大的容器中,以便搜集排出的砂子,用以确定洗井的有效程度和进程。

当采用反冲洗井或空气激动洗井时,应有一种装置能够定期测量井底的积砂量。如发现砂子侵入过滤器内,就应停止洗井,并在恢复操作以前把井捞净或抽净。在结束洗井时,水井亦应捞净或抽净(Driscoll,1986 年)。

图 12-10 所示是在一长段过滤器内,采用空气激动法洗井的有效装置。在排放管的底部安装双封隔器,激动和抽吸全部都在双封隔器之间进行。双封隔器把作用局限在过滤器的一定长度内,从而使洗井效能达到最大限度。

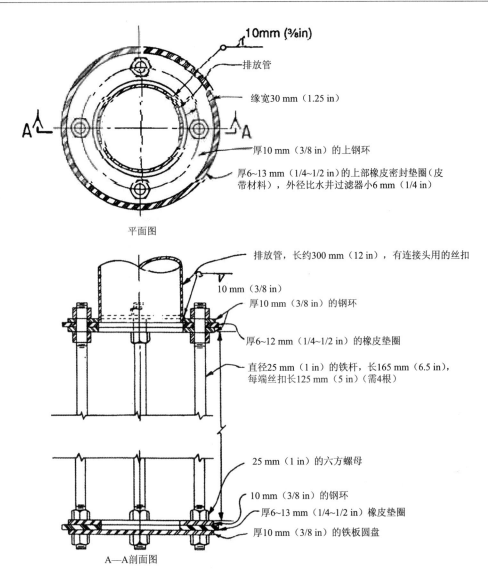

注:此装置取决于水井过滤器内径,用皮带材料制成的厚 6~13 mm(1/4~1/2 in)的橡皮垫圈,其直径约比所采用的水井过滤器内径小 6 mm(1/4 in)。

图 12-10　双封隔器空气洗井装置

12.9.5　水力喷洗

在岩石裸孔或下有笼式缠丝过滤器和某些类型缝隙过滤器的水井中,使用水力喷洗最为有效。喷射工具由具有两个或更多个的 5~12 mm(3/16~1/2 in)喷嘴的喷盘组成,喷嘴等距离地分布于一个平面内的周边上(图 12-11),喷盘连于 30 mm(1.25 in)或更大的管柱的底端。管柱通过一个旋转水龙头和水龙带连到一个高压、高容量水泵上。水泵以充分的水量和足够的压力把水往下泵入管子,给予喷嘴一个 45 m/s(150 ft/s)或者更大的喷速。表12-1 和表 12-2 列出了不同尺寸的喷嘴在各种喷出速度下的流量及在喷盘中所需的压力。

水泵的压力根据喷嘴数量、所需水量、管路的尺寸和布置情况必须适当提高。

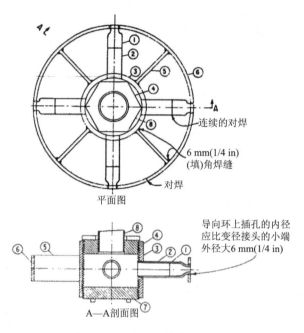

图 12-11　洗井用的喷射工具

①同心异径接头，25 mm×6 mm(1 in×1/4 in)或 25 mm×10 mm(1 in×3/8 in)，钢对焊或类似的焊接方法，用黑铁板(额外加厚)制成 100 mm(4 in)的连接盘需要 2 个，150 mm(6 in)的连接盘需要 2 个或 4 个。

②T，C 型管材，API 5LA 级的 25 mm(1 in)管，用黑铁板(额外加厚)制成 100 mm(4 in)的连接盘需要 2 个，150 mm(6 in)的连接盘 2 个或 4 个。管长应使变径接头①的小端与导向环⑥的外径平齐。

③标准连接盘，100 mm(4 in)的连接盘长 112 mm(4.5 in)，对于 150 mm(6 in)的连接盘，长 120 mm(4.78 in)，用黑铁板(额外加厚)制成。

④六角形衬套(内或外六角)，两面车有螺纹，100 mm(4 in)的连接盘为 100 mm×50 mm(4 in×2 in)，150 mm(6 in)的连接盘为 150 mm×75 mm(6 in×3 in)，用黑铁板(额外加厚)制成。

⑤50 mm×6 mm(2 in×1/4 in)的扁钢条 4 根，长度根据过滤器内径而定。

⑥导向环，用 50 mm×6 mm(2 in×1/4 in)的扁钢条制成，外径应比过滤器内径小 25 mm(1 in)。

⑦铸铁的圆形塞子。

⑧T，C 型管材，用黑铁板(额外加厚)制成，其长度应使旋转水龙头在最高点时易于移开，应有足够的管子使其从钻孔的套管口直达过滤器的底部。

注：上述材料是供 100 mm 或 150 mm(4 in 或 6 in)的标称连接盘使用的。

对于 75 mm(3 in)以下的小口径水井，可以把连接盘和塞子连接在空气管的底部，制成有效的喷射工具。在连接盘上钻通 2 或 4 个 5 mm(3/16 in)的孔可当作喷嘴。

喷盘以 1 r/min 或更慢的速度旋转，但在一个位置上停留不应超过 2 min。在每个位置上完成喷射后，喷盘一次提升约 1/2 过滤器直径的距离，直到整个过滤器的表面或裸孔孔壁都被喷洗为止。在喷洗期间，喷盘应经常转动。含砂的水返回水井时，因射流而速度加大，如果射流冲击一点或一个圆周，只需几分钟就可在过滤器上穿一个洞，或者甚至把过滤器切断。

喷射工具可有效地从一些钻孔中清除难以处理的泥皮，并使由于过快和过强的激动洗井而堵塞的含黏土砂层得以畅通。在有砾料围填的水井中使用射流洗井特别有效。

在用射流洗井期间,如有可能应从水井中抽水。理想的抽水量应超过射流量的 1.5~2 倍。这种做法可清除冲入过滤器中的细粒物质,并能保持地下水流进井壁,从而避免在水井中造成正压头,迫使细粒物质返回地层中。通常采用气举泵来达到这一目的。

排出物应排进一个大箱槽中,以便根据其底部所收集的物质来估计射流洗井的有效程度。箱槽还应容许水重新环流到射流的水源箱中,当采用化学添加剂时这样做是有益处的 (Driscoll,1986 年)。

表 12-1　每个喷嘴的近似喷射速度和流量(国际单位)

尺寸 / mm	有效压力 /kPa							
	690		1 035		1 380		1 725	
	喷出速度 / (m/s)	流量 / (L/min)	喷出速度 / (m/s)	流量 / (L/min)	喷出速度 / (m/s)	流量 / (L/min)	喷出速度 / (m/s)	流量 / (L/min)
4.76	36	34	45	46	51	49	57	58
6.35	36	60	45	80	51	87	57	98
9.52	36	137	45	175	51	201	57	224
12.70	36	251	45	312	51	353	57	395

表 12-2　每个喷嘴的近似喷射速度和流量(英制单位)

尺寸 / in	有效压力 /(lb/in²)							
	100		150		200		250	
	喷出速度 / (ft/s)	流量 / (gal/min)	喷出速度 / (ft/s)	流量 / (gal/min)	喷出速度 / (ft/s)	流量 / (gal/min)	喷出速度 / (ft/s)	流量 / (gal/min)
3/16	120	9	150	12	170	13	190	15
1/4	120	16	150	21	170	23	190	26
3/8	120	36	150	46	170	53	190	59
1/2	120	66	150	82	170	93	190	104

12.10　在硬岩层中洗井

曾经担心在硬岩层中所钻的裸孔井不利于洗井,但经验已证明这是一种错误。在固结的粒状物质中,由于钻进作业形成泥皮,并把细粒物质压入孔壁。在有裂缝和节理的岩石中,出水量取决于由井孔截取的充水裂缝或溶洞,这些孔隙通常被泥浆侵入和大致相同的作用所封死。实际上,过滤器水井使用的所有洗井方法都能有效地用于硬岩层裸井中。不过,在一些情况下,一些附加的作业也可能是有效的。

碳酸盐岩中的水井在洗井时,常加入硫酸或盐酸腐蚀碳酸盐岩,以扩大已有的孔隙,并造成新的孔隙。当酸耗尽时,将其泵入废液中,并以聚磷酸盐结合激动法或喷射法对水井进

行处理。在某些情况下,采用黄色炸药或其他炸药在石灰岩中射井,每隔 1.5 m(5 ft)用
20~50 kg(50~100 lb)的 60% 胶质炸药或同等爆炸物,对爆破岩石来说是有效的。所以,这
些方法都有一定的危险性,只有在有经验和知情的指导下,使用适当的装备和安全防护装
置,才能规划和执行这些方法。

用钢绳冲击钻具或潜孔钻具在砂岩中钻的水井,应采用聚磷酸盐和强力激动法洗井。
用旋转钻机钻的水井,有时采用普通水作为钻井液,井下扩孔约 12 mm(1/2 in),然后把水
井捞净,再进一步用聚磷酸盐和强力激动法洗井。在很稳定的胶结砂岩中,每隔 1.5 m(5 ft)
用 2~4 kg(5~10 lb)的 50% 胶质炸药,沿钻孔爆破扩孔,或用更大的装药量进行爆破,使岩
石粉碎破裂,往往都是有效的。

不管钻进方法如何,玄武岩与结晶岩中的水井都应采用聚磷酸盐和喷射法、强力激动法
洗井,或两者都采用。在钻孔的选定区段用 20~50 kg(50~100 lb)的 50% 胶质炸药定点爆
破,对增加水井产量往往有效。

水压致裂在增加沉积岩、结晶岩和火山岩的出水量方面,已经取得一定效果。在通往地
面的一根管子上装上能膨胀的栓塞,用来把钻孔隔成 1.5~3 m(5~10 ft)的区段。管子与隔
开的区段被水充满,再施加水泵压力压裂岩石。连续泵水可导致再次增大压力,并增加破
裂。由这种方法经过改进后的加砂压裂法包括把类型和大小经过挑选的砂子泵进裂隙,用
以支撑住裂隙并使裂隙张开。一些水井压裂的结果表明,可使出水量增至 200%,不过在所
有情况下,其初始出水量较少,从少于 3 L/min(1 gal/min),可能到 10 L/min(3 gal/min)。

12.11　用化学物质洗井

很多化学物质已用于洗井,最普通的可能是聚磷酸盐,包括三聚磷酸钠($Na_5P_3O_{10}$,
STP),焦磷酸钠($Na_4P_2O_7$, SAPP),焦磷酸四钠($Na_1P_2O_7$, TSPP)和六偏亚磷酸钠(($NaPO_2$)$_6$,
SHMP)。这些化合物作为黏土和其他细粒物质的反絮凝剂和分散剂,而使孔壁上的泥皮和
含水层中的黏土碎片更易于被洗除。它们也可用作重矿物的螯合剂,并且它们几乎全是聚
磷酸盐和其他少量化合物诸如润湿剂、杀菌剂和螯合物的混合物(Driscoll,1986 年)。

由于聚磷酸盐在低温水中混合较差,故应在放入钻孔前进行预混合。混合物应放置在
水井中足够长的时间,从而完全地分解和分散黏土,一般在洗井前放置一个晚上。

美国垦务局通常使用的一种混合物是按水井过滤器和套管中每 380 L(100 gal)水加入
7 kg(16 lb)聚磷酸钠、1.8 kg(4 lb)碳酸钠和 1 L(1 夸脱)5.25% 的次氯酸钠。含杂质的地
层在洗井时,每 380 L(100 gal)水在混合物中有 0.5 kg(1 lb)诸如 Pluronic F-68 之类的润湿
剂,能加强聚磷酸盐的作用。在砂和黏土薄层互层的地层中,不宜采用润湿剂。

当不能得到聚磷酸盐或工业用的洗井化合物时,也可采用普通家用的磷酸盐岩的洗涤
剂作为代用品,不过比较昂贵一些。大多数家用洗涤剂中含有泡沫剂这一不利成分,当水井
抽水时,会造成过多的泡沫。

由于聚磷酸盐和润湿剂的化学作用易于使钻孔周围的黏土不稳定,并导致其与砂混合,

因此不应用于含有薄层黏土和砂的地层中。黏土和砂的混合将降低靠近钻孔的物质渗透性,并导致黏土随每个抽水循环持续地进入钻孔。

12.12　水井消毒

美国很多州和地方政府的下属部门都要求民用的和城市的供水水井进行消毒,以确保没有病菌。不论水的用途如何,所有水井都应在完井时消毒,以防止或降低腐蚀或积垢滋生细菌。这些微生物很多都是无害的,但它们能促进和加剧腐蚀与积垢问题,从而降低水井寿命。虽然消毒未必能消除这些问题,但它是一种很好的而且花费比较少的预防措施。

12.13　加氯消毒

通常是把氯或产生氯的化合物导进水井的水中和紧靠水井周围的含水层中,以实现消毒。可以使用氯气,但是现场操作最安全和最易于得到的能产生氯气的材料通常是次氯酸钙($Ca(ClO)_2$)或次氯酸钠($NaClO$)和漂白粉。通常采用的是粒状或片状的次氯酸钙,其约含 70% 的有效氯。市场上能买到的次氯酸钠溶液含氯为 3%~15%。市场上卖的漂白粉是不纯的化合物,并且没有一定的化学式,不过通常含有约 23% 的有效氯。

次氯酸钙可能是最便宜和使用最方便的消毒剂。不过,如果地下水中的钙加上次氯酸盐溶液中增加的钙大约超过 300 mg/L,就会形成氢氧化钙沉淀,这会降低水井附近含水层的渗透率。如果掺入的消毒溶液具有 1 000 mg/L 的有效氯,将会有约 280 mg/L 的钙,它与天然水中已有的钙结合就能形成氢氧化钙沉淀。由于漂白粉中的钙的含量要高得多,出现类似现象的危险更大。因此,推荐采用次氯酸钠给水井消毒。很多含有次氯酸钠的家用漂白溶液通常都是可用的。这些溶液一般含 3%~5.25% 的有效氯。从化学品供应商店中可以买到的次氯酸钠溶液含有 15%~20% 的有效氯。在使用次氯酸钠时,如果容器上没有标明氯含量,都应加以测定。再者,因为次氯酸钠可随时间而变质,所以在购买和使用时应考虑其新鲜度和浓度。

由下列公式可把商品的含氯百分率换算成含氯的毫克每升数:

毫克每升 =(商品的含氯百分率)×(10 000)

这样,5.25% 的含氯溶液就近似等于含有 52 500 mg/L 的氯。

关于水井病菌的消毒,通常规定要用 50~100 mg/L 的有效氯,并需 30 min~2 h 的接触时间。不过,很多微生物,诸如硫酸盐还原菌和细丝状铁细菌等都要用 400 mg/L 或更多的有效氯,接触时间达 24 h 才能有效地杀灭(Speedstar Division,1967 年;美国陆军部,1965 年;Driscoll,1986 年)。

水井中可能含有油和其他有机物质,它们可以结合并抵消氯的作用。此外,在水井中发生的稀释作用是一个未知数。因此,为保证在水井中有足够的氯浓度,应估算在过滤器和套管中的水量,并应加入充分的氯,以便产生约为 1 000 mg/L 的氯浓度。

为使井中的氯达到 1 000 mg/L,需用的各种添加剂的量可按下例计算。

国际单位制例子:已知井深为 130 m,套管尺寸为 0~90 m、440 mm 和 90~130 m、350 mm,静止水位为 60 m。

使用表 12-3,可求得井中水量如下。

      60~90 m,即 30 m 的 400 mm 套管:117.85 L/m

      90~130 m,即 40 m 的 350 mm 套管:88.91 L/m

则

$$(30 \times 117.85)+(40 \times 88.91)=7\ 091.9 \approx 7\ 092\ \text{L}$$

使用含氯 70% 的次氯酸钙,其质量为

$$Wt=(\text{水的升数})(1\ \text{kg/L})\left(\frac{\text{要求的浓度}}{\text{消毒剂的浓度}}\right)$$

$$=7\ 092 \times 1 \times \frac{0.001}{0.70}=10.1\ \text{kg}$$

使用含氯 23% 的漂白粉,其质量为

$$Wt=7\ 092 \times 1 \times \frac{0.001}{0.23}=30.8\ \text{kg}$$

使用含氯 5.25% 的次氯酸钠溶液,其体积为

$$Vol=7\ 092 \times \frac{0.001}{0.052\ 5}=135\ \text{L}$$

英制例子:已知井深为 425 ft,套管尺寸为 0~300 ft、16 in 和 300~425 ft、14 in,静止水位为 190 ft。

使用表 12-3,求得井中水量如下。

      190~300 ft,即 110 ft 的 16 in 套管:9.49 gal/ft

      300~425 ft,即 125 ft 的 14 in 套管:7.16 gal/ft

则

$$(110 \times 949)+(125 \times 7.16)=1\ 939\ \text{gal}$$

使用 70% 的次氯酸钙,其质量为

$$Wt=(\text{水的体积})(8.33\ \text{lb/gal})\left(\frac{\text{要求的浓度}}{\text{消毒剂的浓度}}\right)$$

$$=1\ 939 \times 8.33 \times \frac{0.001}{0.70}=23\ \text{lb}$$

使用含氯 23% 的漂白粉,其质量为

$$Wt=1\ 939 \times 8.33 \times \frac{0.001}{0.23}=70\ \text{lb}$$

使用含氯 5.25% 的次氯酸钠溶液,其体积为

$$Vol=1\ 939 \times \frac{0.001}{0.052\ 5}=37\ \text{gal}$$

表 12-3　水井中每米（英尺）井深的水量

套管公称尺寸 /mm	体积 /（L/m）	套管公称尺寸 /in	体积 /（gal/ft）
100	8.20	4	0.66
125	12.91	5	1.04
150	18.63	6	1.50
200	33.03	8	2.66
250	52.03	10	4.19
300	77.02	12	5.80
350	88.91	14	7.16
400	117.85	16	9.49
450	148.52	18	11.96
500	182.92	20	14.73
550	223.40	22	17.99
600	267.98	24	21.58

应该用抽泥筒或其他类似工具从井底到水面进行振荡或者用泵进行振荡,使溶液在水井中充分混合。溶液在水井中至少应保持 6 h,在此期间,每隔 2 h 左右应振荡一次。

当水井的水中含有大量的油或有机物质,或者在含水层的水中含有大量有机物时,在每次振荡与混合后,应对溶液的残留氯量加以测试。如果残留氯降至要求的浓度以下,应加入补充的化合物使其达到要求的浓度。

如果水泵在井内,在接触期满的时候应进行抽水,并使排出的水流回井内,以便彻底冲洗套管和管柱内部,如有砾石围填,也应冲洗,时间至少为 30 min。然后应把水井中抽出的水废弃掉,直到排出的水中很少或没有氯的气味（Campbell 和 Lehr,1973 年）。

需要添加次氯酸钙或漂白粉的量,首先取决于水井中的水量（见表 12-3）,然后把全部化合物放在一个桶或水能流经其中的类似工具内,再把此工具在井底与水面之间提升、放下,直到化合物全部溶解。这样可能需要大量的时间,然而这是一种有效的方法。

一种更快速的方法就是按每千克化合物 8 L 水的比例,把含氯的化合物溶解在清水中。根据温度与水质的不同,全部化合物不一定都能溶解,如留有一些固体物质,在把溶液倒进水井中时,应将这些固体物质粉碎和搅拌,并成为悬浮物,从而易于溶解在水井中。

如果使用次氯酸钠,在得到其溶液时即可倒进井中（美国陆军部,1965 年）。

表 12-4 列出了各种氯浓度所需的含氯化合物和水量。

表 12-4　配制不同氯浓度的溶液所需的氯化合物和水量

氯浓度	每单位 5.25% 的次氯酸钠可处理的水量		每单位 10% 的次氯酸钠可处理的水量		1 lb 干的具有 70% 有效氯的次氯酸钠可处理的水量	
	L	gal	L	gal	L	gal
10	19 950	5 250	38 000	10 000	70 000	8 400

氯浓度	每单位 5.25% 的次氯酸钠可处理的水量		每单位 10% 的次氯酸钠可处理的水量		1 lb 干的具有 70% 有效氯的次氯酸钠可处理的水量	
	L	gal	L	gal	L	gal
20	9 975	2 625	19 000	5 000	35 000	4 200
30	6 650	1 750	12 540	3 300	23 335	2 800
40	4 997	1 315	9 500	2 500	17 500	2 100
50	3 990	1 050	7 600	2 000	14 000	1 680
60	3 325	875	6 270	1 650	11 670	1 400
70	2 850	750	5 396	1 420	10 000	1 200
80	2 508	660	4 750	1 250	8 750	1 050
90	2 223	585	4 218	1 110	7 780	935
100	1 995	525	3 800	1 000	7 000	840
1 000	200	52	380	100	700	84

水井消毒除对某些细菌起作用外,很难说能百分百有效。微生物可能被积垢或腐蚀产物覆盖,或位于裂隙中而不易被消毒溶液透入。尽管这类微生物绝大多数会被消灭,但是残留的少数微生物还会继续繁殖,所以需要根据情况隔一段时间就进行定期的消毒,以控制微生物的繁殖。

在有些情况下,除控制微生物繁殖外,还可能需要用连续氯化来控制矿物积垢。当需要这样做时,应通过一个适当的管子连续地把氯气注进井底。在有病原菌污染的地方,应把氯注入水泵的出水管中,并应提供充足的贮备量,使之得到足够的接触时间。

对一口新水井,除非有过多的迟误,其消毒最好推迟到永久性水泵安装后再进行。所需要的消毒剂应当全部在安装水泵之前加到水井中。在水泵安装以后,在地脚螺栓做永久性紧固以前,可以用水泵在井内进行周期性的振荡,以增加溶液的有效性,并冲洗套管、泵筒和围填砾料(在有砾料围填时)。

在对既有积垢又有有机物的已有井消毒时,通常要求最先放入酸去除积垢,从而使后续的氯处理能接触到有机物。

12.14 其他消毒剂

对控制某些微生物来说,许多消毒剂的效果相当于或超过氯或氯的化合物。这些消毒剂通常比氯贵而且不易买到,有些用于饮用水井时毒性太大。其中适用于饮用水的消毒剂有:

(1)一种聚磷酸盐洗涤剂与二氧化氯的混合物,用来控制丝状藻类;

(2)Cocomines 与 Cocodiamines,用来控制硫酸盐还原菌;

(3)氯化季铵化合物,用于一般消毒。

这些化合物大部分都以专利商标名出售。关于推荐使用的浓度、接触时间和其他有关问题应询问厂商。

不推荐用于供水井,而可用于废水处理或同类井的其他消毒剂有:

（1）硫酸铜;

（2）甲醛;

（3）某些汞的化合物。

12.15　围填砾料的消毒

如果采用砾石填料或地层稳定剂建造水井,建议在安装时对砾料进行消毒。在大多数情况下,采用较为普遍的做法是当砾石填入井中时掺入消毒剂。

另一种方法是把一种氯的化合物溶液与砾石一起倒进导管中。每立方米或立方码砾石推荐的消毒剂使用量如下。

（1）国际单位制:

① 84 000 mg/L 次氯酸钙溶液（每 3.8 L 水中含 0.45 kg）,每立方米中使用 3.7 L;

② 27 000 mg/L 漂白粉溶液（每 3.8 L 水中含 0.45 kg）,每立方米中使用 12.4 L;

③ 52 500 mg/L 次氯酸钠溶液（家用漂白剂）,每立方米使用 6.2 L。

（2）英制:

① 84 000 p/m 次氯酸钙溶液（每加仑水中含 1 lb）,每立方码中需要 3 夸脱;

② 27 000 p/m 漂白粉溶液（每加仑水中含 1 lb）,每立方码中使用 2.5 gal;

③ 52 500 p/m 次氯酸钠溶液（家用漂白剂）,每立方码使用 5 夸脱。

消毒完毕后,将水井四周封闭,井水抽出弃掉,直到排出的水中没有氯的气味。废弃的溶液可能需要处理或进行其他特种处理,使其对生态的影响降至最低限度。

第 13 章　渗水通道和水平井

13.1　导言

渗水通道和水平井之间的差别不大,且有相当大的重叠。就本手册而言,渗水通道专门用于从地表水体(通常为小溪)中,通过在地表水体底板或岸边向集水设施建立一个梯度来取水,以满足对水的需求。水平井是从浅含水层取水,以实现供水或其他目的,例如降水、稳定或从地下水中去除污染物。

13.2　渗水通道的基本构成

渗水通道的结构通常是将水排入到集水坑中,集水坑的底位于通过过滤器下缘和套管下缘以下一定距离。集水坑可采用任意尺寸,但常为圆形或方形结构,直径或边长为1.2~2.5 m(4~8 ft)。其深度应使安装的水泵缸体有足够的淹没深度,并留有余地。

集水坑和渗水通道的基本构成取决于供水需要的类型(数量及质量)、当地场地条件以及当地建设标准。通常,一段固体集水管密封连接于渗水通道装置,将水导至集水坑的进水管。实际的渗水通道可能是农用的水平排水通道(美国垦务局,1993 年)、水平集水隧洞或是水可以渗入、收集并输送至中心收集点的合适通道。

13.3　渗水通道装置的类型

有些地区,由于有泥砂荷载、岸线坡度、无害于生理的无机杂质、水位迅速变化且不可预测、水浪作用过大或由冰的挤压引起的危险等,湖泊或常年性河流可能不宜于采用简单的进水建筑物直接从露天水体抽水。当直接引流地表水受沉积胶结物不利影响时,渗水通道将成为可操作且经济的备选方案。

在任何这样的或类似的情况下,如可预测最小水深,渗水通道就可能是一种令人满意的、适宜的供水水源。渗水通道装置的类型将根据所处的河床或湖床的特点和渗透性而定。在床底相对不透水的情况下,渗水通道设置于河床或湖床以下,开挖适当深度,用选配好的砾石围填层全部围绕并覆盖通道,做成一个人工含水层。

将通道布置于邻近水面或水面之下取决于所需的产量和质量以及建设及维护的场地条件。通常,河床的地下地质条件允许较经济的、在冲积物中靠近表面的渗水通道布置(美国垦务局,1992 年)。美国垦务局所做的玛利亚维尔测试,在奈厄布拉勒(Niobrara)冲积层中每 305 m(1 000 ft)通道在无沉积物地下水重力流下可提供 0.04~0.05 m³/s 的流量。

很多季节性或间歇性河流,一年中有很长一段时间是干涸的,但埋藏在河床下面的砂和砾石中,有值得注意的常年潜流,这时用渗水通道要比打井更易于进行比较充分地截取。这些不同的情况基本上决定了所需要的结构类型。

在环境不接受混凝土结构、铁格栅和水泵噪声的情况下,河道内的渗水通道可用于在自然与风景河流的环境指引范围内分流大量的水。

13.4　渗水通道的设计

本节的设计考虑事项将集中于浅冲积物含水层中的渗水通道。

实际的集水坑的设计考虑事项应包括:泻流水导致的不需要的裹挟气体的去除;水泵(组)埋置深度及间隙,导流壳高程,以及循环标准;水泵(组)及控制器的可维护性;合适的场址。集水坑虽然也有用木料支护、衬砖或混凝土块的,但通常用混凝土或波纹金属管加固。其底部用混凝土或金属板封严,顶部完工时盖以钢筋混凝土板,板上有一个供检修和清理用的进出口和一个供安装水泵的洞(图 13-1)。

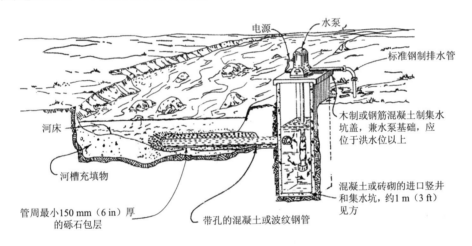

图 13-1　截取河渗入流的渗水通道结构剖面示意图

顶部所有可能渗漏的部位,都用胶黏剂、压缩垫圈或其他止水材料加以密封。集水坑的顶端应位于任何洪水或地表径流都淹没不了的高度。

导管常由波纹钢管制成,它从密封的集水坑通往渗水通道的过滤器或总汇管。导管可以是水平的,或稍稍向集水坑倾斜。所用的过滤器不止一个时,导管可与总汇管连接,从总汇管上再接两个或更多个直径较小的过滤器到透水物质中。如仅用一个过滤器,其直径应与导管直径相同,可与导管垂直连接或接长一节。按情况和功用的不同,过滤器可以是打孔的波纹钢涵管、笼式缠丝过滤器、有条缝的混凝土管、石棉水泥管或其他的穿孔材料。

过滤器除非安放在非常纯净的透水砾石中,否则一般总要用砾石围填。在选择围填用的砾石和过滤器的缝隙尺寸时,使用与填砾井相同的标准(见 11.11 节)或适合的农业排水包层(美国垦务局,1993 年)。在决定围填层的厚度时,则使用不同的标准。

在某些环境下,砾石围填层由防止冲刷的覆盖层或分流墙加以防护。

如果过滤器承受直接的抽水压力,应该有能缓冲通道反冲的设施,反冲水可来自一个容量相当大的储水罐,或直接把清洁的河水或湖水吸入集水坑中。

任何渗水通道都应按小于或等于 0.03 m/s(0.1 ft/s)的平均进水速度进行设计。在经济和物质允许的限度内,其数越小越好。

无论是在地表水还是地下水最低水位以下的深度,只要实际可能与经济实用,该数应该越大越好。

只要可能,天然含水层的渗透系数和储水率都应以抽水试验来确定。在不能做抽水试验的地方,渗透系数有时可用压水试验来确定(见第 10 章),而储水率可根据若干有代表性的物质样品做出近似的判断。通道设置于相对不透水的河床或湖床中时,围填砾料的渗透率应由两个或更多个的代表性样品通过实验室的试验来确定。

过滤器和导管的最小推荐直径是 450 mm(18 in),不过直径更小的过滤器和导管已成功用于民用供水。如果它们被设置在不透水的湖床或河床中,或其他采用砾石围填的地方,或其基底与砾石或砂相比是相对不透水的地方,过滤器的下缘与挖方底面的距离至少应与一个过滤器的直径相当。

由于泥沙堵塞,造成产量下降的事常常发生,渗水通道常以增大过滤器的直径或长度的保险设计来补偿产量的下降。过滤器可能也安装一个使用空气或水或二者兼有的回冲装置。

可以采用下列适用公式之一估算产量。

(1)渗水通道位于弱透水物质中,河床、沟渠或湖面上面为最小水深。在这种情况下,假定河、湖可直接进入砾石围填层或回填物。水流从水体直接向下流进围填层中,然后进入管子(图 13-2)。产出一定容积的水量所需的过滤器长度,按下面的公式确定:

$$L = \frac{Qd}{KHB} \tag{13-1}$$

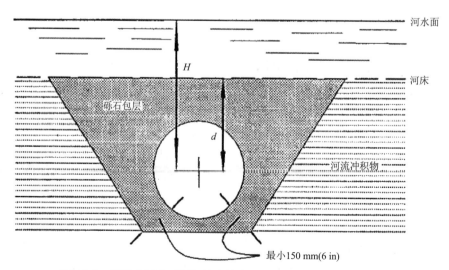

图 13-2 弱透水河床砾石围填中的渗水通道,影响其流量的因素

式中　L——所需的过滤器长度,m(ft);

　　　Q——希望得到的出水量,m³/s(ft³/s);

　　　d——河床与过滤器中心之间的垂直距离,m(ft);

　　　K——砾料围填体的渗透系数,m/s(ft/s);

　　　H——作用于管子中心的水头(最低水位与管子中心之间的距离),m(ft);

　　　B——用砾料围填的沟槽的平均宽度,m(ft)。

　　通道的轴线通常与岸线垂直,但只要能满足所需的最小水位,其就可以在垂直与平行之间以任何角度设置。

　　(2)渗水通道位于透水的河床或湖床中,河(湖)床上面为最小水深(Zangar,1948 年)(图 13-3)。计算所需过滤器长度的公式为

$$L = \frac{Q\ln\left(\dfrac{2d}{r}\right)}{2\pi KH}　\text{（13-2）}$$

式中　L——提供设计出水量所需的过滤器计算长度,m(ft);

　　　Q——希望得到的出水量,m³/s(ft³/s);

　　　d——河床到管子中心的距离,m(ft);

　　　K——河床冲积层或湖底物质的渗透系数,m/s(ft/s);

　　　H——湖床或河床上面的最小水深,m(ft)。

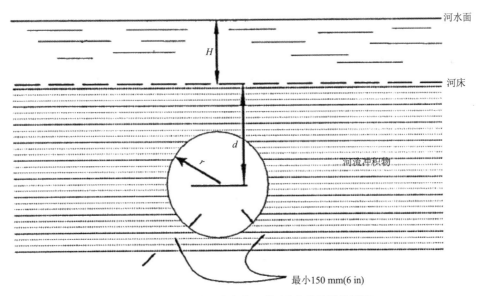

图 13-3　透水河床中的渗水通道,影响其流量的因素

　　是否需要围填砾料,取决于砂和砾石的级配。当不需要时,用开挖出的物质掩埋管子和回填挖方。当需要回填时,选用砾石填料的标准与水井相同(见 11.11 节)。

　　(3)渗水通道位于季节性或间歇性河流的河床中,河床为透水物质所充填,其中有常年的潜流在流动。在这种情况下,渗水通道要垂直于河床轴线设置,只要切实可行,在潜水面

以下越深越好,但在过滤器下缘以下要留一段透水物质,其厚度至少要与过滤器的直径等同。渗水通道每单位长度的出水量用式(13-4)估算,此式是根据 Moody 和 Ribbens(1965年)推导的公式(13-3)整理而成的。

$$s(r,\ t) = \frac{q}{2K}\left\{\sqrt{\frac{4Kt}{\pi Ms}}\exp\left(-\frac{r^2S}{4Tt}\right) + \frac{r}{M}\mathrm{erf}\sqrt{\frac{r^2S}{4Tt}} - \frac{2}{\pi}\ln\left[\exp\left(\frac{\pi r}{2M}\right) - \exp\left(-\frac{\pi r}{2M}\right)\right]\right\}$$

(13-3)

$$q = \frac{2Ks}{\sqrt{\frac{4Kt}{\pi Ms}}\exp\left(-\frac{r^2S}{4Tt}\right) + \frac{r}{M}\mathrm{erf}\sqrt{\frac{r^2S}{4Tt}} - \frac{2}{\pi}\ln\left[\exp\left(\frac{\pi r}{2M}\right) - \exp\left(-\frac{\pi r}{2M}\right)\right]}$$

(13-4)

式中 s——潜水面与过滤器上缘之间的距离,m(ft);

      q——每单位长度的通道出水量,m³/s(ft³/s);

      K——含水层的渗透系数,m/s(ft/s);

      t——任一抽水过程从抽水开始起算的时间,s;

      M——含水层的原状饱和厚度,m(ft);

      r——过滤器半径,m(ft);

      S——含水层储水率,无量纲;

      $T=KM$——含水层的导水系数,m²/s(ft²/s);

      $\exp$——指数函数,$\exp(x)=e^x$;

      erf——误差或概率函数,有

$$\mathrm{erf}(x) = \frac{2}{\sqrt{\pi}}\int e^{-x^2}\mathrm{d}x$$

(13-5)

此函数的数表在大多数标准数学表出版物中均可找到。

范围:$s \leqslant 0.1M$。

由于公式给出了每单位长度的出水量 q,所以要使出水量为 Q 所需长度为 Q/q,此处的 Q 为所需要的出水量。

当 $s > 0.1M$ 时,Q 将略小于计算值。

如已知饱水的河床冲积层的宽度与平均深度、饱水的潜流带顶部的坡降,以及冲积层的渗透系数,其潜流量就能按下式估算:

$$Q_t = KA\frac{h_1 - h_2}{L}$$

(13-6)

式中 Q_t——总潜流量,m³/s(ft³/s);

      K——渗透系数,m/s(ft/s);

      A——截面面积,m²(ft²);

      h_1,h_2——潜流方向的垂直线在饱水剖面顶和底上的高程,m(ft);

      L——h_1 与 h_2 之间的距离,m(ft)。

计算的总潜流量,应是其最大可开采量,但很少能够截取到 60%~75% 的总潜流量。

r 值对 s 和 Q 值稍有影响,并且 s 和 Q 值随时间的延长而减少,直到 $Q=Q_t$,或为 Q 的 60%~75%,此时系统达到平衡。

为了截取所需的或有效的出水量,当用公式设计渗水通道时,可能需要三四组 s, t 和 Q 的不同组合,以便得出令人满意的关系式。

13.5　水平井

水平井用途多样,包括供水、施工降水、有害物清理以及控制海滩侵蚀。该技术近年来已经显著发展,既经济实用,又能可靠地作为永久设施。水平井使开发相对薄的含水层成为可能,对于此类含水层,垂直井效率较低。水平井也可用于滨海区,从盐水已经入侵的下游河段含水层中撇取淡水。

通常,供水设施使用 150~200 mm(6~8 in)的穿孔波纹塑料管,铺设于 4.5~6 m(15~20 ft)的深度,一般长度为 120~250 m(400~800 ft)。抽水立管放于一端,清理立管放于另一端。水平井的平面布置取决于地质条件及其他场地条件。刚性过滤器和套管可用于水平井,但费用较高。

截至本手册出版,水平井的水动力学研究还处于发展阶段。然而,Bowman 和 Justice(1992 年)描述的一种设施可提供一些实际可操作的安装参考。该设施包括 178 m(593 ft)长的 150 mm(6 in)聚乙烯管,带有一个 200 mm(8 in)泵头和一个 150 mm(6 in)清理管,水管安装在约 4.9 m(16 ft)厚的强透水地层中,还安装了一台 20 马力(1 马力 ≈0.74 kW)的潜水泵,可以 275 kPa(39 lb/in²)的压力每分钟泵出 1 600 L(420 gal)水,实际生产率为 1 265 L/min(333 gal/min)。

在大多数滨海区,通常含水物质的透水性良好,但薄层淡水透镜体下伏盐水或淡盐水(图 13-4),水平井垂直地下水流方向布置,深度应避免降水后盐水进入水平井中。

式(13-4)可用于计算水平井的最佳深度,除 M 表示淡水层厚度外,s 值必须加以限制,以免盐水进入过滤器。Ghyben-Herzberg 定律通常适用于确定 s 的最大值:

$$h_s = \frac{d_s}{d_s - d_f} h_f \qquad (13\text{-}7)$$

式中　h_s——淡水 - 盐水交界面上盐水的局部水头在平均海平面以下的距离;

　　　h_f——从淡水面顶部到平均海平面或盐水局部水头的距离;

　　　d_s——盐水密度;

　　　d_f——淡水密度。

淡水 - 盐水交界面的深度约为潜水面与平均海平面(或测点的盐水测压面)之间距离的 38 倍。例如 h_f 为 0.9 m(3 ft),则交界面应在水面以下 35 m(114 ft)。如果渗水通道设置在潜水面以下 0.75 m(2.5 ft),h_f 将为 0.15 m(0.5 ft),而盐水只能达到水位以下 5.7 m(19 ft)。

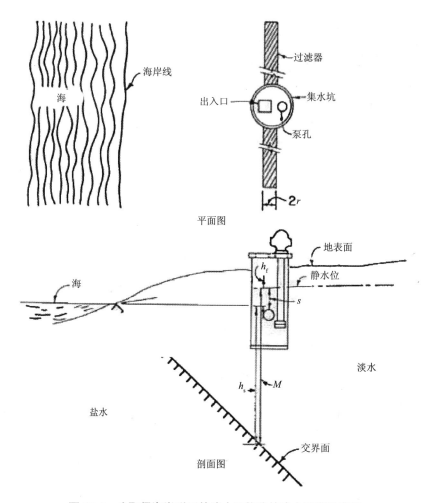

图 13-4　为取得海岸附近的淡水而修建的渗水通道示意图

淡水 - 盐水交界面不是一个明显的接触面,而是在淡水体与盐水体之间的微咸水带。在微咸水带下面安设一个测压管,可以近似确定盐水的局部水头 h_s,慢慢地从套管中抽水或用桶提水,直到套管中全部被盐水充满且水位稳定。潜水面高程可以在浅的观测井中确定。浅部的淡水水位减去盐水的局部水头就等于 h_f。

水平井的优势包括可以经济地开发浅层的薄含水层,并且可以从具有分层水质的含水层选择性地取水。盐水经常侵入海岸含水层的底部层位,而浅部层位中通过表层补给仍为淡水。在淡水 - 盐水交界面以上的浅部地层中修建水平井可避免抽吸盐水。在有害物清理工作中,水平井可用于在潜水位顶部撇取轻的非水相液体。

水平井施工可能遇到的难点包括管道可能坍塌,相对垂直井有更大范围的地面扰动以及管路以上区域的降水。如水流禁止流入管路,含水层间的压力差以及因抽水导致的管路内的负压可超过管路的破裂强度。这种情况可能是由管路堵塞导致的,尤其是在安装了合成滤袋的取水管上。如果含水层特征不足以抽水速度或高于抽水速度输送替换水,则水平井以上的含水层可能脱水。如果脱水区到达集水管,掺气水流将进入管内并对水泵造成气蚀损害。同时,生产率将显著降低。所以,应控制抽水速度,以避免可能出现的脱水情况。

第 14 章 疏干系统

14.1 疏干系统的目的

许多建设工程需要疏干,以避免出现下述的一种或多种情况:

(1)不稳定的自然或开挖边坡;

(2)不稳定的、无法进行工作的或不适宜的地基;

(3)边坡或地基上的管涌、泉、突水或渗水;

(4)开挖结构或地基结构的水浸;

(5)下部隆起及建筑物特征的扰动(例如混凝土板);

(6)作用于混凝土、金属或其他建材的稀释、腐蚀或其他不利影响;

(7)邻近建筑物稳定性的威胁;

(8)对周围地表水及地下水的可用度及水位的威胁;

(9)截流设施的不稳定性(例如围堰);

(10)地基细粒流失;

(11)对生命和财产的威胁;

(12)工期延误及投资增加。

最后两种情况一般是前 10 种情况的结果。

如果存在承压水,则即使在开挖时并未遇到水,也可能需要疏干。施工机械造成的土壤振动可将承压水头作用下的水抽吸至地表。设计和施工合理的疏干系统将会降低潜水位或承压水面,以实现在安全及干燥条件下施工。承压水面必须降至的深度受土壤结构影响。细颗粒土壤较粗颗粒土壤的吸水率更高。

在美国垦务局所用术语中,将疏干定义为从地面以下或其他施工表面移除地下水或渗水,并对这些水进行控制。移除积水或表面水流被定义为排水。疏干和排水通常在施工过程中结合使用。

14.2 疏干方法和土的稳定性

在一些小型开挖中,采用分段开挖方和随后的重力排水的方法进行疏干(图 14-1)。在某些场合下,需要在挖方边缘补加插板或打入桩子,如果可能的话,应打入到下边的不透水层中(图 14-2)。在较大的开挖工程中,过去也曾用过类似的方法。几十年来,井点、水泵、建井技术的改进和发展,以及地下水水力学知识的增加,使得井点、深井系统、水平排水、砂井排水以及真空和电渗透技术等能更好和更有效地进行设计。

疏干方法包括:①井点系统,可以是标准型或是喷射型;②深井法;③水平排水;④电渗法;⑤垂直砂排水或碎石桩排水。在存在承压水的地方,可以使用降压井来降低承压压力。根据条件不同,这些井可能依靠抽水或依靠重力流排水至集水系统。大坝坝基降水通常使用水平排水,以降低扬压。人造障碍,例如板桩、截水墙、泥浆槽、土壤冻结或灌浆可用于减少流量。

在块状坚硬岩石中,截取和排除水是疏干系统的基本要求。在岩石的渗透性主要取决于断裂和其他类似的裂缝的地方,连同疏干工序一起,可能还需要灌浆(Driscoll,1986年)。

疏干方法的选择取决于当地地质和水文条件、疏干原因以及在某种程度上现成的设备。当涉及细粒土时,需要更小间距的井和更长的时间。成层物质的疏干可能更加复杂。在这种情况下,拥有一个在疏干系统的设计及运行方面经验丰富的承包商非常重要。另外,在对坝基或其他重要区域进行降水时,方法或抽水速率的选择应最大限度地减少大坝或坝基部位细颗粒的移除。

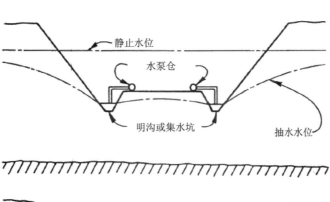

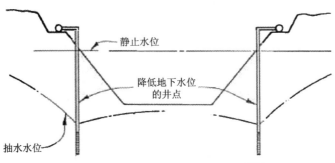

图 14-1 从集水坑和(井点)系统抽水的剖面示意图

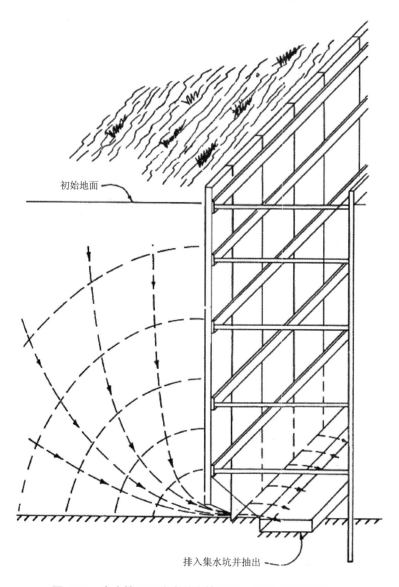

初始地面

排入集水坑并抽出

图 14-2　在支撑下面或穿过支撑向集水坑排水进行疏干

　　Driscoll(1986 年)列出了在疏干系统设计时需考虑的两个重要参数,即储水率和导水系数,这些参数控制着疏干区地下水总量和可移除的速率。然而,许多美国垦务局的工程位于相当狭窄的河谷中,在这些区域是边界条件而非导水系数和储水率控制着除流入疏干系统初期外的所有阶段。在这种情况下,对几个小间距水井同时进行一次或更多次抽水测试,可能对清楚了解干扰和边界影响有所帮助。

14.2.1　井点系统

　　井点是一个直径 1.5~3.5 in 的水井过滤器,长度为 0.5~1 m(18~40 in)(图 14-3)。井点可以是喷射式的(图 14-4)、打入式的、砾石围填式的、安装在裸孔中的或者是用其他方式安装的。井点施工方法多样,一些使用多种类型金属丝过滤器包裹穿孔水管,另外一些为线绕式、开缝式或穿孔式。其开孔百分率各异,且开缝通常固定在少数几个尺寸。线绕式的开缝尺寸具备最大的灵活度,同时具备最大的开孔百分率和最有效的开孔分布。在一些类型的安装中,可能布置规律的、直径 102~152 mm(4~6 in)的水井过滤器和套管。井点通常连接于一个直径为 38~76 mm(1.5~3 in)的升流管。疏干系统由沿直线间距 0.5~2 m(2~6 ft)布置的一系列井点组成。升流管与直径通常为 150~200 mm(6~8 in)的集水管(图 14-5)用可转动接头连接(图 14-6),后者能水平旋转 360°,垂直旋转约 270°。

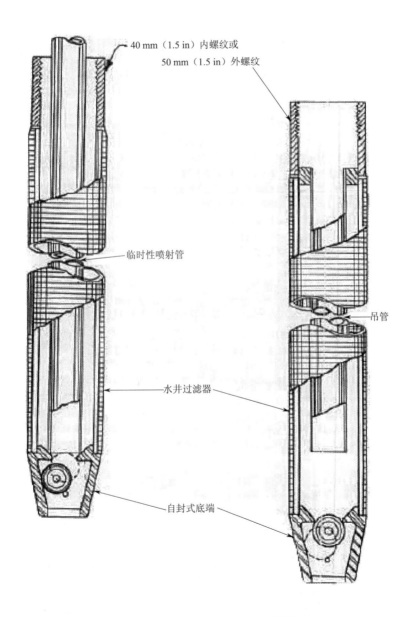

40 mm(1.5 in)内螺纹或
50 mm(1.5 in)外螺纹

临时性喷射管

吊管

水井过滤器

自封式底端

图 14-3 装配有喷嘴的典型井点

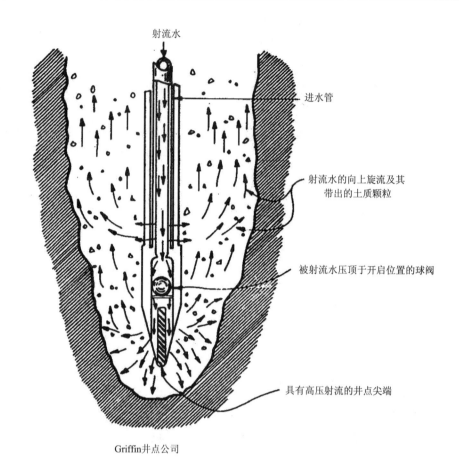

图 14-4　喷射式井点的装置

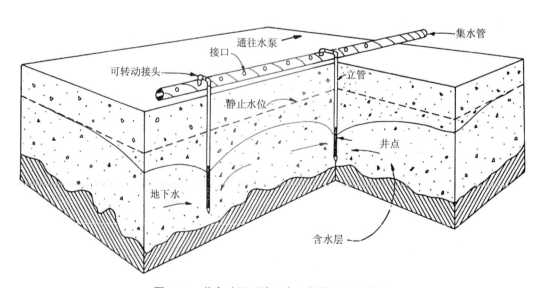

图 14-5　井点疏干系统一个区段的剖面示意图

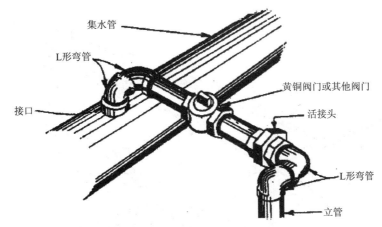

图 14-6　立管通往集水管接头的可转动接头部件（UOP Johnson Division，1969 年）

可转动接头有一个控制井点抽水的阀门。任一系统的各个井点之间的出水量都可不同，因此每个井点的出水量都应用调节阀门加以控制，以免降深过大而使过滤器顶部露出含水区，并把空气抽进系统之中。集水管可长达 183 m（600 ft），并尽可能安装得直而水平。集水管一般与大致处于管路中间位置上的离心泵相接，其吸程可达 5~7 m（15~22 ft）。过滤器顶部设置于静止水位以下 5~6 m（15~18 ft）深处的井点靠此抽吸力工作。

从立管到集水管的连接部件，由 25~65 mm（1~2.5 in）的管子零件组成，接头可以水平和垂直转动，以便与立管的顶端相接，此种灵活性是很重要的，因为在实践中井点及其立管常偏离计算位置。

在安装井点系统之前，挖方通常要挖到地下水面以下几厘米，从而可以按能利用的吸程取得最大的效益（图 14-1 和图 14-7）。标准井点法因依靠抽吸系统运行，有效深度仅为5~6 m（15~20 ft）。然而，依靠每一台阶低于前一台阶约 5 m（15 ft）的分台阶或分阶段系统（图 14-7 和图 14-8），井点法降水的总深度可以显著增大。有两个以上这样的台阶时，需要打补充井和井点来控制挖方中的某些不稳定点（图 14-9）。

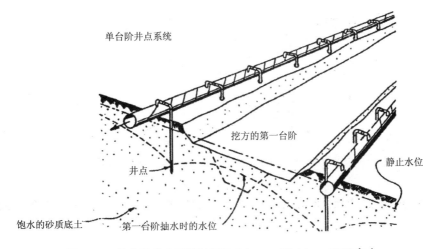

图 14-7　单台阶井点系统（UOP Johnson Division，1969 年）

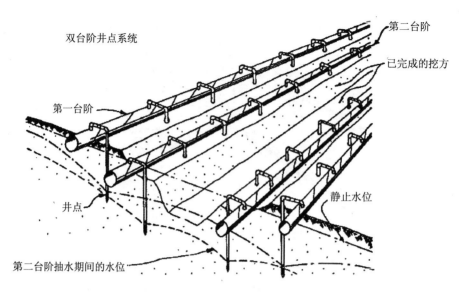

图 14-8　双台阶井点系统(UOP Johnson Division, 1969 年)

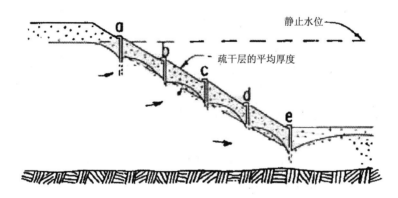

多台阶井点系统（台阶a至e）

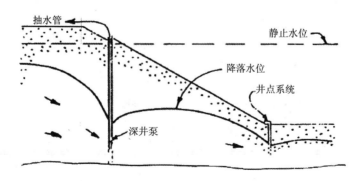

深井与井点系统的组合

图 14-9　多台阶井点及其组合系统(深井泵和井点系统组合成的系统, 可以用来代替多台阶井点系统)
(Driscoll, 1986 年)

14.2.2　射流喷射系统

射流喷射系统主要用于因存在细颗粒物质而使标准井点法或排水井效果不佳的位置。此系统既可以是双管系统，又可以是单管系统。

该系统使用文丘里管运行，高压供水通过供水管传导至井下的渐缩喷管，供水以低于大气压的压力存在于喷管端，并在吸入室形成局部真空。这个局部真空将驱动地下水进入吸入室，并进入文丘里管。文丘里管中流速的降低将形成足够的压力增加，从而将混合流传输至地表。

尽管射流喷射系统相较标准井点法，在安装、运行和保养方面更加昂贵，但在某些情况下，其优点可能抵消增加的费用。它能从深度 30 m（100 ft）或更深的位置提水，因此在深开挖时，可避免使用多阶段系统。

不同于标准井点法系统，单井的降水不会扰乱射流系统的运行。因此，射流喷射可用于岩性多变的场区。而且，在细粒物质中，标准井点法和排水井法均不能非常有效地在较大区域内降低水位。射流喷射系统会在土壤中形成负孔隙压力或张力，因此有助于细粒土的排水。

射流井的施工细节见图 14-10。从孔底到距地表几米以内的弱透水性物质，都应用砾石围填。井孔的其余部分，即弱透水性物质的顶部，应用膨润土或其他不透水土壤密封。在水井过滤器和围填物中，特别是在层状土中，保持一定真空度能增大向水井或井点的水流。这种系统一般需采用小间距井点，并常用小泵量。为了有效运行，在集水管或单个水井中，可能需要真空增压泵。

14.2.3　水平排水通道

在挖方位于斜坡或发生过滑坡的地方，可用水平井或排水通道疏干，并使其稳定。这些排水通道可以采用专为水平钻进设计的钻机来完成。第一个水平排水通道应设在现有的观测井附近，从中能观测到水位降落的影响及效果。利用叠加原理，能近似估算出达到足够降深的排水通道间距。如情况要求对这类通道进行砾石围填处理，那就可以采用这种方法。疏干一般依靠重力流动来完成，如有必要，也能采用泵抽和真空排水（Moody 和 Ribbens，1965 年）。水平排水通道也可用于大坝坝基的降水。这些排水通道通常使用聚氯乙烯（PVC）管分级放置并使用砾石围填，此设计将增强水管周围的水流特性，并稳定地基土壤。这些排水通道可能由平壁管穿孔并带间隙接头铺设而成（美国垦务局，1987 年）。大坝坝基排水通道通常使用特殊的挖沟机安装。依据美国垦务局的经验，当排水通道施工时使用专门的挖沟机，当沿通道中心线的水头压力在开挖前或开挖时降至高于排水路基 1 m（4 ft）、排水管道和围填连续以超过 1.5 m/min（5 ft/min）的速度安装时，将较少遇到问题。必须保持施工过程中围填材料连续流处于挖沟护罩内和排水管周围，以保证施工后的排水管处于连续的围填内，因为围填中很小的间隙就可摧毁整个排水系统。高水头压力和较慢的安装速度可导致护罩内围填材料的堵塞。美国垦务局《排水手册》（1993 年）和美国垦务局的综合建设训练计划中的管道排水模块对此问题有深度探讨。

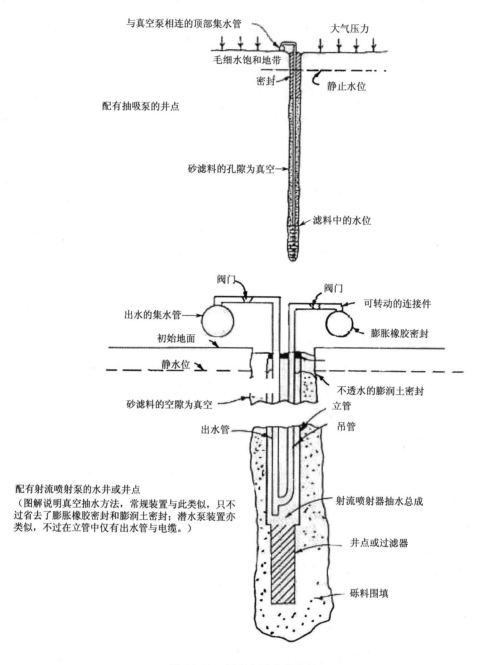

图 14-10　用真空增进井点效能

14.2.4　电渗透作用

　　电渗透已用于饱水细粒土的排水和稳定。其装备、使用和维修费一般高于井点系统,但电渗透能完成井点系统不可能完成的任务。电渗透系统由安装间隔为 3~30 m(10~100 ft)

的正极（阳极）和负极（阴极）组成。其阴极由于出水量一般不高,而且是间歇性的,故由直径较小的井点组成。在总汇管上接一台小型抽吸泵。其阳极可以是铁或钢管、钢轨或其他合用的导体,并安置在两阴极中间,也可以布置成相距 5~6 m（15~20 ft）的单独的阴极和阳极导线（图 14-11）。目前的要求可能相对较高,因为即使井距约为 6 m（20 ft）,每个井点每天也需要 25 A 或更大的电流来生产 130~150 L（35~40 gal）的水。因为这种系统很少采用,所以此处未谈及其详细的设计程序（Mansur 和 Kaufman, 1962 年; Terzaghi 和 Peck, 1967 年）。

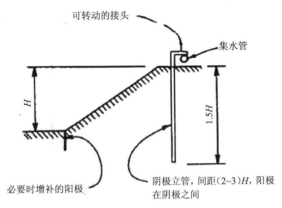

图 14-11　电渗透技术在疏干系统中的应用

14.2.5　垂直砂井排水

垂直砂井排水装置与井点一起用于层状土中以促进排水。普通的装置要求用直径 400~500 mm（16~20 in）的砂井排水装置,以 2~3 m（6~10 ft）的中心距安设在要稳定的物质中,并且延伸安装在有井点或其他水井的下伏透水层中。在这种情况下,井点或水井常用砾石围填,同样可以设计成真空排水。砂井排水装置回填物的选择标准与选用砾石围填物的标准相同（见 14.11 节）。

14.2.6　排水井

排水井偶尔用于地下排水中的深排水、敞开式排水或埋管排水的备选或补充手段。排水井与传统供水井存在微小区别,即其在供水的同时附带降低了地下水位。然而,以下情况特别有利于将排水井作为传统排水方式的备选方案:

（1）存在富水含水层;

（2）在根区与含水层之间所有物质存在足够的垂直渗透性;

（3）具备水泵能源（除非承压水流能提供足够的排水）。

在群井降水中,水井通常按一定间隔布置,并相互影响,从而在水井之间主要的中点区域形成最大降深。

为确定使用排水井的可行性而进行的调查通常是大量且昂贵的。其所需的主要基础资料包括：

（1）含水层导水系数和储水率；

（2）含水层展布范围、厚度和均匀性；

（3）地下水赋存类型——潜水、承压水或裂隙水；

（4）预估降水、灌溉及其他来源的补给；

（5）边界条件；

（6）水质资料。

排水井场水井总产量必须超过预估的含水层平均补给量，从而保持地下水位在一个可接受的深度。在某些情况下，水井总产量应为补给量的1.5~2倍，这些情况包括：

（1）建立流至水井的初始梯度；

（2）在水泵非全年连续运行区域，灌溉季之前快速降低地下水位；

（3）因超常规降水、地表洪水、水井报废或其他类似原因导致的地下水位意外上升地区的地下水快速降低；

（4）提供排水区内的足够控制。

14.2.7　泵用深井

如果具有承压水头，或者要疏干的土是厚度比较一致的透水含水层的一部分，通常可以用几口配备有深井涡轮泵或其他类似水泵的出水量高的深井来进行疏干。假如含水层的导水系数与储水率能够确定，应用叠加原理（见5.20节）就能近似地确定疏干所需的井出水量、深度和间距等。深井与井点相比，其优越性是通常可位于挖方范围之外，因此与挖掘作业很少发生或不发生干扰（图14-12）。

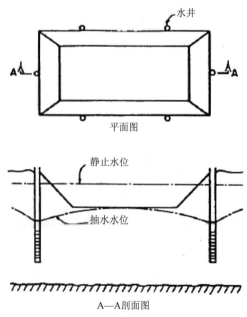

图14-12　采用深井和高扬程水泵疏干

14.2.8　减压井

减压井用于减轻坝基、防洪堤及其他建筑物,例如消力池和其他泄水建筑物,以缓解过度的水压力或扬压力,并使结构、土层或地层稳定,降低由水头增加、地震活动、管涌和内蚀导致液化("砂沸")的可能性。减压井大量用于大坝下游或防洪堤近陆侧,这些部位的物质被一层不透水或半透水的地层所覆盖,从而形成承压环境。当在减压井用于降低已有水头的部位压力时,需要一个收集系统将水位降至可接受的程度。在这种情况下,由于持续对一系列井抽水耗费巨大,故更倾向于使用重力排水系统。减压井通常与控制下方渗流措施,例如上游铺盖、下游渗流堤坝以及灌浆等,联合使用。因此,在设计减压井时,地下水水文专家通常必须与岩土工程师和排水工程师紧密合作。

由于水井数量可随着水头增加而增加,所以减压井系统是一种灵活的控制方式。另外,在需要时,水井可以进行抽水,减压井也可用于追踪水的化学品质的变化,这些变化可显示出溶解或管涌。然而,减压井的维护成本较高。减压井系统的内在条件有益于与铁有关的腐蚀及细菌的生长,并导致由此或其他来源导致的堵塞。因此,在设计水井时,需关注运行、修复和保养问题。

如果布置减压井作为地震荷载发生时的安全防护措施,就需要确定潜在孔隙压力的变化。在层状沉积物中,不同层位可能存在显著的孔隙压力差。

应仔细记录减压井的流速以及相应的水库水位,从而评估减压井的效果。在水井中点应安装测压管,以提供主要含水层的水位信息。如果水位下降,并伴随着水井排泄量减小,则很可能是水库淤积降低了渗漏。然而,如果水位上升,同时水井排泄量下降,则水井很可能堵塞并失去了其效率。如果这样,应处理或重建水井。如果处理和重建水井不能增加水流量并降低测压水位,则可能需要安装额外的水井。

减压井的安装可能导致渗漏排泄增加。如果渗漏排泄过度,则可能需要提供有关稳定性的备选解决方案,例如加载堤坝。

在坝基层状沉积物中,碎石桩有时可作为减压井的替代方案来消除水压(美国陆军工程兵团,1993 年和 1994 年)。

1. 减压井的设计

减压井的设计必须考虑场区的地质和水文地质条件。如果存在层状地层,应注意避免将独立的区域相互联系起来,因为这样可能在之前未受影响的区域形成较高的扬压力。同时,由于下方渗流水可能导致锈蚀或积垢,选择套管时应考虑渗流的化学组成。

总体来讲,设计的减压井应完全穿透渗透层。然而,在不透水物质厚度很大的区域,贯穿可能不现实。在这种情况下,应根据场区地质和水文地质条件确定水井深度。

过滤器长度和开缝尺寸应足以使井中水头损失最小化。应安装分级过滤器,以使细粒物质流失最小化。如果回收系统位于地面,以下,套管仍要延伸至地面,以便于检查和保养。水井顶部应提供一个逆止阀和橡胶垫,以保护水井不被含淤泥的地表水回灌(Singh 和 Sharma,1976 年)。总之,减压井的设计标准与生产井相似,但用于卫生防护的表层套管不经常需要。为保证充足水流通过系统,洗井非常重要。

　　2. 系统设计

　　减压井间距取决于含水层参数、地质条件以及所需的孔隙压力或测压水头降低。在沉积物呈透镜体状处,可能需要减小减压井间距,以增加局部高静水压力区的截留。

　　尽管线状系统通常足够,但也可能需要井场系统。井间距应足够小,以便井间中点处所需的降深能很容易地获得。计算机程序可用于估算井场降深。

14.3　疏干系统的野外调查

　　野外调查的内容要能满足设计适宜的疏干系统的需要,要根据地区的地质和水文地质条件的复杂程度,以及开挖的深度和分布范围确定。

　　与疏干工程相关的所有活动包括:

　　(1)现场审查;

　　(2)野外调查;

　　(3)资料收集;

　　(4)资料解读、评估及展示;

　　(5)规范汇编;

　　(6)施工考虑;

　　(7)运行管理或简介;

　　(8)运行监测及评估;

　　(9)成果编制(例如最终施工报告)。

　　由于充足和适宜的地下资料对降水设施的合理设计、安装及运行必不可少,故在进行勘测级钻探和确定主要的地下水地质及水文地质条件前,无法详细确定调查计划。

　　对于为施工或设施合理运行而需要进行地下水控制的施工场地,必须在规划或设计阶段越早确定越好(美国垦务局,1988年)。

　　关于现场测试和资料分析的程序在之前章节已有论述。这些章节讨论的原理和程序主要是针对永久性生产井的设计、维修和运行。非承压含水层的疏干不一定能应用前面论述过的方程和公式,降深常常超过非承压含水层厚的65%。此外,井点要密集设置,出水量、降深、干扰以及同类因素的估算都与常用的方程和公式不一致。大多数情况要靠技术人员的判断和经验,采用经验方程以及专门调查的结果。此种调查是在设计与安装疏干系统以前进行的。假如可能,应在着手施工以前一年或更早一些就开始这种调查,以便能得知地下水位的季节性和年度的变化数据,地下水位对邻近湖泊和河流水位变化的反应以及对降水量的反应。这些数据可来自观测孔和测压计的定期测量,以及地表水位和降雨量的水情记录。观测井的钻进和成井,还有测压计,都已在3.11节和3.12节介绍过。

　　在挖方区之内及其附近,勘探孔应钻到挖方预计深度的1~2倍。应用勘探孔仔细地录井,最好每隔1.5 m(5 ft)或在每次换层(即使间隔小于1.5 m)时取样。对粉砂或较粗物质组成的样品应做机械分析。当钻孔中遇到的含水层不止一个时,应该用测压计测得每一含水层的静止水位。现有的含水层都应做抽水试验,以确定其导水系数和储水率以及边界情况。

在计划使用井点的地方,可能需要一套试验装置,以确定一个或几个井点抽水时的反应。

调查计划完成时,以所得的地质和水文地质资料为基础,编制挖方及其毗邻地区的立体图,并加以研究,作为设计疏干方案和补充观测井位的依据。在计划的挖方区内和附近的勘探孔,都应像观测井和测压井那样完工(图 14-13)。这些井都应在施工以前定期测量,在施工期间应尽可能保留较多的观测井,并在施工期间经常测量,作为对疏干系统效果的一种校验。

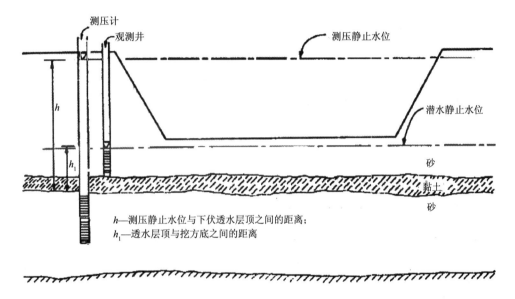

图 14-13　用测压计和观测井描绘的复杂的地下水条件

14.4　疏干系统的设计

许多含水层参数值仅依靠估计得到,所以水量计算结果也只能认为是估算值。提供建议参数使用范围值,从而可以估算出可能的最大和最小排水量。

对于潜水含水层,可使用以下公式确定为产生具体降深需抽出的水量(Driscoll,1986 年):

$$Q = \frac{K\left(H^2 - h^2\right)}{0.733 \lg \dfrac{R}{r}} \text{(国际单位制)} \tag{14-1}$$

或

$$Q = \frac{K\left(H^2 - h^2\right)}{1055\lg\dfrac{R}{r}} \text{（英制）} \tag{14-2}$$

式中　Q——排水量，m^3/d（gal/min）；

　　　K——导水系数，m/d（gal/d/ft^2）；

　　　H——抽水前含水层饱和区厚度，m（ft）；

　　　h——抽水时水井中水深，m（ft）；

　　　R——下降漏斗半径，m（ft）；

　　　r——水井半径，m（ft）。

对于承压含水层，有

$$Q = \frac{Kb\left(H - h\right)}{0.366\lg\dfrac{R}{r}} \text{（国际单位制）} \tag{14-3}$$

或

$$Q = \frac{Kb\left(H - h\right)}{528\lg\dfrac{R}{r}} \text{（英制）} \tag{14-4}$$

式中　b——含水层厚度，m（ft）；

　　　H——静止水位至含水层底部的距离，m（ft）。

下降漏斗内任一点处降深，可用下式计算：

$$s = \frac{0.366Q\lg\dfrac{R}{r}}{Kb} \text{（国际单位制）} \tag{14-5}$$

或

$$s = \frac{528Q\lg\dfrac{R}{r}}{Kb} \text{（英制）} \tag{14-6}$$

如果疏干工程范围广阔，则可能需要计算机程序用于系统设计。在美国垦务局的许多工程中，当水文边界复杂而可能导致一个复杂的映象井开发以及含水层参数估值精度较低时，尤其建议使用本程序。

减压井阵列需要的井数、间距及抽水速率，可使用以下程序进行估算。

（1）选择一个导水系数值 T，单位为 L/(d·m)（gal/(d·ft)）（使用抽水试验获取的数据，如果有的话，或者查资料获取相关层位或区域的 T 值）。由于降深的计算值与 T 值成反比，因此必须记住，井场中的 T 值可能与计算中使用的 T 值差异巨大，即使该 T 值来自邻近区域的抽水试验。这个差异可能是由岩性、结构及水井施工的变化或其他因素导致的。而且，在潜水层，因含水层厚度变薄，T 值随水位下降而下降。因此，使用 T 值的范围值计算降深可能是适当的。在冲积物含水层中，T 值翻倍或减半是非常有可能的，从而导致计算的降深减半或翻倍。

（2）选择一个你想知道降深（通常应基于一个确定降深产生的时间）的时间 t，单位为天。

（3）依据含水层的合理产量或其他合理的值,选择一个抽水速率 Q,单位为 L/min(gal/min)。

（4）依据抽水试验或岩性,选择一个储水率 S(无量纲),其一般范围为 0.000 01(承压含水层)~0.25(干净的砾石潜水含水层)。

（5）使用下面列出的雅各布近似方程计算至少两个不同距离值 r(例如 1 m 和 30 m)对应的降深 s。雅各布方程对于半径值小且时间值大时有效,因此在距离大时会产生一些误差。然而,考虑到选择 T 值和 S 值时的可能误差,其精度是足够的。

$$s = \frac{0.183Q}{T} \lg \frac{2.25Tt}{r^2 S} \text{(国际单位制)} \tag{14-7}$$

或

$$s = \frac{264Q}{T} \lg \frac{0.3Tt}{r^2 S} \text{ (英制)} \tag{14-8}$$

式中　s——距离 r 处的降深;

　　　Q——抽水速率,单位为 L/min(gal/min);

　　　T——含水层导水系数;

　　　t——时间,单位为 d;

　　　r——降深测量点的半径;

　　　S——储水率。

（6）在半对数坐标纸上绘制 s 相对于 r 的图。由于结果为一个直线,只计算两个 s 值即可;然而,作为校核,最好计算第三个 r 值的 s 值。

（7）选择一个井的间距 d 和井的数量,需满足从特定井或所有其他井群中以抽水速率 Q 抽水,任一井内的降深不超过保证井有效运行的最大深度(例如降深不能超过井深,取决于地质条件和其他因素)。

（8）使用之前绘制的图,计算水井中间的降深,以确定是否足够疏干。

（9）调解 Q 值、d 值和水井数量,从而保证中点降深足够,同时井内降深不过度。

认识到计算的降深仅仅是近似值很重要。如补给面积、不透水层、谷坡及基岩埋深等边界条件将影响水流至水井。储水率的错误也会影响计算。在存在岩性明显改变的位置,S 值一个数量级的差异在承压含水层中非常有可能存在,在潜水含水层中也可能存在,将最多影响降深计算值的 50%。

14.5　井点及类似疏干系统的设计

14.5.1　抽吸式井点系统

最基础的安装方法可能是在管线或类似的安装中,用一排井点对一个相对较浅的沟槽进行疏干。井点顶部通常位于开挖底板最少 1 m(4 ft)处,同时尽可能地靠近沟槽的边缘而避免影响工作。在一些透水性极强的物质中，可能需要在开挖的每一侧布设一条线状井点，以提供足够的降水。

在所有方向均较大的开挖中，通常布置疏干系统。

在相对弱透水的土壤中，例如粉质黏土、粉土和细砂或此类物质上覆渗透性更强的地层时，井点应在孔顶部 1~1.5 m（4~5 ft）进行砾石围填，并保持紧密密封。此工序将在井孔深部产生真空度，有助于水沿水平向进入砾石围填，并最终进入井点的井孔内。其移除水的总量可能较少，但在大多数情况下，其足够使个别不稳定的物质稳定（图 14-10）。砾石围填也可用于黏土层不规律地分布于需排水的饱和物质内的情况。过滤器开缝尺寸及围填砾石级配的选择与 14.11 节中概述的标准一致。Driscoll（1986 年）提出了用于抽吸式井点系统设计的理论及经验稳态方程。对此类井点系统，影响区的大小及形状的计算基本不切实际，其降深对于经常使用的方程来说太大，同时部分穿透和各向异性可能使问题更加复杂。

抽吸的有效深度随高程增加而降低。尽管特殊水泵可将绝对压力降至水深 1.0 m（3 in 汞柱）（Powershot，1981 年），标准井点水泵无法将绝对压力降至水下 1.6 m（5 in 汞柱）。

以上形成的真空度为大气压减去系统中的绝对压力。在海平面大气压约为 10.3 m（33.9 ft）水柱，但在海拔 1 500 m（5 000 ft）处，正常大气压仅约为 8.7 m 水柱（25 in 汞柱）。在实践中，井点系统的抽吸力随高程每升高约 300 m（1 000 ft）降低约 0.3 m（1 ft）。由于诸如水泵效率、夹杂空气以及水泵中可能的气穴现象等系统损失，进一步降低了抽吸力。实际上，尽管在抽吸少量水时偶尔达到稍高的真空度（Powers，1981 年），但在海平面高程时井点系统以 6.2~7.6 m 水柱（11~22 in 汞柱）的真空度运行。

井点间距主要基于判断和操作经验确定。在粉土和细砂中，常用间距为 0.5~0.75 m（2~2.5 ft），而当物质的粒度增大时，间距也可能增加，并达到约 2 m（6 ft）。在厚度小于 5 m（15 ft）的薄含水层中，以及在穿透率小于 25% 的厚含水层中，间距较小，一般为 0.5~0.75 m（2~2.5 ft）。间距可能随着导水系数及穿透率的增加而增加。

对于粉土和其他细颗粒物质，井点直径采用 40 mm（1.5 in）通常是适宜的，且随着物质渗透性增加而增加。在抽吸系统中，对于较小直径的井点，直径为 25 mm（1 in）的立管是适合的，而当井点直径增至 90 mm（3.5 in）时，井点直径可增至 50~60 mm（2~2.5 in）。

第一台阶的井点应设置于计划的挖方以下 1~1.5 m（3~5 ft）处，其最大降深约在潜水面以下 5 m（15 ft）。随着第一台阶的疏干，挖方推进到潜水面内约 300 mm（1 ft）处，就安设第二台阶。从理论上来说，在厚而均质的含水层中，此种作业能推进到几乎任何深度，但在边坡上的疏干厚度相对比附近的饱水厚度要薄（图 14-8）。当需要三个或更多个台阶时，渗流压力可能引起边坡的不稳定。在这种情况下，应采用补充深井、独立的深井系统或附加的井点系统。

当挖方下面有能限制降深的相对不透水层时，用直径 300~350 mm（12~14 in）的较浅钻孔钻入不透水层，将井点设在不透水层的钻孔内，井点周围用砾石围填，这样往往能得到令人满意的疏干效果（图 14-14）。

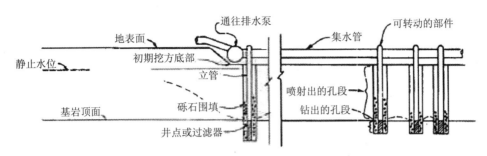

图 14-14　薄透水层(覆盖于不透水物质之上)的疏干

挖方下面如果是一层相对不透水物质的隔水层,其下有含水层,此含水层中的水可以具有与隔水层以上的水相同的水头或更高的水头。如果隔水层以上的物质已被疏干,再继续往下挖,在隔水层薄的地方,会在达到某一点时,使挖方的底部发生隆起,或者出现爆裂涌水或翻浆现象。在这类情况下,应在下伏的含水层中打减压井或井点,以降低压力,并使挖方的底稳定(图 14-15)。

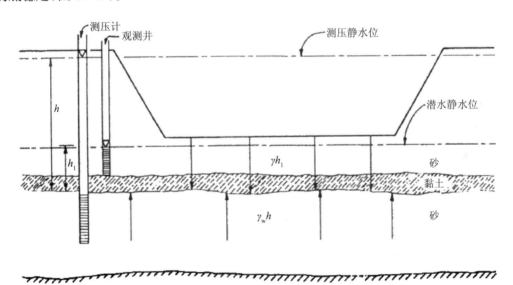

图 14-15　在挖方中对爆裂涌水或翻浆起作用的因素

现有的水泵能达到的最大抽吸水头为 6~7.5 m(20~25 ft);然而,系统中的摩擦损失可以使其减少到 5~5.5 m(15~18 ft)。为使抽吸水头损失保持最小,井点、立管、可转动接头和集水管都应采用较大的尺寸。另外,在系统中所有的连接都应做到密不漏气。

本节前面推荐的抽水和其他试验能估算出井点的可能出水量。据此,就能估算出水泵容量和摩擦损失维持为最小时需用的管子直径。如果已知含水层的厚度、渗透系数及储水率,一条间距紧密的井点可看作排水沟,并且使用 14.4 节中给出的公式计算所需的疏干时间(Mansur 和 Kaufman,1962 年)。每条井点线都可视作排水沟或集水沟。

14.5.2　射流喷射井点系统

在某些情况下,设置的井点系统,在每根立管中采用射流喷射泵而不是抽吸泵。射流喷射泵除靠离心泵和真空泵的正常抽吸力运行外,还靠通过文丘里喷射管的水流所造成的感应抽吸力运行。射流喷射井点的效率仅为 25%~30%,但它能从 18~30 m(60~100 ft)深处抽水,并且可以在每个钻孔中造成 5.5~6 m(18~20 ft)的真空水头。其出水量常在 45~60 L/min(12~15 gal/min),井点的间距通常为 1~3 m(4~10 ft)。

射流喷射井点系统使用两根集水管,一根在压力下向每个水泵中的文丘里管送水,另一根供出水用。

立管直径一般为 90 mm(3.5 in)或更大些,以便安设射流喷射泵,其进入口常在过滤器或井点顶部以上 1 m 处。过滤器或井点的长度达 3~4.5 m(10~15 ft),直径可达 150 mm(6 in)。

有时,特别是在较小的装置中,会采用潜水泵,而不用射流喷射泵。

14.5.3　深井疏干系统

深井能用于疏干深而均匀的含水层和降低下伏承压含水层的水头,后者可能造成挖方底板向上隆起或发生翻浆现象。除了由于是暂时性水井而采用较低的设计标准就能满足需要外,水井的设计和装备一般都与第 11 章中所叙述的相同。如果储水率、导水系数、边界条件和含水层厚度都已知,水井通常都设置在挖方范围外。

14.6　监测

监测可确保降深按预期发生,是疏干计划的重要组成部分。监测井应布置在许多位置,包括:①系统内预估的降深最小点;②系统外的很短距离处;③含水层参数可能与预期有巨大差异的位置。单井、井点运行或效率、参数值与实际值不一致或局部水文地质条件与预期有巨大差别,均可能导致差异。应调查出现差异的原因。

应每天对水位进行测量和检查,在足够的降深对安全很重要的点,应每个循环测量两次。如果观测井或其他条件显示降深不足,则可能需要额外增加井或井点,或者提高抽水速率。在重要情况下,现场应全程有一名降水专家检查情况。在这种情况下,如果必要的话,应备好设备、供给和操作人员,以便安装额外的水井或井点。

14.7　疏干井和井点的安装

井点可以就地打入、喷射下入或安装在裸孔内。用作疏干的井点很少是打入的,比较常见的做法是把井点喷射下到预期的深度,冲出细粒物,使物质中较粗的部分积聚于孔底,然后将井锥打入较粗的物质中,还可补充加入一些砾料,把钻孔围填到地表或地表附近,或者在上部的 600~900 mm（2~3 ft）处。

在一些不稳定的物质中所用的方法是喷射下入，或用其他方法下入临时套管，再将井点和立管安入其中。由于套管是要起拔的，故砾料可以在管子起拔以后分布在井点周围。

主要的疏干承包商已研制了大规模安装各种疏干井的设备和技术工艺。

不管其安装方式如何，在采用之前，都需要用泵吸、冲击或其他方法打一个井点。

14.8 用于疏干系统的水泵

井点系统用的抽吸泵应有足够的气举容量，并能产生高度真空。井点系统的水泵常是自吸式离心泵，它有一个辅助性真空泵，能够产生 6~7 m（20~25 ft）的真空水头。水泵的进水口应尽可能紧靠挖方的底部（Mansur 和 Kaufman，1962 年）。

潜水泵和射流喷射泵常按估算的出水量和有关的扬程选择标准的现有产品。

良好的工程实施需要配备超容量的水泵和水泵发生事故时的备用设备。

14.9 人工地下水堤坝

在地下水调查中常见到由断层、岩脉和类似情况造成的天然地下水堤坝。为了控制地下水，例如坝基渗漏、挖方防护以及提高或保持地下水位等，可建造类似的人工堤坝。

14.9.1 板桩

板桩是一种常用的方法，但用于建造地下水堤坝，在某些方面其效能是有问题的。如板桩能完全连接起来并打入到不透水层中，则是控制管涌和不稳定性的有效方法，但不是阻止地下潜流的有效方法。板桩的相互连接不能形成一种防渗漏的连接，如出现 10% 的开放区域，流过板桩的水就约达 70%，虽然这样的堤坝可能对减少水流的影响较小，但板桩堤坝能使安全区域增加或扩大，从而减少翻浆的形成和出现管涌的可能性。

密封连接桩依靠振动就位，而不是打入，可形成有效的垂直隔挡。其中，橡胶垫圈被插入板桩之间的连接点。这些灵活的板桩依靠金属打入靴下放，随后抽出打入靴，从而将板桩就位。

在出现巨砾和粗砾的地方，板桩一般不适用，此时可能必须在预先开挖的孔中设置混凝土竖桩。

14.9.2 截水墙

截水墙常浇注于坝下的透水基础中。由于其常设在用井或井点疏干并用围堰防护的露天坑中，所以很少有与截水墙完整性有关的问题。要使其完全有效，截水墙应提供百分百的封闭作用，但这在某些场合下，在经济或实践上都是不可能的。在这种情况下，应配合流网分析，仔细研究土质条件、透水性等，从渗漏和稳定性的观点出发，确定其最好的设计方案。

14.9.3　泥浆槽

泥浆槽的近期发展为在未固结物质中建造地下水堤坝提供了既安全又经济的方法。根据开挖的深度和尺寸,采用拉铲挖土机或翻斗铲来挖槽,使槽中充满膨润土基的液体。该液体每升的质量为 4~4.5 kg(每加仑 9.5~10 lb),它在槽壁上形成一层滤饼以减少液体从挖方处向外渗漏,并施加水压于槽壁,使坍塌降到最低程度。采用这种方法的挖方深度已可达 30 m(100 ft)。当达到基岩顶板时,可用气举泵清除砂坑。

另一种方法是用挖出物质中的砂和较粗的部分替换出槽中的膨润土,形成一种黏土与砂的混合物,从而形成一种不漏水的永久性地下水堤坝。

在采用泥浆槽时,应该有一位能掌握泥浆处理的有经验的工程师,以便在合理使用和处理泥浆方面提出建议。

14.9.4　土壤冻结

在某些情况下,土壤冻结可能在减小地下水流时有效。其常规方法是安装一排垂直冻结管,管路周围的土壤冻结为垂直圆柱体,随后圆柱体逐渐变大直至形成连续墙,如果冻结过程继续,墙体可能变得更厚。在饱和砂中,仅冰点以下几摄氏度即可使孔隙水迅速冻结并稳定。然而,在黏土中,一些水分子结合到土颗粒上,抑制了快速冻结,因此可能需要更长的时间和更低的温度才能稳定(Powers,1981 年)。

14.9.5　灌浆

用灌浆堵住渗漏,从而构成不透水堤坝也是一种有效的方法。灌浆工作包括导进密封用的化合物或混合物,通常是在压力下进入岩石和土,用稳定的不溶解物质充填裂缝和空穴。在有裂缝的坚硬岩石中灌浆容易成功,然而在未固结的物质中灌浆的成效是可变的。天然的黏土、膨润土、淤泥和砂是用作灌浆的天然材料,也有采用水泥、各种化学材料(如硅酸钠和氧化钙的组合材料、焦油和沥青混合料)和各种环氧树脂的。

天然孔道的特性、大小和连续性,通过孔道的水流速度和其他因素,都会影响所用灌浆材料的类型和注入的方法。由于压力过大将导致破裂并导致水流增加而不是降低,所以注入压力应谨慎调节。

成功的灌浆既是一种技巧又是一种科学,它应在有经验、有见识的工程师的指导下进行。

第 15 章　水井泵

15.1　概述

水泵的功能是将来自能源的能量转移至液体,从而形成流动或仅在液体内形成更大的压力。水泵被安装于水井内,以便将水从水井内提升至地面并输送至使用点。

有一系列水泵可用于将水从水井内移除,一些基本的水泵类型如下。

(1)离心泵:包含一套回转涡轮,安装在依靠能源转动的主轴上,可以是立式涡轮泵或潜水泵。

(2)射流泵:用于小直径井孔的潜水位中,其实际上结合了离心泵和喷射泵。

(3)空气泵:依靠气压运行,有囊式和位移式两种。

(4)气举泵:使用压缩空气注入排出管线并下入水井。

(5)主动位移泵:可以是活塞泵,通常依靠手动或风车运行;或是回转蠕动泵,用于从监测井中取水样。

(6)抽洗提升泵:通常用于疏干工作。

15.2　传统立式涡轮泵

立式涡轮泵的发动机安装在位于地表的排泄端,同时需要一个驱动轴向下延伸至位于水井水面下的水泵。

15.2.1　涡轮泵原理

立式涡轮泵最适用于地下水开采,特别是出水量中等到大量时更是如此。通过改进材料和设计,并结合提高效率,已大大扩展了立式涡轮泵的应用范围。很少有使用立式涡轮泵而不能有效解决的地下水抽吸问题。

水泵的选择随所抽吸的流体类型和其温度不同而不同。下面的讨论以抽吸温度范围为 4~27 ℃（40~80 ℉）的水为基础,这个范围包括了要开采的绝大部分地下水。

立式涡轮泵的出水量、水头(压力)、效率和动力要求取决于涡轮(转子)与泵碗(分级)的直径和结构以及转速。

对大部分用途来说,都是根据涡轮运行时提供的最大效率的转速,选用直径和结构恰当的涡轮,从而选择所需的水泵。这里将简述决定立式涡轮泵性能的基本原理,指出设计上不同要求的效果。

立式涡轮泵所产生的压力是涡轮圆周线速度的函数,涡轮圆周线速度又是涡轮直径和转速的函数。压力通常用米(英尺)水柱来表示。当旋转的涡轮把动能传递给水时,包住涡轮的泵碗内的定向叶片把这些能量转变成压力,并把液流导向垂直方向,使流体与泵轴的方向一致。

15.2.2　涡轮泵工作特性

经制造商实验室试验确定并绘在图上的水泵功能特性曲线,为特定的涡轮设计提供了清楚的性能图,这种图称作性能曲线,它是选择满足抽水要求的涡轮形式的关键。图 15-1 列出了两种 300 mm(12 in)水泵的性能曲线,它们都是按 1 760 r/min 的恒定转速绘制的。以上两种尺寸和转速相同的水泵,由于涡轮和泵碗的设计不同,因而性能曲线也就不同。图 15-1 上的水头和出水量关系曲线表示了从图的左方断流时的水头到右方最大出水量时的水头变化。可以关闭出水阀使出水完全停止,不过由于泵轴承为水冷式,不应在任何时间关闭,以避免出现过热。水泵的性能曲线通常是以单级水泵的运行特性为依据,表示其水头与出水能力(功率和效率)之间的关系。功率曲线显示的是在各种不同水头和出水量时所需的制动马力。

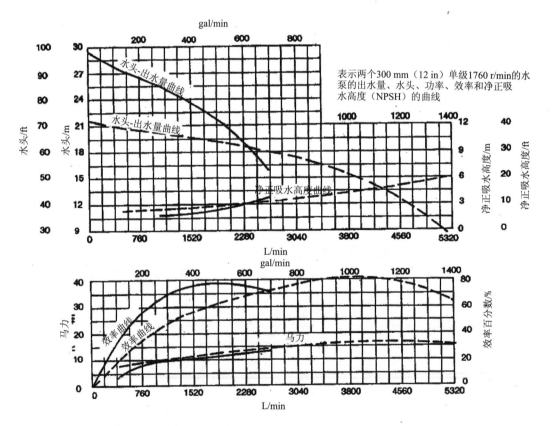

图 15-1　两个 300 mm(12 in)单级深井涡轮泵的实验室性能曲线

在下面的例子中,如果转速恒定不变,为 1 760 r/min,图 15-1 所示的出水量、水头和功率的关系是有效的。如果转速变化,出水量、水头和功率将变化如下:出水量和转速成正比(而变化),水头和转速的平方成正比,而功率则与转速的立方成正比。这些关系可在方程中用符号表示如下:

$$\frac{N_1}{N_2}=\frac{Q_1}{Q_2}=\frac{H_1^2}{H_2^2}=\frac{bhp_1^3}{bhp_2^3} \qquad (15\text{-}1)$$

式中　Q——容量(或出水量);

　　　H——总水头;

　　　bhp——制动马力;

　　　N——转速。

在理论上,效率无显著变化。不过在现场工作中,效率随着机械损失和其他因素会略有变化。使用变速传动装置,立式涡轮泵在效率无重大损失的情况下,通常其转速的变动可比其设计值低 20%。以图 15-1 上用虚线表示的水泵为例,说明转速变化对水泵性能的影响。当转速从 1 760 r/min 降至 1 400 r/min 时,计算此水泵的水头、出水量和功率的变化。在根据较高转速绘制的曲线上,从效率最高点附近可得到以下数据。

按 1 760 r/min 运行时:

　　出水量 =3 800 L/min(1 000 gal/min)

　　水头 =15.6 m(52 ft)

　　功率 =12.7 kW(17 马力)

按 1 400 r/min 运行时:

出水量和转速成正比,即

　　3 800 L/min(1 000 gal/min)×(1 400/1 760)=3 020 L/min(795 gal/min)

水头和转速的平方成正比,即

　　15.6 m(52 ft)×(1 400/1 760)²=9.9 m(32.9 ft)

功率和转速的立方成正比,即

　　12.7 kW(17 马力)×(1 400/1 760)³=6.4 kW(8.6 马力)

某些特定规格的涡轮和泵碗,其运行转速不变,但若改变涡轮的直径,出水量、水头和功率的关系也会发生变化,这就是平衡调整。若事先未向水泵制造商咨询确定平衡调整的影响,在现场不应进行平衡调整。

在水泵使用期间,水井的水位可能有显著的变化,这就要求深井涡轮泵具有陡锐的水头 - 出水量特性曲线和平缓的效率曲线。当水井中的水位下降、扬程增大时,出水量仅稍微成比例地降低一点。同样地,具有这种形式的涡轮,其制动马力曲线几乎是平的,水泵效率最高时,输入功率亦最高。这种功率不超载的特性对保护电动机不致超载来说是必要的。同样,陡锐的水头 - 出水量曲线表明,这种形式的涡轮对调节排水管路上的阀门,使出水量有所变化来说也是适用的。

15.2.3　潜没与净正吸水高度

净正吸水高度(Net Positive Suction Head, NPSH)的定义是涡轮吸水孔处蒸汽压以上的吸水高度。净正吸水高度按下式计算:

$$NPSH = H_p + H_s - H_f - H_v \qquad (15\text{-}2)$$

式中　H_p——安装高程处正常大气压,m(ft),见表15-1;

　　　　H_s——抽水时由最低的涡轮孔到水面的距离(水位必须是最低值),m(ft),正值表示涡轮吸水孔的潜没深度,而负值则表示抽吸深度;

　　　　H_f——通过吸水管因摩擦而损失的水头,m(ft);

　　　　H_v——水的蒸汽压,m(ft),见表15-2。

一个特定水泵设计,需要确定最小 NPSH 值,以避免气穴现象。现场可利用的 NPSH 值必须大于或等于要求的 NPSH 值。因此,需要较大的 NPSH 值时,可以降低水泵在井中的位置。NPSH 值在水泵性能曲线中提供。

涡轮泵依靠吸升力运行。泵吸依靠一段吸水管安装在水泵上并伸入水位以下产生。泵碗总成必须在水泵启动时潜入水中。当水泵运转时,总是建议让泵碗潜入井水中。潜没深度要避免泵碗交替地处于潜没和暴露于大气状态而造成气蚀问题。当水井抽水时,泵碗顶部处于估算的最低水位以下 1.5 m(5 ft)或更深处。由于净正吸水高度的需要,一些水泵可能需要安装得更深一些。

表 15-1　不同海拔高度的标准大气压

海拔高度		大气压,水柱		海拔高度		大气压,水柱	
m	ft	m	ft	m	ft	m	ft
0	0	10.4	34.0	2 286.0	7 500	7.8	25.7
152.4	500	10.2	33.4	2 438.4	8 000	7.7	25.2
304.8	1 000	10.0	32.8	2 590.8	8 500	7.6	24.8
457.2	1 500	9.8	32.2	2 743.2	9 000	7.4	24.3
609.6	2 000	6.9	31.6	2 895.6	9 500	7.3	23.8
762.0	2 500	9.4	31.0	3 048.0	10 000	7.1	23.4
914.4	3 000	9.3	30.5	3 200.4	10 500	6.9	22.8
1 066.8	3 500	9.1	29.9	3 352.8	11 000	6.8	22.4
1 219.2	4 000	9.0	29.4	3 505.2	11 500	6.7	21.9
1 371.6	4 500	8.8	28.8	3 657.6	12 000	6.5	21.4
1 524.0	5 000	8.6	28.3	3 810.0	12 500	6.4	21.0
1 676.4	5 500	8.5	27.8	3 962.4	13 000	6.3	20.6
1 828.8	6 000	8.3	27.3	4 114.8	13 500	6.2	20.2
1 981.2	6 500	8.1	26.7	4 267.2	14 000	6.0	19.8
2 133.6	7 000	8.0	26.2				

表 15-2 不同温度下的蒸汽压

℃	℉	蒸汽压,水柱		℃	℉	蒸汽压,水柱	
		m	ft			m	ft
4.4	40	0.085	0.28	16.1	61	0.189	0.62
5.0	41	0.088	0.29	16.7	62	0.195	0.64
5.6	42	0.091	0.30	17.2	63	0.201	0.66
6.1	43	0.097	0.32	17.8	64	0.207	0.68
6.7	44	0.101	0.33	18.3	65	0.216	0.71
7.2	45	0.104	0.34	18.9	66	0.223	0.73
7.8	46	0.107	0.35	19.4	67	0.229	0.75
8.3	47	0.113	0.37	20.0	68	0.241	0.79
8.9	48	0.116	0.38	20.6	69	0.247	0.81
9.4	49	0.122	0.40	21.1	70	0.256	0.84
10.0	50	0.125	0.41	21.7	71	0.262	0.86
10.6	51	0.131	0.43	22.2	72	0.274	0.90
11.1	52	0.134	0.44	22.8	73	0.283	0.93
11.7	53	0.140	0.46	23.3	74	0.293	0.96
12.2	54	0.146	0.48	23.9	75	0.302	0.99
12.8	55	0.152	0.50	24.4	76	0.311	1.02
13.3	56	0.155	0.51	25.0	77	0.323	1.06
13.9	57	0.162	0.53	25.6	78	0.335	1.10
14.4	58	0.168	0.55	26.1	79	0.347	1.14
15.0	59	0.174	0.57	26.7	80	0.357	1.17

15.2.4 涡轮泵结构特点

涡轮泵最初是设计用于钻井,因此泵碗公称直径以标准套管尺寸确定。水泵尺寸型号(4,6,8等)表示水泵可安装进的标准尺寸水井套管(见 9.3 节)的最小直径。出于间隙的考虑,泵碗的外径被制造成较公称尺寸的套管内径略小几分之一英寸。然而,在实际设计和使用时,通常采用较指定的间隙更大的间隙,建议泵碗周围最小间隙为 1 in(套管直径较水泵直径大 2 in)。对于大型水泵或非常深的情况,可能需要更大的间隙。

在常规轴上安装一系列泵级(泵碗),将组成多级泵,其产生的水头与泵级的数量成正比。例如,如果需要在 42 m(140 ft)水头下出水量为 1 900 L/min(500 gal/min),单泵碗和涡轮可以 1 900 L/min(500 gal/min)的流量产生 22 m(72 ft)的水头,此时需要两级泵以满足所需性能。与流速被转换为单级的水压并传至下一级一样,额外的压能由第二级叠加,同时所需功率也随额外的每一级而均匀增加。

深井涡轮泵装配了由油或水润滑的总轴。油润滑水泵的总轴和轴承密封于一段管内,润滑油由安装于水泵基础或排放端的储油器内滴入。水润滑水泵省去了密封总轴和轴承的管路,流过水泵柱的水即可作为润滑剂。油润滑水泵的轴承通常为铜制的,而水润滑水泵的轴承由特种橡胶制成。油润滑水泵通常用于水深为 15 m(50 ft)或更深,而水润滑水泵通常用于水深小于 15 m(50 ft)。水润滑水泵也可用于水深超过 15 m(50 ft)的位置,但必须配备水泵启动前可对轴承进行预润滑的装备。使用油润滑水泵会导致油渗漏入井中,因此油润滑水泵不应用于限制水污染的情况。

逐级降水试验用于测试已完工并洗过的水井,从而确定不同排泄量的水泵扬程。必须了解这些数据,从而为水井选择合适的水泵(见 9.15 节)。

15.2.5 泵碗和涡轮的选择

依靠已知的需用排量和水头,可以从制造商的水泵性能曲线中选取水泵。为获得最低初始花费及运行最经济的水泵,在不牺牲效率的情况下,转速应该尽可能高。较小的水泵相比较大的水泵,通常需要更多的级数,并具备较低的效率。在预估的水头范围和最少的泵碗数内,应选择以最高效率、最大水头尽可能靠近所需容量的水泵。

15.2.6 排水头

排水头是将水泵排水从立柱管转移至水平排泄的组成部分。排水头安装在立柱管以上及水泵驱动器以下,并与立柱管相连。根据水泵排泄压力和驱动器类型,排水头由铸铁或锻钢制成。大部分按美国国家电器制造商协会(National Electrical Manufactures' Association,NEMA)的标准尺寸制作,从而可以匹配 NEMA 的直角齿轮传动、皮带传动或组合传动的标准电动机。大部分排水头为单一传动类型设计,但也有组合头,既可用于垂直电动机,也可用于直角齿轮传动或皮带传动,从而可用于断电时的备用发动机驱动。

排水头的命名是基于发动机基础、柱及排水管的公称尺寸。例如,一台水泵可能需要一台基础直径为 16 或 20 in(NEMA 的任何电动机均可选择 2 至 3 种基础直径)的排水头及直径为 8 in 的柱管和排水管,匹配此安装的排水头规格将定为 1608 或 2008,或者 8 × 8 × 16 或 8 × 8 × 20。连接的水平排水管通常车出 4 in 长的螺纹,再以法兰连接更大的水管。制造商的水泵设备目录通常包括为满足不同尺寸和功率需要的水泵选择排水头的说明。

15.3 潜水泵

"潜水的"(也称为"可浸水的")一词通常应用于涡轮泵,其电动机紧密连接在泵组的泵碗之下,并且两者都装在水下。这种结构形式省去了地表发动机、长的驱动轴、轴承和普通涡轮泵的润滑系统,但是其电连接是可浸水的。潜水泵尤其适合高水头、低排量的应用,例如家用供水。除了下面将要讨论的因素外,潜水泵的选择与传统深井涡轮泵相同。

水泵、线缆、水井竖管和水管内水柱的总质量必须由水井竖管承受。因此,水井竖管及其接箍必须由质量良好的镀锌钢制成。在支撑水泵和泵柱的位置不应使用铸铁配件。

潜水泵的电动机是由垂直流过电动机,再流到水泵进水口的水流冷却的。这种冷却系统与用空气冷却的系统相比,电动机具有不同的设计。潜水泵的电动机通常比同样功率和转速的地表电动机长,而且直径较小。

为避免流过环状间隙和进入吸水管的高水头损失,应有足够大的泵室使环状间隙的流速不超过 1.5 m/s(5 ft/s),并且应最好接近 0.3 m/s(1 ft/s)。最少 0.3 m/s(1 ft/s)的流速是保证电动机充分冷却所必需的。在有限的环状间隙内,由于高速产生的水头损失可能造成水泵有效净正吸水高度(NPSH)的降低。这可由增加设备在抽水位以下的潜入深度来补偿。

在计划使用较大容量的潜水泵(3 000 gal/min 或 400 马力)时,应咨询制造商关于理想淹没深度、泵室直径、水泵和电动机装置的长度。

15.4 喷射泵

喷射泵结合了两种基本的水泵,即喷射泵和离心泵。喷射泵实际上是一个由其内部依靠来自离心泵的水的压力驱动的水泵(Anderson, 1973 年)。喷射的目的是形成压力。在浅井中 [深度在 7.5 m(25 ft)以内],喷射被构建于水泵内,并将压力升高至理想限度。在深井内 [深度为 7.5~27 m(25~90 ft)],喷射悬跨于两根水管上,同时其压力迫使水升入地面水泵中,并最终泵入管网中(Anderson, 1973 年)。

喷射泵可能直接安装于水井上或水井旁。由于水井内没有移动物体,平线度和饱满度不会影响水井的性能。水井内的设备质量相对较轻,大部分为管路(通常为塑料的),因此可很容易地被一个水井卫生密封来支撑(美国环境保护署, 1975 年)。可以设计“无孔接头”或“无孔配件”用于喷射井系统。

对比常规离心泵,喷射泵效率较低,但因为其他有利特性,例如适用于小水井,可用于深层提升安装,最小内径 50 mm(2 in);设计简单且设备和维护费用较低;在地面可接近所有移动部分;以及可以远离水井,并用移动部分安装(Driscoll, 1986 年),所以用于家庭时并非是坏事。在一些地区,喷射泵可能不能完全令人满意,例如在水位受季节变化影响较大地区或有严重腐蚀或结垢导致的喷嘴扩大或堵塞地区(Driscoll,1986 年)。

导致问题的主要原因通常是最初安装时因粗心而造成外部物质进入管路并堵塞喷射泵(Anderson,1973 年)。其他常见的错误是不完全启动、操作不足或排泄压力。

15.5 气动泵

气动泵依靠空气压力运行,常用于特殊情况,例如污染物清理和监测。其可用于清理、取样、仅物料抽吸、带降深的物料抽吸、梯度控制抽水以及低至中等流量抽水。不同于潜水泵,其不需要液体冷却,因此即使液面降低至水泵高程以下也不会烧坏。气动泵没有下入孔内的电路连接,尤其适用于低流量间歇性抽水。

气动泵可以分为袋式和位移式。袋式气动泵流速仅为每分钟几升,尽管有些情况用于清理,但主要用于取样,也用于取样时将需清除的水量最小化的微量吹扫。研究已表明,当使用袋式气动泵时,分析结果的重复性较好(Muska等,1986年)。

当运行袋式气动泵时,水流从底部进入可调节袋,同时将气压施加于袋子外表,从而将水通过排水管挤压至地表。独立的气袋室避免了水泵供气和被抽吸液体之间的接触,因此消除了使用挥发性有机物(Volatile Organic Compound,VOC)气体抽取液体时的VOC挥发。袋式气动泵可设置计时器以控制流量。

清理袋式气动泵的内部部件可能很困难。在出现污染物或怀疑有污染时,建议将该袋式气动泵用于特定的井。

位移式气动泵经常用于清除、抽吸、处理或其他抽取地下水的操作中。其可以处理含有很多固体成分的液体,并具有较袋式气动泵更高的流速(达到50 L/min或更高),且除逆止阀外无可移动部件。其不需要表面控制或机械计时器,当被充填时即可抽吸。随着水泵被充填,内部的浮子上升,打开逆止阀以开启空气管路,气体替换液体,随后开启液体排泄,浮子落回水泵,循环重复。该泵需要压缩空气供给和三条线路,即一条空气供给线,一条液体排泄线,一条放气软管。

气动泵的优点包括:

(1)无振动或爆破危害;

(2)较低的维护,较少的移动部件;

(3)安装简便,质量轻,并且可以由单人不使用专门工具进行安装。

气动泵的缺点:尽管有些型号可以处理约50 L/min(13 gal/min)的流量,但通常仅处理低流量(25 L/min(6.5 gal/min)或更小)。

15.6 气举泵

气举泵依靠释放压缩空气通过排水管(空气管)进入水井可从水井中抽水(Driscoll,1986年)。空气会与水混合,同时水柱比重被上举至地表。由于相较其他抽水方法,气举泵低效、笨重而且昂贵,因此很少用于永久抽水系统(Driscoll,1986年)。

气举泵通常仅用于测试水井产量或取水样用于测试主要成分,在考虑挥发性有机物(VOC)时不应使用。其最小淹没深度应为水管总长的30%~40%。然而,如果淹没过深,气压可能不足以克服水头。在这种情况下,气管应撤回一部分。

15.7 正排量泵

正排量泵通过泵送机制驱动或替换水。有几种类型的正排量泵,本节讨论活塞泵(往复式)和旋转蠕动泵。

(1)活塞式水泵经常用于手动井和风车,可能是单动、双动或三动的,且通常直径较小。当活塞向上推动时,活塞底部的逆止阀将被重力和水压关闭。压力随活塞移动而降低,由活塞冲程导致的压力差将导致水流流过进水阀而进入泵筒。当活塞向下移动时,阀门打开,当其上压力超过其下压力时再次关闭,同时排水阀在其下部压力超过其上部压力时打开。因此,在向下冲程中进入泵筒的水,将在下一个向上冲程中被向上推入排水管。

（2）旋转蠕动泵实际上是由旋转泵改装的。初始的旋转泵按设计应使用齿轮,齿轮紧密安装于泵室,并小间隙啮合。当旋转时,随着啮合,齿轮挤压轮齿之间的水,沿泵室外表面从进口侧的齿轮运动齿带入,对水进行替换补充。

（3）莱莫伊瑙型(Lemoineau-type)水泵是一种具有特种设计的正排量泵,它既适用于地表安装,又可做成潜水式的。其使用最广泛的抽吸部件包括一个表面坚硬、抗腐蚀的螺旋形金属转子,该转子在一个硬质、抗磨、双螺旋形空心体的柔性橡胶定子内旋转。在规定的转速下,该泵的出水量实际上是恒定的而与扬程无关,不过所需的功率则随扬程的增高而增大。相反地,由于它是一种正排量泵,所以出水量几乎与转速变化成正比。其动力装置、管柱和抽水装置上部的轴与相同功率的水润滑式涡轮泵类似;而潜水形式的特色也与潜水涡轮泵类似。水泵的设计对电腐蚀和充满沉淀的水所造成的损害具有高度的耐抗性。

15.8　抽吸泵

抽吸泵受限于可开发的吸升高度。抽吸高度取决于大气压,因此受海拔高度的影响。可产生的真空度是由大气压减去通常最小约为 1.6 m(5.3 ft)的系统的绝对压力。在海平面高程,正常气压计读数约为 10.3 m(34 ft)水柱,则理论上可产生的真空度约为 8.7 m(29 ft)水柱。然而,在较高海拔处,由于大气压下降,理论的抽吸高度也减小。根据经验,海拔高度每升高 100 m(330 ft),理论的抽吸高度将减少约 0.1 m(0.3 ft)。在实际中,抽吸高度通常限于约 7 m(22 ft)。

15.9　估计设计用的抽水水位

由于对影响水位因素的缘由和其影响的大小都知道得不多,所以预估未来地下水位的设计值往往是困难的,而且是不可靠的。不过,在水泵运行的范围内估算具有适当可靠程度的地下水位是能够做到的。由于降雨量的季节性变化和气候周期的长期变化,地下水静水位会出现季节性和长期性的升高或降低。抽水在自然波动上增加的长期降落可以反映出含水层的正常发展。除非补给足以平衡抽水,否则从任何水中进行长期的持续抽水,水位都会随之产生连续的、减低率恒定的缓慢降落。由于现有的或未来的水井干扰,回灌设施的安装,或边界条件的变化,都会造成抽水水位的变化。由于腐蚀和积垢使水井状况恶化,而造成单位出水量显著下降。故上述所有因素,在估算可能的最大和最小抽水水位时,都应加以考虑。

静水位的设计值连同对抽水试验结果的分析与大致的抽水计划,都被用来确定所需的水泵特征与安装设置。其主要条件与抽水试验时相同,在任一抽水时期内,按某个给定的水量抽水,可以延长半对数时间降深曲线的直线部分(见 9.14 节和 9.15 节)而近似取得其降深。这种估算的降深要加以修正,以补偿试验期间出现的静水位或饱水带厚度的增减(见5.1 节)。把水井干扰可能影响的判断估算值加到修正的估算抽降值中,可得到在可预计的未来期间可能的抽水水位的最大值和最小值。这种分析对于给定最小出水量的特定抽水进程来说,可以求得最小和最大抽水水位的估算值。

15.10 水井基本资料分析与水泵性能

为充实前面的论述,本节对某种假设的情况提供一套概略的步骤与方法。

（1）一个已开采地区,在打超前孔之前,考察现有水井的运行情况、水文曲线和附近水井的钻进记录,表明在下列条件范围内能获得所要求的出水量。

①静水位深度:245~285 ft。

②静水位年动态变化:6~8 ft。

③出水量为 900 gal/min 时的可能降深:25~40 ft。

④在 6 年的发展趋势中平均的年水位下降量:每年 5 ft。

⑤现有水井深度:400~500 ft。

⑥饱和含水层厚度:190~250 ft。

⑦水井的平均年龄:15 年。

⑧积垢或腐蚀问题:很少或没有报道。

（2）超前孔在井位上揭示出下列情况。

①静水位深度:254 ft。

②饱和含水层厚度:226 ft。

③含水层底板深度:480 ft。

④含水层物质的机械分析及录井资料的研究表明,含水层的厚度能满足要求,能相应地安装孔缝为 0.050 in 的过滤器(50 号),提供所要求的出水量。在未开采区,勘探孔一般需补充抽水试验资料,以确定含水层的特性。

⑤水化学分析表明,总固体溶解量为 300 ppm, pH 值为 7.2,而且有促进 Ryzner 和 Langlier 腐蚀与结垢的迹象。

（3）水井的基本设计。

①要求的最低出水量:900 gal/min。

②最小的泵碗公称直径:10~12 in。

③最小的泵室套管直径:12~16 in。

④泵室深度。

a. 目前的静水位 [见(2)①]:254 ft。

b. 可能的最大降深 [见(1)③]:40 ft。

c. 在 20 年中静水位的降落 [见(1)④]:100 ft。

d. 据判断估算,按每年水井效率降低 1% 计,在 20 年终抽水水位下降:8 ft。

e. 过滤器装置与泵室之间的搭接长度(此型水井的标准):10 ft。

f. 估算泵室套管要求的总深度:把上述 a 至 e 相加,即(254+40+100+8+10)=412 ft。

因为含水层厚度 [见(2)②] 是 226 ft,而且按期望的最大降深为 65%,其最大降深为

226×65%=147 ft

那么,所期望的最大抽水水位为

254+147=401 ft

泵室套管的最大深度为

401+10=411 ft 或 120.2 m

或可用的泵室深度为 401 ft。

⑤过滤器装置。

a. 10 in 镜筒式过滤器(见 11.4 节表 11-10 中对于 900 gal/min 所推荐的过滤器直径)具有 0.050 in(50 号)孔缝,每英尺长度有 125~130 in² 的开孔面积(见 11.4 节,表 11-12 至表 11-25)。具有 0.1 ft/s 进水速度的过滤器每英尺长的出水量为 127.5×0.31=39.5 gal/min(估算具有 0.1 ft/s 进水速度的过滤器每英尺长的出水量,每分钟加仑数时,以过滤器每英尺长的开孔面积平方英寸数乘以 0.31 即得,或以 45 乘以开孔面积平方英尺数得到),所需的过滤器最小长度为 900/39.5=22.8 ft,选用 30 ft。

b. 受含水层条件限制,在深 411~480 ft 安装两段 15 ft 长的过滤器,中间用 39 ft 长的无缝管隔开。

c. 搭接的无缝管部分长 10 ft。

d. 沉淀管:在过滤器底部接有 10 ft 长空白管,底部封死或用其他材料密封。

⑥水井总长度。

a. 泵室深度 [见(3)④ f]: 411 ft。

b. 泵室以下包括 10 ft 长沉淀管的套管与过滤器总成,把(3)⑤ a 到 d 相加,即 30+39+10+10=89 ft。

c. 水井总深度:把上面的 a,b 相加,减去 10 ft 搭接长度,即 490 ft。

⑦估计水泵规格。

a. 出水量 Q=900 gal/min。

b. 5 年末的降深:(3)④ b+(3)④ c+(3)④ d=40+25+2=67 ft。

c. 20 年末的降深:(3)④ b+(3)④ c+(3)④ d=40+100+8=148 ft。

d. 5 年末的水泵扬程:(2)① +(3)⑦ b=254+67= 321 ft。

e. 前五年使用的泵碗初始安装位置,按(3)⑦ d,根据标准的管柱长度取齐,即 325 ft。

⑧估算水泵的可能水头损失。

a. 具有 1.5 in 轴的 8 in 管柱长度:325 ft。

b. 出排水量为 900 gal/min 时,管柱的水头损失:10.4 ft。

c. 出口的水头损失:0.3 ft。

d. 水泵的水头总损失（b+c）：10.7 ft。

⑨估算地表的水头损失。

a. 储水罐底的高程：550 ft。

b. 储水罐关闭阀位置的高程：56 ft。

c. 8 in 管和配件的有效长度：104 ft。

d. 管子水头损失：3 ft。

e. 地表所需的最大水头（b+d）：59 ft。

⑩估算总水头：（3）⑦d+（3）⑧d+（3）⑨e=321+10.7+59=391 ft。

⑪可用的水泵（根据厂商资料）。

a. 公称泵碗直径：12 in。

b. 每级水头：80.5 ft。

c. 级数：5 级。

d. 每级功率：22 马力。

e. 泵碗效率：82%。

⑫公称 12 in 的泵碗用 16 in 的套管（壁厚 0.375 in 的 14 in 套管，其内径为 13.25 in，公称 12 in 的泵碗的外径为 11.5 in，两者之间的间隙不能满足要求）。

⑬水井的最终设计。

a. 套管：16 in 套管，从 +1 ft 到深 411 ft。

b. 过滤器与套管总成：从深 401 ft~490 ft，为 30 ft 具有 0.050 in 孔缝的 10 in 过滤器和 59 ft 的 10 in 套管。

（4）阶段性试验和在完井与洗井时进行 72 h 生产性试验的成果。

①井口的高程（海拔高度）：5 011 ft。

②试验开始时的静水位（低水期）：256 ft。

③含水层厚度：224 ft。

④水温：54 ℉。

⑤阶段性试验：分为 387，701 和 1001 gal/min 3 个阶段，每个阶段进行 4 h。

⑥抽水计划要求 30 天连续抽水。900 gal/min 时的设计降深，按第一阶段试验的曲线进行类比，30 天后预计为 22 ft。按 72 h 抽水试验，则 30 天后的设计降深预计为 24 ft。

（5）前 5 年对水泵改进的要求。

①5 年末的静水位：（4）②+5×（1）④=256+25=281 ft。

②5 年末含水层的（饱和）厚度：（2）③-（5）①=480-281=199 ft。

③5 年末 900 gal/min 时的 30 天降深：（4）⑥×（4）③/（5）②=（24）（224/199）=27 ft。

④水井效率不下降的情况下，5 年末的水泵扬程：（5）①+（5）③=281+27=308 ft。

⑤水井每年效能降低 1%，5 年末的水泵扬程：（5）①+（5）③×1.05=309 ft。

（6）估计前 5 年的水泵与水井运行情况。

①目前水情：水泵最小扬程。

a. 静水位 [（4）②]：256 ft。

b. 含水层厚度 [（4）③]：224 ft。

c. 900 gal/min 时的降深 [（4）⑥]：24 ft。

d. 水泵扬程（a+c）：280 ft。

②5 年后的水降低情况。

a. 低静水位 [（5）①]：281 ft。

b. 含水层厚度 [（5）②]：199 ft。

c. 900 gal/min，30 天降深 [（5）③]：27 ft。

d. 水泵扬程 [（5）④]，加每年 1% 的水泵效能降低：309 ft。

③制动马力 $bhp=\dfrac{每分钟加仑数×总水头英尺数}{3\,960×水泵设备效率}$。

水泵设备效率等于泵碗和马达效率的乘积：

0.82 × 0.90=0.74，采用 75%

$bhp=$（900 × 379）/（3\,960 × 0.75）=115 马力

④轴损失功率 =4 马力。

⑤总功率 =119 马力，选用 125 马力电动机。

（7）要求的净正吸水高度（NPSH）。

①在 900 gal/min 时所需的净正吸水高度：15 ft。

②在 50 ℉时，水的蒸汽压：0.4 ft。

③在海拔 5\,000 ft 处的大气压：28.2 ft 水柱。

④可用的净正吸水高度 [③ + ②]：28.6 ft。

⑤剩余的净正吸水高度 [④ − ①]：13.6 ft。

理论上，这种水泵能以 13 ft 的正吸水高度运行，但由于其他原因，最好能将泵碗淹没。原来估算泵碗安装在 97.5 m（325 ft）是合适的。

如果有关含水层厚度等设计得以实现，安装有上述水泵的水井将能顺利地运行 5 年或更长的时间。最后，不得不再多增加一个泵碗，从而也就要安装较大的发动机。再往后，如果（饱和的）含水层厚度继续减小，将不得不降低产量，如果降到了最低需水量，将必须钻第二口水井。在进行这些改变以前，要求做阶梯式抽水试验，随之进行修井，并在确定新水泵以前，继续做阶梯式抽水试验。

当基本泵碗已选定时，根据上述数据和制造商技术手册中的图表就能计算编制设计和确定元件时采用的附加值。

15.11　抽水装备设计的附加因素

15.10 节中的假设情况涉及了详细操作所用的抽水装备的选择问题。完成设计的辅助资料包括泵柱直径、驱动轴直径、排出头的尺寸和形式、润滑方式、动力选择和驱动形式。这

些项目大都已由工业部门进行了标准化,并在各种水泵制造商印制的水泵曲线与装备产品目录中包括了确定所需元件的方法。

大多数大型水泵装置都采用全天候的电动机和控制装备。然而,在某些情况下,需要盖一间泵房。为便于拉出水泵,在设计泵房时,应在井上设置备用屋顶天窗或活动屋顶。

在某些场合下,采用地坑安装可能是有益的;不过,这种装置特别容易被淹没,故其在一些州的规章中是禁用的。

在腐蚀性水中运行的水泵必须采用抗蚀金属。决定是否采用抗蚀金属的一般条件见第16章中对腐蚀与积垢的讨论。特种情况下的特种解决办法应与腐蚀专家和水泵制造商研讨。

选择何种动力,通常取决于能获得动力的情况和燃料的价格。如果在合理的距离之内能得到电力供应,由于购置费用和维护费用较低,并具有不必定期修理和周期性保养的可靠性,一般最好采用电动机。如得不到电力供应,通常就需选用以汽油、柴油、天然气或液化石油气为燃料的发动机。这种机器可用皮带或齿轮带动水泵,也可以与许多不同的附属设备配合。在风力条件有利的地方,小型水泵可用风力发动机带动。

15.12　测定水泵性能

能量费用是水泵运行时要承担的主要费用之一。因此,应监视水泵,保证其在(或接近)最高效率下运行。核查水泵效率有三个因素必须测量:总水头、输入功率、抽水量。当采用内燃机时,还需确定转速。这些测量工作必须在流量、水头和速度都稳定时同时进行。如果需要水泵的全部性能曲线,就必须确定不同流量的性能。

15.13　计算总抽水水头

水泵正运行时的总水头包括从抽水时水井中的水面到自流排出口中心之间的垂直距离,再加上水的进入点和排出点之间的管线中的所有水头损失。

如果排出口维持着压力,在水泵压头运行系统中所需的该压力应加到扬程和管线损失中,以得到总水头。

管子和配件的水头损失能从水力学手册中查得,而泵筒损失的水头可从水泵制造商的产品样本或水力学会标准中查到。

15.14　计算输入功率

在电动机不间断运行中,采用钳式电压电流表测定其输入功率是一种简单易行的方法。通常在电动机启动箱的导线间有足够的间隙允许对每一相都测定读数。这种方法适用于三相电路,但也能使其适用于其他电路。输入功率可用三相平均电流除以电动机铭牌上显示的满负荷电流值求得。例如,对于一个 1 800 r/min, 200 V、30 马力的电动机,其满负荷电流为 75 A,如其三相平均电流为 50 A,其为满负荷电流的 67%,而输入功率为额定功率的 67% 或 20 马力。电压电流表不仅便于确定电动机铭牌电压的维持情况,而且也能显示三相之间的一些严重不平衡状况。这种功率测定法通常应能提供精确到约 3% 之内的结果。

确定输入功率的另一种方法是借助于电度表。其可采用安装在水泵控制盘上的电度表。该方法是在一段时间内对表盘的转数进行计数(通常 3 min 就足够),在该时期内也应进行出水量的测量。对电动机的电力输入可按下式求得:

$$输入功率 = \frac{3\,600RK}{746t} \tag{15-3}$$

式中　R——在时间 t 内表盘的转数;

　　　K——电表铭牌上的电表常数;

　　　t——R 转所用的时间,s。

如果用变流器和变压器,电表常数必须乘以变流率、变压率,或两者的乘积,那么其计算式将如下:

$$输入功率 = \frac{3\,600RKM}{746t} \tag{15-4}$$

式中　M——变换率。

除非是对大型、高压电动机的运行和试验有经验的人,否则在对水泵性能进行试验之前应向有资格的电工专家请教。

在采用内燃机作为水泵发动机的地方,可采用各种机械工程手册或制造商产品样本中介绍的方法计算输入功率。

15.15　测定水泵的出水量

有多种测量水泵出水量的方法可以使用,但对于自由流出的水泵,广泛采用的是堰或流量孔板,并且适用于绝大多数现场。如同其他一些测量装置一样,堰的表和资料可在美国垦务局的《水测量手册》(1967 年)中得到,而流量孔板已在前面的 8.9 节中做过介绍。至于封闭系统则有多种流量计可以采用。

15.16　测量水泵效率

利用测量的总水头、输入功率和抽水量,可用下列公式确定用小数表示的设备效率:

$$设备效率 = \frac{Q(\text{gal/min}) \times 总水头(\text{ft})}{3\,960 \times 输入功率(马力)} \tag{15-5}$$

水泵效率可由设备效率除以电动机效率或除以发动机和驱动机械的效率来确定:

$$水泵效率 = \frac{设备效率}{电动机效率} \tag{15-6}$$

电动机效率根据尺寸和形式不同通常在 90%~95%,更精确的数值可由制造商提供的各类电动机资料得到。内燃机的效率由于随着发生的磨损而变化,所以较难取得。设备效率(有时称作泵机械效率)至少应每年确定一次,并把它当作检查磨损或水泵条件变化的方法。有些地区的动力费用较高,而且水泵在一年的大部分时间都要运转时,设备效率应每2个月检测一次(Fabrin,1954 年;立式涡轮泵协会,1962 年)。

15.17　电动机的选择

选择电动机时,设计者应取得电力专家的建议和帮助,下面简述的电动机特性可供参考。

电动机(包括附件和冷却方法的确定)通常都是根据美国全国电气制造商协会(NEMA)的标准加以选择。

除滴水电动机是按允许环境温度上升 40 ℃制造的,这种电动机适于安装在隐蔽物之内。

防溅式电动机是按允许环境温度上升 50 ℃制成的。溅向电动机的降水,与垂直方向夹角小于 100° 时不会进入电动机。这种电动机在有雨雪,但风速不太大的露天使用是令人满意的。

全天候电动机有允许环境温度上升 40 ℃的Ⅰ型和 50 ℃的Ⅱ型。Ⅰ型电动机具有通风孔,这样的结构大都能阻止直径 19 mm(3/4 in)的棍棒插入通风孔中。这种电动机适于安装于露天,但必须为通风孔加上屏蔽。它适用于无保护的场所和极端不利的气候条件,也就是常有飓风、暴雨、极热和雨量丰富的地区。

电动机的相数、频率和电压通常是根据可得到的电力供应而预先确定的。

电动机应根据水泵不超负荷时估算出的最大功率来选择,并应考虑维修因素和绝缘要求。

电动机通常采用推力轴承,并随其结构形式所期望的推力大小而不同。其总推力由水泵旋转元件的重量、水柱的重量和水泵所产生的水压力组成。大部分水泵制造商的产品样本中都有推力和支撑力的数据。

水泵电动机应装备防反转保护装置。其通常由离合式联轴器组成,当水泵由于电力故障等原因而停泵时,离合式联轴器就会驱动轴与电动机连接。当水从管柱中排出时,联轴器容许水泵驱动轴反向旋转,而不带动电动机。这就消除了一旦发生瞬时停电,而造成电动机反转或折断驱动轴的可能性。

当电动机启动时,供电导线的能力有限,常常要限制所需的启动功率。如果供电线路容许的启动能力不到额定功率的 6 倍,应采用减压启动。

在水泵电动机装备的选择、安装和运行方面应向电力专家询问。

总之,电动机的选择应考虑下列因素:

(1)水泵所需的功率和电动机的工作条件参数;

(2)水泵与电动机设计转速的协调;

（3）电动机采用的掩蔽和保护装置；

（4）适当的推力轴承能量；

（5）自动脱离的联轴器或其他的防反转保护装置；

（6）水泵出水压头、管柱和电动机尺寸的协调；

（7）在水泵机械效率中应包括轴向功率损失；

（8）启动功率的限额和减压启动的需要。

15.18　内燃机的选择

选择内燃机作为水泵的动力源比选择电动机要复杂得多。通常给出的内燃机额定功率,未考虑其附属装置所消耗的功率,并且是按在海平面上运行的情况确定的。内燃机启动时的功率随高程的增加而减小,其最大开发功率通常是在给定的转速下确定的,而且随制造商的不同而变化。因此,对皮带传动来说,必须选定皮带轮的比例,对齿轮传动来说,则要选定齿比,以便使水泵和发动机的转速取得协调。如果以连续使用与间歇使用相比,大多数内燃机所发出的功率的降低率可达 25%。当采用天然气或其他类似的燃料时,燃料的 BTU（英制热量单位, 1 BTU=252 卡）额定功率也是估算内燃机所发出功率的一个因素。内燃机制造商能提供其生产的内燃机在同高程所发出功率和转速的估算数据、燃料的 BTU 含量和其他因素。

第 16 章　水井和水泵的费用因素、使用与维修

16.1　建井费用

直到最近,钻井工程的标准仍主要取决当地习惯。因此,很多设计和建井工作是有问题的。钻井承包商集中在某些地区,有许多是兼营钻井的承包商,他们不愿意从工作基地迁移到 65~80 km(40~50 mi)以外的地方,因为不同的地质及水文地质条件,各式各样的钻井方法,以及工作的季节问题等,这些都会使情况进一步复杂化。在这种条件下,建井的费用往往是不稳定的和不可预测的。虽然这些问题至今还没有完全解决,但由于下述几个因素,钻井行业已经稳定下来:

（1）很多州已制定最低限度的建井标准;

（2）已研制出比较有效和通用的装备;

（3）在优质工程和业务经营方面,承包商已经得到训练;

（4）已组建州的、地方的和国家的钻井协会。

建井费用在很多地区都有显著的季节性变化。通常早春的费用最高,而早秋到仲冬最低。小水井的费用变动通常较小,但是较大型的水井、较复杂的工作,其费用可能有非常大的变化。工作初期,为了获得工作资金而投的标,其不平衡性可能是大型水井作业费用变化的原因。

由于上述实践及其他原因,对于建井来说,要如一般的建筑工程按工程刊物和报道部门的材料制定有意义的费用指标,是不可能的。因此,估算建井费用必须依据对当地的市场调查。对于小工程,例如为露营地供水,市场调查应局限于当地承包商。对于大型工程,例如为市政工程建设整个井场,则可能需要全国性的市场调查。

16.2　水泵费用

实际上,立式涡轮泵是中到大排量水井的标准装备。制造商已基本把所有的电动机、电动机控制器、水泵排水头和管柱装置的配件标准化,以便给定尺寸、出水量和转速的水泵都可以更换这些部件。

各式各样标准结构的成品水泵装备都可以在市场上买到,有些制造商还供应在腐蚀环境中使用的水泵成品装备。

制造商大都会印发手册和产品说明书,介绍其产品,其中有表示水头 - 出水量关系、泵碗效率、所需功率、水泵速度及所需的净正吸水高度等的性能曲线。从电动机、电动控制器、阀门和流量计的制造商亦能得到类似的手册。通常在查阅有关文献后,才能编写出设计说

明书,以供竞争性的投标使用。

出水井通常配有射流泵、扬水泵或小型潜水泵。地方上的销售商通常能为编写说明书和估价提供有关出水量、价格等的检索材料。

16.3　使用和维修的职责

水井和水泵的使用和维修通常是地下水专家和机械设计人员的职责。其主要职责包括:水泵的选择和安装;排水设施、控制装置以及泵房的设计。这两个技术部门的密切合作保证了抽水和配水装置中会包括一定的部件,以便对水井和水泵进行正常的监测与维护。这些部件中较重要的包括:

(1)在抽水系统中有一个分流出口,以便将来进行抽水试验与收集水样时能从系统中分流;

(2)在出水口上有一个固定的节流阀;

(3)带阀门的固定的进气管路和读水位的装置;

(4)泵室套管的入口也能测量水位,以便用卷尺或电探头获得回升水位的读数;

(5)随时可以进入井内拉泵和维修水井的出入口。

16.4　使用和维修的基础记录

所有水井安装应包含基本的记录资料,包括水井建设、水井效率试验以及水泵效率的记录。水井建设记录包括地质或地层编录,建成后的示意图以及含水层和砾石围填(如果使用)试样的机械分析。每个水井完工时,都应进行试验鉴定并记录下列结果:

(1)水井排砂量;

(2)不同出水量的降深(阶梯式降深);

(3)设计出水量的降深;

(4)垂直度和准直度;

(5)水质分析成果。

在永久性水泵安装和调准以后,应测试水泵机械效率(按照所用的能量比较水泵的理论出水量与实际出水量)、封闭(关井)水头,以及与制造商提供的性能曲线的一致性。这些资料连同水井和水泵技术说明的副本都应包括在记录中。这些都是基础资料,整个装置以后的试验结果都应与其对比,以便评价水泵和水井的状况,并决定其是否需要修复或做其他维修。

按照美国垦务局的设施要求,可以概括成以下几项:

(1)水井经过认真的设计、建造、洗井,并在完工后经过试验确定了水井的单位出水量和有关的特性以及水质;

(2)在效率容许范围之内所选的水泵在估算的最大可能吸水高度下具有认可的最小排

水量；

（3）水泵安装于井中，并按技术要求经过试验监定；

（4）水泵和电动机都按供应商的建议进行了维护、保养。

16.5　水井的视频调查

水井效率损失、抽砂的产生、水质变化或水井失效均需关注，并且通常需要修复或更换。水井视频调查是一种用于确定问题性质和可能的处理方法最经济且有效的工具。

闭路视频设备可提供井下（纵向）完美的黑白或彩色图像，并且在配备一些设备时，可获得井孔壁水平向（径向）图像。对于过滤器或穿孔段的疑似腐蚀或结垢部位，特写的水平向图像尤其有价值。

一些闭路视频设备可在孔径小至 75 mm（3 in）的孔内操作，但是一般情况下，孔径需为 150~200 mm（6~8 in）。一些国家机构和商业经营者可提供视频调查服务。

在对水井进行视频调查之前，应尽力澄清水井中的水并降低水的浊度。已经采用很多方法解决这个问题，但是没有一种方法取得显著的成功。然而，建议采用以下程序。

（1）如果水的 pH 值在 7 以下，应按每 4 000 L（1 000 gal）水中加入约 1 kg（2 lb）熟石灰，即 $Ca(OH)_2$，在水井整个深度内进行添加，并在按以下描述加入这种促凝剂之前，利用激荡法使其充分分散。

（2）如果水的 pH 值在 7 以上，则不需要碱性离子，此时应按每 4 000 L（1 000 gal）水加入约 0.25 kg（0.5 lb）明矾 $[Al_2(SO_4)_3]$ 或硫酸铁 $[Fe(SO_4)_4]$，在套管和过滤器内进行添加。随后，应使用涌水塞或类似工具在整个水井长度内按每 30 m（100 ft）至少耗时 30 min 进行强烈激荡。涌水和激荡将使过滤器上已有微生物甚至一些轻矿物沉淀松动。如果视频调查的目的是查看这些沉积物的话，则实施时不应对水井进行激荡和提水。

（3）在向井孔插入摄像头之前至少 3 天，最好一周的时间，应向水井内添加促凝剂。

（4）如果水井内的水顶部有油层出现，则在放入促凝剂之前，应尽力将油提出。通常这个过程不会完全成功，因此摄像头在放入井孔时应使用强洗涤剂溶液湿润。此流程将使镜头避免被油覆盖而造成图像清晰度下降。

（5）如果对水井进行修理或修复，则应重复进行视频调查，从而为未来检查时对比提供记录。

16.6　出水量大的水井的常规测量、试验和观察

灌溉井和其他出水量大的水井往往都是根据农业需要进行季节性作业。对这些井进行适当的监测和预防性的维护，可以消除或显著降低运行费用。一个常规的监测计划应包含以下方法和观测：

（1）在抽水季节开始前的一周或两周，进行地下水静水位测量；

（2）在抽水季节开始后不久,测量降深、出水量和能源使用,这些测量应在水泵连续运行至少 8 h 后进行;

（3）开始抽水 5 min 和 30 min 时的含砂量,大部分水井在经过一个较长的闲置期后再抽水,将产生少量的砂,各年的抽砂量不应增加,并且在抽水 30 min 后应接近正常情况;

（4）在多井地区,每一口井应单独试验,同时应在试验过程中对邻近井的降深进行测量;

（5）在抽水季节的几个月时间中,水井要是停抽 12 h 或更长一段时间后,应测量其静水位;

（6）整个抽水季节的总抽水量和总能量使用,从而确定水井机械效率;

（7）抽水季节结束,采取水样进行水质分析;

（8）在抽水季节终结后,如果可能,应测量每一水井,以确定其总深度;

（9）大约在此抽水季节终结和下一个抽水季节开始之间,每年都要测量每一口水井的静水位;

（10）每口水井的静水位、抽水水位和单位出水量都应绘成连续的水文曲线。

一旦砂或其他物质在井底的积聚已达到过滤器,或者在下一个抽水季节期间可能达到过滤器,在做其他任何试验或测量以前应拉出水泵检查,并把水井洗净。在完成这些工作以后,应做以下的测量和试验:

（1）静水位;

（2）如同水井最初完成时一样,以同样的流量和时间间隔做阶梯式抽水试验;

（3）关井水头;

（4）水井机械效率;

（5）开始抽水 5 min 和 30 min 时的含砂量;

（6）为化学分析和可能的细菌分析取水样。

应分析以上试验成果,并将其与水井完工时所做的初期试验成果进行比较。

在对每口水井装置进行例行的润滑和维修期间,应对以下各项进行观察和记录:

（1）含砂量的增加;

（2）出水量的减少;

（3）电动机的过热;

（4）油耗过大;

（5）振动过于强烈;

（6）可能由于气穴而引起的响声;

（7）泵盘或基础的裂开或不均匀沉陷;

（8）地面的沉陷或裂缝;

（9）水井周围的地表坡度。

16.7　对观测到的水井性能变化的解释

如前文探讨,在水井的保护性维护和服务期间的观测可揭示水井效率或水井情况的改变。下文中提供了对水井效率或情况解释的一些指导。

(1)单位出水量的减少与静水位的降低不成比例,可能表明井底聚集的沉积物堵塞过滤器、积垢堵塞过滤器或围填砾料,或是套管或过滤器毁坏。假如在一定的出水量下,阶梯式试验的单位出水量比原来的阶梯式试验降低 10% 或更大,这个水井就要用模棒或抽泥筒(见 12.8 节)进行探测,确定可能造成这种情况的位置及其程度。如果毁坏难以应对时,应采用视频设备(见 16.5 节)进行检查,以确定毁坏的位置及性质。如果故障尚不成为问题,应刮削水井内壁,然后从井底捞取沉积物,并检验确定结垢物质的化学组成、性质以及范围,作为规划修井的依据。

(2)抽出的水中含砂量增加,特别是井底测到积砂时,可能表明:缝隙因腐蚀而扩大;在架桥现象下面的围填砾料下沉,对一段过滤器造成无围填带;套管或过滤器(通常是接头)断裂;或是止水密封损坏。对孔底捞出的样品进行机械分析和矿物鉴定,并与建井时所做的含水层和围填砾料的原来描述进行比较,有可能发现障碍性质的一些征兆。如果捞出物的颗粒大小显著地小于水井下过滤器部位的任意含水层的颗粒大小,或者此种物质与围填砾料具有完全相同的颗粒级别范围,就可能是套管或过滤器破裂。如果所有物质全都小于过滤器缝隙尺寸,可能是出现了架桥现象。如果不能用上述的颗粒大小和级配来做解释,那就可能是腐蚀使缝隙尺寸扩大导致的。如果明显地是架桥现象的问题,往往能用重新洗井的方法来改正,同时向砾料回填导管注水,并添加砾料物质。对于其他问题常需进行视频探测,以便更明确地查明水井的问题。然后才能就修井的可能性和要采取的工艺流程做出规定。

(3)井周的地面沉陷或形成坑穴、在地面上通向水井的小排水沟的扩展以及泵盘与泵基的开裂和下陷,全都显示水井构件的下沉。有些地区可以与含水层的过量抽水造成的地面沉降一起出现这类问题。不过,此问题通常与水井设计、结构或洗井的质量低劣有关,或者是过量抽砂的结果。在很多情况下,由于套管或过滤器的毁坏、围填砾料的架桥现象以及类似的破坏使抽砂复杂化。当遇到这种情况,并需作为修井的根据时,水井应停止使用,测量井深,并用视频方法判定是否已发生任何结构性损坏。如果因需要用水而不能关闭水井,应该在套管上焊重型工字钢(见 11.2 节)。

上述问题主要是涉及水井的问题,也是最常遇到的问题。其中多数问题都是由于在原先的水井设计中没有考虑到的因素而引起的;另外　些问题则是在建井之前缺乏调查研究或企图使个别水井的设计标准化而导致的。不管怎样,对所有的故障或损坏以及所采用的修井计划和该计划取得的成功,都应进行彻底地调查研究并记录。这些资料都应作为水井的永久性资料,并且作为这一地区将来钻井设计和建井的指南。

(4)水泵出水量和水头的降低可以是水泵效率降低或者水井和水泵一起损坏而产生

的。经常发生的是封闭水头下降和出水量显著下降,而静水位和单位出水量并无相应的下降。这种现象常由下列原因之一导致:①由于磨损或其他原因对涡轮的校正不适当;②管柱壁上有孔洞;③涡轮或泵碗腐蚀或生锈。当水泵运转时,后一种情况常伴随有明显的振动。

(5)水泵的过分振动可能是涡轮不平衡或安装水泵的水井歪斜引起的。如果这一情况不能通过调准涡轮加以排除,就应把水泵拉出来修理或更换。出现问题的原因应彻底调查,并列为水井和水泵永久性记录的一部分。如果振动是由水井歪斜导致的,常规维护将无法解决问题,则可能需要一口新井。

水泵发出类似把砾石抛在铁皮屋顶般的噼啪噪声,可能是涡轮正产生抽空现象——一种涡轮腐蚀类型。如果水量变化不定,而且水中含有大量空气,这种情况尤其真实。这通常是静水位下降造成的,或因过滤器积垢或积砂而使水井出水量降低所致。其中任何一种情况都会造成水泵降深过大,而使水面降到所需的可用净正吸水高度以下。如果这种情况是由于静水位下降造成的,常通过降低泵碗加以排除。在严重的情况下,除降低泵碗外,还可能需要多增加泵级和更换较大的电动机。还应检查是否有过滤器结构或其他造成水井效率降低的原因。

(6)有时遇到的电动机过热,通常与超荷载状态和电能的过量消耗有关。电动机的过热也可由如下因素导致:未认真调整涡轮,使涡轮刮到泵碗;填料盖压得过紧;电压高低不合适或各相电压不平衡;电气连接不良;或电动机选配不当。

有时,出水量不足与以下因素有关:泵碗内有积聚的碎屑;腐蚀和积垢物堵塞了涡轮或泵碗槽;要校正就需要拉出水泵进行修理。这些因素同样能使电动机过热。如出现电动机过热,应首先让电工检查装置,确定是电气系统的毛病,还是水泵的故障,而不是首先检查水井是否损坏。

(7)用油润滑的水泵有时会出现油耗的显著增加。过量的油耗可能由油管壁上有孔洞或者油管中的密封压盖过分磨损所致。这些情况都能导致油管中的压差降低和油漏入井中。前一种情况能导致水进入油管而形成油水乳化液。这种乳化液缺乏足够的润滑性能,并造成过分的磨损或烧坏轴承。油漏进水井中,会导致套管内的水面上浮油的聚集。在水泵有足够的潜没深度时,这种情况不会造成严重的问题;但是如果由于水位下降或水井状况恶化使降深增大,油就可能被抽进水泵,造成水质变坏。另外,油的出现可污染地下水,并妨碍精确测量静水位和抽水水位。

(8)出水量小的水井,其出水量通常小于 500 L/min(125 gal/min)。这种水井所采用的套管和过滤器直径通常为 150 mm(6 in)或更小,它们所采用的结构材料的质量相对较轻。虽然,其同样可以应用上面介绍的用于出水量大的水泵和水井的观察和测量方法,但在经济上通常很难证明是可行的。

(9)水泵可以是立轴驱动式或潜水涡轮式、喷射式、柱塞式或各种类型的抽吸式。出水量小的水井的建造费用通常比出水量大的水井要小。在多数情况下,这样的水井失效时,重钻一口井代替它可能比试图修理它费用要少。虽然,对这种水井进行连续观察和周期性的检查及试验在经济上都难以证明是合理的,但至少应对水井的出水量、降深、单位出水量、排砂量、有效深度以及静水位与抽水水位每年校核一次。很多制造商的说明书中都有对其水泵状况进行试验和判断的方法,应查阅这些文献,并在实践中应用这些建议。

16.8　水井修复计划

大部分垦殖工程中的蓄水、输水及控制结构常进行检查和测试。然而,水井和水泵却经常被忽略。水井状况随时间恶化,而且在运行过程中可能无法注意到,因此直至水井毁坏才被发现。

由于水井和水泵大部分都位于地面以下,所以其恶化很难监测。通常问题缓慢发展至一个临界点,然后迅速地加速发展至毁坏。如果可以在临界点之前发现其恶化情况,则可能进行修复。如果恶化持续时间过长,那么大体上成功修复的可能性将降低。水井效率损失为50%或更多时,通常意味着水井不能依靠常规改造方法修复成功。水井效率降低的原因可能为积垢、腐蚀或其他易于减少过滤器进水区域或邻近含水层渗透性的因素。

水井修复包括对以下水井进行的修理:

(1)经历了过滤器或套管失效;

(2)已开始抽砂;

(3)已出现水质变化;

(4)已显示出显著的效率降低。

在一般情况下,水井修复不包括加深水井或对水井结构做出较大改变。如果修复是做不到的,则需要另建一口替代水井。

由于很可能对恶化的过滤器和其他组成部分并不能进行亲眼目睹的检查和试验,所以水井修复的一个大问题在于判定其恶化的准确性质。因而,水井修复往往含有进一步损坏水井或破坏其有用性的危险。但是,在修复工程之前,进行足够的调查研究并做出计划,就能够减少其危险因素。其资料具体包括如下内容。

(1)原来的设计与建井情况(按照建造的情况)。

①何时钻的水井。

②钻井的方法。

③地层岩性记录。

④物探记录。

⑤套管记录:

a.长度和直径;

b.壁厚;

c.接头的形式和位置。

⑥对过滤器或孔眼套管的描述:

a.形式和材料;

b.长度和直径;

c. 孔缝大小;

d. 安装深度;

e. 接头的形式和位置。

⑦灌浆或密封:

a. 类型和组成;

b. 放置方式。

(2)含水层物质和围填砾料的机械分析。

(3)含水层物质和围填砾料与筛缝开度的关系。

(4)洗井的方法和完备性。

(5)原来的抽水试验结果:阶梯式和定流量试验结果,排砂量。

(6)地区的地下水水位图。

(7)水质的测定。

(8)运行性能的历史情况摘要。

(9)必要的维护和修理情况摘要。

目前已开发出一些专有方法,用于水井修复和改进水井出水量。这些方法通常使用专门的化学混合物,例如热水和酸的混合物、液体二氧化碳,或酸、消毒剂和表面活性剂的特定组合。通常,这些专有方法也使用专门设计的工具、注入喷嘴,或其他增强化学作用的物理方法。

16.9　抽砂

大多数水井都会有一定程度的抽砂。不过,合理的设计和充分的洗井常能将抽砂限制在一个可接受的范围内。水井过分抽砂有很多不利的副作用。水泵的泵碗和涡轮可能被砂侵蚀而必须经常更换。并非所有进入水井的砂都能由排水抽出,一定量的、颗粒较大的部分会沉到井底,侵入过滤器,并降低水井效能。这就造成降深增大、进水速度增大,并且可能加速腐蚀和积垢。

抽出的水中,砂子可能聚集在管道和水槽内,从而降低了其输水能力,必须定期清理。而且大量的砂进入水井,会在过滤器周围的含水层中产生相当大的空洞。这些空洞塌陷可使套管或过滤器破裂或变形,随着由此产生的地面沉降,会向上塌陷到地面,并损坏整个装置。当水井直接向人工降雨装置供水时,过量的砂会堵塞管道,并侵蚀喷头中的喷嘴。

如果抽砂是由于过滤器或套管破裂或封隔器损坏引起的,其破坏的位置和性质通常能用测锤测定,并用井中视频探测检验。在少数情况下,破裂只是在套管或过滤器的一个接头上游一点劈开,管柱不偏离轴心。这种类型的破坏是最易于修理的。在大多数情况下,破裂伴随有轴向位移,并且可能在套管和过滤器破裂的一边或两边发生变形。校正的办法是向井内插入一个水力的或机械的套管修整器以整圆套管和过滤器,如有可能,要重新校直套管或过滤器。在一定情况下,套管和过滤器可能离原准直线太远,如果不使套管的其他地方弯曲就不可能校直它。在这种情况下,虽然可能采用插入一个衬套的方法加以修正,并在降低出水量和单位涌水量的情况下,产出无砂的水,但总没有一个完全令人满意的解决办法。在有可能近似地或完全校直的地方,水井可以这样修理:把一个衬管插进破损处,或者用水力套管修整器,或者用灌注水泥的方法使衬管固定在那里。这样,通常都会造成出水量或单位出水量降低,而且由于内径减小,可能还需采用不同的水泵。

如果还包括破坏或失效的密封,对非伸缩组件的修复可能有几种可能性。如果不拔出套管或过滤器,想要取出挤压压紧的铅密封,几乎是不可能的。一种解决办法是套进 3 m(10 ft)或更长的套管到较小的套管中,对较小和较大的套管都按测定好的尺寸用氯丁橡胶密封。另一种解决办法是把衬管压入较小的套管中,其终端延长到原来的铅密封垫塞以上约 0.9 m(3 ft),然后用纯水泥浆充填其环状间隙。

如果问题是由于过滤器的局部缝隙扩大或套管或过滤器因腐蚀而出现孔洞引起的,往往可以正对被腐蚀的那一段压入一个衬管。在所有情况下,衬管都应与所压入的套管或过滤器的材料相同。

在某些情况下,由于过滤器原来选择的缝隙大小不合适,或者过滤器因腐蚀而在较大长度上缝隙都已扩大,采用插衬管的方法就不实用了。如果原来采用的是镜筒式结构,就可拔出过滤器,并安上新的具有较小缝隙的过滤器,或由抗蚀能力更强的材料做成的套管。不过,就不可能采用原来一径到底的设计方法。要修复一径到底结构的水井,可以凿开原来的过滤器以增大开孔面积,然后在里面套进一个较小直径的过滤器。这种办法可以用作临时措施,但其不是耐久的修理办法。虽然这种水井仍能使用好几年,但水井效率降低并会急剧恶化。有时,把不锈钢过滤器安装于低碳钢过滤器中并不可取。在原来的过滤器中必须安装同样材料的过滤器,否则几乎一定会加重原来过滤器的腐蚀,插入的过滤器则被腐蚀物积垢堵塞。

如果由于围填砾料下沉和出现架桥现象而抽砂,那么最好的方法是在从地面向围填层大量注水的同时,重新进行强力洗井。这样通常会使围填砾料的架桥现象消失,从而恢复完善的围填层。然后应加入补充材料来填满围填层。在较老的水井中,架桥现象可能是围填层的局部胶结造成的,上述处理方法就可能无效了。在这种情况下,应进行酸处理,然后再设法使架桥现象消失。

在出现套管下沉的地方,首先应在地面上正对套管法兰盘处焊接强度和长度能满足要求的平行工字梁,以便把套管结构支撑起来(见 11.4 节)。然后在向围填层注水的同时,强烈地激荡水井。如果没有围填层,水被注入水井顶部附近的塌陷区。所选的围填砾料应视需要加到围填层上或者加到水井周围的塌陷区。这样做就可回填已有的洞穴和使架桥现象消失,以确保在进一步采取修复措施以前保持稳定状态。在上述工作期间,水井过量的地下位移会使情况恶化,或造成更多的套管故障,使得不能采取进一步措施。在此类工作中,应小心从事,确保在急剧下沉时不至于危害工作人员或装备。

过大的水头造成的塌陷可能是水井过量抽水所致(这种水井的孔眼套管或过滤器缺乏足够的进水面积),或者可能是积垢减小了进水面积造成的。如果采用的套管直径对孔壁的比率足够大,就很少出现问题。必要的纠正措施还可以把损坏的部件进行全径挤压,或者减少抽水。

16.10　出水量下降

出水量的下降和降深增加通常都源于下列因素:

(1)静水位下降;

(2)附近增设的水井具有重叠的影响区;

(3)井底聚集的沉淀物足以遮住较大部分过滤器;

(4)过滤器破裂;

(5)过滤器与围填砾料积垢。

如果出水量下降是由于静水位下降或其他水井干扰引起的,那么只要降低泵碗,必要时再增加几个泵碗和换一台较大的电动机就可以扭转这种局面。如果有规律地测量静水位和抽水水位,原因常常是显而易见的。

如果出水量下降是由于部分过滤器被积砂掩盖而引起的(这时可以用探测水井的深度来确定),解决的办法就是捞净水井。不过,这种积砂往往还表示有其他问题,应对排出的水测试含砂量,如含砂量太高,要进行 16.7 节中所介绍的调查。

如果怀疑套管或过滤器被挤坏,则用钢绳下入一个捞砂筒或探棒于井内,通常就能显示故障的近似位置(见 12.7 节)。如果显示套管或过滤器损坏,就应该用井下电视或视频调查的方法确定其损坏的性质和修复的可能性。如果套管或过滤器尚未破裂,就可采用水力或机械的套管修整器来校正。如果其已经有破裂,就应按照 16.9 节中所叙述的方法安装衬管。

16.11　腐蚀

如 11.2 节所描述的,腐蚀问题由多种原因导致,且有许多类型。导致过滤器或套管失效的腐蚀问题将导致抽砂和井底砂粒积聚,应采用 16.9 节描述的处理方法。不过,在进行修理之前,应确保将要使用的材料与初始材料一致(见 11.2 节)。

16.12　积垢

11.3 节讨论了设计阶段的结垢问题,在维护活动中这些信息同样有价值,但此处不再赘述。

已有井的严重的矿物结垢问题通常可依靠降低抽水速度即流向水井的水的流速来克服。这可以通过安装一台较小的水泵并运行更长的时间,从而获取需要的水量来完成。当无法进行此操作时,可以通过安装设置几个水泵并以较低的速度抽水,从而获取所需方量的水,来使积垢速度下降。

由于无法彻底杜绝积垢问题,所以许多情况下永久井的修复应在预料之内。对任一口井来说,良好的处理是在问题严重之前,按要求的时间间隔进行修复。

因细菌导致的矿物沉积通常是水井产量下降的原因之一。铁细菌或类似有机物形成一种黏糊状、凝胶状的物质,积聚在水井过滤器或其他金属部件处。该物质可能以胶质基质中细小的、短的丝状体出现在井水中,它不仅能堵塞过滤器,而且向水中释放讨厌的味道和气味,并加剧铁质金属部件的腐蚀。在一个区域内,如经验显示此类有机物污染了水井,则应对新钻的水井及其水泵安装进行消毒,以作为预防性措施。类似的,在有些情况下,对已污染井消毒可能会消除有机物并解决问题。

16.13　爆炸射井和酸处理

如果所有其他可能性都已排除,出水量降低通常就是由于过滤器或者围填层两者之一结垢引起的。修复的第一步是将一钢盘安在钻杆上刮削过滤器内部,捣碎一些积垢物质,并使其掉到井底,还应观察这些刮削物以确定积垢的性质和化学组分。如果主要是由钙、镁和铁的碳酸盐或氢氧化铁组成,就可以使用氨基磺酸或盐酸修复。

不计所含的砂量,如果铁锰化合物的量超过物质的 20%,就应怀疑腐蚀是其生成的原因。如果氢氧化铁 $[Fe(OH)_3]$ 与硫化铁(FeS)的分子比为 3：1,硫酸盐还原菌就可能是其生成的原因。

在确定了积垢的性质以后,建议用井下电视或视频测量重新观察水井,以评估积垢集中带的程度和位置。

如果积垢并不严重,而且过滤器的状况良好,把单根的每米 150 格令(每英尺 50 格令,1 格令 =64.8 mg)的导火索切成与每一节过滤器相同的长度,使其能正对每一节过滤器点火。在一定情况下,两次射孔可能是合适的,但绝不应同时点燃一根以上的导火索。射孔会弄裂和粉碎积垢,并使其更容易被之后进行的酸处理所破坏。进行射孔,通常有一定的积垢破裂、离开过滤器,并沉到井底。在酸处理以前,应先用捞筒捞除这些积垢。

在有明显涌砂的水井里,或在套管或过滤器可能没有完全被地层支撑的水井中,都不应进行射孔操作。

一种有专利权的处理方法——声呐射流清理法,是在水井中爆破一系列各个接连的小药包,各药包的引爆略有延迟。这种方法尚未在美国垦务局广泛应用,且对其有效性的报道各不相同。如果应用其他方法收效甚微或不起作用,则应考虑应用声呐射流清理法。水井不管是用导火索还是声呐射流法射孔,在射孔之后都可能需要进行酸处理。

当水井不可能完全修复时,单独采用射孔法通常只能使水井性能暂时改善。可以从基座上吊起泵头并移到一边,把导火索沿管柱的边缘下入井中,正对一节或几节过滤器起爆,再把泵体放回原位,并进行逐级洗井。上述方法最好只作为暂时性的权宜之计,并且一旦条件允许,就应进行更完善的处理。

为成功地进行水井酸化,必须使用易于溶解积垢生成物的强酸。最常使用的酸是粗盐酸或盐酸(HCl)、硫酸(H_2SO_4)和氨基磺酸(H_2NSO_3H)。

如果铁或锰化合物构成了积垢物的绝大部分,酸溶液的 pH 值达到 3 左右,铁或锰化合物就会形成不溶解的沉淀析出。在这种情况下,就应采用螯合剂使铁或锰化合物保持在溶液中,以便易于将其从水井中抽出。常用的螯合剂有:

(1)柠檬酸 [(COOH)CH_2 C(OH)(COOH)CH_2COOH];

(2)磷酸(H_3PO_4);

(3)酒石酸 [HOOC(CHOH)COOH];

(4)罗谢尔盐($KNaC_4H_4O_6$,酒石酸钾钠);

(5)乙醇酸 [(HOCH)$_2$COOH]。

螯合剂的常用量如下:

(1)7 kg(15 lb)氨基磺酸粉末配 0.45 kg(1 lb)螯合剂;

(2)每 3.8 L(1 gal)15% 的 HCl 配 0.9 kg(2 lb)螯合剂;

(3)每 3.8 L(1 gal)H_2SO_4 配 1.8 kg(4 lb)螯合剂。

硫酸很少用来进行酸处理,因为硫酸与碳酸钙反应生成硫酸钙(石膏),而石膏是比较难溶解的,难以从井中除去。

另外,不使用硫酸是因为它对绝大多数金属,特别是对铜合金具有腐蚀性。只有在采用较弱的酸处理两次或更多次仍无效时,才把硫酸当作最后手段,而别的可用办法就只有另建新井了。

多年来,最常采用的酸处理剂是粗盐酸或盐酸,并且还一直很常用。不过,安装有 304 或 308 型不锈钢过滤器、套管或其他部件的水井,不应使用甚至要禁用盐酸。因为它会造成这些合金的应力腐蚀性破裂。水井用酸处理后,酸造成的损坏可能在一段时间内显示不出来。不过,对 316 或 312 型不锈钢部件使用盐酸一般是安全的。

市场上可以买到的粗盐酸有三种浓度,不过最常用于水井酸化的浓度是波美度(Baume)为 18° 或含盐酸 27.92%。通常采用原浓度的酸,估算通过塑料管或黑铁管在过滤器段注入井中的水的体积,再正对每节过滤器,把 2~2.5 倍水体积的酸加到水井中去。每 380 L 酸用 0.2 kg(每 100 gal 用 0.5 lb)的二乙基硫脲(diethylthiourea)或类似的缓蚀剂。如果需要可加入同样量的螯合剂。酸在水井中一般保持 4~6 h,在此期间每隔 1 h 左右就用振荡活塞振荡水井 15~20 min,然后把溶液从井中舀出或抽出并废弃掉。

除非由有经验的人员操作和使用特种设备,否则使用盐酸是很危险的,所以应与专门的水井服务公司订立进行此工作的合同。

使用氨基磺酸处理水井的趋势正日益增长。它比盐酸贵些,但方便得多,使用时比较安全,并且更易于装运和储藏。它的侵蚀性不如盐酸,故同样的处理工作就需要更长的时间。但从施工力量方面考虑或由本地区的承包商进行此工作,用氨基磺酸处理一般就比用盐酸便宜。

氨基磺酸与碳酸钙的反应产物是氨基磺酸钙,它的溶解度高,易于从井中抽出。如果相当一部分积垢由铁的化合物组成,就应采用螯合剂。尽管氨基磺酸的侵蚀性不高,但是不用缓蚀剂不能用于铜合金过滤器和其他构件。

氨基磺酸的溶解性能见表 16-1。

表 16-1　氨基磺酸的溶解性能

水的温度 /℃	0	5	10	15	20
溶解性能 /(kg/L)	0.62	0.65	0.70	0.75	0.81

每升水中加入 0.65 kg 氨基磺酸,其反应能力相当于 3.8 L 波美度为 18°(27.97%)的盐酸和每 3.8 L 水中加入 1.4 kg 的 15% 的盐酸。

在用英制单位时,每加仑水中加入 5.5 lb 氨基磺酸,其反应能力相当于 1 gal 波美度为 18°(27.97%)的盐酸和每加仑水中加入 3 lb 的 15% 的盐酸。

这种浓度的氨基磺酸是不能获得真正的溶液的,但是能混合成一种稀浆并泵入井中。混合物的比例是在 380 L(100 gal)的水中加入 135 kg(300 lb)氨基磺酸、9 kg(20 lb)柠檬酸、7.7 kg(17 lb)二乙基硫脲、1.5 kg(3.5 lb)"pluronic" F68 或 L62 以及 68 kg(150 lb)氯化钠。在地表,用与水井套管和过滤器中的水等体积的水,使化学物质溶解和悬浮在水中。然后,通过黑铁管或塑料管把稀浆泵入或倒入水中。该管子最初应通到井底,当有足够的溶液加入井中替代出等量的水以后,再按 1.5~3.0 m(5~10 ft)分段提起管子。

溶液在井中保持 12~24 h,在此期间每隔 1 h 振荡 15~20 min。水井中的溶液用石蕊或类似的试纸试验,当显示出 pH 值在 6~7 时,就可以认为酸已耗尽。此时,就应把溶液从井中抽出,并测量水井的出水量和降深。如果水井得到明显的修复,应重新洗井、消毒和如同新井一样试井,并重新投入生产。如果经酸处理后,初期试验的改善相对较小,就应再次进行酸处理。

水井进行酸处理时,应准备一罐浓的碳酸氢钠溶液,以便在发生事故时能用来中和酸。另外,工作人员应穿戴橡胶防护鞋、衣服、手套、帽子和风镜,还应戴上过滤性口罩,直到所有的成分都混合到水中为止。所需的特殊装备可能还有混合罐以及用黑铁、塑料或木材制成的管子等。

积垢物可能主要由砂、黏土颗粒和其他耐常规酸处理的物质组成。在这种情况下,要使酸处理成功,就需用氢氟酸和类似的强酸。在多数情况下,由于处理的特殊性质,其处理费用可以接近或超过钻新井。在某些情况下,采用镜筒式过滤器结构的水井,在地表除垢和清理过滤器要比酸处理更为可取。

16.14　氯化处理

当过滤器被有机物形成的生物堵塞时,氯气可能是一种有效的处理剂。如无有经验的人员以及足够的装备,使用氯气是危险的。通常采用的氯气瓶质量为 45~68 kg(100~150 lb)。氯气瓶装有用来校正给气速度的刻度尺。氯气通过几乎接到井底的塑料管或黑铁管给入井内。管底应有适当装置确定中心,以使释放出的氯气不会直接冲击在套管或过滤器上,并且应使用有效的给气装置,以免造成倒吸现象,还应慢慢打开气瓶的反时针满旋阀门,气瓶的给气速率不应超过 18 kg/24 h。

当氯气瓶内氯气耗尽时,在把废液抽出之前,可向水中加入氢氧化钠或氢氧化钙,水井中的氯就能中和了。

用次氯酸盐溶液比用氯气便宜、方便而且安全,但是一般效果不好。

加到井水中的次氯酸盐的量要足以形成约 1 000 mg/L 的氯含量。把次氯酸盐倒入或泵入水井中后,用振荡法彻底地混合,并使其扩散约 30 min。溶液在井中保持约 6 h,其间每隔 1 h 振荡 15~20 min,然后抽出或舀出并废弃掉。此后,通常可用逐级洗井法重新充分地洗井。这种处理方法一般不拉出水泵就能进行。

16.15　岩石井的修复

前面讨论的主要是在非固结地层中下套管和过滤器的水井。在未下套管的岩石井中,裂隙或其他孔隙也可能如水井过滤器积垢那样被沉淀物堵塞和封闭。

通常采用波美度浓度为 18° 的原浓度盐酸去处理岩石井。把体积相当于井中水体积约 2.5 倍的酸,通过连到井底的塑料管或黑铁管泵入或倒进井中。当酸代替了井中的水时,提起管子。如果井中的水位达到套管之内,就应使用缓蚀剂。酸在水井中至少容许保持 6 h,每隔 1 h 就振荡 15~20 min,然后抽出并废弃掉。

在有些岩石裸井中,射孔比酸处理更有效,而且经常采用射孔后进行酸处理的联合处理方法。

在裸孔井中,相隔 1.5 m(5 ft)用 4.5 kg(10 lb)50%~60% 的硝化甘油爆炸射井。在距页岩层 3 m(10 ft)之内和距套管底端 15 m(50 ft)之内不应爆炸射井。射井应从裸孔井底部开始分别引爆。在完成射井工作后,应把水井抽尽并洗井。

在非常坚硬的岩石中,每相隔 3~3.5 m(10~12 ft),用于射井的炸药达 45 kg(100 lb)。使用炸药的数量和间距是一个凭经验判断的问题。在不熟悉的岩石中施工时,进行一次或几次射井试验是可取的。

硝胺炸药也已用于代替硝化甘油炸药。它虽然比硝化甘油炸药贵,但是却安全得多,并且容易使用。1 罐硝胺炸药相当于 0.7 kg(1.6 lb)50% 的硝化甘油炸药或 0.45 kg(1 lb)60% 的硝化甘油炸药。

完成了酸处理或射井工作,应如同新井一样,彻底地进行洗井。

16.16　水力压裂

在破碎的岩石中,出水量有时候可通过水力压裂增加。从 20 世纪 40 年代晚期开始,水力压裂已用于石油生产中增加产量,也用于甲烷气体的生产。水力压裂用于水井工业始于

20 世纪 50 年代,近年来应用已扩大。水力压裂正在替代一些增加裂隙的其他方法,例如使用炸药或干冰。在水力压裂时,水和一些支撑材料(通常为砂或非常小的塑料球)以高压注入水井内。高注入压力能清除细颗粒或增加已有裂缝的间隙,并且经常使之前封闭的裂缝分开。在注入停止后,支撑材料保持裂缝张开。注入必须在无套管水井中进行,或者在操作过程中必须移除套管。在水力压裂作业中,封隔器可以用来隔离地层。由于水力压裂工作中大部分设备和技术的专业性,通常建议在实施水力压裂工程时,与有经验的承包商签订合同。

水力压裂还可用于增加处置危险废物或盐水的岩石介质的容量;然而,在进行这些工作时需要极小心,以避免污染邻近的淡水含水层。尽管水力压裂通常用于火山岩,但也可用于砂岩、灰岩或存在次生透水性的其他岩石,但通常不适用于非固结层或软岩。水力压裂用于初始出水量不足以满足家庭日常用水的单独水井。在这种情况下,甚至 2 L/min(0.5 gal/min)的出水量增加可能就足够提供令人满意的供水。水力压裂也用于自初始运行出水量已经下降的大出水量水井。在这种情况下,出水量下降可能由裂缝的淤塞或初始供水裂缝的水位下降导致。然而,由于其他因素可能导致出水量下降,因此在使用水力压裂前,应对可能的其他原因进行全面的调查,例如生物淤积(见 16.12 节)。

尽管承包商报告的通过水力压裂增加水井产量的成功率为 90%~97%,但其有可能实际上降低水井产量,甚至导致孔壁坍塌。另外,也可发生对邻近井的损坏,导致水位下降,或产量下降,或产生细粒物质。一旦裂缝张开或邻近地面,则可能发生污染。

裂缝方向取决于岩石性质,例如弹性以及构造应力,确定裂缝方向的成因有助于设计水力压裂方案。如果三个相互垂直的主应力不相等,裂缝很可能沿与最小主应力轴垂直的面断裂(Hubbert 和 Willis, 1972 年)。在存在区域正断层的位置,裂缝倾向于平行断层走向。由于最小主应力经常为水平向的,所以裂缝倾向于垂直向的。然而,在有褶皱和逆冲断层的位置,最小主应力倾向于垂直向的,所以裂缝倾向于水平向的(Smith,1989 年)。

水井内的初步测试也可提供有用的信息。不同深度的压水试验可帮助确定局部区域的涌水量。关于裂缝走向和间距的信息,可通过钻孔摄像以及一些钻孔地球物理测井(见第 4章)获得,其有助于确定封隔器位置,从而孤立最大的可能裂缝区域。

水力压裂使用的压力通常范围为 7 000~20 000 kPa(1 000~3 000 lb/in²)。此压力一般不足以使坚硬岩石破裂,此时可能需要 140 000~700 000 kPa(20 000~100 000 lb/in²)(Smith,1989 年)。然而,较低的压力可能足以沿层面抬升岩块或打开之前紧密的裂缝。

附录 国际单位制(SI)与美国惯用单位制换算表

附表 1 长度

由此单位	换算到此单位	乘以
埃单位	纳米(nm)	0.1
	微米(μm)	1.0×10^{-4}
	毫米(mm)	1.0×10^{-7}
	米(m)	1.0×10^{-10}
	密耳(1密耳=0.001英寸)	$3.973\,01 \times 10^{-6}$
	英寸(in)	$3.973\,01 \times 10^{-9}$
微米	毫米	1.0×10^{-3}
	米	1.0×10^{-6}
	埃单位(A)	1.0×10^{4}
	密耳	0.093 37
	英寸	$3.937\,01 \times 10^{-5}$
毫米	微米	1.0×10^{3}
	厘米(cm)	0.1
	米	1.0×10^{-3}
	密耳	39.370 08
	英寸	0.039 37
	英尺(ft)	$3.280\,84 \times 10^{-3}$
厘米	毫米	10.0
	米	0.01
	密耳	$0.393\,7 \times 10^{3}$
	英寸	0.393 7
	英尺	0.032 81
英寸	毫米	25.40
	米	0.025 4
	密耳	1.0×10^{3}
	英尺	0.083 33
英尺	毫米	304.8
	米	0.304 8
	英寸	12.0
	码(yd)	0.333 33
码	米	0.914 4
	英寸	36.0
	英尺	3.0

续表

由此单位	换算到此单位	乘以
米	毫米	1.0×10^3
	千米（km）	1.0×10^{-3}
	英寸	39.370 08
	码	1.093 61
	英里	$6.213 71 \times 10^{-4}$
千米	米	1.0×10^3
	英尺	$3.280 84 \times 10^3$
	英里	0.621 37
英里	米	$1.609 34 \times 10^3$
	千米	1.609 34
	英尺	5 280.0
	码	1 760.0
海里（nmi）	千米	1.852 0
	英里	1.150 8

附表 2　面积

由此单位	换算到此单位	乘以
平方毫米	平方厘米（cm²）	0.01
	平方英寸（in²）	1.500×10^3
平方厘米	平方毫米（mm²）	100.0
	平方米（m²）	1.0×10^{-4}
	平方英寸	0.155 0
	平方英尺（ft²）	$1.076 39 \times 10^{-3}$
平方英寸	平方毫米	645.16
	平方厘米	6.4516
	平方米	$6.451 6 \times 10^{-4}$
	平方英尺	69.444×10^{-4}
平方英尺	平方米	0.092 9
	公顷（ha）	$9.290 3 \times 10^{-6}$
	平方英寸	144.0
	英亩	$2.295 68 \times 10^{-5}$
平方码	平方米	0.836 13
	公顷	$8.361 3 \times 10^{-5}$
	平方英尺	9.0
	英亩	$2.066 12 \times 10^{-4}$
平方米	公顷	1.0×10^{-4}
	平方英尺	10.763 91
	英亩	2.471×10^{-4}
	平方码（yd²）	1.195 99
英亩	平方米	4 046.856 4
	公顷	0.404 69
	平方英尺	4.356×10^{-4}

续表

由此单位	换算到此单位	乘以
公顷	平方米	1.0×10^4
	英亩	2.471
平方千米	平方米	1.0×10^6
	公顷	100.0
	平方英尺	$107.639\,1 \times 10^5$
	英亩	247.105 38
	平方英里（mi^2）	0.386 1
平方英里	平方米	$258.998\,81 \times 10^4$
	公顷	258.998 81
	平方千米（km^2）	2.589 99
	平方英尺	$2.787\,84 \times 10^7$
	英亩	640.0

附表 3　体积 - 容积

由此单位	换算到此单位	乘以
立方毫米	立方厘米（cm^3）	1.0×10^{-3}
	升（L）	1.0×10^{-6}
	立方英寸（in^3）	$61.023\,74 \times 10^{-6}$
立方厘米	升	1.0×10^3
	毫升（mL）	1.0
	立方英寸	$61.023\,74 \times 10^{-3}$
	液量盎司（fl oz）	33.814×10^{-3}
毫升	升	1.0×10^{-3}
	立方厘米	1.0
立方英寸	毫升	16.387 06
	立方英尺（ft^3）	$57.870\,37 \times 10^{-5}$
升	立方米（m^3）	1.0×10^{-3}
	立方英尺	0.035 31
	加仑（gal）	0.264 17
	液量盎司	33.814
加仑	升	3.785 41
	立方米	$3.785\,41 \times 10^{-3}$
	液量盎司	128.0
	立方英尺	0.133 68
立方英尺	升	28.316 85
	立方米	$28.316\,85 \times 10^{-3}$
	立方十米（dam^3）	$28.316\,85 \times 10^{-6}$
	立方英寸	1 728.0
	立方码（yd^3）	$37.037\,04 \times 10^{-3}$
	加仑	7.480 52
	英亩 - 英尺（acre-ft）	$22.956\,84 \times 10^{-6}$

由此单位	换算到此单位	乘以
立方英里	立方十米	$4.168\,189 \times 10^{6}$
	立方千米（km^3）	$4.168\,18$
	英亩 - 英尺	$3.379\,2 \times 10^{6}$
立方码	立方米	$0.764\,55$
	立方英尺	27.0
立方米	升	1.0×10^{3}
	立方十米	1.0×10^{-3}
	加仑	$264.172\,1$
	立方英尺	$35.314\,67$
	立方码	$1.307\,95$
	英亩 - 英尺	8.107×10^{-4}
英亩 - 英尺	立方米	$1\,233.482$
	立方十米	$1.233\,48$
	立方英尺	43.560×10^{3}
	加仑	$325.851\,4 \times 10^{3}$
立方十米	立方米	1.0×10^{3}
	立方英尺	$35.314\,67 \times 10^{3}$
	英亩 - 英尺	$0.810\,71$
	加仑	$16.417\,21 \times 10^{4}$
立方千米	立方十米	1.0×10^{6}
	英亩 - 英尺	$0.810\,71 \times 10^{6}$
	立方英里（mi^3）	$0.239\,91$

附录 4　温度

由此单位	换算到此单位	解
摄氏度（℃）	开（K）	$K = ℃ - 273.15$
	华氏度（℉）	$℉ = ℃ \times 1.8 + 32$
	兰氏度（°R）	$°R = ℃ \times 1.8 + 491.69$
开（K）	华氏度（℉）	$℉ = (K - 255.91) \times 1.8$
	摄氏度（℃）	$℃ = K + 273.15$
	兰氏度（°R）	$°R = K \times 1.8$
华氏度（℉）	摄氏度（℃）	$℃ = (℉ - 32)/1.8$
	兰氏度（°R）	$°R = ℉ - 459.69$
	开（K）	$K = (℉ + 459.69)/1.8$
兰金度（°R）	开（K）	$K = °R/1.8$
	摄氏度（℃）	$℃ = °R/1.8 - 273.69$
	华氏度（℉）	$℉ = °R - 459.69$

附录 5 加速度

由此单位	换算到此单位	乘以
英尺每二次方秒	米每二次方秒(m/s²)	0.304 8
	G's	0.031 08
米每二次方秒	英尺每二次方秒(ft/s²)	3.280 84
	G's	0.101 97
G's(标准重力加速度)	米每二次方秒	9.806 65
	英尺每二次方秒	32.174 05

附录 6 速度

由此单位	换算到此单位	乘以
英尺每秒	米每秒(m/s)	0.304 8
	千米每小时(m/h)	1.097 28
	英里每小时(mi/h)	0.681 82
米每秒	千米每小时	3.60
	英尺每秒(ft/s)	3.280 84
	英里每小时	2.236 94
千米每小时	米每秒	0.277 78
	英尺每秒	0.911 34
	英里每小时	0.621 47
英里每小时	千米每小时	1.609 34
	米每秒	0.447 04
	英尺每秒	1.466 67
英尺每年(ft/yr)	毫米每秒(mm/s)	$9.665\ 14 \times 10^{-6}$

附录 7 力

由此单位	换算到此单位	乘以
磅	牛顿(N)	4.448 2
千克	牛顿	9.806 65
	磅(lb)	2.204 6
牛顿	磅	0.224 81
达因	牛顿	1.0×10^{-5}

附录 8 质量

由此单位	换算到此单位	乘以
克	千克(kg)	1.0×10^{-3}
	盎司(英国常衡制)	0.035 27
盎司(英国常衡制)	克(g)	28.349 52
	千克	0.028 35
	磅(英国常衡制)	0.062 5

续表

由此单位	换算到此单位	乘以
磅(英国常衡制)	千克	0.453 59
	盎司(英国常衡制)	16.00
千克	千克(力)二次方秒每米(kgf·s²/m)	0.101 97
	磅(英国常衡制)	2.204 62
	斯(勒格)(等于32.2磅)	0.068 52
斯(勒格)	千克	14.593 9
短吨	千克	907.184 7
	吨(t)	0.907 18
	磅(英国常衡制)	2 000.0
公吨(吨或兆克)	千克	1.0×10^3
	磅(英国常衡制)	$2.204\,62 \times 10^3$
	短吨	1.102 31
长吨	千克	1 016.047
	吨	1.016 05
	磅(英国常衡制)	2 240.0
	短吨	1.120

附录9　单位时间的流量

由此单位	换算到此单位	乘以
立方英尺每秒	升/秒(L/s)	28.316 85
	立方米每秒(m³/s)	0.028 32
	立方十米每天(dam³/d)	2.446 57
	加仑每分(gal/min)	448.831 17
	英亩-英尺每天(acre-ft/day)	1.983 47
	立方英尺每分(ft³/min)	60.0
加仑每分	立方米每秒	0.631×10^{-4}
	升/秒	0.063 1
	立方十米每天	5.451×10^{-3}
	立方英尺每秒(ft³/s)	2.228×10^{-3}
	英亩-英尺每天	$4.419\,2 \times 10^{-3}$
英亩-英尺每天	立方米每秒	0.014 28
	立方十米每天	1.233 48
	立方英尺每秒	0.504 17
立方十米每天	立方米每秒	0.011 57
	立方英尺每秒	0.408 74
	英亩-英尺每天	0.810 71

附录 10　黏度

由此单位	换算到此单位	乘以
厘泊（动力黏度）	帕（斯卡）秒（Pa·s）	1.0×10^{-3}
	泊	0.01
	磅每英尺小时（lb/(ft·h)）	2.419 09
	磅每英尺秒（lb/(ft·s)）	$6.719\ 69 \times 10^{-4}$
	斯（勒格）每英尺秒（slug/(ft·s)）	$2.088\ 54 \times 10^{-5}$
帕（斯卡）秒	厘泊	1 000.0
	磅每英尺小时	$2.419\ 09 \times 10^{3}$
	磅每英尺秒	0.671 97
	斯（勒格）每英尺秒	$20.885\ 4 \times 10^{-3}$
磅每英尺小时	帕（斯卡）秒	$4.133\ 79 \times 10^{-4}$
	磅每英尺秒	$2.777\ 78 \times 10^{-4}$
	厘泊	0.413 38
磅每英尺秒	帕（斯卡）秒	1.488 16
	斯（勒格）每英尺秒	$31.080\ 9 \times 10^{-3}$
	厘泊	$1.488\ 16 \times 10^{3}$
厘斯（托克斯）	平方米每秒（m²/s）	1.0×10^{-6}
	平方英尺每秒（ft²/s）	$10.763\ 91 \times 10^{-6}$
	斯（托克斯）	0.01
平方英尺每秒	平方米每秒	$9.290\ 3 \times 10^{-2}$
	厘斯（托克斯）	$9.290\ 3 \times 10^{4}$
斯（托克斯）	平方米每秒	1.0×10^{-4}
流值（流度的绝对单位）（厘泊的倒数）	1 每帕秒（1/(PA·s)）	

附录 11　单位面积上的力、压力 - 应力

由此单位	换算到此单位	乘以
磅每平方英寸	千帕（斯卡）（kPa）	6.894 76
	米水柱①	0.703 09
	毫米汞柱②	51.715 1
	英尺水柱①	2.306 7
	磅每平方英尺（lb/ft²）	144.0
	标准大气压	68.046×10^{-3}
磅每平方英尺	千帕（斯卡）	0.047 88
	米水柱①	$4.882\ 6 \times 10^{-3}$
	毫米汞柱②	0.359 13
	英尺水柱①	$16.018\ 9 \times 10^{-3}$
	磅每平方英寸	$6.944\ 4 \times 10^{-3}$
	标准大气压	$0.472\ 54 \times 10^{-3}$
短吨每平方英尺	千帕（斯卡）	95.760 52
	磅每平方英寸（lb/in²）	13.888 89

续表

由此单位	换算到此单位	乘以
米水柱①	千帕(斯卡)	9.806 36
	毫米汞柱②	73.554
	英尺水柱①	3.280 84
	磅每平方英寸	1.422 29
	磅每平方英尺	204.81
英尺水柱①	千帕(斯卡)	2.988 98
	米水柱①	0.304 8
	毫米汞柱②	22.419 3
	英寸汞柱②	0.882 65
	磅每平方英寸	0.433 51
	磅每平方英尺	62.426 1
千帕(斯卡)	牛顿每平方米(N/m²)	1.0×10^3
	毫米汞柱③	7.500 64
	米水柱④	0.101 97
	英寸汞柱③	0.295 3
	磅每平方英尺	20.885 4
	磅每平方英寸	0.145 04
	标准大气压	$9.869\ 2 \times 10^{-3}$
千克力每平方米	千帕(斯卡)	$9.806\ 65 \times 10^{-3}$
	毫米汞柱③	73.556×10^{-3}
	磅每平方英寸	$1.422\ 3 \times 10^{-3}$
毫巴(mbar)	千帕(斯卡)	0.10
巴	千帕(斯卡)	100.0
标准大气压	千帕(斯卡)	101.325
	毫米汞柱③	760.0
	磅每平方英寸	14.70
	米水柱④	33.90

注:①④在4℃测得的水柱。

②③在0℃测得的汞柱。

附录 12　单位体积的质量、密度和物质的容量(积)

由此单位	换算到此单位	乘以
磅每立方英尺	千克每立方米(kg/m³)	16.018 46
	斯(勒格)每立方英尺(slug/ft³)	0.031 08
	磅每加仑(lb/gal)	0.133 68
磅每加仑	千克每立方米(kg/m³)	119.826 4
	斯(勒格)每立方英尺	0.232 5
磅每立方码	千克每立方米	0.593 28
	磅每立方英尺(lb/ft³)	0.037 04
克每立方厘米	千克每立方米	1.0×10^3
	磅每立方码	$1.685\ 6 \times 10^3$
盎司每加仑(oz/gal)	克每升(g/L)	7.489 15
	千克每立方米	7.489 15

续表

由此单位	换算到此单位	乘以
千克每立方米	克每立方厘米（g/cm³）	1.0×10^{-3}
	公吨每立方米（t/m³）	1.0×10^{-3}
	磅每立方英尺（lb/ft³）	$62.429\,7 \times 10^{-3}$
	磅每加仑	$8.345\,4 \times 10^{-3}$
	磅每立方英码	1.685 56
长吨每立方英码	千克每立方米	1 328.939
盎司每立方英寸（oz/in³）	千克每立方米	1 729.994
斯（勒格）每立方英尺	千克每立方米	515.378 8

附录 13　单位时间单位面积的体（容）积、水力传导系数（透水系数）

由此单位	换算到此单位	乘以
立方英尺每平方英尺天（日）	立方米每平方米天 [m³/（m²·d）]	0.304 8
	立方英尺每平方英尺分 [ft³/（ft²·min）]	$0.694\,4 \times 10^{-3}$
	升每平方米天 [L/（m²·d）]	304.8
	加仑每平方英尺天 [gal/（ft²·d）]	7.480 52
	立方毫米每平方毫米天 [mm³/（mm²·d）]	304.8
	立方毫米每平方毫米小时 [mm³/（mm²·h）]	
	立方英寸每平方英寸小时 [in³/（in²·h）]	
	立方厘米每平方厘米秒 [cm³/（cm²·s）]	3.52×10^{-4}
加仑每平方英尺天	立方米每平方米天 [m³/（m²·d）]	$40.745\,8 \times 10^{-3}$
	升每平方米天 [L/（m²·d）]	40.745 8
	立方英尺每平方英尺天 [ft³/（ft²·d）]	0.133 68

附录 14　导水系数

由此单位	换算到此单位	乘以
立方英尺每英尺天 [ft³/（ft·d）]	立方米每米天 [m³/（m·d）]	0.092 9
	加仑每英尺天 [gal/（ft·d）]	7.480 52
	升每米天 [L/（m·d）]	92.903
加仑每英尺天	立方米每米天 [m³/（m·d）]	0.012 42
	立方英尺每英尺天 [ft³/（ft·d）]	0.133 68

注：很多这样的单位都可进行量纲简化，例如 m³/（m·d）亦可写成 m²/d。